Principles of Electronic Communication Systems
Fifth Edition

深入理解通信系统

（原书第5版）

[美] 路易斯·E. 弗伦泽尔（Louis E. Frenzel Jr.） 著

魏东兴 译

上册

机械工业出版社

CHINA MACHINE PRESS

图书在版编目（CIP）数据

深入理解通信系统：原书第 5 版. 上册／（美）路易斯·E. 弗伦泽尔（Louis E. Frenzel Jr.）著；魏东兴译. -- 北京：机械工业出版社，2025. 7. --（信息技术经典译丛）. -- ISBN 978-7-111-78328-2

Ⅰ. TN914

中国国家版本馆 CIP 数据核字第 2025WJ8541 号

机械工业出版社（北京市百万庄大街 22 号　邮政编码 100037）
策划编辑：张　莹　　　　　　　　　责任编辑：张　莹
责任校对：王小童　张雨霏　景　飞　责任印制：刘　媛
三河市宏达印刷有限公司印刷
2025 年 7 月第 1 版第 1 次印刷
185mm×260mm · 22.5 印张 · 614 千字
标准书号：ISBN 978-7-111-78328-2
定价：119.00 元

电话服务　　　　　　　　　　网络服务
客服电话：010-88361066　　机　工　官　网：www.cmpbook.com
　　　　　010-88379833　　机　工　官　博：weibo.com/cmp1952
　　　　　010-68326294　　金　书　网：www.golden-book.com
封底无防伪标均为盗版　　机工教育服务网：www.cmpedu.com

前 言

　　本书在前一版的基础上进行了全面修订和更新。随着通信技术不断发展，本书作为专业技术书籍，也需要与时俱进、适时修订。通信技术的基本原理是不会改变的，但根据这些基本原理所形成的工程应用是会推陈出新的。在本书第 4 版出版后的这几年里，通信领域发生了很多技术革新。对于从事通信工程领域研究的人员来说，及时掌握这些技术的新进展是非常重要的。

　　本书在介绍基础知识和原理时，既涵盖了经典内容，又融入了最新的概念、原理及相关的新产品和新技术。同时，本书也采纳了部分读者的建议，在此表示衷心的感谢。本书对前一版的部分章节顺序和编号进行了变更，还新增了两章内容，分别为第 12 章和第 15 章（见下册）。

　　关于上册：

　　第 1~7 章内容基本上没有太大变化，只进行了部分微调和修订。

　　第 8 章和第 9 章是关于无线电发射机和通信接收机的内容，进行了必要的更新，有一小部分内容调整到了新增的第 12 章（见下册）中。

　　第 10 章和第 11 章交换了顺序。主要考虑的是读者在学习多路复用之前，应该先了解数字信号传输的基础知识，所以对这两章内容有较多调整。

　　关于下册：

　　第 12 章是新增的一章，是关于软件无线电（SDR）的内容。

　　第 13 章是关于传输线的内容，进行了必要的更新。

　　第 14 章是关于通信网络、局域网及以太网的内容，进行了必要的更新，增加了以太网的内容。

　　第 15 章是新增的一章，主要包括有线通信技术、串行通信接口技术、通信电缆和光导纤维（光缆）的内容，目前它们仍然是主流的通信传输介质。

　　第 16 章是关于天线与电波传播的内容，进行了必要的更新。

　　第 17 章是关于互联网技术的内容，对包括互联网电话（VoIP）、虚拟技术和云技术及其应用等内容进行了修订。

　　第 18 章是关于微波与毫米波通信的内容，对相关的天线技术（如 MIMO 和敏捷波束成形、相控阵天线等）进行了更新。

　　第 19 章是关于卫星通信的内容，进行了必要的更新，增加了全球定位系统（GPS）的内容和其他一些新内容。

　　第 20 章是关于光通信技术的内容，进行了必要的更新。

　　第 21 章是关于蜂窝移动通信系统的内容，进行了全面的更新，尤其是更新和扩充了

LTE 的内容，还新增了 5G 新空口（5G NR）标准和系统的内容。

第 22 章是关于无线通信技术的内容，对各种常见的短距离无线技术进行了大量的更新和补充，新增了蓝牙（BLE）技术和 Wi-Fi6（IEEE802.11ax）标准的介绍，丰富了物联网（IoT）方面的内容，补充了最新的无线通信技术的内容。

第 23 章是关于通信系统测试与测量的内容，在前一版内容中增加的有关矢量网络分析仪（VNA）和 S 参数方面的内容，现在已经不再是新技术、新手段，因此对测量仪器工具和测量技术方法进行了更新。

读者可能会注意到，相较以前的版本，本版删除了之前版本的第 18 章——电信系统。这一章主要介绍传统电话和有线电话通信系统。其实，删除这部分的原因很简单——传统的有线座机电话业务正在逐渐消失，因为大多数用户选择使用移动电话，并且在很多地区的本地环路有线电话业务都已经退网，停止服务。此外，原来主营电话业务的电信公司正在逐步放弃有线座机电话业务，而将大部分投资转到无线通信系统的建设中，特别是 5G 新空口服务，所以电信行业中有线电话业务的就业机会基本上已消失殆尽。原来这一章中的部分尚有学习价值的内容已酌情纳入本书其他章节中。

本书还删减了那些过时的分立元件电路的内容，因为目前这些电路都已经被集成电路芯片所取代了。现实通信系统中大量的集成电路及完整的片上系统（SoC）已经得到了普遍应用。目前仍然还在使用的部分常用分立元件电路在本书中仍然保留。

最后，我还要谈一下个人对通信领域和技术发展的一些看法，这些看法也是一些市场分析人士和企业负责人的共识。希望这些内容能起到抛砖引玉的作用，帮助读者掌握通信领域的必备专业技能。

第一，对于工程师和技术人员来说，应从"系统"的宏观视角看待通信领域和技术发展，而不是着眼于单个元器件和电路，因为他们在工作中主要接触的是终端设备、模块和组件。具体来说，工程师和技术人员应聚焦相关设备、模块、印制电路板（PCB）和集成电路（IC）等实际应用。使用更多系统组成框图和信号流程图进行展示，效果会更好。

第二，绝大多数的现代通信和无线设备都工作在微波或毫米波频段（起始频率为 1 GHz），所以像蓝牙、ZigBee、卫星电视和 GPS 等都工作在微波频段。当然，也有少数低频设备。实际上所有新的系统和设备都工作在 5 GHz（IEEE802.11ax 标准的 Wi-Fi 系统）到 77 GHz（如单片汽车雷达系统）的频率范围内。大多数新型 5G 蜂窝移动设备的工作频率范围为 1~6 GHz，所有新型毫米波系统均使用 28 GHz、37 GHz、39~47 GHz 频段。电子电路与通信系统因工作频率的不同而在工作原理和特性参数上有所区别，所以在微波、毫米波频段，应着重关注元器件和电路。

第三，很多工程师和技术人员从事的是测试电路、设备的工作，所以应该学习有关测试和测量的内容。除了传统的测试仪器——示波器外，还应包括更有用的射频仪器，如频谱分析仪、矢量网络分析仪以及射频信号模拟器和信号发生器等。

第四，无线射频网络在我们的生活中无所不在，电磁干扰（EMI）和电磁兼容性（EMC）的重要性愈发凸显，因此，无线工程师或技术人员的重点工作之一是追踪 EMI 的源头，减小乃至消除 EMI。完成这项工作同样需要专门的测试仪器和设备。

阅读指南

本书保留了既有版本中有特色的内容安排，这些内容非常受欢迎，主要包括：

内容提要。 内容提要简明介绍了本章的主要内容，以及期望达到的学习效果。

拓展知识。 在某些页边安排了"拓展知识"内容，主要对正文所介绍的主题内容进行进一步的补充或强调。

例题。 在每章都安排了若干例题，用来强调重要概念，或讲解电路工作原理的详细实例，例题包括电路分析、应用、故障排查和基本设计等内容。

思考题和习题。 在每章结尾安排了思考题和习题，读者可以通过回答思考题和完成习题检验学习成果。在本书结尾有部分习题的参考答案。

深度思考题。 在每章结尾还安排了深度思考题，这些思考题是一些有挑战性的问题，涉及电路分析、故障排查、批判性思维和求职面试题等内容。

路易斯·E. 弗伦泽尔（Louis E. Frenzel Jr.）

致　谢

首先，特别感谢麦格劳-希尔出版公司的贝丝·贝彻女士。正是在她的不断鼓励和支持下，本书第 5 版才能够成功出版。感谢贝丝·鲍以及杰尼·麦卡蒂和艾莉森·普拉特等工作人员，他们对本书的出版工作提供了宝贵的意见和帮助。能与他们一起共事是我的莫大荣幸。

感谢原百腾媒体公司（现为巍美商业媒体公司）的南希·弗里德里希和比尔·鲍曼，他们分别供职于 *Microwaves & RF magazine* 和 *Electronic Design*，他们对我撰写本书时引用发表在这两种期刊上的论文给予了许可，引用论文的内容用于更新本书下册的第 20 章和第 21 章内容。

我还要感谢那些为本书审稿的教授们，他们给出了及时的反馈，对本书内容提出了很多有见地的修改意见和建议。感谢他们付出时间和精力。教授们提出的绝大部分意见和建议我都认真考虑采纳，并体现在了本书的修改内容中。下面是审阅了本版书稿，并提出了宝贵建议的专家教授们：

约翰·博斯哈德	美国得州农工大学
威廉·多兰	美国肯纳贝克河谷社区学院
拜伦·加里	美国南达科他州立大学
恩卡塔·坎巴梅图	美国 ECPI 大学（弗吉尼亚海滩）
小梅尔文·莫茨	美国中卡罗来纳社区学院
普伦蒂斯·廷德尔	美国皮特社区学院

最后要感谢通信企业提供的最新技术发展信息，以及本书读者提出的宝贵意见，使得本版书稿得以及时增加最新技术进展方面的内容，使得本书更具先进性，更适合通信系统方面的技术人员使用。

路易斯·E. 弗伦泽尔

目录

第 1 章

绪　论

内容提要

学完本章，你将能够：

■ 阐述通信系统中三个主要组成部分及其基本功能。

■ 描述通信系统的两种分类方式及典型实例。

■ 描述调制和复用技术在信号传输中的重要作用。

■ 描述电磁频谱的定义，根据电磁波的特性来解释管控频谱使用对于通信系统的重要意义。

■ 描述频率范围和带宽之间的关系，并列出从语音信号到超高频（UHF）电视信号的频谱范围。

1.1　通信的重要意义

通信就是信息交换的过程。人们通过通信向他人传达自己的所思所想。通信是人类生活中的固有活动，可以通过言语表达、非言语（肢体）表达、印刷品和通信设备实现。

人类进行通信时存在两个主要障碍：一是语言障碍，存在于不同文化背景或国籍的人之间；二是距离障碍，即长距离通信问题，不过在今天利用通信技术手段已经很好地解决这个问题。

19 世纪末，随着电力的发现并普及应用，通信技术也取得了长足进步。1837 年发明了电报，1876 年发明了电话，1887 年又发现了无线电波，1895 年进行了无线电通信实验。表 1-1 中列出了通信技术发展史上的主要事件。

表 1-1　通信技术发展简史

时间	地点或人物	事件
1837	塞缪尔·莫尔斯	发明电报（1844 年获得专利）
1843	亚历山大·贝恩	发明传真
1866	美国和英国	敷设第一条跨大西洋电报电缆
1876	亚历山大·贝尔	发明电话
1887	海因里希·赫兹（德国）	发现无线电波
1895	古列尔莫·马可尼（意大利）	通过无线电波演示无线通信
1901	马可尼（意大利）	首次实现了横跨大西洋无线电通信
1903	约翰·弗莱明	发明了真空二极管
1906	雷金纳德·费森登	发明了幅度调制（AM），首次进行语音通信实验
1906	李·德·弗里斯特	发明了真空三极管
1914	希拉姆·P·马克西姆	创立了首个业余无线电组织——美国无线电转播联盟
1920	匹兹堡 KDKA 广播电台	进行了首次无线电广播
1923	弗拉基米尔·兹沃里金	发明了电视，进行了电视实验
1933—1939	埃德温·阿姆斯特朗	发明了超外差接收机和频率调制（FM）技术
1939	美国	首次使用双向无线电（对讲机）进行通信
1940—1945	英国、美国	发明和完善了雷达技术（第二次世界大战期间）
1947	纽约市，美国纽约州	建成了首个广播电视网
1948	约翰·冯·诺伊曼等	制造了首台存储程序的电子数字计算机

（续）

时间	地点或人物	事件
1948	贝尔实验室	发明晶体管
1948	詹姆斯·范·达马尔，美国加利福尼亚州	首次开播有线电视
1953	RCA 公司和 NBC 公司	首次开播彩色电视节目
1958—1959	杰克·基尔比（德州仪器公司）和罗伯特·诺伊斯（飞兆公司）	发明了集成电路
1958—1962	美国	首次卫星通信实验
1961	美国	首次应用民用频段无线电
1963	佛罗里达州卡纳维拉尔角	发射首颗地球同步轨道卫星
1969	麻省理工学院、斯坦福大学	因特网接入原型完成开发
1973—1976	梅特卡夫	发明了以太网和第一个局域网
1975	美国	首台个人计算机诞生
1977	美国	首次使用光导纤维
1982	卡耐基梅隆大学	首次应用物联网（IoT）
1982	美国	制定了 TCP/IP 协议标准
1982—1990	美国	开始因特网开发和应用
1983	美国	蜂窝移动电话网
1993	美国	首个浏览器 Mosaic 诞生
1994	卡尔·马尔穆德，美国	互联网广播开始应用
1995	美国	部署全球卫星定位系统（GPS）
1996—2001	世界各地	黑莓（BlackBerry）、诺基亚（Nokia）和掌上电脑（Palm）等公司推出各自的首款智能移动通信终端
1997	美国	第一个无线局域网诞生
2000	世界各地	第三代数字蜂窝移动电话诞生
2004—2006	美国	开始出现社交媒体
2005—2007	美国	流媒体电视开始普及
2007	加利福尼亚州	苹果公司的移动通信终端 iPhone 诞生
2009	美国	从模拟电视过渡到高清数字电视广播
2009	世界各地	首次建成第四代 LTE 蜂窝移动电话网
2009	世界各地	首个 100 Gbit/s 光纤通信网诞生
2019	乌拉圭	开始提供 5G 数字移动网络业务

拓展知识

人们通常认为马可尼发明了无线电，但实际上这是不准确的。尽管他是无线电的主要开发者和第一个将其投入商用的部署者，但真正的贡献应该归功于首次发现无线电波的海因里希·赫兹和首次开发真正无线电应用系统的尼古拉·特斯拉。

电话、广播、电视和互联网这些司空见惯的通信手段极大地提高了信息的分享和传播范围。人们的行为方式、工作和个人生活与通信效果密切相关。人类社会发展进步的主要方向已经从制造和大规模生产商品逐步转向信息的积累、加工组织与交换。当今的社会已经步入了信息社会，其中的关键环节之一就是沟通交流。没有通信技术的加持，人们无法及时获取和使用相关信息。

高效的信息沟通在当今快节奏的世界中不可或缺，所以通信技术的应用对人类的意义也越来越重要。人们一旦习惯使用某种形式的通信手段，就会被其所带来的好处所吸引而沉迷其中。很难想象，如果离开了通信设备，人们的生活和工作状态将是怎样的。试想一下，如果当今的现实世界中没有了电话、收音机、电子邮件、电视、移动通信终端（手机）、平板或计算机网络，人类的生活将会变成什么样子。

1.2 通信系统的组成

通信系统一般由发射机、通信信道（或传输介质）和接收机三部分组成。通信系统的基本组成框图如图 1-1 所示。如果某个人需要将某种消息、数据或其他消息发送给其他人，那么就必须依靠通信系统来实现。在通信系统中，消息被称为信息或消息信号。当然，消息也可以是由计算机或电子设备产生的电流信号，该消息以电信号的形式馈送到发射机，发射机再输出至信道进行传输，然后接收机从信道接收消息并输出给接收者。在整个通信过程中，通信信道和接收机中有可能出现噪声。这里的"噪声"是专用术语，用于描述通信系统中出现的各种非期望的、影响通信质量或干扰信息传输的各种信号。

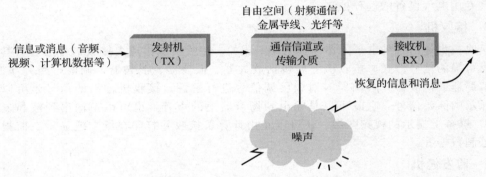

图 1-1　通信系统的基本组成框图

1.2.1 发射机

发送消息的第一步是将其转换为适合通信信道传输的电信号形式。对于语音信息，首先要使用传声器将声音转换为音频电信号。而对于电视，则要使用摄像机将场景中的光信号转换为视频电信号。在计算机系统中，使用键盘输入消息，计算机将其转换为二进制码，进行存储或完成串行通信传输。使用传感器可以将各种物理量（温度、压力、光强等）转换为电信号。

发射机是由各种电子器件和功能电路组成的，它将电信号转换为适合在给定的通信介质上传输的信号。包括由振荡器、放大器、滤波器、调制器、混频器、频率合成器等组成的调谐电路及其他电路。在发射机中，原始信号对高频载波正弦信号进行调制，再经过功率放大器进行放大，最后产生功率信号，这个信号再由通信介质进行传输。

1.2.2 通信信道

通信信道是用来在两地之间实现电信号传输的介质。通信系统中有各种不同类型的传输介质，如金属导线、光学介质和自由空间。

金属导线。最简单的通信介质就是一对金属导线，用于将声音信号从传声器传输到耳机。它也可以是用于传输有线电视信号的同轴电缆，还可以是用于局域网（LAN）传输数据的双绞线电缆等。

光学介质。通信介质也可以是使用光波承载消息信号的光纤或"光通道"。如今，光纤已广泛用于长途电话和各种网络通信。待传输的信息首先被转换成数字信号，控制激光二极管的通断（或亮灭）来实现光通信。或者，可以用模拟信号的方式调制光源的光强来传输音频或视频模拟信号。

自由空间。如果通信中使用的传输介质是自由空间，那就是无线通信。无线通信是广义上的通用术语，指的是两点之间各种无线通信方式。无线通信主要利用电磁波传输消息，首先将信号转换成能在自由空间中传播的电磁场，这些电场和磁场能够以光速进行传播。在自由空间中也可以使用可见光或红外光线进行通信。

其他类型的介质。 尽管最广泛使用的介质是金属导线、光纤和自由空间（无线通信），但在某些专用的通信系统中也会使用其他类型的介质。例如，声呐在水中通信使用的介质就是水。被动声呐在工作时，利用灵敏的水听器"监听"水中的声音信号。主动声呐类似雷达的回波反射，通过发射声波来确定物体在水中的距离和移动方向。

地球本身也可用作通信介质，因为它既可以导电，也可以传输低频声波信号。

交流（AC）电力传输线也是良好的导体介质，它除了为各种电气和电子设备提供交流电能外，还可以用作通信系统中的传输信道。将待发送的信号简单地叠加或耦合到电力线上即可实现通信。该方式就是所谓的载波传输或电力线通信（PLC）。该通信方式可用于某些专用电气设备的远程控制。

1.2.3　接收机

接收机也是由各种电子元器件和电路组成的，接收机从信道上接收信号后，将其转换成人类可懂的信号形式。接收机一般包括放大器、振荡器、混频器、调谐电路和滤波器，以及解调器或检波器，解调器对射频已调信号进行解调。接收机输出的信号是可以供阅读、显示的原始信号。它既可以是输出到扬声器上的声音，也可以是输出到液晶显示器（LCD）屏幕上显示的视频图像，还可以是由计算机接收并打印在纸上或显示在监视器上的二进制数据等。

1.2.4　收发信机

大部分的通信系统都是双向通信的，通信收发双方必须同时拥有发射机和接收机。因此，大多数通信设备都包含发送和接收电路，通常称之为收发信机。一般会将发射电路与接收电路封装在同一个机壳内，可以共用一部分公共电路，如电源电路。电话机、手持对讲机、蜂窝移动通信终端和计算机调制解调器等都是典型的收发信机。

1.2.5　信号衰减

在通信系统中，无论使用哪种传输介质，都不可避免会在接收端出现信号衰减或变弱的现象。衰减值与发射机和接收机之间距离的平方成正比。此外，一般的传输介质具有一定的频率选择特性，给定的传输介质会对传输信号起到低通滤波器的作用。在长距离通信中，除了可能会大大降低信号幅度之外，还可能会损失信号中的高频分量，导致数字脉冲失真。因此，在发射机和接收机中需要有高增益的放大电路才能实现信号的正常传输。此外，介质也可能降低信号的传输速度，使其低于光速。

1.2.6　噪声

噪声会对电子电路和通信系统的正常工作产生影响。噪声源类型很多，可以是电子元器件、导线中的热噪声、闪电等大气噪声，也可以是其他电气设备和电子设备，如电机、继电器和电源等。最终在通信系统的接收机中会出现各种噪声。噪声问题会在第9章进行更详细地讨论。虽然通过滤波器可以滤除一些噪声，但减少噪声的一般方法通常是使用噪声较小的元器件和降低其工作温度。噪声的度量通常以信噪比（SNR）表示，信噪比等于信号功率与噪声功率之比，也可以用分贝（dB）表示。显然，较高SNR的通信系统的性能也更佳。

1.3　通信系统的分类方式

通信系统通常有两种分类方式：一是按传输方式分类，即根据传输信号的方向是单向（单工）传输还是双向（全双工或半双工）传输进行分类，分别对应单工通信、全双工通信和半双工通信；二是按信号类型分类，即根据传输信号是模拟信号还是数字信号进行分类，分别对应模拟通信和数字通信。

1.3.1 单工通信

通信的最简单方式是单向通信，也称为单工通信，如无线传声器。单工通信示例如图 1-2 所示。最常见的单工通信例子是无线电广播和电视广播。卫星广播和卫星电视也是单工通信方式。单工通信的另一个例子是无线遥控设备，例如对玩具车或无人机进行遥控。

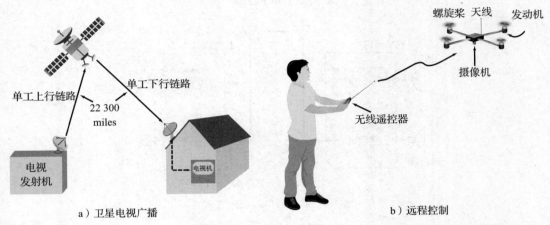

a）卫星电视广播　　　　　　　　　　　　　　　b）远程控制

图 1-2 单工通信示例

在图 1-2a 中，通信卫星将电视节目传输到家用卫星接收天线和电视机。电视机没有反向传输功能，所以它是一个单工下行链路。

卫星通过单工上行链路接收来自地面电视台的节目，电视台与卫星之间不需要进行双向通信。上行和下行链路是独立的单工连接。

如图 1-2b 所示，无人机的遥控链路也是单向的。如果无人机将摄像机视频传回给无人机的操控人员，那么它将变成双工通信系统。

1.3.2 全双工通信

大多数通信系统都是双向或双工通信系统。双工通信系统示意图如图 1-3 所示。例如，两个人可以通过图 1-3a 中的电话进行语音通话，双方可以同时说话和收听对方讲话，这就是全双工通信。

全双工通信也适用于有线通信。例如，两个地点之间的电缆可能包含两对导线，每对导线用于其中一个方向的传输，从而可以通过两对导线实现同时双向通信传输。

1.3.3 半双工通信

一次只能进行单个方向通信传输的双向通信称为半双工通信，如图 1-3b 所示。通信传输是双向的，但传输方向是交替进行的：通信双方轮流发送和接收。大多数无线电传输系统，如用于军事、消防、警察、飞机、海事和其他相关业务中使用的无线电传输，都属于半双工通信。在民用频段（CB）、家用对讲机和业余无线电通信中使用的也是半双工通信。

半双工通信通常也可以用于有线通信系统。如两个或多个通信节点（收发信机）连接到一条总线上。所有节点共用该总线。这意味着两个或多个节点为了避免相互干扰，不能同时占用信道进行传输，每次只允许一个节点占用总线，各节点轮流进行通信。

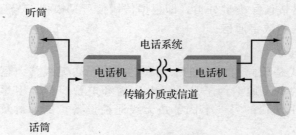

a）全双工（同时双向）

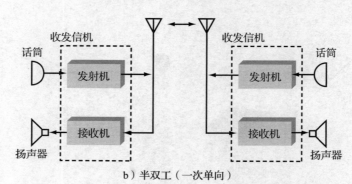

b）半双工（一次单向）

图 1-3　双工通信系统示意图

1.3.4　模拟通信中的模拟信号

模拟信号的电压或电流是平滑且连续变化的。常见的模拟信号时域波形如图 1-4 所示。正弦波是单一频率的模拟信号。

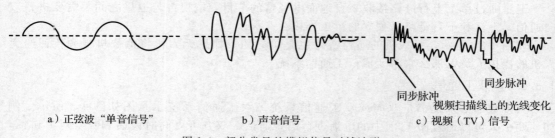

a）正弦波"单音信号"　　　b）声音信号　　　c）视频（TV）信号

图 1-4　部分常见的模拟信号时域波形

语音和视频信号都是模拟信号，其电压值随着声音或光强的变化而连续变化。用于测量温度、压力或光照强度等物理参数的传感器输出的信号也都属于模拟信号。

1.3.5　数字通信中的数字信号

与模拟信号相反，数字信号幅度不是连续变化的，而是按照量阶或离散增量变化的。一般的数字信号使用二进制或两状态码，如图 1-5 所示。最早的有线通信和无线通信系统都使用了一种开/关数字码。电报使用的莫尔斯电码，就是用短信号和长信号（"点"和"划"）来表示字母和数字，如图 1-5a 所示。在无线电报中使用连续波（CW）来传输电报码，用正弦波信号的通或断所持续时间的长短变化来表示不同的码，持续时间短的表示"点"，持续时间长的表示"划"，如图 1-5b 所示。

计算机中的数据也是数字形式的信号。数字、字母和特殊符号的二进制码通过有线、无线或光介质进行串行传输。通信中最常用的数字代码是美国信息交换标准代码

（ASCII）。串行二进制码如图 1-5c 所示。

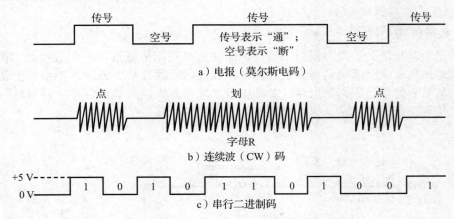

a）电报（莫尔斯电码）

传号表示"通"；
空号表示"断"

字母R
b）连续波（CW）码

c）串行二进制码

图 1-5 数字信号时域波形

很多待传输的信号都是数字形式的，如电报消息或计算机数据，但是，为了满足传输介质的特性要求，需要将数字信号转换为模拟信号。例如，通过电话网来传输数字信号，因为电话网被设计为仅传输模拟语音信号。所以，只要将数字信号转换为音频范围的模拟信号，就可以通过电话网进行传输。

模拟信号也可以转换为数字信号进行传输。通常采用模/数（A/D）转换器将语音或视频模拟信号转换为数字信号，以数字形式进行传输，也可以由计算机和其他数字电路进行处理。

1.4 调制和多路复用

调制和多路复用是实现高效信息传输的重要技术手段。调制的主要目的是使待传输信号与传输介质特性相匹配，而多路复用允许在单个介质上同时传输多个信号。调制和多路复用技术是通信的基础。掌握它们的基本原理，将有助于理解现代大多数通信系统的工作原理。

1.4.1 基带传输

在传输信息或消息之前，须将它们转换为与传输介质特性相匹配的电信号。如，传声器将声音信号（声波）转换为频率和振幅随时间连续变化的模拟电压信号，再通过导线传输到扬声器或耳机中。这就是电话的工作过程。

摄像机产生的模拟信号则按照图像中扫描线的光强变化而变化。该信号通常可使用同轴电缆传输。二进制计算机数据由键盘输入生成，计算机存储该数据并以某种方式进行处理，再通过线缆传输到外设，如打印机，或通过局域网（LAN）传输给其他计算机。无论原始信息或消息信号是模拟的还是数字的，它们都统称为基带信号。

在通信系统中，基带信号可以在不经过特定处理的情况下，直接通过介质发送出去，或者可以经载波调制后再传输。将原始语音、视频或数字信号直接输入传输介质中的方式称为基带传输。例如，在很多电话和有线对讲机系统中，声音直接通过导线传输一定距离后到达接收机。在大多数计算机网络中，数字信号可以直接使用同轴电缆或双绞线电缆进行传输。

在很多情况下，基带信号往往不适合直接通过介质传输。此时就需要对音频、视频或数字基带信号进行高频载波调制。与基带信号相比，高频信号可以更有效地辐射到无线空

> **拓展知识**
>
> 在音乐行业中，多路复用可以用来创建立体声。在立体声收音机中，会传输和接收两个信号，分别是右声道信号和左声道信号。（有关多路复用的更多详细内容，见第 10 章。）

间信道中。这种无线信号由电场和磁场组成，可以在无线空间中实现长距离传播，也被称为射频（RF）波或无线电波。

1.4.2　宽带传输

调制是将基带语音、视频或数字信号调制到更高频率的载波信号的过程，如图 1-6 所示。待发送的信息或消息被调制到载波信号。载波信号通常是由振荡器产生的正弦波。载波与基带信号一起馈送到调制电路。基带信号以某种方式改变载波信号。调制后的信号被放大并发送到天线进行传输，这个过程称为宽带传输。

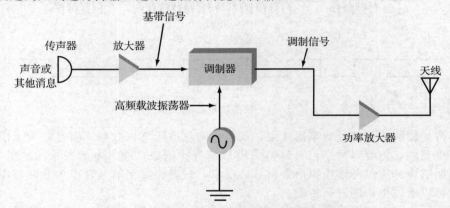

图 1-6　发射机的调制过程示意图

考虑正弦波一般形式的数学表达式：
$$v = V_p \sin(2\pi f t + \theta) \quad \text{或} \quad v = V_p \sin(\omega t + \theta)$$

式中，v 为正弦波电压瞬时值；V_p 为正弦波振幅；f 是信号频率（单位为 Hz）；ω 是信号角频率；t 是时间（单位为 s）；$\omega t = 2\pi f t$，为角度（单位为 rad，2π rad $= 360°$）；θ 是相位角。

基带信号通过调制可以改变载波正弦波的三个参数：振幅、频率或相位角。两种最常见的调制方式是调幅（AM）和调频（FM）。在 AM 系统中，调制信号或基带信号改变的是高频载波信号的振幅，如图 1-7a 所示，调制信号改变了正弦波表达式中的 V_p。在 FM 中，调制信号改变的是载波频率，如图 1-7b 所示。载波振幅保持恒定，调制信号改变了

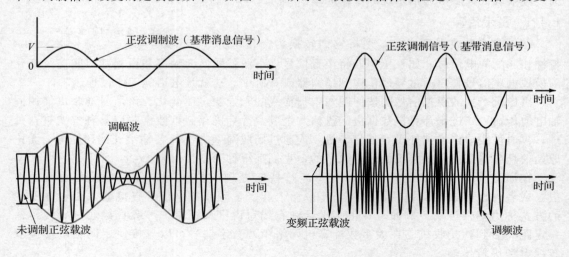

a）振幅调制　　　　　　　　　　　　　b）频率调制

图 1-7　两种调制方式的时域波形示意图

正弦波表达式中的 f（频率）。而相位调制（PM）则是用调制信号改变载波的相位角，相位角是正弦波表达式中的 θ。相位调制会使频率发生变化，因此 PM 波形与 FM 波形相似。通过调制实现数字信号传输的两种常见方式如图 1-8 所示。在图 1-8a 中，用正弦波频率的交替变化来表示数字信号，称为频移键控（FSK）。在图 1-8b 中，则是用正弦波 180° 相位的交替变化来表示数字信号，称为相移键控（PSK）。在调制解调器设备中可以实现信号的数字形式与模拟形式的相互转换。FM 和 PM 都属于角度调制。

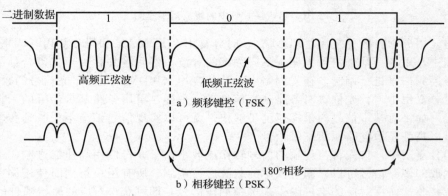

图 1-8　以模拟信号形式传输二进制数据

在接收机处，携带基带信号的已调信号经过放大后，通过解调还原出原始基带信号，解调也称为检波，如图 1-9 所示。

图 1-9　接收机恢复原始基带信号的过程示意图

1.4.3　多路复用

通过调制技术可以实现多路复用。利用多路复用技术可以实现两路或多路信号共用同一传输介质或信道，如图 1-10 所示。多路复用器将各路基带信号转换为复合信号，用于调制发射机中的载波。在接收端，通过解调器恢复出复合信号，然后经过解复用器，重新恢复原始基带信号，如图 1-11 所示。

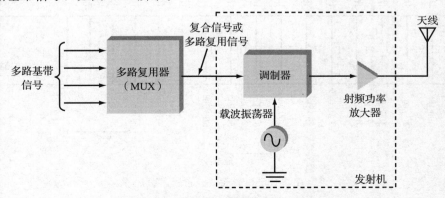

图 1-10　发射机中的多路复用示意图

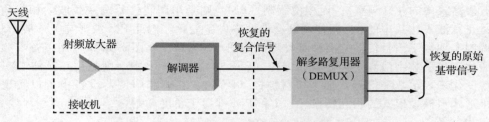

图 1-11　接收机中的解复用示意图

多路复用分为：频分复用（FDMA）、时分复用（TDMA）和码分复用（CDMA）。在频分复用中，用各个基带信号去调制不同频率的载波，然后将其相加形成复合信号，复合信号再对高频信号进行调制。在光网络中，波分复用（WDM）相当于光信号的频分复用。

在时分复用中，首先依次对各路基带信号进行采样，再用各路基带信号的采样值调制载波信号。如果对基带信号的采样速度足够快，就可以实现信号细节不失真地传输，在接收端就可以高度还原各路原始基带信号。

在码分复用中，首先将待传输的信号转换成数字信号，再使用高速二进制码进行唯一编码。生成的多路信号可以对同一频率的载波进行调制。所有用户可同时使用同一个通信信道。在接收端使用对应的唯一编码来选择期望信号，即可获得对应的原始基带信号。

1.5　电磁频谱

电磁波的电场和磁场的振幅以特定的频率变化，并产生振荡信号。电场强度会按规律波动，它的极性在每秒内按一定次数发生反转。电磁波呈正弦规律变化，频率单位为每秒周期数（cps）或赫兹（Hz）。电磁波频率可能非常低，也可能非常高。包含电磁波信号的频率范围称为电磁频谱。

凡是能辐射到自由空间的电信号都属于电磁波，但不包括通过电缆传输的信号。虽然电缆所传输的信号可能与电磁频谱中的信号频率相同，但它们不属于射频信号。图 1-12 所示为整个电磁频谱，图 1-12 中给出了各个频率和对应的波长值。在电磁频谱的中间位置是最常用的无线电频谱，主要用于双向通信、电视、蜂窝移动电话、无线局域网、雷达等系统。在频谱的上端是红外光和可见光。表 1-2 列出了通信系统中电磁频谱的常用频段。

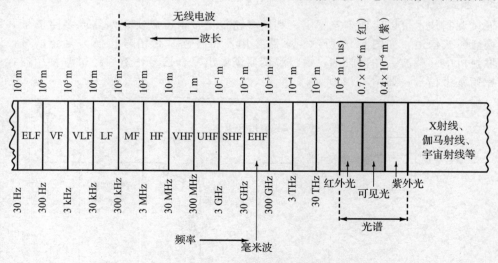

图 1-12　电磁频谱分布示意图

表 1-2 通信系统中电磁频谱的常用频段

名称	频率/Hz	波长/m
极低频（ELF）	30～300	10^6～10^7
音频（VF）	300～3000	10^5～10^6
甚低频（VLF）	$3×10^3$～$30×10^3$	10^4～10^5
低频（LF）	$30×10^3$～$300×10^3$	10^3～10^4
中频（MF）	$300×10^3$～$3×10^6$	10^2～10^3
高频（HF）	$3×10^6$～$30×10^6$	10^1～10^2
甚高频（VHF）	$30×10^6$～$300×10^6$	1～10^1
特高频（UHF）	$300×10^6$～$3×10^9$	10^{-1}～1
超高频（SHF）	$3×10^9$～$30×10^9$	10^{-2}～10^{-1}
极高频（EHF）	$30×10^9$～$300×10^9$	10^{-3}～10^{-2}
红外光	—	$0.7×10^{-6}$～10^{-6}
可见光	—	$0.4×10^{-6}$～$0.7×10^{-6}$

1.5.1 频率和波长

给定信号在频谱中的具体位置由它的频率和波长决定。

频率。频率是指特定现象在给定时间内重复出现的次数。在电学中，频率是在给定时间内重复波形出现的周期数。一个周期中的波形由两个电压极性反转、电流反转或电磁场振荡组成，该波形循环往复，形成连续且重复的波。频率以每秒周期数（cps）为单位进行测量。在电学中，频率单位是赫兹，以德国物理学家海因里希·赫兹命名，他是电磁学领域的先驱。每秒一个周期等于 1 Hz。因此，440 cps＝440 Hz。

图 1-13a 所示为电压值随时间以正弦波规律发生变化。正半周和负半周构成一个完整的周期。如果在 1 s 内出现 2500 次循环，则其频率为 2500 Hz。

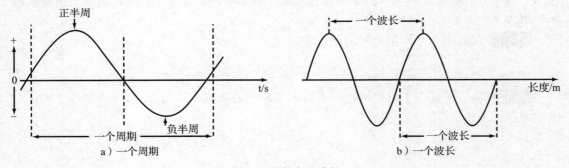

图 1-13 频率和波长

波长。波长是指波在一个周期内传播的距离，单位为 m。如图 1-13b 所示，波长是波的相邻周期的相同点之间的距离。如果信号是电磁波，一个波长就表示信号在自由空间中经过一个周期所传播的长度。该长度就是电场和磁场波的相邻波峰或相邻波谷之间的距离。

波长也是电磁波在一个周期内传播的距离。电磁波以光速传播，即 299 792 458 m/s。光和无线电波在真空或空气中的传输速度通常记为 $3×10^8$ m/s，在电缆等介质中的传输速度要略低一些。

习惯上使用希腊字母 λ （lambda）表示信号波长，可以用光速除以电磁波频率 f （单位为 Hz）来计算波长：$\lambda＝30\,000\,000/f$。例如，4 000 000 Hz 信号的波长为

$$\lambda＝300\,000\,000/4\,000\,000＝75 \text{ m}$$

如果频率单位是 MHz，则上式可简化为 λ（单位为 m）$=300/f$（MHz）或 λ（ft）$=984/f$（MHz）。

电磁学领域的先驱

1887 年，德国物理学家海因里希·赫兹（Heinrich Hertz）首次证明了电磁辐射在太空中的作用。虽然传输距离只有几英尺（1 英尺＝0.3048 m），但该实验证明了无线电波可以在不借助金属导线的情况下，在空间两点之间传输。赫兹还证明了：无线电波虽然不像光波那样是肉眼可见的，但其传播速度与光波相同。（Grob/Schultz, Basic Electronics, 9th ed., Glencoe/McGraw-Hill, 2003, P.4）

频率为 4 000 000 Hz 信号可以表示为 4 MHz。因此，$\lambda=300/4=75$ m。

如例 1-1 中第二个表达式所示，波长为 0.697 m 对应的频率被称为甚高频（VHF）信号。甚高频波长有时用厘米（cm）表示。由于 1 m＝100 cm，可以将例 1-1 中 0.697 m 的波长表示为 69.7 cm，或约 70 cm。

例 1-1 计算 150 MHz、430 MHz、8 MHz 与 750 kHz 信号的波长。

a. $\lambda = \dfrac{300\,000\,000}{150\,000\,000} = \dfrac{300}{150} = 2$ m

b. $\lambda = \dfrac{300}{430} = 0.697$ m

c. $\lambda = \dfrac{300}{8} = 37.5$ m

d. 由于 750 kHz＝750 000 Hz：

$$\lambda = \frac{300\,000\,000}{750\,000} = 400 \text{ m}$$

由于 750 kHz＝0.75 MHz：

$$\lambda = \frac{300}{0.75} = 400 \text{ m} \qquad \blacktriangleleft$$

如果信号的波长已知或可以通过测量获得，则可以通过表达式 $f=300/\lambda$ 来计算信号频率。其中，f 的单位是 MHz，λ 的单位是 m。例如，波长等于 14.29 m 的信号所对应的频率值为 $f=300/14.29=21$（MHz）。

例 1-2 波长为 1.5 m 的信号的频率为：

$$f = \frac{300}{1.5} = 200 \text{（MHz）} \qquad \blacktriangleleft$$

例 1-3 某信号在一个周期的时间间隔内所传播的距离是 75 ft（1 ft＝0.3048 m）。它的频率是多少？

$$1 \text{ m} = 3.28 \text{ ft}$$

$$\frac{75 \text{ ft}}{3.28} = 22.86 \text{ m}$$

$$f = \frac{300}{22.86} = 13.12 \text{（MHz）} \qquad \blacktriangleleft$$

例 1-4 电磁波的峰值间距为 8 in。若以 MHz 为单位，其频率是多少？以 kHz 兹为单位，其频率又是多少？

$$1 \text{ m} = 39.37 \text{ in}$$

$$8 \text{ in} = \frac{8}{39.37} \text{ m} = 0.203 \text{ m}$$

$$f = \frac{300}{0.203} = 1477.8 \text{（MHz）}$$

$$\frac{1477.8}{10^3} = 1.4778 \text{（GHz）} \qquad \blacktriangleleft$$

1.5.2 30 Hz～300 GHz 的频率范围

为了便于进行分类，通常会把电磁频谱划分为若干个频段，如图 1-12 所示。下面列出的是各个频段中电磁波信号的特性及其应用场合。

极低频。 极低频（ELF）的范围为 30～300 Hz。包括交流市电电源频率（常见的有 50 Hz 和 60 Hz），以及人耳听觉所能感知的音频范围低端的频率。

音频。 语音频率（VF）的范围为 300～3000 Hz。这是人类正常说话的频率范围。尽管人类的听力范围大约为 20～20 000 Hz，但大多数可懂的语言声音都发生在语音频率范围内。

甚低频。 甚低频（VLF）的范围为 9～30 kHz。其中包括人类听力范围的高端，大约为 15～20 kHz。许多乐器发出的声音频率位于 VLF 及 ELF 和 VF 范围。某些政府机构和军事部门会使用 VLF 频段。例如，海军通过 VLF 频段无线电传输与潜艇进行通信。

低频。 低频（LF）的范围为 30～300 kHz。使用该范围的主要通信服务是航空和海上导航。该范围内的频率也被用作副载波，即由基带信息调制的信号。通常由两个或更多子载波组合来调制成最终的高频载波。

中频。 中频（MF）的范围为 300～3000 kHz。该范围内频率的主要应用是 AM 无线电广播（535～1605 kHz）。各种海上和业余无线电通信也工作在该频率范围。

高频。 高频（HF）的范围为 3～30 MHz。这些频率通常被称为短波。在此范围内可以进行各种单工广播和半双工双向无线电通信。许多国家和地区的广播频率都位于该范围内。政府和军事应用也会使用这些频率进行双向通信，如大使馆之间的外交通信。此外，业余无线电和民用频段（CB）通信也使用该频段。

甚高频。 甚高频（VHF）的范围为 30～300 MHz。该频率范围广泛用于多种系统，包括陆地移动通信、海上和航空通信、调频无线广播（88～108 MHz），以及电视频道 2～13。业余无线电爱好者也使用该频段的 2 m 和 6 m 波段。

空白频谱。 空白频谱是指空闲未使用的电视频道。数年前，很多电视台都放弃使用 2～13 频道的频谱，改用频率较高的 14～51 电视频道的某一频谱。因此，在这些频道中存在很多空闲的频谱。这些空闲的电视频道的单个频道带宽为 6 MHz，可以利用其进行其他方式的通信。这些频道位于 54～698 MHz 范围内。电视台弃用的具体频率范围因地理区域的不同而有所不同。6 MHz 的信道带宽可以用于承载用户的遥测数据业务或某些物联网系统中的高速数据。使用这些空白区域不需要频谱使用授权许可，但用户需要在频谱管理数据库中完成注册，所有用户在使用这些空白频道前，要先查询频谱数据库信息，检查该信道是否空闲。这种使用前进行信道检测的要求也是认知无线电（CR）传输技术方案的有机组成部分。CR 是一个自动寻找空闲频谱的通信系统，它允许多个用户共用一个可用的空白频道。美国联邦通信委员会（FCC）的相关规定对其发射功率电平进行了限制，但在较低频率下，通过适当的数字调制方法和性能良好的天线，可以实现数千米距离内的通信传输。目前已经为此类无线通信应用制定了一些新标准，不过到目前为止，被实际系统应用所采纳的这类标准并不多。

特高频。 特高频（UHF）的范围为 300 MHz～3000 MHz。这也是频谱中广泛使用的部分。它包括 UHF 电视频道 14～51，可用于陆地移动通信系统，如蜂窝电话及军事通信。部分雷达和导航业务也工作于 UHF 频谱范围内，另外还有业余无线电爱好者使用该频段。

微波和超高频。 介于 1 GHz～30 GHz 范围之间的频率称为微波。微波炉通常工作在 2.45 GHz。超高频（SHF）的范围为 3～30 GHz，该频段被广泛用于卫星通信和雷达。Wi-Fi 等无线局域网和很多蜂窝电话系统也主要工作于该频段。

极高频。 极高频（EHF）的范围为 30～300 GHz。频率高于 30 GHz 的电磁波信号称为毫米波。工作于该频段的通信收发设备的复杂度和成本非常高，但这一频段在卫星电话、计算机数据、第五代（5G）蜂窝网络和一些专用雷达中的使用越来越广泛。

300 GHz 和光谱之间的频率。 该频段也称为太赫兹频谱，该频段尚未得到应用。它是无线电和光谱之间的过渡频段，硬件及元器件的相对缺乏限制了该频段的使用。

1.5.3 光谱范围

在毫米波区域之上的是光谱，即光波所占据的区域。有三种不同类型的光波：红外光、可见光和紫外光。

红外光。 红外光频谱介于极高频（即毫米波）和可见光之间。红外光的波长范围为 0.1 mm～700 nm。红外波长通常以 μm 或 nm 为单位。

红外辐射通常与热有关。灯泡、人体和能产生热量的物理设备均可辐射红外光。红外信号也可以由特殊类型的发光二极管（LED）和激光器产生。

红外信号可以用于各种专用通信系统。例如，红外光在天文学中可用于探测宇宙中的恒星和其他物理天体，或用于武器系统的制导等。

在制导方面，可以使用红外探测器检测飞机或导弹所辐射的热量，引导导弹攻击目标。红外光也广泛用于电视机的遥控器中，其中专用的编码信号通过红外光 LED 发射到电视机，可实现频道切换、音量设置和执行其他功能。红外光还是光纤通信系统的主要工作频段。

红外信号具有许多与可见光谱信号相同的特性。所以，可以使用透镜和镜子等光学设备处理和调整红外信号，在光纤通信系统中的光纤所传输的也是红外光信号。

> **拓展知识**
>
> 尽管建立光纤网络或无线网络的成本很高，但如果该网络对每个新增用户都能提供服务，则是比较经济划算的。网络所能服务的用户数量越多，总体建设成本就相对越低。

可见光。 在红外光区域之上是可见光谱。光是一种特殊类型的电磁波辐射，其波长范围为 0.4～0.8 μm（400～800 nm）。光波长单位通常用埃（Å）表示，1 Å ＝ 10^{-10} m。可见光范围约为 8000 Å（对应为红色光）至 4000 Å（对应为紫色光）。红色光是低频或长波光，而紫色光则是高频或短波长光。

可见光也可以用于各种通信系统。光波可以被调制并通过玻璃纤维传输，与电信号通过导线传输的原理类似。光信号的最大优点是其极高的频率能够携带海量信息。也就是说，传输的基带信号带宽可以非常大。

光信号也可以通过自由空间进行传输。目前已经诞生了使用激光器辐射特定波长光束的可见光通信系统。激光器能产生极窄光束，可以通过调制来传输语音、视频和数据信息。

紫外光。 紫外光（UV）的波长范围约为 4～400 nm。太阳产生的紫外光容易晒伤皮肤。紫外光也可由汞蒸气灯及荧光灯和太阳灯等灯具产生。紫外光一般不用于通信系统；它主要应用于医疗领域。

在可见光区域之外是 X 射线、伽马射线和宇宙射线。它们都是电磁波辐射的表现形式，但这些频段尚未用于通信系统，故这里不予讨论。

1.6 带宽

带宽（BW）是指信号占用电磁频谱的多少，也可理解为接收机或其他电子电路工作的频率范围。更具体地说，带宽是信号或设备工作频率范围的上限和下限频率之差。图 1-14 所示为 300～3000 Hz 的语音频率范围的带宽。上限频率为 f_2，下限频率为 f_1。

其带宽为：

$$BW = f_2 - f_1$$

例 1-5 某信号通常使用的频率范围是 902～928 MHz。其带宽为多少？

$$f_1 = 902\ \text{MHz} \quad f_2 = 928\ \text{MHz}$$

$$BW = f_2 - f_1 = 928 - 902 = 26\ (\text{MHz}) \blacktriangleleft$$

例 1-6 汽车雷达使用的信号带宽为 5 GHz。如果其频率下限为 76 GHz，则其频率上限为多少？

$$BW = 5\ \text{GHz} \quad f_1 = 76\ \text{GHz}$$

$$BW = f_2 - f_1$$

$$f_2 = BW + f_1 = 5 + 76 = 81\ (\text{GHz}) \blacktriangleleft$$

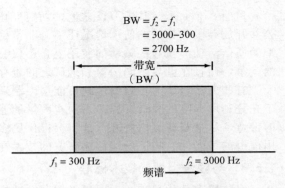

图 1-14 带宽是设备工作的频率范围或信号占用的频谱宽度（图为语音信号的带宽示意图）

1.6.1 信道带宽

如果用原始信息去调制电磁频谱中的某个载波信号，已调信号的频谱就会分布在载波频率周围。在调制过程中会产生新的信号分量，称为边带信号，它位于载波频率附近，其分布的频率范围与调制信号频率相同。例如，在 AM 广播系统中，可以发送最高频率为 5 kHz 的音频信号。如果载波频率为 1000 kHz 或 1 MHz，调制信号频率为 5 kHz，则边带信号分布在 1000 kHz－5 kHz＝995 kHz 和 1000 kHz＋5 kHz＝1005 kHz 两个频点之间。也就是说，调制过程不仅仅传输 1000 kHz 的载波信号，还要传输占用一定频谱宽度的边带信号。因此，带宽是一个包含待传输信息的频率范围，信道带宽是指传输期望信号所需的频谱宽度。

上述已调 AM 信号的带宽等于其发射最高频率和最低频率之间的差值：BW＝1005 kHz－995 kHz＝10 kHz。即信道带宽为 10 kHz。因此，AM 广播信号占用的带宽为 10 kHz。

显然，在相同频率或混叠频率上传输信号会产生相互干扰。因此，给定的频谱所能传输信号的带宽是有限的。随着通信技术的发展，需要更多的信道进行通信传输。这种需求促进了更高频率通信设备的研发。在第二次世界大战之前，1 GHz 以上的频段并未被开发利用，原因是没有工作于该频段的电子器件。后来，由于多年以来在技术上所取得的长足进步，人们研发出了许多微波器件，如速调管、磁控管和行波管，以及晶体管、集成电路和其他在常规条件下就可以工作在微波和毫米波范围内的半导体器件。

1.6.2 频率越高带宽越大

通信中载波频率越高越好，这是因为：给定带宽的信号在高频段所占频谱的百分比小于低频段。例如，在 1000 kHz 下，10 kHz 带宽的 AM 信号所占频谱百分比为 1%：

$$频谱百分比 = \frac{10\ \text{kHz}}{1000\ \text{kHz}} \times 100 = 1\%$$

而将载波频率提高到 1 GHz 或 1 000 000 kHz 后，其百分比下降到 1% 的千分之一：

$$频谱百分比 = \frac{10\ \text{kHz}}{1\ 000\ 000\ \text{kHz}} \times 100 = 0.001\%$$

这说明在较高频率比较低频率拥有更多的带宽为 10 kHz 的信道。换句话说，频率越高的载波信号可以提供的频谱或带宽也就越多。

更高的频率也能够传输带宽更宽的信号。例如，电视信号占用 6 MHz 的带宽。如果电视信号使用 MF 或 HF 频段范围内的载波，它可能会占用该频段内所有可用的频谱。所以，电视广播通常工作在 VHF 和 UHF 频段，因为该频段的频谱所提供的可用带宽足够宽。

目前，30 kHz～100 GHz 之间的所有频谱基本上都已经被分配使用了。虽然其中部分公共开放频段和频谱的使用情况还不是非常拥挤，但是这些电磁频谱中还是充斥了各种类型的通信活动。在这些频率的使用上，不仅有公司、个人和各个运营商面向政府服务之间的竞争，而且在世界不同国家和地区之间也存在着竞争。电磁频谱是最宝贵的自然资源之一。有些人甚至认为，频谱短缺可能会限制新的无线技术发展。因此，通信工程必须致力于充分利用有限的频谱资源。目前有大量的通信相关技术研发投入，以减小传输信息所需的带宽，尽量节省频谱资源。这将会提供更多的带宽资源，为新的通信业务或用户提供使用信道的可能性。相关压缩传输带宽的技术在本书后续章节中会有详细地讨论。

1.6.3 与频谱相关的技术标准

通信标准是公司和个人用户必须遵循的规范和指南，它可以确保通信系统中收发设备之间的兼容性。虽然通信的概念很简单，但是发送和接收信息的方法可以是多样的，因为大家可以使用多种不同的方法来实现调制、复用和处理待传输的信息。如果每个系统都使用研发工程师自行定义的技术方案，那么系统之间很可能存在不兼容的问题，无法实现彼此间正常的通信。所以，在实际工程中必须制定并遵循相应的技术标准，以确保设计和制造的设备之间具有兼容性。一般用互操作性这个术语来描述制造商之间设备兼容的能力。

定义的标准主要包括通信设备的工作原理、生产制造规范和测量评估方案的详细说明。其所涵盖的规范还包括调制方式、工作频率、复用方式、字长和位格式、数据传输速率、信道编码方式，以及线缆和连接器类型等。这些标准由世界各地众多的非营利组织制定和维护。由工业界和学术界的相关人员组成的委员会通过开会、协商制定标准，然后公开发布。如果实际工程需求发生了变化，相关的委员会还应该对技术标准进行修订和改进。

在通信领域的从业者，会经常与各种通信标准打交道。例如，长途电话传输、数字蜂窝电话、局域网和计算机调制解调器的标准。以下列出了维护通信系统标准的相关组织。详细信息可访问相应的网站。

美国国家标准协会（ANSI）——www. ANSI. org。

电子工业联盟（EIA）——www. EIA. org。

欧洲电信标准协会（ETSI）——www. ETSI. org。

电气与电子工程师协会（IEEE）——www. IEEE. org。

国际电信联盟（ITU）——www. ITU. org。

互联网工程任务组（IETF）——www. IETF. org。

光互连论坛（IF）——www. oiforum. com。

美国电信协会（TIA）——www. tiaonline. org。

第三代合作伙伴计划（3GPP）——www. 3GPP. org。

1.7 通信技术应用概览

众所周知，通信技术在日常工作生活中应用广泛。例如，除了使用电话、听收音机和看电视等外，普通用户还可以使用各种电子系统设备，如移动电话、业余无线电、民用频段（CB）和家用无线对讲机、用于互联网接入的家用无线网络、短消息、电子邮件和车库遥控器等。以下列出了通信技术的主要应用。

单工（单向）系统

（1）调幅（AM）和调频（FM）广播。电台播放音乐、新闻、天气预报以及娱乐和信息节目。也包括短波广播。

（2）数字收音机。既有卫星数字收音机也有地面数字收音机。它的无线广播节目以数字信号形式进行传输。

（3）电视广播。电视台通过无线通信方式播放娱乐、信息和教育节目。

（4）数字电视（DTV）。数字电视传输可通过卫星和地面无线两种方法实现，例如高清电视（HDTV）和互联网电视（IPTV）。IPTV 也称为流媒体视频或 OTT 电视系统。

（5）有线电视。用于传输电影、体育赛事和其他电视节目，可通过光纤和同轴电缆传输。

（6）传真。纸质文件内容通过电话线传输。传真机扫描文件后，将其转换为电信号，通过电话网发送，由接收端另一台传真机打印输出。也可以用计算机实现传真的收发。

（7）无线遥控。使用射频电磁波或红外实现远程控制，例如导弹、卫星、无人机、机器人、玩具和其他车辆或远程工厂。另外，遥控无钥匙进入设备、车库门遥控器和电视机遥控器都属于此类应用。

（8）物联网（IoT）。用于对家庭、办公室或其他设施的远程设备、电器和其他物品的监控，通常使用无线通信和互联网组合实现。

（9）导航和定位服务。专用发射站发射的信号，可由专用接收机进行接收，以识别准确位置（纬度和经度）或确定相对方向和距离。此类系统既使用陆地参考站，也使用卫星参考站。该服务既可用于船只或飞机航行，也可以用于陆地车辆行驶导航定位。其中，由 24 颗卫星组成的全球定位系统（GPS）使用最为广泛。

（10）遥测。通过数据传输实现远距离测量。遥测系统使用专用传感器来采集远程位置的各种物理特性参数（温度、压力、流速、电压、频率等）。传感器调制载波信号后通过有线或无线方式发送，远程接收机负责接收、存储和显示数据，用于后续分析处理，例如卫星、火箭、油气管道和工厂等。

（11）射电天文学。恒星和行星等所有天体辐射的信号中包含了红外线在内的几乎所有的无线频谱。使用大型定向天线和高灵敏度、高增益接收机接收此类信号，可用于绘制恒星位置和研究宇宙信息。射电天文学是传统光学天文学的延伸和改进。

（12）监视。监视意味着进行谨慎的监视或"间谍活动"。警察、政府、军事、商业和工业以及其他机构广泛使用电子技术手段来收集信息，以获得某种竞争性优势。监视技术包括电话窃听、微小的无线"窃听器"、秘密监听站、侦察机和卫星等。

（13）音乐广播。连续的背景音乐可由当地的调频广播电台在专用的高频副载波频段上进行传输，普通的调频接收机并不接收该信号，可以通过这种方式将背景音乐传输至办公室、商店、电梯等公共场所。另外 Apple music、Spotify、Pandora、Google Play、Amazon music 等也提供了相同的服务。

（14）互联网广播和视频。音乐和视频可以通过互联网传输到微型计算机上。

双工（双向）系统

（1）电话。电话系统是点对点的语音通信技术，通过铜线、光纤、无线射频和卫星实现传输的全球电话网络。

a）无绳电话作为短距离无线语音通信的解决方案，摆脱了电话听筒与电话机之间连线的束缚，提高了使用的便捷性。

b）移动通信可以通过手机、基站和有线电话系统实现全球无线通信。除了语音通信外，手机还可以方便地收发电子邮件、上网、即时消息通信、看视频、玩游戏。

c）互联网电话，也可称为互联网协议语音（VoIP）电话，它通过互联网使用高速宽带系统（电缆、DSL、无线、光纤）向用户提供数字语音通信服务。

d）卫星电话。一般使用近地轨道卫星，为地球上偏远地区提供全球语音通信服务。

（2）双向对讲机。可以用于车辆、手持设备和基站之间实现语音通信，主要用于商业、工业和政府部门，包括警察、消防、出租车、林业服务、卡车运输公司、飞机、海事、军事和某些政府部门。

（3）雷达。这种特殊的通信手段利用反射的微波信号来探测船只、飞机和导弹，并确定它们的距离、方向和速度。除了用于军事领域外，也用于民航飞机和海上服务。警察可使用雷达进行速度检测。许多新型车辆中的高级驾驶员辅助系统（ADAS）使用雷达实现速度控制、自动制动和障碍物检测等功能。

（4）声呐。在水下通信时，音频基带信号可使用水作为传输介质。潜艇和舰船使用声呐探测敌方潜艇。被动声呐使用音频接收机接收水、螺旋桨和其他噪声。主动声呐就像是水下雷达，通过接收自己发射的超声波脉冲的反射来确定水下目标的方向、距离和速度。

（5）业余无线电。主要是无线电通信爱好者使用，个人可以申请"业余爱好者"资质证书，安装使用无线电收发设备，与其他业余爱好者实现个人通信。

（6）民用无线电。民用频段（CB）广播是一种专用的服务，任何个人都可以使用它与他人进行通信。大多数 CB 无线电通信用于卡车和汽车，用于交换有关交通状况、行车速度和紧急情况等信息。

（7）家用无线对讲机。可以在短距离（<3.2 km）内用手持设备进行的双向通信。

（8）互联网。光纤网络、电信公司、有线电视公司、互联网业务提供商等全球互联业务服务商提供了对数以百万计的网站和页面以及电子邮件（e-mail）万维网（WWW）的访问服务。

（9）广域网（WAN）。全球光纤网络主要用于承载长途电话和互联网服务。

（10）城域网（MAN）。计算机网络可以在特定区域（如大学校园、公司设施或城市）内进行传输。通常以光纤、同轴电缆或无线方式实现信号覆盖。

（11）局域网（LAN）。局域网是办公室或建筑物内的个人计算机（PC）、便携计算机、服务器或大型计算机的有线（或无线）互连，用于电子邮件、互联网访问或共享大容量存储、外设、数据和软件。

思考题

1. 通信始于哪个世纪？
2. 通信系统的四个主要组成部分是什么？请绘图说明它们之间的关系。
3. 列出五种通信传输介质，哪三种最常用？
4. 什么设备用于将消息信号转换为与传输介质相匹配的信号形式？
5. 什么设备用于接收来自传输介质的信号并恢复为原始信号？
6. 什么是收发信机？
7. 传输介质影响信号传输质量的两种方式是什么？
8. 传输介质的另一个名称是什么？
9. 发送信号中所叠加的非期望干扰的名称是什么？
10. 列举三种常见的干扰源。
11. 通过传输介质直接传输的原始信号的名称是什么？
12. 说出原始信号可以存在的两种形式。
13. 单向通信的名称是什么？举三个例子。
14. 同时双向通信的名称是什么？举三个例子。

15. 用于描述双方轮流传输的双向通信的名称是什么？举三个例子。
16. 什么类型的信号是连续变化的语音和视频信号？
17. 通/断消息信号可被称为什么？
18. 语音和视频信号是如何以数字方式传输的？
19. 通常使用哪些术语来指代原始语音、视频或数据信号？
20. 有时必须使用什么技术使待传输信号与传输介质兼容？
21. 恢复原始信号的过程称为什么？
22. 什么是宽带信号？
23. 在介质上同时传输两路或多路基带信号的技术是什么？
24. 用于提取单个通信信道上同时发送的多路信号的技术是什么？
25. 通过自由空间实现远距离传输信号的技术是什么？
26. 无线电波由什么组成？
27. 计算频率分别为 1.5 kHz、18 MHz 和 22 GHz

的信号的波长，单位分别为英里、英尺、厘米。

28. 为什么音频信号不能直接通过电磁波传输？
29. 人类的听力频率范围是多少？
30. 人类语音的大致频率范围是多少？
31. 无线电传输是否使用 VLF 和 LF 频段？
32. AM 广播电台的频率范围是多少？
33. 高频无线电信号的名称是什么？
34. 电视频道 2～13 以及调频广播出现在哪个频段？
35. 列出 UHF 频段的五个主要应用系统。
36. 1 GHz 以上的频率叫什么？
37. 高于 EHF 范围的频率是什么信号？
38. 什么是千分尺，它用来测量什么？
39. 光学频谱的三个范围是什么？
40. 常见的红外信号源有哪些类型？
41. 红外信号的频率范围大概是多少？

42. 解释术语"埃"并说明其用法。
43. 可见光的波长范围是什么？
44. 光信号用于通信中的两种信道或介质是什么？
45. 列举两种通过电话网络传输图片信号的方法。
46. 通过无线电远距离发送个人信息的系统是什么？
47. 通常用什么术语用来描述远距离测量？
48. 列出电话系统中使用无线电的四种方式。
49. 简述雷达的工作原理。
50. 水下雷达叫什么？请举两个例子。
51. 无线电通信爱好者所使用的无线电通信系统的名称是什么？
52. 什么设备使计算机能够通过电话网络交换数据？
53. 实现办公室或建筑物中的个人计算机和其他计算机互联的系统是什么？
54. 无线电的通用同义词是什么？

习题

1. 请计算波长为 40 m、5 m 和 8 cm 的信号所对应的频率。◆
2. 通用交流市电电源的频率位于哪个频段？

3. SHF 和 EHF 频段的主要用途是什么？◆

标有"◆"的习题答案见书末的"部分习题参考答案"。

深度思考题

1. 列举出可以通过改变高频载波的哪三个参数实现基带信号的传输。
2. 列举两个常见的家用遥控器，并说明每个遥控器使用的传输介质类型和频率范围。
3. 射电天文学是如何用来定位和绘制恒星和其他天体的？
4. 你对通信领域的哪个领域最感兴趣，为什么？
5. 假设 ELF 到微波的所有电磁频谱被完全占用了，还可以通过哪些手段挖掘频带潜力？
6. 光速是多少？单位为 ft/μs，以 in/ns 为单位，和以 m/s 为单位又分别是多少？
7. 对光速和音速进行比较，给出结论，并举例说明。

8. 列出五个真实通信应用实例，注意：本章内容中所提及的应用系统不算。
9. 请列举五种你认为实用的有线或无线通信方法。
10. 假如请你设计一种无线应用产品，完成其设计、制造和销售整个过程。假设选择工作频率位于 UHF 频段。问：将如何确定使用的具体频率值，以及如何获得使用许可？
11. 列出你所拥有的、在家中或办公室使用的所有通信产品的详细清单。
12. 你可能见过或听说过用两个纸杯和一根长绳构成的简单通信系统。这样一个简单的系统是如何工作的？

第 2 章
通信电子基础知识

在学习通信电子理论知识之前，需要掌握一定的电子技术方面的基础知识，包括交流（AC）和直流（DC）电路的基本理论、半导体工作原理和特性，以及基本电路的工作原理（包括放大器、振荡器、电源和数字逻辑电路等）。本章的重要知识点包括：用分贝（dB）表示增益和损耗、LC 调谐电路、谐振回路和滤波器，以及傅里叶理论。本章旨在简要回顾这些知识；如果读者已经掌握了相关的基础知识，则可以将本章内容作为复习和参考。

内容提要

学完本章，你将能够：

- 计算电压、电流、增益和衰减（用 dB 表示），包括它们在级联电路中的计算方法。
- 描述品质因数 Q 值、谐振频率和带宽之间的关系。
- 描述通信电路中不同类型的滤波器的基本组成原理，有源滤波器与无源滤波器的区别。
- 描述如何使用开关电容滤波器来提高选择性。
- 描述晶体、陶瓷、SAW 和 BAW 滤波器的优点和工作原理。
- 描述傅里叶理论的内容，举例说明其应用。

2.1 增益、衰减和分贝

在通信过程中需要使用电子电路来处理信号，通过对信号的处理获得所期望的结果。信号处理电路都有一个重要的参数：增益或衰减。

2.1.1 增益

增益就是电路对信号进行放大。例如，信号处理电路如图 2-1 所示，该电路输出信号幅值大于输入信号幅值，则该电路的增益大于 1。电路输入电压为 V_{in}，输出电压为 V_{out}，则电压增益 A_V 为：

$$A_V = \frac{输出电压}{输入电压} = \frac{V_{out}}{V_{in}}$$

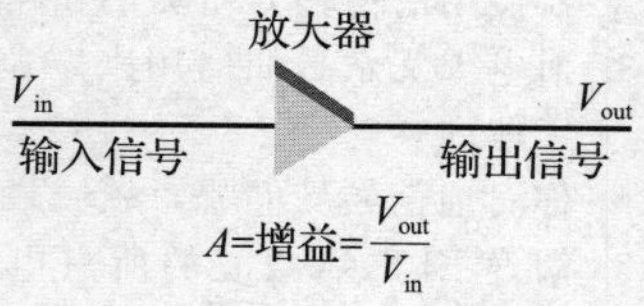

图 2-1 放大器的增益

定义增益为电路输出信号幅度与输入信号幅度之比，即信号的放大倍数。例如，输入为 $150\,\mu V$，输出为 $75\,mV$，则增益为 $A_V = (75 \times 10^{-3})/(150 \times 10^{-6}) = 500$。

只要给定式中的其中两个变量就可以求出第三个变量，由上式可得：$V_{out} = V_{in} \times A_V$ 和 $V_{in} = V_{out}/A_V$。

如果输入信号为 $0.6\,V$，增益为 240，则输入信号 $V_{in} = 0.6/240 = 2.5 \times 10^{-3}(V) = 2.5(mV)$。

例 2-1 放大器输入信号幅度为 $30\,\mu V$，输出信号幅度为 $750\,mV$，求其增益。

$$A_V = \frac{V_{out}}{V_{in}} = \frac{750 \times 10^{-3}}{30 \times 10^{-6}} = 25\,000$$

◀

如果放大器是用于信号功率的放大，则可以参照上式写出功率增益表达式：

$$A_P = \frac{P_{out}}{P_{in}}$$

式中，P_{in} 为输入信号的功率，P_{out} 为输出信号的功率。

例 2-2 放大器的输出信号功率为 6 W，功率增益为 80，求其输入信号功率。

$$A_P = \frac{P_{out}}{P_{in}} \quad 可得 \quad P_{in} = \frac{P_{out}}{A_P}$$

$$P_{in} = 6/80 = 0.075(\text{W}) = 75(\text{mW}) \quad \blacktriangleleft$$

当电路中有两个或者多个信号放大电路级联时，那么该电路的总增益应该是各级电路增益的乘积。图 2-2 所示为三个放大器级联的电路，前级放大器的输出端接到后级放大器的输入端，图中标注了每一级电路的电压增益，则其总增益应该等于三级电路增益之积：$A_T = A_1 \times A_2 \times A_3 = 5 \times 3 \times 4 = 60$。

如果第一级放大器的输入信号幅度为 1 mV，则第三级放大器的输出信号幅度应等于 60 mV，每级放大器的输出取决于它们各自的增益，各放大器的输出电压值如图 2-2 所示。

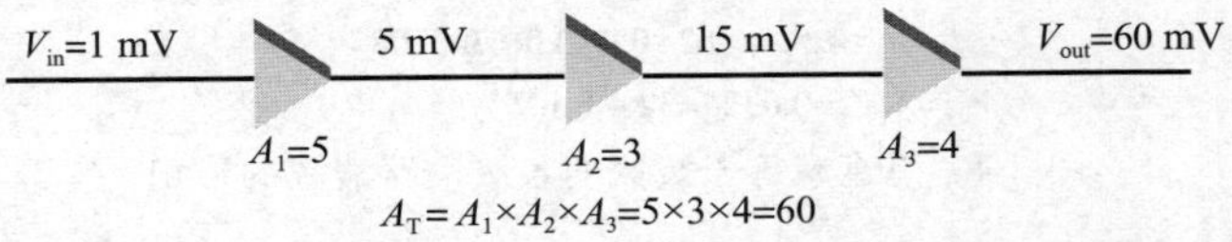

$V_{in} = 1\ mV$　　5 mV　　15 mV　　$V_{out} = 60\ mV$

$A_1 = 5$　　　$A_2 = 3$　　　$A_3 = 4$

$$A_T = A_1 \times A_2 \times A_3 = 5 \times 3 \times 4 = 60$$

图 2-2　级联电路的总增益等于各级放大器增益的乘积

例 2-3 在级联电路中，三个放大器的功率增益分别为 5、2、17，输入功率为 40 mW，求输出功率。

$$A_P = A_1 \times A_2 \times A_3 = 5 \times 2 \times 17 = 170$$

$$A_P = \frac{P_{out}}{P_{in}} \quad 可得 \quad P_{out} = A_P P_{in}$$

$$P_{out} = 170 \times (40 \times 10^{-3}) = 6.8(\text{W}) \quad \blacktriangleleft$$

例 2-4 某两级放大器级联电路，其输入功率为 25 μW，输出功率为 1.5 mW，第一级电路增益为 3，求第二级电路增益。

$$A_P = \frac{P_{out}}{P_{in}} = \frac{1.5 \times 10^{-3}}{25 \times 10^{-6}} = 60$$

$$A_P = A_1 \times A_2$$

如果 $A_1 = 3$，则 $60 = 3 \times A_2$，$A_2 = 60/3 = 20$。 $\quad \blacktriangleleft$

2.1.2　衰减

衰减是指信号经过电路或器件所产生的损耗。实际上，很多电路不仅没有放大信号的功能，反而对信号会有所衰减。如果电路的输出信号幅度小于输入信号幅度，则说明该电路存在损耗或衰减。与增益类似，衰减也同样定义为输出与输入之比，也使用字母 A 来表示：

$$衰减\ A = \frac{输出信号电压}{输入信号电压} = \frac{V_{out}}{V_{in}}$$

如果电路有衰减，那么该电路增益小于 1，即输出小于输入。

分压电路就是一种简单的衰减电路。如图 2-3 所示，输出电压是输入电压在电阻上的分压结果，可得该电路的增益或衰减为：

$$A = R_2/(R_1 + R_2) = 100/(200 + 100)$$
$$= 100/300 = 0.3333$$

如果电路的输入电压为 10 V，则输出为：

$$V_{out} = V_{in} \times A = 10 \times 0.3333 = 3.333(\text{V})$$

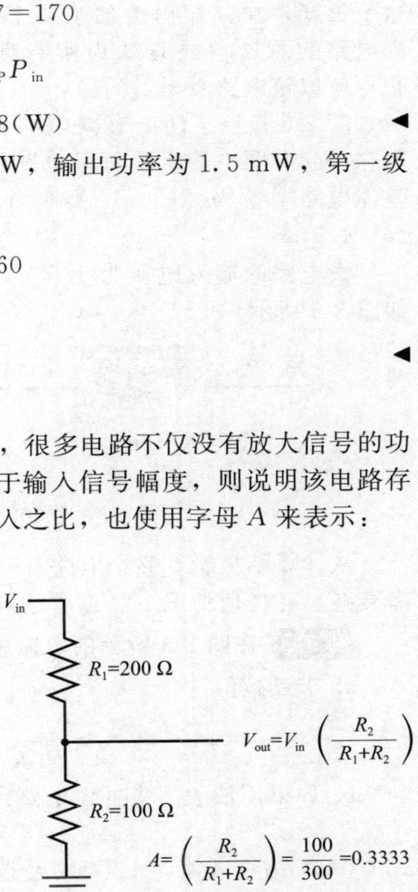

V_{in}

$R_1 = 200\ \Omega$

$V_{out} = V_{in}\left(\dfrac{R_2}{R_1 + R_2}\right)$

$R_2 = 100\ \Omega$

$$A = \left(\frac{R_2}{R_1 + R_2}\right) = \frac{100}{300} = 0.3333$$

图 2-3　分压电路产生衰减示意图

当多级衰减电路级联时，电路的总衰减是各单级电路衰减的乘积。以图 2-4 为例，图中给出了每一级电路的衰减因子，则总衰减为：

$$A_{\text{T}} = A_1 \times A_2 \times A_3$$

在图 2-4 中，电路总衰减为：

$$A_{\text{T}} = 0.2 \times 0.9 \times 0.06 = 0.0108$$

如果输入电压为 3 V，则输出电压为：

$$A_{\text{out}} = A_{\text{T}} V_{\text{in}} = 0.0108 \times 3 = 32.4 (\text{mV})$$

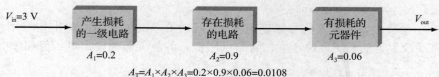

图 2-4　总衰减等于级联的各级电路衰减的乘积

在通信系统和设备中，通常会将具有增益和衰减的级联电路组合使用，例如，可以使用放大器补偿电路所产生的损耗。如图 2-5 所示，这里的分压电路损失了 3/4 的电压值，或者说其衰减为 0.25。为了抵消这个损耗，在其输出端加了一个增益为 4 的放大器，而电路的总增益或衰减为所有衰减和增益因子的乘积，所以该电路总增益为 $A_{\text{T}} = A_1 A_2 = 0.25 \times 4 = 1$。

图 2-6 显示了两个衰减电路和两个放大器电路级联在一起，图中给出了每级电路的增益和衰减值，则整体电路增益为 $A_{\text{T}} = A_1 A_2 A_3 A_4 = 0.1 \times 10 \times 0.3 \times 15 = 4.5$。

设电路的输入电压为 1.5 V，则各级电路的输出如图 2-6 所示。

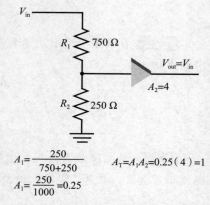

图 2-5　用放大器增益实现衰减补偿示意图

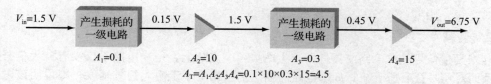

图 2-6　总增益是各级增益和衰减的乘积

从计算结果看，整个电路有一个净增益；在某些情况下，整个电路或系统可能表现为净衰减。在任何情况下，总增益或衰耗均是由各级电路中各自的增益和衰减所决定的。

例 2-5　在图 2-5 所示的电路中，如果 $R_1 = 10 \text{ k}\Omega$，$R_2 = 470 \ \Omega$。

a. 求衰减值。

$$A_1 = \frac{R_2}{R_1 + R_2} = \frac{470}{10\ 470} \qquad A_1 = 0.045$$

b. 如果用放大器来补偿电路产生的损耗，求该放大器增益。

$$A_{\text{T}} = A_1 A_2$$

式中，A_1 为衰减值，A_2 为放大器增益。

$$1 = 0.045 A_2 \qquad A_2 = \frac{1}{0.045} = 22.3$$

显然，要想使放大器抵消电路的衰减，放大器增益取衰减的倒数即可：$A_2 = 1/A_1$。 ◀

例 2-6 放大器的增益为 45 000，输入电压为 20 μV，要使电路输出电压不超过 100 mV，则需要引入的电路衰减应该是多少？设 A_1 为放大器增益，$A_1 = 45\ 000$，A_2 为衰减，A_T 为总增益。

$$A_T = \frac{V_{out}}{V_{in}} = \frac{100 \times 10^{-3}}{20 \times 10^{-6}} = 5000$$

$$A_T = A_1 A_2 \quad 因此 \quad A_2 = \frac{A_T}{A_1} = \frac{5000}{45\ 000} = 0.1111$$ ◀

2.1.3 分贝

电路的增益或损耗通常用分贝（dB）表示，它最初是一种计量单位，用来表示人耳对不同声音音量的听觉反应，一分贝是十分之一贝尔。

当增益和衰减都用分贝表示时，电路的总增益或衰减运算就可以简单地用加减运算取代乘除运算。

一般情况下，电路和系统的增益或衰减的数值可能比较大，经常会超过 10^6。如果用对数将其转换为分贝来表示，则能显著减小增益和衰减的数值，这更方便使用。

分贝计算。 可以利用下面的几个公式计算电路的增益或衰减。

$$dB = 20 \log (V_{out}/V_{in}) \tag{2-1}$$
$$dB = 20 \log (I_{out}/I_{in}) \tag{2-2}$$
$$dB = 20 \log (P_{out}/P_{in}) \tag{2-3}$$

式（2-1）用于计算电路的电压增益或衰减；式（2-2）用于计算电流增益或衰减。先计算电压或电流的输出与输入的比值，然后对比值取以 10 为底数的对数，即常用对数，再乘以 20，即可得到用分贝表示的增益或衰减值。

式（2-3）用于计算功率增益或衰减。先计算输出功率与输入功率的比值，然后同样对该比值取常用对数，最后再乘以 10。

例 2-7 a. 放大器的输入为电压 3 mV，输出为 5 mV，求增益（月分贝表示）。

$$dB = 20 \log \frac{5}{0.003} = 20 \log 1666.67 = 20 \times 3.22 = 64.4$$

b. 滤波器的输入功率为 50 mW，输出为 2 mW，求增益或衰减。

$$dB = 10 \log \frac{2}{50} = 10 \log 0.04 = 10 \times (-1.398) = -13.98$$

注意：当电路为放大电路时，用 dB 表示的增益为正数。如果增益小于 1，即电路存在衰减，则用 dB 表示的增益为负数。 ◀

如果想要计算一个电路或系统的总增益或衰减，只需将所有单级电路的增益（dB）和衰减（dB）相加即可。如图 2-7 所示，图中有两级放大电路和一级衰减电路，该电路的总增益为

$$A_T = A_1 + A_2 + A_3 = 15 - 20 + 35 = 30 (dB)$$

$A_1 = 15\ dB$ $A_2 = -20\ dB$ $A_3 = 35\ dB$

产生损耗的一级电路

$A_T = A_1 + A_2 + A_3$
$A_T = 15 - 20 + 35 = 30\ dB$

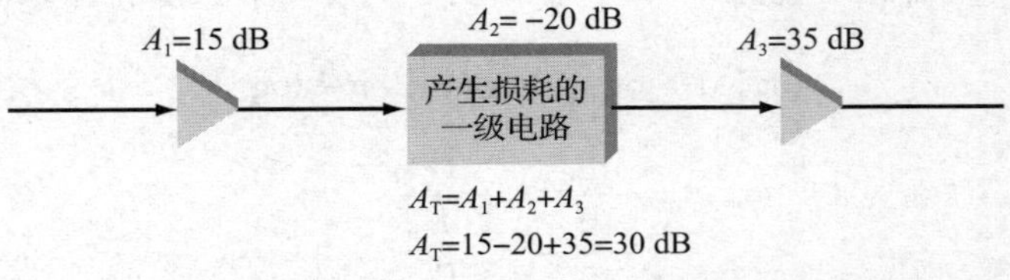

图 2-7 总增益或衰减是以分贝为单位的所有单级增益的代数和

分贝普遍用于表示电路的增益和衰减。下表中给出了一些常见的增益和衰减值以及对应的分贝值。

用 dB 表示的增益或衰减					
比值（功率或电压）	功率	电压	比值（功率或电压）	功率	电压
0.000 001	−60	−120	1	0	0
0.000 01	−50	−100	2	3	6
0.0001	−40	−80	10	10	20
0.001	−30	−60	100	20	40
0.01	−20	−40	1000	30	60
0.1	−10	−20	10 000	40	80
0.5	−3	−6	100 000	50	100

如果输出与输入之比小于 1，则其分贝值为负数，表示衰减。电路的输出与输入之比为 2，则可以表示 3 dB 的功率增益或 6 dB 的电压增益。

反对数。 如果给定分贝表示的增益或衰减值及输出值或输入值，求输出或输入电压或功率值，就需要用到反对数。反对数是将底数放到真数位置所计算的结果，也就是计算指数：

$$\mathrm{dB}=10 \log (P_{\mathrm{out}}/P_{\mathrm{in}}) \quad 和 \quad \mathrm{dB}/10 = \log (P_{\mathrm{out}}/P_{\mathrm{in}})$$

以及

$$P_{\mathrm{out}}/P_{\mathrm{in}}=\mathrm{antilog}\,(\mathrm{dB}/10)=\log^{-1}(\mathrm{dB}/10)$$

由上式可知，反对数就是对底数求（dB 值/10）次幂的结果。

需要强调的是，数字 N 的对数 y 必须以 10 为底数。

$$N=10^{y} \quad y=\log N$$

因为

$$\mathrm{dB}=10 \log \frac{P_{\mathrm{out}}}{P_{\mathrm{in}}}$$

$$\frac{\mathrm{dB}}{10} = \log \frac{P_{\mathrm{out}}}{P_{\mathrm{in}}}$$

所以

$$\frac{P_{\mathrm{out}}}{P_{\mathrm{in}}}=10^{\mathrm{dB}/10} = \log^{-1}\frac{\mathrm{dB}}{10}$$

反对数很容易用科学计算器计算出来。要计算常用对数或者以 10 为底的对数的反对数，通常需要先按计算器上的 "Inv" 键或者第二功能键 "2nd"，然后按 "log" 键。有时 "log" 键上还标记了 10^{x}，表示反对数计算；底数为 e 的对数 "ln" 的反函数计算同上，利用按键上的 Inv 键或者第二功能键 "2nd"。"ln" 键有时也标记为 e^{x}，表示 ln 的反对数计算。

例 2-8 功率放大器的增益为 40 dB，输出功率为 100 W，求其输入功率。

$$\mathrm{dB}=10 \log \frac{P_{\mathrm{out}}}{P_{\mathrm{in}}} \quad \mathrm{antilog}=\log^{-1}$$

$$\frac{\mathrm{dB}}{10} = \log \frac{P_{\mathrm{out}}}{P_{\mathrm{in}}}$$

$$\frac{40}{10} = \log \frac{P_{\mathrm{out}}}{P_{\mathrm{in}}}$$

$$4 = \log \frac{P_{\text{out}}}{P_{\text{in}}}$$

$$\text{antilog } 4 = \text{antilog} \left(\log \frac{P_{\text{out}}}{P_{\text{in}}} \right)$$

$$\log^{-1} 4 = \frac{P_{\text{out}}}{P_{\text{in}}}$$

$$\frac{P_{\text{out}}}{P_{\text{in}}} = 10^4 = 10\ 000$$

$$P_{\text{in}} = \frac{P_{\text{out}}}{10\ 000} = \frac{100}{10\ 000} = 0.01(\text{W}) = 10(\text{mW}) \quad \blacktriangleleft$$

例 2-9　放大器的增益为 60 dB，若输入电压为 50 μV，求输出电压。

因为

$$\text{dB} = 20 \log \frac{V_{\text{out}}}{V_{\text{in}}}$$

$$\frac{\text{dB}}{20} = \log \frac{V_{\text{out}}}{V_{\text{in}}}$$

所以

$$\frac{V_{\text{out}}}{V_{\text{in}}} = \log^{-1} \frac{\text{dB}}{20} = 10^{\text{dB}/20}$$

$$\frac{V_{\text{out}}}{V_{\text{in}}} = 10^{60/20} = 10^3$$

$$\frac{V_{\text{out}}}{V_{\text{in}}} = 10^3 = 1000$$

$$V_{\text{out}} = 1000 V_{\text{in}} = 1000 \times (50 \times 10^{-6}) = 0.05(\text{V}) = 50(\text{mV}) \quad \blacktriangleleft$$

dBm。 电路的增益或衰减用分贝表示，其实也就是输出和输入之比，计算的比值结果是一个无量纲的相对值。所以，如果看到某个参数是用 dB 表示的，可能无法知道其所代表的实际电压值或功率值。在一般情况下可能问题不大，但是有时还是有必要知道所涉及的实际电压或功率绝对值。当需要一个绝对值时，可以使用一个参考值来表示。

在通信中常用的参考电平是 1 mW，绝对值与 1 mW 的比值表示分贝值，用 dBm 表示。标准功率分贝计算表达式中的分母取 1 mW：

$$\text{dBm} = 10 \log \frac{P_{\text{out}}(\text{W})}{0.001(\text{W})}$$

式中，P_{out} 是输出功率，P_{out} 也就是用 dBm 表示的功率绝对值，1 mW 等于 0.001 W。

如果放大器的功率为 1 W，下式可以得到以 dBm 表示的结果：

$$\text{dBm} = 10 \log \frac{1}{0.001} = 10 \log 1000 = 10 \times 3 = 30(\text{dBm})$$

有时电路或者设备的输出结果也用 dBm 表示。比如传声器的输出值为 −50 dBm，则表示其实际的输出功率为：

拓展知识

从声音测量的角度看，0 dB 是不可察觉的声音（听力阈值），120 dB 等于声音的最大值。下面列出了常见声音强度值。（Tippens, Physics, 6th ed., Glencoe/McGraw Hill, 2001, p. 497）

声音源	强度值（dB）
听力阈值	0
树叶摩擦	10
低声耳语	20
收音机静音	40
正常的谈话	65
繁忙的街角	80
地铁车厢	100
听觉痛阈	120
喷气发动机	140～160

$$-50 \text{ dBm} = 10 \log \frac{P_{\text{out}}}{0.001}$$

$$\frac{-50 \text{ dBm}}{10} = \log \frac{P_{\text{out}}}{0.001}$$

因此

$$\frac{P_{\text{out}}}{0.001} = 10^{-50\text{dBm}/10} = 10^{-5} = 0.00001$$

$$P_{\text{out}} = 0.001 \times 0.00001 = 10^{-3} \times 10^{-5} = 10^{-8} (\text{W}) = 10 \times 10^{-9} (\text{W}) = 10 \text{ nW}$$

例 2-10 功率放大器的输入电压为 90 mV，输入阻抗为 10 kΩ，输出端接了 8 Ω 阻抗的扬声器，输出电压为 7.8 V，求该功放电路的功率增益。要求必须先算出输入和输出功率值。

$$P = \frac{V^2}{R}$$

$$P_{\text{in}} = \frac{(90 \times 10^{-3})^2}{10^4} = 8.1 \times 10^{-7} (\text{W})$$

$$P_{\text{out}} = \frac{(7.8)^2}{8} = 7.605 (\text{W})$$

$$A_{\text{P}} = \frac{P_{\text{out}}}{P_{\text{in}}} = \frac{7.605}{8.1 \times 10^{-7}} = 9.39 \times 10^6$$

$$A_{\text{P}}(\text{dB}) = 10 \log A_{\text{P}} = 10 \log 9.39 \times 10^6 = 69.7 (\text{dB}) \qquad \blacktriangleleft$$

dBc。 这也是用分贝表示的增益或者衰减单位，参考值为载波功率。载波是用于调制的标准正弦波信号。通常，振幅的边带信号、谐波及干扰信号都是以载波为参考的。例如，对于 10 W 的载波中存在 1 mW 的杂散干扰信号，则用 dBc 表示为：

$$\text{dBc} = 10 \log (P_{\text{信号}} / P_{\text{载波}})$$

$$\text{dBc} = 10 \log (0.001/10) = 10 \times (-4) = -40$$

例 2-11 放大器的功率增益为 28 dB，输入功率为 36 mW，求输出功率。

$$\frac{P_{\text{out}}}{P_{\text{in}}} = 10^{\text{dB}/10} = 10^{2.8} = 630.96$$

$$P_{\text{out}} = 630.96 P_{\text{in}} = 630.96(36 \times 10^{-3}) = 22.71 (\text{W}) \qquad \blacktriangleleft$$

例 2-12 一电路由两个放大器和两个滤波器级联组成，放大器的增益分别为 6.8 dB 和 14.3 dB，滤波器的衰减分别为 −16.4 dB 和 −12.9 dB。若该电路输出电压为 800 mV，求输入电压。

$$A_{\text{T}} = A_1 + A_2 + A_3 + A_4 = 6.8 + 14.3 - 16.4 - 2.9 = 1.8 (\text{dB})$$

$$A_{\text{T}} = \frac{V_{\text{out}}}{V_{\text{in}}} = 10^{\text{dB}/20} = 10^{1.8/20} = 10^{0.09}$$

$$\frac{V_{\text{out}}}{V_{\text{in}}} = 10^{0.09} = 1.23$$

$$V_{\text{in}} = \frac{V_{\text{out}}}{1.23} = \frac{800}{1.23} = 650.4 (\text{mV}) \qquad \blacktriangleleft$$

例 2-13 将 $P_{\text{out}} = 12.3$ dBm 以 W 为单位表示。

$$\frac{P_{\text{out}}}{0.001} = 10^{\text{dBm}/10} = 10^{12.3/10} = 10^{1.23} = 17$$

$$P_{\text{out}} = 0.001 \times 17 = 17 (\text{mW}) \qquad \blacktriangleleft$$

2.2 调谐电路

几乎所有的通信设备都包含调谐电路，它通常由电感和电容组成。本节将回顾串联和并联谐振电路的电抗、谐振频率、阻抗、Q 和带宽的计算方法。

2.2.1 电抗元件

常见调谐电路和滤波器通常都由电感和电容元件组成，这些电抗元件包括线圈、电容以及电路中固有的杂散、分布电感和电容。线圈和电容会产生一种阻碍电流的特性，称为电抗，用欧姆（Ω）表示。与电阻一样，电抗也对电流有阻碍作用。此外，电抗效应会使得电路中的电流和电压之间产生相移。电容会导致电流相位超前于电压；而电感则相反，会导致电流相位滞后于电压。一般利用线圈和电容器构成调谐或谐振电路。

贴片电容（AVX 公司产品）

电容。 交流电路会对其中的电容进行连续的充电和放电，而电容将会阻碍两极电压发生变化，这种对电压变化起到阻碍的特性称为容抗，记为 X_C。

电容的容抗与电容值 C、工作频率 f 均成反比，可由下式计算

$$X_C = \frac{1}{2\pi f C}$$

标称值为 100 pF 的电容工作在 2 MHz 频率下，其容抗为

$$X_C = \frac{1}{6.28 \times (2 \times 10^6) \times (100 \times 10^{-12})} = 796.2 (\Omega)$$

根据不同的已知条件，可以利用该公式计算频率或电容，如

$$f = \frac{1}{2\pi X_C C} \quad \text{和} \quad C = \frac{1}{2\pi f X_C}$$

电容的两个引脚导线一般都有电阻和电感，并且电容内的电介质还存在漏电流，等效为并联在电容上的泄漏电阻，上述特性参数如图 2-8 所示，这些特性也被称作残留特性或寄生特性。等效的串联电阻和电感都是非常小的，而泄漏电阻又非常大，所以这些寄生特性在低频时影响较小，可以忽略不计；然而在射频频率下，这些寄生参数就不能

> **拓展知识**
> 电路中的杂散和分布电容、电感会严重影响电路的工作状态和特性参数。

忽略了，它们会与电容本身构成一个复杂的 RLC 电路。为了减小寄生参数的影响，可以尽量缩短电容引脚导线的长度。更好的解决方案就是采用贴片封装电容，因为贴片封装器件本身是没有引脚导线的。

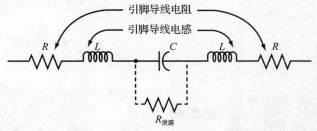

图 2-8　高频情况下的电容模型示意图

电容都有标称值，在电路中表现为容抗特性。而由绝缘材料隔开的两个导体之间同样也会形成电容。例如，在两条平行的电缆之间、导线和金属底板之间以及印制电路板上平

行的相邻铜箔导线之间也都会存在电容，这些电容被称为杂散电容或分布电容。杂散电容通常很小，但不能随意忽略，特别是在高频通信系统中，杂散电容和分布电容会对电路的特性参数产生很大影响。

电感。 电感也称线圈或扼流圈，它是由多匝导线绕制而成的。当电流通过线圈时，在线圈周围会产生磁场，如果施加的电压和电流发生变化，会引起磁场的强度和方向也会随之产生变化。磁场反过来会在线圈中产生感应电压，而该感应电压会对线圈内的电流变化产生阻碍作用，称为感抗。

电感的基本单位是亨利（H）。电感值会受到很多物理特性的影响，包括电感中导线匝数、圈距、线圈长度、线圈直径和磁芯材料类型等。常见的电感值有毫亨（$1\,mH=1\times10^{-3}\,H$）、微亨（$1\,\mu H=1\times10^{-6}\,H$）和纳亨（$1\,nH=1\times10^{-9}\,H$）。

图 2-9 给出了几种常见的电感线圈。
- 图 2-9a 是空心电感，线圈中心无骨架支撑。
- 图 2-9b 是印制在电路板上的铜箔构成的电感。
- 图 2-9c 中的线圈缠绕在中心含有粉末状铁元素或铁氧体磁芯的绝缘体上，可增加电感量。
- 图 2-9d 是一种常见的电感，使用环形铁芯。
- 图 2-9e 是将铁氧体磁珠包裹住导线形成的电感，能显著增加导线原本微弱的电感量。
- 图 2-9f 是贴片电感，长度一般为 1/8~1/4 in（$1\,in=0.0254\,m$），线圈封装在电感元件内部，两端引脚用于焊装到电路板上，贴片电感外形与贴片电阻和贴片电容相似。

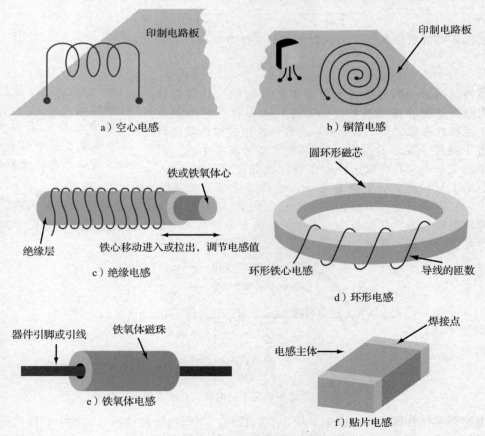

图 2-9　几种不同类型的电感线圈

在直流电路中，电感对电路工作几乎没有影响。只是电感内的导线存在一定的电阻，遵从欧姆定律。当电流变化时，如电源关闭或打开时，电感线圈将阻碍电流的变化。

在交流电路中，电感会对电流产生连续和稳定的阻碍作用，被称为感抗。感抗用 X_L 表示，单位为欧姆，可用下式计算：

$$X_L = 2\pi f L$$

例如，40 μH 的电感线圈工作频率为 18 MHz，其感抗为：

$$X_L = 6.28 \times (18 \times 10^6) \times (40 \times 10^{-6}) = 4522(\Omega)$$

除了电感中导线本身的电阻外，线圈内部还存在杂散电容，如图 2-10a 所示。图 2-10b 所示是高频电感等效电路模型，它是由一个小电容与线圈并联组成。在低频条件下时，杂散电容可以忽略，但是在射频频率下，该电容将会严重影响电路的工作特性，此时的线圈不再是纯电感，而是变成了有谐振频率的复杂 RLC 电路。

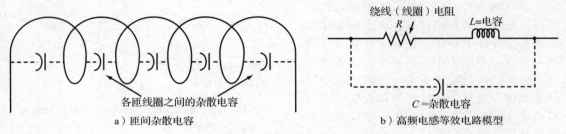

a）匝间杂散电容   b）高频电感等效电路模型

图 2-10　高频电感等效电路示意图

导线或导体一般都可以表现出电感特性。导线越长，电感值越大，虽然导线上的电感值很小，但是在非常高的工作频率下，感抗会显著增加。所以，在射频电路中，一定要保证互相连接的器件引脚长度尽量短，尤其是电容和晶体管的引脚，因为杂散电感或分布电感会严重影响电路的特性和参数。

电感的另一个重要参数是品质因数 Q，即无功功率与有功功率的比值：

$$Q = \frac{I^2 X_L}{I^2 R} = \frac{X_L}{R}$$

式中，Q 是电路中功率与电感线圈电阻损耗功率的比值。例如，工作频率为 90 MHz，电感总电阻为 45 Ω，电感值为 3 μH，可计算 Q 值为

$$Q = \frac{2\pi f L}{R} = \frac{6.28 \times (90 \times 10^6) \times (3 \times 10^{-6})}{45} = \frac{1695.6}{45} = 37.68$$

电阻。在低频电路中，标准的小功率的色环电阻几乎可以等效为纯电阻，但在高频时，其引脚导线的感抗增大，该感抗与引脚间的杂散电容、电阻共同构成了复杂的 RLC 电路，如图 2-11 所示。所以在射频电路中，为了减小电感效应和电容效应的影响，要求器件引脚必须非常短。

在射频设备内的电路板上，焊装的微型贴片电阻周围，除了焊接在印制电路板上的金属电极外，几乎没有其他金属导线，因此基本上不存在引脚导线电感和杂散电容。

电阻一般都是用粉末状的碳材料制成的，将粉末密封在一个很小的壳体内。碳材料的类型和体积大小决定了电阻值，同时也会给电路带来噪声。噪声主要

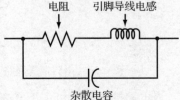

图 2-11　高频或射频频率下电阻的等效电路

是由热效应和电阻材料的颗粒特性引起。电阻产生的噪声对于小信号放大电路影响较大，甚至有可能会淹没待放大的输入信号。

为了克服这一问题，研发了薄膜电阻。它是通过在陶瓷体上沉积螺旋状的碳或金属薄膜制成的，螺旋膜的尺寸和金属膜的种类决定了电阻值。碳膜电阻比碳材料电阻噪声小，金属膜电阻比碳膜电阻的噪声还要小。所以金属膜电阻常用于放大微弱的射频信号，普通的贴片电阻都是金属膜类型的。

集肤效应。 金属导线都有一定的电阻值，遵从欧姆定律。所谓的导线可以是电阻、电容的引脚导线，也可以是构成电感的导线线圈。然而可能有其他因素会造成导体电阻值的变化，其中最重要的是集肤效应，即导体工作在甚高频（VHF）、超高频（UHF）以及微波频率范围时，导体中的电子将向导体表面靠近或在表面附近移动（图 2-12）。这将大大减小导体的有效横截面积，从而使电阻值变大，并显著影响导体在电路中的特性。例如，集肤效应降低了电感在更高频率下的 Q 值，会产生一些意想不到的不良后果，因此许多高频线圈，特别是大功率发射机的电感往往是用铜管制造的。由于射频信号电流不在导体中心流动，而分布在导体表面，所以，用铜管作为高频导体的效率更高。另外，印制电路板上的铜箔也属于很薄的导体，通常会在这些导体表面进行镀银或镀金的加工工艺，可进一步降低其传输高频信号时的电阻。

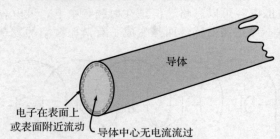

图 2-12　高频条件下集肤效应会增加导线和电感的电阻

2.2.2　调谐电路和谐振

调谐电路由电感和电容组成，并在特定频率下产生谐振。调谐电路也称为谐振回路。因为调谐电路具有频率选择性，它们在谐振频率和谐振频率附近的较窄频率范围具有最佳响应特性。

串联谐振回路。 串联谐振回路如图 2-13 所示，它由电感、电容和电阻串联而成。该电路也通常被称为 LCR 电路或 RLC 电路。其中电感和电容的电抗由输入信号的频率决定，当电感和电容的电抗相等时，就会发生谐振。电抗与频率的关系如图 2-14 所示，其中 f_r 为谐振频率。

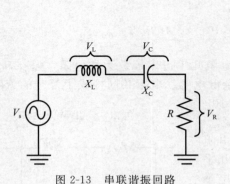

图 2-13　串联谐振回路

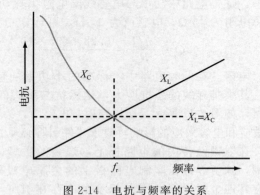

图 2-14　电抗与频率的关系

该电路的总阻抗可由下式表示：

$$Z = \sqrt{R^2 + (X_L - X_C)^2}$$

当 X_L 等于 X_C 时，二者相互抵消，电路中只剩下电阻。所以当发生谐振时，电路的总阻抗仅仅等于电路中的串联电阻值，该电阻包括电感本身的电阻和元器件的引脚电阻，以及电路中可能存在的实际器件的损耗电阻。

谐振频率是由电感和电容决定的，可以很容易得到谐振频率的表达式。首先，令 $X_L = X_C$。因为

$$X_L = 2\pi f_r L \quad \text{和} \quad X_C = 1/(2\pi f_r C)$$

所以

$$2\pi f_r L = 1/(2\pi f_r C)$$

可以得到 f_r 的值为

$$f_r = 1/(2\pi \sqrt{LC})$$

式中，频率的单位为 Hz，电感的单位为 H，电容的单位为 F。

例 2-14 2.7 pF 电容和 33 nH 电感构成谐振电路的谐振频率是多少？

$$f_r = \frac{1}{2\pi\sqrt{LC}} = \frac{1}{6.28\sqrt{33\times10^{-9}\times2.7\times10^{-12}}}$$
$$= 5.33\times10^8 \text{ Hz} = 533 \text{ MHz} \qquad \blacktriangleleft$$

如果需要计算电容或电感，只要给出二者中的一个值和谐振频率，就可以利用上式求得另一个值，求解电感和电容的表达式如下：

$$L = 1/(4\pi^2 f^2 C) \quad \text{和} \quad C = 1/(4\pi^2 f^2 L)$$

例如，谐振电路的谐振频率为 18 MHz，其中电感值为 12 μH，求谐振电容值：

$$C = \frac{1}{4\pi^2 f_r^2 L} = \frac{1}{39.478\times(18\times10^6)^2\times(12\times10^{-6})}$$
$$= \frac{1}{39.478\times(3.24\times10^{14})\times(12\times10^{-6})} = 6.5\times10^{-12}\text{(F)} = 6.5\text{(pF)}$$

例 2-15 谐振电路的谐振频率为 49 MHz，其中电容值为 12 pF，求谐振电感值。

$$L = \frac{1}{4\pi^2 f_r^2 C} = \frac{1}{39.478(49\times10^6)^2(12\times10^{-12})}$$
$$= 8.79\times10^{-7}\text{(H)} = 879\text{(nH)} \qquad \blacktriangleleft$$

如前所述，串联调谐电路中谐振的定义为令 $X_L = X_C$ 对应的频率。在这种情况下，电路中只剩下电阻了，谐振回路总阻抗 $Z = R$。因此串联调谐电路中的谐振也可以定义为电路阻抗最低、流过电流最大时所对应的频率值。由于电路谐振时表现为电阻特性，所以电流与电压的相位相同。当工作频率大于谐振频率时，感抗高于容抗，电感两端电压大于电容两端电压，此时的电路阻抗呈感性，电流将滞后于输入电压。当工作频率小于谐振频率时，容抗大于感抗，等效电抗呈容性。此时，电路输入的电压相位超前于电路中流过的电流相位，电容两端电压大于电感两端电压。

串联谐振电路的响应如图 2-15 所示，该图表示电路中电流和相移与频率的对应关系。

当信号频率较低时，电路的容抗远远大于感抗，其阻抗相对较高，所以电路中的电流很小。由于电路的阻抗表现为容性，电流相位超前电压 90°。随着频率的增加，X_C 下降，X_L 上升，超前相移量逐渐减少。当两者电抗的值相互接近时，电流开始变大；当 X_L 等于 X_C 时，容抗与感抗相互抵消，电路的阻抗只剩下电阻，此时电流出现一个峰值，且电流与电压同相。随着频率的继续上升，X_L 将会超过 X_C，电路的阻抗又逐渐变大，电流开始减小，此时电路呈感性，信号电流相位滞后于信号电压。如果使用图 2-13 中电阻两端的电压值，则其响应曲线和相位响应与图 2-15 中的响应曲线是一致的。如图 2-15 所示，谐振频率中心区域电流最大，电流最大的窄频率范围称为带宽，该区域如图 2-16 所示。

带宽的上、下边界有两个截止频率，分别为 f_1 和 f_2。截止频率是指当电流振幅为峰值电流的 70.7% 时对应的频率。图中电路峰值电流为 2 mA，下限截止频率 f_1 和上限截止频率 f_2 对应的电流为 2 mA 的 0.707 倍，即 1.414 mA。

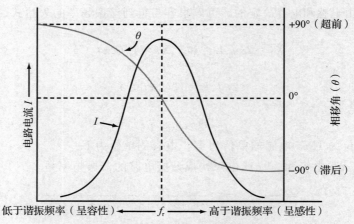

图 2-15　串联谐振回路的频率和相位响应

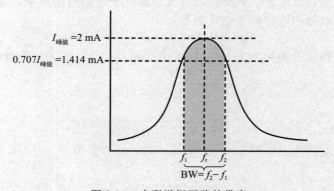

图 2-16　串联谐振回路的带宽

电路电流下降到原来 70.7% 的点称为半功率点，因为在此时，截止频率处的功率等于功率峰值的一半。

$$P = I^2 R = (0.707 I_{峰值})^2 R = 0.5 I_{峰值}^2 R$$

谐振回路的带宽 BW 定义为上下截止频率的差：

$$\text{BW} = f_2 - f_1$$

例如，假设谐振频率为 75 kHz，上、下限截止频率分别为 76.5 kHz 和 73.5 kHz，则带宽为 BW=76.5 kHz−73.5 kHz=3 kHz。

谐振回路的带宽由电路的 Q 决定。电感的 Q 定义为感抗与其电阻之比。该定义同样适用于串联谐振回路，其中 Q 值是感抗与电路总电阻的比值，总电阻包括电感的电阻和电路中串联的电阻：

$$Q = X_L / R_T$$

所以，带宽 BW 的值为

$$\text{BW} = f_r / Q$$

如果某电路在 18 MHz 谐振时 Q 值为 50，则带宽为 BW=18/50=0.36(MHz)=360(kHz)。

例 2-16　频率为 28 MHz、Q 值为 70 的谐振回路的带宽是多少？

$$\text{BW} = \frac{f_r}{Q} = \frac{28 \times 10^6}{70} = 400\,000 (\text{Hz}) = 400 (\text{kHz}) \qquad \blacktriangleleft$$

当给定频率和带宽时，Q 值可由下式计算：

$$Q = f_r / \text{BW}$$

因此，先前计算出其带宽的电路的品质因数为 $Q=75\text{ kHz}/3\text{ kHz}=25$。

由于通频带近似以谐振频率 f_r 为中心，因此 f_1 与 f_r 的距离与 f_2 与 f_r 的距离相同。故可以通过截止频率来计算谐振频率：

$$f_r=\sqrt{f_1\times f_2}$$

例如，如果 $f_1=175\text{ kHz}$ 和 $f_2=178\text{ kHz}$，则谐振频率为

$$f_r=\sqrt{175\times10^3\times178\times10^3}=176.5(\text{kHz})$$

对于线性频率比例，可以使用截止频率的平均值来计算中心频率或谐振频率。

$$f_r=\frac{f_1+f_2}{2}$$

如果电路的 Q 值非常高（>100），则响应曲线围绕谐振频率近似对称。并且截止频率与谐振频率的距离大约相当于 BW/2 的数值。因此如果带宽和谐振频率已知，则可以计算出截止频率：

$$f_1=f_r-\frac{\text{BW}}{2}\quad 和\quad f_2=f_r+\frac{\text{BW}}{2}$$

例如，如果谐振频率为 49 MHz（49 000 kHz），带宽为 10 kHz，那么截止频率为

$$f_1=49\,000\text{ kHz}-\frac{10\text{ kHz}}{2}=49\,000\text{ kHz}-5\text{ kHz}=48\,995\text{ kHz}$$

$$f_2=49\,000\text{ kHz}+5\text{ kHz}=49\,005\text{ kHz}$$

虽然上述计算的是近似值，但它可以用于实际工程计算中。

谐振回路的带宽决定了它的选择性，即电路的频率响应特性。如果响应只在一个很窄的频率范围，并且在这个窄的带宽上产生大电流，则说明该电路的选择性较好。如果在较大的频率范围内的电流都很大，即带宽较大，则电路的选择性较差。一般情况下，选择性好且带宽小的电路更可取，但是电路的实际选择性和带宽必须根据具体的应用情况进行优化。

谐振电路的 Q 值与带宽的关系非常重要。电路的带宽与 Q 值成反比，Q 值越高，带宽越小；低 Q 值电路的带宽较大或选择性较差。Q 值还与电阻有关，电路的总电阻越小，则 Q 值越高、带宽越小、选择性越好；电路的总电阻越高，则 Q 值越低、带宽越大、选择性越差。在通信电路中，一般要求 Q 值应不小于 10，实际值可能更高。在大多数情况下，可以通过直接控制电感线圈的电阻值达到期望的 Q 值。图 2-17 显示了不同的 Q 值对带宽的影响。

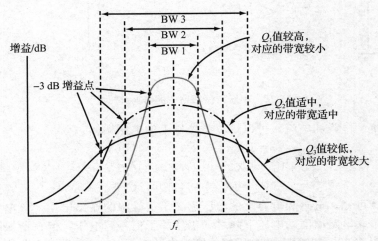

图 2-17　Q 对谐振回路中带宽和选择性的影响

例 2-17 谐振回路的上下限截止频率分别为 8.07 MHz 和 7.93 MHz。计算：a. 带宽；b. 近似谐振频率；c. Q 值。

a. $\mathrm{BW} = f_2 - f_1 = 8.07\,\mathrm{MHz} - 7.93\,\mathrm{MHz} = 0.14\,\mathrm{MHz} = 140\,\mathrm{kHz}$

b. $f_r = \sqrt{f_1 f_2} = \sqrt{(8.07 \times 10^6) \times (7.93 \times 10^6)} = 8\,(\mathrm{MHz})$

c. $Q = \dfrac{f_r}{\mathrm{BW}} = \dfrac{8 \times 10^6}{140 \times 10^3} = 57.14$

例 2-18 一谐振回路的谐振频率为 16 MHz，Q 值为 200，输出信号峰值下降 3 dB 对应的截止频率为多少？

$$\mathrm{BW} = \frac{f_r}{Q} = \frac{16 \times 10^6}{200} = 80\,000\,(\mathrm{Hz}) = 80\,(\mathrm{kHz})$$

$$f_1 = f_r - \frac{\mathrm{BW}}{2} = 16\,000\,000 - \frac{80\,000}{2} = 15.96\,(\mathrm{MHz})$$

$$f_2 = f_r + \frac{\mathrm{BW}}{2} = 16\,000\,000 + \frac{80\,000}{2} = 16.04\,(\mathrm{MHz})$$

如果 *RLC* 串联电路达到谐振状态，会出现一个很有意思并且也非常有用的现象。假设图 2-18a 中所示的电路达到谐振，$X_L = X_C = 500\,\Omega$，电路总电阻为 10 Ω，那么，电路的 Q 值为

$$Q = \frac{X_L}{R} = \frac{500}{10} = 50$$

如果加到电路上的电压（即信号源电压）V_s 为 2 V，则谐振时的电路电流将为

$$I = \frac{V_s}{R} = \frac{2}{10} = 0.2\,(\mathrm{A})$$

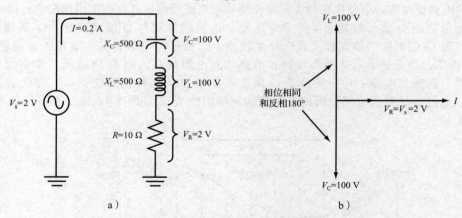

图 2-18　串联谐振回路中的谐振升压电压

若已知电抗、电阻和电流，可以计算各器件上的电压振幅：

$$V_L = L X_L = 0.2 \times 500 = 100\,(\mathrm{V})$$

$$V_C = L X_C = 0.2 \times 500 = 100\,(\mathrm{V})$$

$$V_R = IR = 0.2 \times 10 = 2\,(\mathrm{V})$$

由上述计算可知，电感和电容上的电压远高于信号源的输出电压，该电压值被称为谐振电压。尽管串联电路周围的电压下降之和仍然等于信号源电压，但在谐振时电感上的电压相位比电流超前 90°，电容上的电压相位则比电流滞后 90°，如图 2-18b 所示。当电路谐振时，感抗电压和容抗电压相等，相位相差 180°，二者相互抵消，使得总无功电压为 0，

这意味着全部电压都将加到电阻上。

线圈或电容的谐振电压很容易计算，用输入电压或信号源电压乘以 Q 即可：

$$V_L = V_C = QV_s$$

在图 2-18 中，$V_L = 50 \times 2 = 100$ V。

这种现象非常有用，因为利用它可以将低电压值变成到很高的电压值，相对于一种使用无源器件构成的简易放大电路，因此应用广泛。

例 2-19 串联谐振回路的谐振频率为 3.5 MHz，Q 值为 150，加到该电路上的电压为 3 μV，求电容上的电压。

$$V_C = QV_s = 150 \times 3 \times 10^{-6} = 450 \times 10^{-6} = 450(\mu V) \qquad \blacktriangleleft$$

并联谐振回路。 当电压信号加到电感与电容并联的电路上时，就可以构成并联谐振回路，如图 2-19a 所示。一般来说，并联谐振回路中的谐振也同样可以定义为电感和电容电抗相等的点，可直接利用前面给出的谐振频率公式来计算谐振频率。如果电路中元器件都是无损的（其电阻为 0），则电感中的电流等于电容中的电流：

$$I_L = I_C$$

虽然电流相等，但它们的相位差为 180°，如图 2-19b 所示。电感中的电流比电压滞后 90°，电容中的电流超前电压 90°，共 180°。

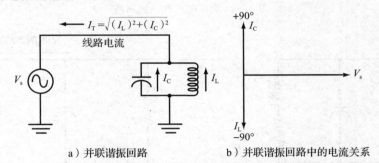

a）并联谐振回路   b）并联谐振回路中的电流关系

图 2-19 并联谐振回路电流

该电路同样遵守基尔霍夫电流定律，即单个分支电流之和等于从源中获得的总电流。当电感电流和电容电流大小相等，相位相反时，总电流为 0。因此在谐振时，并联谐振回路等效为无限大的电阻，从信号源获得的电流为 0，阻抗无限大，相当于开路。然而，此时回路中的电感和电容之间存在很大的循环电流，能量在电感和电容之间进行储存和传输。该电路看起来很像是一个储存电能的容器，所以它通常被称为储能电路，循环电流被称为谐振电流。

在实际的谐振回路中，虽然所有元器件都存在一定的损耗（因为器件都存在一定的电阻），但是电路工作特性与上述结论基本一致。通常可以假设电容损耗为零，电感存在导线电阻，如图 2-20a 所示。在谐振时，其中 $X_L = X_C$，由于线圈存在电阻，电路的感抗会高于容抗，容性电流略高于感性电流。即使电抗相等，支路电流也不相等，所以在电路中存在着净电流。信号源电流会在回路上产生电压，如图 2-20b 所示。实际上在大多数情况下，可以认为电感电流和电容电流会相互抵消，因为它们数值近似相等且相位相反，电路的总电流或信号源电流将明显低于单个支路电流。回路阻抗会变得很大，近似等于

$$Z = \frac{V_s}{I_T}$$

图 2-20a 中的电路不直观，不方便分析。将该电路简化为等效电路，如图 2-21 所示。将其中的电感电阻等效为并联电阻，可以得到相同的分析结果，可用下式计算得到等效电

感值和总阻值：

$$L_{eq} = \frac{L\ (Q^2+1)}{Q^2} \quad 和 \quad R_{eq} = R_W\ (Q^2+1)$$

式中，Q 值为

$$Q = \frac{X_L}{R_W}$$

式中，R_W 为电感的导线电阻。

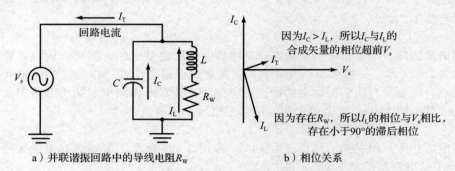

a）并联谐振回路中的导线电阻R_W b）相位关系

图 2-20 实际的并联谐振回路

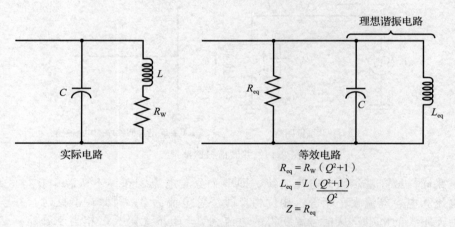

图 2-21 并联谐振回路的等效电路示意图

如果 Q 值很高（大于 10），则 L_{eq} 近似等于实际电感值 L，电路的总阻抗等于等效并联电阻：

$$Z = R_{eq}$$

例 2-20 一并联 LC 谐振电路，$L = 0.15\ \mu H$，谐振频率为 $52\ MHz$，Q 值为 12，求该电路谐振阻抗。

$$Q = \frac{X_L}{R_W}$$

$$X_L = 2\pi f L = 6.28 \times (52 \times 10^6) \times (0.15 \times 10^{-6}) = 49 (\Omega)$$

$$R_W = \frac{X_L}{Q} = \frac{49}{12} = 4.1 (\Omega)$$

$$Z = R_{eq} = R_W(Q^2+1) = 4.1 \times (12^2+1) = 4.1 \times 145 = 592 (\Omega)$$

如果并联谐振回路的 Q 大于 10，则可使用以下简化公式来计算谐振时的电阻阻抗：

$$Z = \frac{L}{CR_w}$$

式中，R_w 的值为电感的导线电阻。

例 2-21 使用式 $Z = L/CR$ 计算例 2-20 中给出的电路的阻抗。

$$f_r = 52 \text{ MHz} \quad R_w = 4.1 \ \Omega \quad L = 0.15 \ \mu\text{H}$$

$$C = \frac{1}{4\pi^2 f_r^2 L} = \frac{1}{39.478 \times (52 \times 10^6)^2 \times (0.15 \times 10^{-6})}$$

$$= 6.245 \times 10^{-11}$$

$$Z = \frac{L}{CR_w} = \frac{0.15 \times 10^{-6}}{(62.35 \times 10^{-12}) \times 4.1} = 586(\Omega)$$

这接近之前计算的 592 Ω，因为公式 $Z = L/(CR_w)$ 是近似值。

并联谐振回路的频率和相位响应曲线如图 2-22 所示。当输入信号频率小于谐振频率时，X_L 小于 X_C，使电路阻抗呈现感性，电感支路电流大于电容支路电流，总电流滞后于所施加的电压。当输入频率大于谐振频率时，X_C 小于 X_L，电容支路电流大于电感支路电流，电路阻抗呈现容性，总电流超前信号电压。因此，回路总电流产生了电压，而电路阻抗的相位会超前或者滞后谐振时的阻抗相位。

> **拓展知识**
> 电路带宽与其 Q 值成反比，Q 越大，带宽越小；反之，Q 值较小的电路，其带宽大，选择性差。

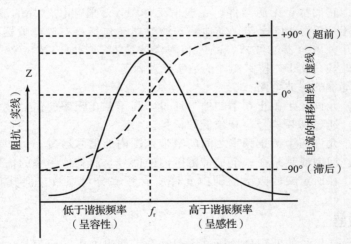

图 2-22 并联谐振回路响应

电路谐振时，其阻抗达到峰值，此时电路总电流最小。电路总阻抗表现为大电阻，并且较小的线电流与信号源电压同相。

如前所述，并联电路 Q 值可用 $Q = X_L/R_w$ 计算，也可以用下式计算

$$Q = \frac{R_P}{X_L}$$

式中，R_P 为等效并联电阻，X_L 为等效电感 L_{eq} 的感抗。

可以通过调整 Q 来改变并联谐振回路带宽，也可以在回路上另外跨接并联电阻来改变 Q 值。跨接的电阻能够降低等效并联电阻 R_P 并增加带宽。

例 2-22 将并联谐振回路的带宽设为 1 MHz，需要并联多大的电阻？设 $X_L = 300 \ \Omega$、$R_w = 10 \ \Omega$ 和 $f_r = 10$ MHz。

$$Q = \frac{X_L}{R_W} = \frac{300}{10} = 30$$

$$R_P = R_W(Q^2 + 1) = 10 \times (30^2 + 1) = 10 \times 901 = 9010(\Omega)$$

式中，R_P 为并联回路的等效并联电阻。

$$BW = \frac{f_r}{Q}$$

$$Q = \frac{f_r}{BW} = \frac{10\,MHz}{1\,MHz} = 10 \quad （为 1\,MHz 带宽所需要的 Q 值）$$

$$R_{Pnew} = QX_L = 10 \times 300 = 3000(\Omega)$$

式中，R_{Pnew} 是原 R_P 和外部并联的电阻 R_{ext} 形成的总电阻。

$$R_{Pnew} = \frac{R_P R_{ext}}{R_P + R_{ext}}$$

$$R_{ext} = \frac{R_{Pnew} R_P}{R_P - R_{Pnew}} = \frac{9010 \times 3000}{9010 - 3000} = 4497.5(\Omega) \qquad \blacktriangleleft$$

2.3 滤波器

滤波器是一种选频电路，它能够使信号中的某些频率分量通过，而阻止其他频率分量。前面讨论的串联和并联谐振回路就是典型的滤波器。

实现滤波器电路的方法有很多。可以是电阻器和电容器或电感器和电容器构成简单的无源滤波器，因为它们都是无源器件。在通信工作中，尽管可供选择的滤波器类型很多，但是使用最多的还是无源 LC 电路。其他特殊滤波器还包括：有源滤波器、使用运放电路的反馈滤波器、开关电容器滤波器、晶体和陶瓷滤波器、表面声波（SAW）滤波器，以及通过数字信号处理（DSP）技术实现的数字滤波器等。

有以下五类基本的滤波电路：

低通滤波器。允许低于截止频率的信号通过，高于截止频率的信号被大大衰减。

高通滤波器。通过高频信号，衰减低频信号。

带通滤波器。允许两个截止频率之间的窄带范围内的信号通过。

带阻滤波器。抑制或衰减在一个窄带范围内的信号，而其他频率的信号可以通过。

全通滤波器。在所定义的频率范围内允许所有频率分量通过，但其具有特定的相移特性。

2.3.1 RC 滤波器

低通滤波器允许信号的低频分量通过负载时产生输出电压，而信号中的高频分量被衰减掉。

高通滤波器则正好相反，允许输入信号的高频分量通过负载时产生输出电压。

RC 耦合电路就是一种典型的高通滤波器，因为输入电压可以通过电阻，而其中的直流电压无法通过串联的电容。而且，交流分量的频率越高，耦合输出的交流电压越大。

低通滤波器或高通滤波器都可以视为一个与频率相关的分压电路，因为输出电压是频率的函数。

RC 滤波器是用电阻和电容的组合来获得所需的频率响应。大多数 RC 滤波器是低通或高通的。当然也可以是带阻或陷波的，而带通滤波器可以通过将低通和高通 RC 滤波器组合来实现，但是在实际应用中，这种用法并不常见。

低通滤波器。低通滤波器在信号频率低于截止频率时不会产生衰减，而高于截止频率的信号会被完全抑制掉。低通滤波器有时也被称为高频抑制滤波器。

低通滤波器的理想响应曲线如图 2-23 所示。该响应曲线在实际中是无法实现的，因为在实际电路中，无法实现截止频率处有陡峭的响应特性，只能做到有逐渐衰减的过渡响应特性。

低通滤波器的最简单形式是图 2-24a 所示的 RC 电路，该电路使用具有特定频率响应特性的元器件构成分压电路，电路中的特定元器件就是电容。在输入低频信号时，电容的电抗比电阻大，所以衰减小；随着频率的增加，电容电抗逐渐减小，当电抗小于电阻时，衰减迅速变大。其频率响应曲线如图 2-24b 所示。该滤波器的截止频率是 R 和 X_C 相等的点，截止频率，也称为临界频率，可由下式得到：

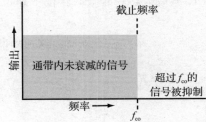

图 2-23　低通滤波器的理想响应曲线

$$X_C = R$$
$$\frac{1}{2\pi f_c} = R$$
$$f_{co} = \frac{1}{2\pi RC}$$

例如，如果 $R = 4.7\ \text{k}\Omega$ 和 $C = 560\ \text{pF}$，则截止频率为

$$f_{co} = \frac{1}{2\pi \times 4700 \times (560 \times 10^{-12})} = 60\ 469\,(\text{Hz}) = 60.5\,(\text{kHz})$$

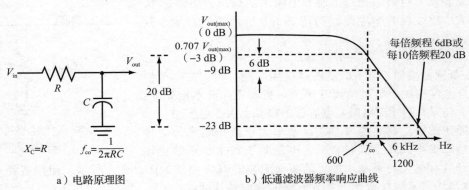

a）电路原理图　　　b）低通滤波器频率响应曲线

图 2-24　RC 低通滤波器

例 2-23　使用 $R = 8.2\ \text{k}\Omega$ 和 $C = 0.0033\ \mu\text{F}$ 的一阶 RC 低通滤波的截止频率是多少？

$$f_{co} = \frac{1}{2\pi RC} = \frac{1}{2\pi (8.2 \times 10^3) \times (0.0033 \times 10^{-6})}$$
$$f_{co} = 5881.56\,(\text{Hz}) = 5.88\,(\text{kHz})$$

在截止频率处，输出振幅为在较低频率处输入振幅的 70.7%，这就是所谓的 3 dB 的下降点，即该滤波器在截止频率处的电压增益为 -3 dB。在频率高于截止频率时，振幅以每倍频程 6 dB 或每 10 倍频程 20 dB 的速度下降。倍频程的定义为：频率值加倍或减半，10 倍频程表示频率变为十分之一或十倍的关系。假设一个滤波器的截止频率为 600 Hz，如果频率加倍，则截止频率为 1200 Hz，衰减将增加 6 dB，或从截止时的 3 dB 增加到 1200 Hz 时的 9 dB。如果频率从 600 Hz 增加到 6 kHz，衰减值将增加 20 dB，即从截止频率为 600 Hz 的衰减值为 3 dB 增加到 6 kHz 时的 23 dB。

如果需要更快的衰减，则可以使用两个相同截止频率的 RC 电路级联，如图 2-25a 所示，其衰减速率是 12 dB/倍频程或 40 dB/10 倍频程。在使用两个相同的 RC 电路时，需要在它们之间使用一个隔离器或缓冲放大器，如射极跟随器（增益≈1），以防止后级电路影响前级电路。由于后级电路作为负载会对前级电路产生影响，如果没有隔离，两个级联 RC 滤波电路的衰减率将低于理想的 12 dB/倍频程。

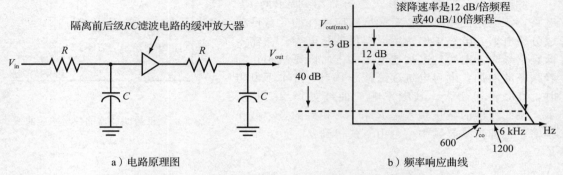

图 2-25　两级 RC 滤波器改善了频率响应特性，但增加了信号损耗

如果每个 RC 滤波器的截止频率相同，则整个级联的多级滤波器的总截止频率略小，这是由于后级滤波器的衰减造成的。

由于其衰减曲线更陡峭，所以该电路的选择性更好。级联滤波电路的缺点是它存在较大的衰减，导致输出信号电平较小，滤波器在通频带内所产生的信号衰减称为插入损耗。

低通滤波器也可以通过电感和电阻来实现，如图 2-26 所示。该 RL 滤波器的响应曲线与图 2-24b 所示相同。截止频率由下式确定

$$f = R/(2\pi L)$$

RL 低通滤波器不如 RC 滤波器应用广泛，因为在一般情况下，与电容相比，电感的尺寸更大，更笨重，成本也更高，此外由于其固有的线圈电阻，电感器的损耗也大于电容。

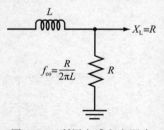

图 2-26　利用电感和电阻实现的低通滤波器

高通滤波器。高通滤波器允许频率大于截止频率的信号通过，衰减很小或几乎没有衰减，但是对于频率小于截止频率的信号具有很大的衰减，理想的高通滤波器响应曲线如图 2-27a 所示。使用各种 RC 和 LC 滤波器均可实现接近图 2-27b 所示的响应特性曲线。

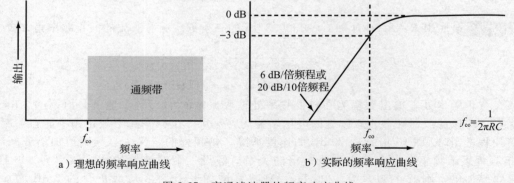

图 2-27　高通滤波器的频率响应曲线

基本的 RC 高通滤波器如图 2-28a 所示。同样，它也是由分压器构成的，其中电容器作为分压器中的特定频率响应器件。在低频段，X_C 非常高。当 $X_C \gg R$ 时，分压器会对低频信号产生较大的衰减。随着频率的增加，电容的容抗逐渐减小，当电容电抗等于或小于

电阻时，分压器产生的衰减很小。因此，高频信号通过的相对衰减很小。

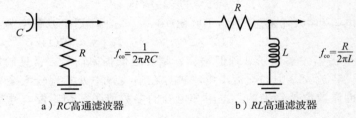

a）RC 高通滤波器　　　　　b）RL 高通滤波器

图　2-28

该滤波器的截止频率与低通滤波器的截止频率相同，可以求解当 X_C 等于 R 时对应的频率：

$$f_{co} = 1/(2\pi RC)$$

衰减速率是 6 dB/倍频程或 20 dB/10 倍频程。

高通滤波器也可以用电感和电阻器来实现，如图 2-28b 所示，截止频率为

$$f_{co} = R/(2\pi L)$$

该滤波器的响应曲线与图 2-27b 所示相同，衰减率是 6 dB/倍频程或 20 dB/10 倍频程，类似低通滤波器特性。同样，若想要改进其带外的衰减特性，也可以通过多个滤波器级联的方式实现。

例 2-24　某 RC 高通滤波器，电容为 0.047 μF，截止频率为 3.4 kHz，求电阻 R 值，要求选用最接近的 EIA 标准电阻值。

$$f_{co} = \frac{1}{2\pi RC}$$

$$R = \frac{1}{2\pi f_{co} C} = \frac{1}{2\pi (3.4 \times 10^3) \times (0.047 \times 10^{-6})} = 996(\Omega)$$

相对接近的 EIA 标准值是 910 Ω 和 1000 Ω，选 1000 Ω。◀

陷波器。陷波器也被称为带阻或抑制滤波器。带阻滤波器用于大幅度衰减中心频率附近的窄带范围内的信号，陷波器与带阻滤波器用途类似，只是前者通常用于抑制单一频率信号。

如图 2-29a 所示，由电阻和电容器实现的简单陷波器称为并联 T 形或双 T 形陷波电路。该滤波器是从桥接电路变化而来的，在桥接电路中，若桥接电路平衡，则输出为零；如果电路中元器件的参数值精确匹配，则电路将处于平衡状态，并对输入信号在陷波频率处产生高达 30~40 dB 的衰减。其典型频率响应曲线如图 2-29b 所示。

> **拓展知识**
> 双 T 形陷波器常用于低频电路中，用于消除音频电路和医疗设备放大器中的交流市电噪声。

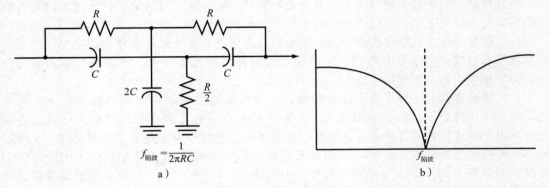

a）　　　　　　　　b）

图 2-29　RC 陷波器

陷波频率可以用下式计算

$$f_{陷波} = 1/(2\pi RC)$$

例如，如果电阻和电容的值分别为 100 kΩ 和 0.02 μF，则陷波频率为

$$f_{陷波} = 1/[6.28\times10^5\times(0.02\times10^{-6})] = 79.6\,(\text{Hz})$$

双 T 形陷波滤波器主要用于处理低频、音频及更低频率信号。常见的用途是消除音频电路和低频医疗设备放大器中的交流市电噪声。在陷波频率处实现较大衰减的关键是：一定要确保元器件的参数值是精确的。电阻和电容的参数值必须相匹配，才能实现期望的强衰减。

例 2-25 如果 $R = 220$ kΩ，RC 双 T 形陷波滤波器中使用多大的电容才能滤除 120 Hz 信号？

$$f_{陷波} = \frac{1}{2\pi RC}$$

$$C = \frac{1}{2\pi f_{陷波} R} = \frac{1}{6.28\times120\times(220\times10^3)}$$

$$C = 6.03\times10^{-9} = 6.03\,(\text{nF}) = 0.006\,(\mu\text{F})$$

$$2C = 0.012\ \mu\text{F}$$

◄

2.3.2 LC 滤波器

RC 滤波器主要用于处理低频信号，在音频信号处理中比较常见，很少用于滤除超过 100 kHz 的信号。因为在射频频率下，RC 的通带衰减太大，截止衰减曲线太平缓。所以在高频电路中，一般会选择使用电感和电容构成的 LC 滤波器。而信号频率较低时，电感的体积和重量大，成本高，高频时则正好相反。目前已经研制出了类型丰富的各种滤波器，尤其是计算机辅助设计手段的引入，使滤波器设计方式也发生了根本变化。

滤波器术语。 使用滤波器时，会听到各种术语来描述滤波器的工作原理和特性。下列术语有助于了解滤波器的规格和工作参数。

（1）**通频带。** 即滤波器允许通过信号的频率范围，它是截止频率之间或截止频率以下（低通）或截止频率以上（高通）的频率。

（2）**抑制频带。** 通带外的频率，即被滤波器大大衰减的频率，处于该频率范围的信号分量均会被抑制。

（3）**衰减。** 即在抑制频带中非期望频率分量的衰减值，它可以表示为输出与输入信号功率之比或电压之比，衰减一般用分贝表示。

（4）**插入损耗。** 插入损耗是滤波器对通频带内信号造成的损耗。在无源滤波器中，元器件本身电阻造成的能量损耗会产生衰减。插入损耗一般用分贝表示。

（5）**阻抗。** 阻抗是滤波器负载端和驱动源端的阻值。滤波器通常设计为输入端接入特定的驱动源和输出连接一个适当的负载阻抗，以确保其正常工作。

（6）**纹波。** 纹波是指输出信号振幅随通频带内频率的变化而发生变化的情况，或某些类型滤波器通频带中信号电平的上下波动，它通常用分贝来表示。在某些类型的滤波器中，抑制频带中也可能存在纹波。

（7）**矩形系数。** 矩形系数也称为带宽比，是指滤波器的阻带频率与通带频率带宽之比。它用于比较最小衰减处的带宽（通常为 -3 dB 点或截止频率处）与最大衰减处的带宽，可以评估滤波器的衰减率或选择性。比值越小，选择性就越好。理想值为 1，实际滤波器无法达到这个结果。图 2-30 中的滤波器在 -3 dB 衰减点的带宽为 6 kHz，在 -40 dB 衰减点的带宽为 14 kHz。那么矩形系数为 14 kHz/6 kHz = 2.333，矩形系数因滤波器设计和制造的不同而有所差异，该比值可以分别定义为衰减 6 dB 点和 60 dB 点的比值，也可以

定义为任意其他两个衰减值对应频率点的比值。

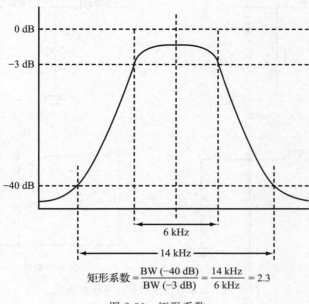

$$矩形系数 = \frac{BW\,(-40\,dB)}{BW\,(-3\,dB)} = \frac{14\,kHz}{6\,kHz} = 2.3$$

图 2-30　矩形系数

（8）**极点**。极点是电路中高阻抗频率响应对应的频率值。对于 RC 滤波电路来说，如图 2-24a 所示的低通 RC 滤波器有一个极点，而图 2-25 中的双滤波器级联电路有两个极点。对于 LC 低通和高通滤波器，极点数等于滤波器中电抗元件的个数，对于带通和带阻滤波器，极点的数量通常等于电路中电抗元件数的一半。

（9）**零点**。该术语是指电路中阻抗频率响应为零的频率值。

（10）**包络延迟**。也称为时间延迟，包络延迟是指输入波形上的一个特定点通过滤波器所需的时间。

（11）**滚降率**。也称为衰减率，滚降率是滤波器中振幅随频率的变化率。滚降率越快，或衰减率越大，滤波器的选择性就越好，那么用它来区分两个频率靠近的期望期信号或非期望信号的能力就越强。

这四种基本滤波器均可以很容易地通过电感和电容的组合构成，这类滤波器的工作频率可达到数百兆赫兹左右；若频率继续提高，则由于电路中的电容、电感元器件的值太小而使滤波器无法使用。所以，在频率高于数百兆赫兹时，通常使用特殊的滤波器，如印制电路板上的微带电路、表面声波滤波器和谐振腔滤波器。由于 LC 滤波器使用了电感和电容两种电抗元件，它的截止频率响应曲线比 RC 滤波器下降得更快。虽然其中的电感会使滤波器尺寸变大、成本提高，但是为了获得更好的选择性，这样做是值得的。

低通和高通 LC 滤波器。图 2-31 所示为基本的低通滤波器配置和响应。图 2-31a 中的基本双极点电路可达到 12 dB/倍频程或 20 dB/10 倍频程的衰减率，该电路可以通过级联实现更快的滚降率。图 2-32 中的曲线给出了 $2\sim7$ 个极点的低通滤波器的衰减率。水平轴 f/f_c 是任意给定频率与滤波器截止频率 f_c 的比值。n 是滤波器中的极点个数。设截止频率为 20 MHz，40 MHz 的频率比为 40/20＝2，即 2 倍关系，或者说等于一个倍频程。两个极点的曲线衰减为 12 dB，图 2-31b 和图 2-31c 中的 T 形和 π 形滤波器在 2∶1 的频率比下，衰减率为 18 dB。图 2-33 显示了高通滤波器的基本结构，与图 2-32 类似的曲线也可用于确定具有多极点滤波器的衰减，可以将这些电路级联来获得更大的衰减率。如果希望滤波器电路占用空间更小，成本更低，那么电路中使用的电感数量应该越少越好。

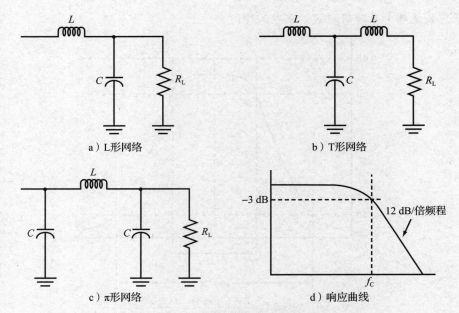

图 2-31　低通滤波器的电路原理和响应

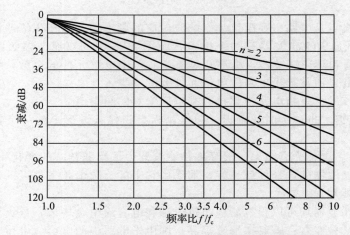

图 2-32　频率大于截止频率 f_c 的低通巴特沃斯滤波器衰减曲线

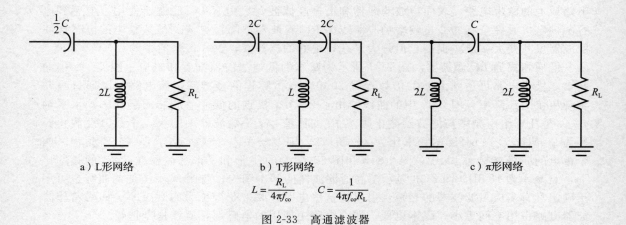

$$L = \frac{R_L}{4\pi f_{co}} \qquad C = \frac{1}{4\pi f_{co} R_L}$$

图 2-33　高通滤波器

2.3.3 滤波器类型

现在常用的 LC 滤波器主要类型是以首次发现和设计该滤波器的人来命名的。最广泛使用的滤波器有巴特沃斯、切比雪夫、考尔（椭圆）和贝塞尔。每种滤波器的构成都可以通过前面的基本低通和高通滤波电路组合实现。在设计过程中，可以通过选择合适的元器件值来获得不同的响应曲线。

巴特沃斯滤波器。 巴特沃斯滤波器的通带响应具有最大的平坦度和随频率变化相同的衰减。而其通带外的衰减率没有其他类型的滤波器大，如图 2-34 所示。

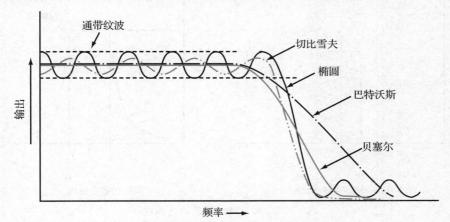

图 2-34 巴特沃斯、椭圆、贝塞尔和切比雪夫响应曲线

切比雪夫滤波器。 切比雪夫滤波器具有极好的选择性，及衰减率快，远优于巴特沃斯滤波器（见图 2-34）。通带外的衰减也非常高——比巴特沃斯要好。切比雪夫滤波器的主要问题是其通带内的响应有纹波，如图 2-34 所示。响应曲线不是像巴特沃斯滤波器那样是平坦或恒定的，这对某些应用来说是不利的。

椭圆滤波器。 椭圆滤波器比产生的衰减率或滚降率高于切比雪夫滤波器，在通带外具有更大的衰减。但是，它在通带内和通带外都有很大纹波。

贝塞尔滤波器。 也称为汤姆逊滤波器，它能实现各种频率响应特性（如低通、带通等），但在通带中有一个恒定的时间延迟。贝塞尔滤波器具有平坦群时延特性：当信号频率在通带中变化时，它所引入的相移或时延是恒定的。在某些应用中，恒定的群时延很有必要，可防止通带内的信号因相频特性变化而出现失真。典型的应用实例是必须通过脉冲或宽带调制的滤波器。为了达到这种特性响应要求，需使贝塞尔滤波器在通带外的衰减较小。

机械滤波器。 机械滤波器虽然诞生的年代久远，但是仍然具有实用价值。该滤波器利用机械圆盘的谐振来实现选择性。将需要滤波处理的信号加到含有永磁体的线圈上，再连接到一串包括七八个圆盘振子的杆上产生谐振，这些圆盘的尺寸决定了滤波器的中心频率。每个圆盘只能在其谐振频率附近振动，在另一个连接到输出线圈的杆中产生运动。该线圈与另一个永磁铁一起工作，输出电信号。机械滤波器的设计工作频率为 $200\sim500$ kHz，其 Q 值很高，其性能与晶体滤波器相当。

无论哪种类型的无源滤波器，通常都是由分立器件构成的，即使将其设计成集成电路的形式也是如此。许多滤波器设计软件包可以简化和加快设计过程。LC 滤波器设计的专业化程度和复杂度都很高，超出了本书的范围。但是滤波器也可以作为模块组件来采购。这些滤波器是预先设计好的，封装在较小的密封壳中，只有输入、输出和接地引脚，可以像集成电路那样使用。这类模块产品具有宽范围的工作频率、响应特性和衰减率。

带通滤波器。 带通滤波器允许中心频率 f_c 周围的窄频率范围以最小衰减通过，同时抑制掉该频率范围外的信号。带通滤波器的理想响应曲线如图 2-35a 所示，它有上下两个截止频率 f_2 和 f_1，该滤波器的带宽等于上、下截止频率之间的差值，即 BW $= f_2 - f_1$，位于通带外的频率信号都会被抑制掉。

虽然实际的电路无法得到理想的响应曲线，但可以得到接近的近似值。实际的带通滤波器响应曲线如图 2-35b 所示，该响应曲线与前面所描述的简单串联谐振和并联谐振回路响应曲线类似，并具有良好的带通滤波特性。截止频率是指输出电压下降到峰值的 0.707 倍时对应的频率，这也就是 3 dB 衰减点。

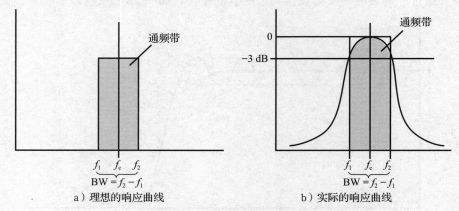

a）理想的响应曲线   b）实际的响应曲线

图 2-35   带通滤波器的响应曲线

两种简单的带通滤波器如图 2-36 所示。在图 2-36a 中，串联谐振回路与输出电阻串联，形成分压器。在输入信号频率高于或低于谐振频率时，电感或电容的电抗都会高于输出电阻，输出信号的振幅会有所下降。在输入信号频率等于谐振频率时，电感和电容的电抗相互抵消，只有电感本身存在一个很小的电阻，因此大部分输入信号电压都加到输出电阻上。该电路的响应曲线如图 2-35b 所示，图中滤波器的带宽是谐振频率和 Q 的函数：BW $= f_c / Q$。

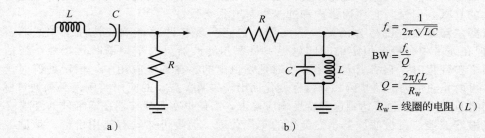

$$f_c = \frac{1}{2\pi\sqrt{LC}}$$

$$BW = \frac{f_c}{Q}$$

$$Q = \frac{2\pi f_c L}{R_w}$$

$R_w =$ 线圈的电阻（L）

图 2-36   两种简单的带通滤波器

并联谐振带通滤波器如图 2-36b 所示。同样，分压器是由电阻器 R 和调谐电路共同构成的，这里的输出信号电压取自整个并联谐振回路。当输入信号频率不等于谐振频率时，谐振回路的阻抗比电阻值低，因此输出电压很小。大于或小于谐振频率的信号被大大衰减。等于谐振频率时，两个电抗相等，并联谐振回路的阻抗远高于电阻。因此大部分的输入电压加到整个调谐电路上。响应曲线与图 2-35b 所示的曲线相似。

通过级联几个带通滤波器电路，可以使特性曲线的下降沿更陡峭，从而提高了选择性。图 2-37 所示是几种常见的带通滤波器电路。随着多级电路的级联，带宽变得更窄，响应曲线变得更陡，如图 2-38 所示。显然，使用多个滤波器电路级联可以显著提高选择性，但会增加通带衰减（插入损耗），所以需要通过放大获得增益补偿衰减。

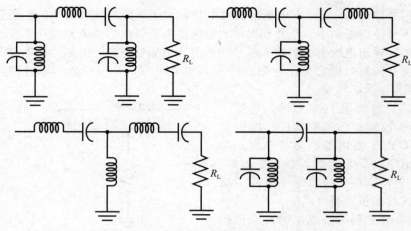

图 2-37　常用的几种带通滤波器电路

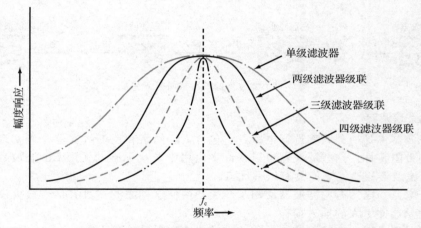

图 2-38　滤波电路级联如何减小带宽和提高选择性

带陷滤波器。带陷滤波器也称为带阻滤波器，用于抑制中心频率或陷波频率附近的窄带信号。两个典型的 LC 带阻滤波器如图 2-39 所示。在图 2-39a 中，串联 LC 谐振回路与输入电阻 R 形成分压器。当输入信号频率不等于中心频率或陷波频率时，LC 电路的阻抗大于电阻，不等于中心频率的信号以很小的衰减通过滤波器。当输入信号频率等于中心频率时，调谐电路产生谐振，只剩下电感的小电阻，它与输入电阻形成一个分压器。由于谐振阻抗比电阻低很多，所以输出信号振幅很小。典型的响应曲线如图 2-39c 所示。

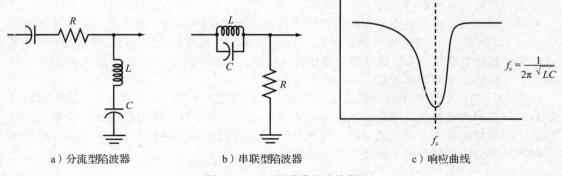

a）分流型陷波器　　　　　b）串联型陷波器　　　　　c）响应曲线

图 2-39　LC 调谐带阻滤波器

　　该电路的并联形式如图 2-39b 所示，其中并联谐振回路与获得输出的电阻串联。当输入信号频率不等于谐振频率时，并联回路的阻抗很小，因此信号衰减很小，并且大部分的输入电压都加在输出电阻上。当输入信号频率等于谐振频率时，并联 LC 电路与输出电阻相比具有很大的阻抗，因此输出电阻在中心频率处出现最小电压降。以这种方式构成的 LC 滤波器通常称为陷波器。

　　另一种陷波器如图 2-40 所示，它是一种桥式 T 形陷波器。该陷波器广泛应用于射频电路中，由于使用了电感和电容，其响应曲线与 RC 双 T 形陷波器相比更陡峭。由于电感 L 是可变的，所以这个带阻"缺口"在频域的具体位置是可调的。

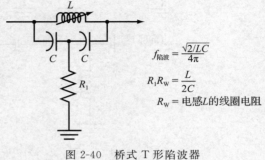

$$f_{陷波} = \frac{\sqrt{2/LC}}{4\pi}$$

$$R_1 R_w = \frac{L}{2C}$$

R_w = 电感L的线圈电阻

图 2-40　桥式 T 形陷波器

　　图 2-41 给出了利用系统框图或原理图来表示 RC 和 LC 滤波器或其他类型滤波器的常用符号。

图 2-41　滤波器的框图或符号示意图

2.3.4　有源滤波器

　　有源滤波器也是一种频率选择电路，它包含 RC 网络和反馈放大器，以实现低通、高通、带通和带阻特性。这些滤波器可以在许多应用中取代标准的无源 LC 滤波器。与标准的无源 LC 滤波器相比，它们具有以下优点：

　　（1）有增益。因为有源滤波器使用了放大器，使这种滤波器具有信号放大能力，可以补偿由其他元器件引入的插入损耗。

　　（2）可以不使用电感。电感通常比电容的尺寸更大，重量也更重，成本更高和更大的损耗。有源滤波器中可以只使用电阻和电容，而不必使用电感。

　　（3）灵活性。由于可以选择可变电阻，所以滤波器的截止频率、中心频率、增益、Q 值和带宽均是可调的。

　　（4）隔离。由于使用了放大器电路，放大器在级联电路之间提供了很好的隔离度，减少了前后级滤波电路之间的相互影响。

　　（5）阻抗匹配简单。有源滤波器的阻抗匹配比 LC 滤波器更容易实现。

　　图 2-42 所示的有源滤波器分别是两种低通滤波器和两种高通滤波器，这些有源滤波器使用运算放大器来获得增益。由电阻 R_1、R_2 组成的分压器确定了图 2-42a、图 2-42c 所示电路的增益值，这与通用的同相运算放大器工作原理是一样的。图 2-42b 中的增益由电阻 R_3、R_1 确定，图 2-42d 中的增益由电容 C_3、C_1 决定。所有的电路都有二阶响应，也就是说它们的特性与双极点 LC 滤波器的滤波特性相同。滚降率是 12 dB/倍频程、40 dB/10 倍频程，可以将多个滤波器级联，以提供更快的滚降率。

　　图 2-43 所示的是两个有源带通滤波器和一个陷波器。在图 2-43a 中，RC 低通和高通部分与反馈网络相结合，达到带通滤波的效果。在图 2-43b 中，使用了带有负反馈的双 T 形 RC 陷波滤波器来实现带通特性。使用双 T 的陷波滤波器电路如图 2-43c 所示，产生的反馈可使其曲线比标准的无源滤波器更加尖锐。

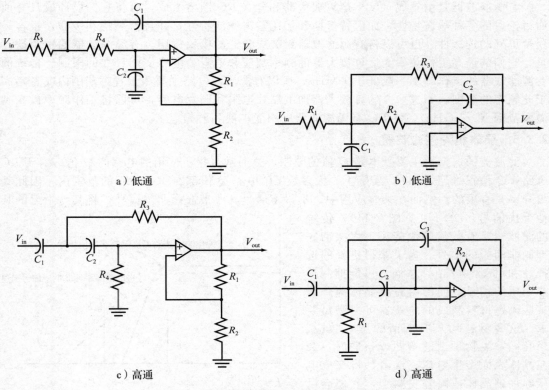

图 2-42 有源滤波器的类型

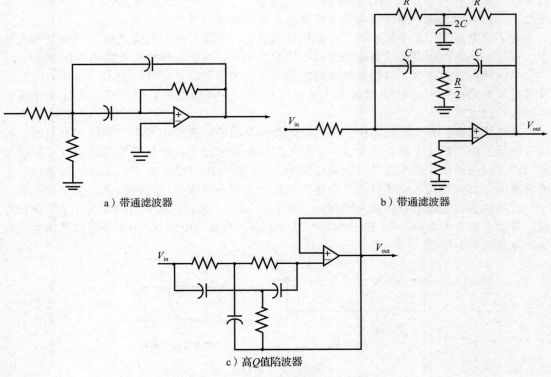

图 2-43 有源带通滤波器和陷波器

有源滤波器是由集成（IC）运算放大器和分立 RC 网络组成，可将它们设计成具有前面讨论过的各种响应特性，如巴特沃斯和切比雪夫滤波特性，并且如果将其级联，很容易获得更好的选择性。也可以将有源滤波器封装成独立的模块使用。有源滤波器的主要缺点是，它们的最高工作频率受运算放大器的频率响应和电阻、电容实际尺寸的限制。传统的有源滤波器的工作频率一般低于 1 MHz，所以有源滤波电路主要用于音频范围内或者略高于此频率的范围。不过如今运算放大器加上贴片电阻和贴片电容，可以将工作频率提高到微波范围（＞1 GHz），使 RC 有源滤波器应用能扩展到射频范围。

2.3.5 晶体和陶瓷滤波器

滤波器的选择性主要受电路 Q 值的限制，这通常是指所使用的电感的 Q 值。对于 LC 电路，Q 值很难超过 200。实际上，大多数 LC 电路 Q 值都在 10～100 的范围内，因此其滚降率是有限的。然而在某些应用中，不得不通过滤波来选择期望信号，将其与附近的其他干扰信号区分开（见图 2-44）。传统的滤波器具有较慢的滚降率，无法彻底抑制非期望的信号。为了获得更好的选择性和更高的 Q 值，从而尽可能抑制掉非期望的信号，使用由石英晶体薄片或某些陶瓷材料制成的滤波器可以满足要求。这些材料均具有所谓的压电效应。当它们发生物理上的弯曲或扭曲时，会在晶体表面产生电压；或者，将交流电压施加到晶体或陶瓷材料上，它们会以非常精确的频率振动，振动频率由晶体的厚度、形状和尺寸以及晶体面的切割角度决定。一般来说，晶体或陶瓷元件越薄，振荡频率越高。

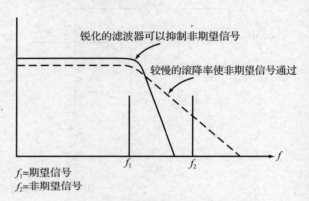

图 2-44 选择性如何影响信号区分的能力

为了将电路工作频率能够设定在某些精确值上，常将晶体和陶瓷元件用于振荡器电路中，这样即使电路周围环境温度和电源电压发生变化，其谐振频率仍可以基本保持不变。

晶体和陶瓷元件也可以用来设计滤波器电路，尤其是设计带通滤波器。晶体或陶瓷器件的等效电路相当于一个 Q 值为 10 000～1 000 000 的调谐电路，据此可以设计制作选择性极佳的滤波器。

晶体滤波器。 晶体滤波器中使用的晶体类型与晶体振荡器中的石英晶体完全相同，将信号电压施加到晶体上时，它会以一个特定的谐振频率振动，该频率是晶体的尺寸、厚度和切割方向的函数。晶体几乎可以被切割为 100 kHz～100 MHz 频率范围内的各种所需要的频率值，其振动频率非常稳定，因此常用来产生频率精确且稳定的信号。

石英晶体的等效电路和原理图符号如图 2-45 所示。该晶体可以等效为一个 LC 谐振电路。等效电路中的串联 LCR 部分相当于晶体本身，而并联电容 C_P 用来等效以晶体为电介质的金属极板的电容。

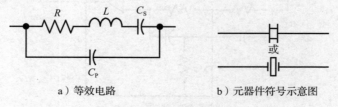

a) 等效电路   b) 元器件符号示意图

图 2-45 石英晶体

图 2-46 所示为石英晶体的阻抗随频率变化的曲线。在频率低于晶体的谐振频率时，电路表现为容性，具有高阻抗。而在某一特定的频率下，等效电感 L 和串联电容 C_S 的电抗相等，电路产生谐振，即 $X_L = X_C$ 时产生串联谐振。在串联谐振频率 f_S 下，电路表现为纯阻性的。晶体的电阻极低，所以该电路的 Q 值非常高，约在 10 000～1 000 000 之间。此时的晶体相当于一个具有极佳选择性的串联谐振回路。

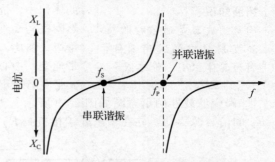

图 2-46　石英晶体阻抗随频率变化的曲线

如果施加到晶体上的信号频率高于 f_S，则晶体表现为感性特性；在某一较高的频率值上，并联电容 C_P 的电抗等于纯电感的电抗，此时晶体成为一个并联谐振回路。在并联谐振频率 f_P 下，电路的阻抗是纯阻性的，但阻值极大。

晶体具有串联谐振和并联谐振两个频率，这两个频率值很接近，所以晶体是构成滤波器的理想元件。适当选择晶体的串联谐振和并联谐振频率点，可以构成选择性极佳的带通滤波器。

最常用的晶体滤波器是如图 2-47 所示的环形晶体滤波器，该滤波器是带通滤波器，其中使用变压器作为滤波器的输入和输出器件。晶体 Y_1 和 Y_2 谐振在一个频率上，而晶体 Y_3 和 Y_4 谐振于另一个频率上，两个晶体谐振频率之差决定了滤波器带宽。3 dB 的下降带宽大约是晶体谐振频率差值的 1.5 倍。例如，如果 Y_1、Y_2 的谐振频率为 9 MHz，而 Y_3、Y_4 的谐振频率为 9.002 MHz，则差值为 9.002 MHz－9.000 MHz＝0.002 MHz＝2 kHz，那么，3 dB 带宽为 1.5×2 kHz＝3 kHz。

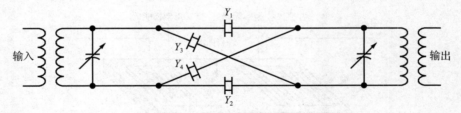

图 2-47　环形晶体滤波器

通过适当选择晶体的频率，也可以使 Y_3、Y_4 的并联谐振频率等于 Y_1、Y_2 的串联谐振频率，或者 Y_3、Y_4 的串联谐振频率等于 Y_1、Y_2 的并联谐振频率，则可以得到具有衰减曲线非常陡峭的通频带特性。

相对于通带内信号，通带外信号衰减可达 50～60 dB，这种滤波器可以很容易地区分频率非常接近的期望信号和非期望信号。

另一种类型的晶体滤波器是图 2-48 所示的梯形晶体滤波器，它也是一种带通滤波器。该滤波器中的所有晶体都被切割成完全相同的谐振频率，所使用的晶体数量和旁路电容的值决定了带宽。通常至少要用 6 个晶体级联才能获得通信应用中所需的选择性。

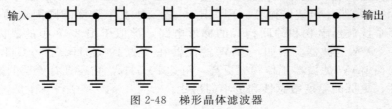

图 2-48　梯形晶体滤波器

陶瓷滤波器。陶瓷是一种人造的晶体状化合物，具有与石英相同的压电特性。陶瓷片可

以制成以固定的频率振动，从而获得滤波作用。陶瓷滤波器的体积小、价格低，因此被广泛用于发射机和接收机中。虽然陶瓷的 Q 值低于石英晶体的上限，但通常也能达到数千的量级，要比 LC 滤波器的 Q 值高得多。典型的陶瓷滤波器为带通型，中心频率为 455 kHz 和 10.7 MHz，根据具体应用，其带宽有所不同。这种陶瓷滤波器广泛应用于通信接收机中。

陶瓷滤波器的示意图如图 2-49 所示。为了保证正常工作，滤波器必须由输出阻抗为 R_g 的信号源驱动，并在输出处端接负载 R_L，R_g 和 R_L 的值通常为 1.5 kΩ 或 2 kΩ。

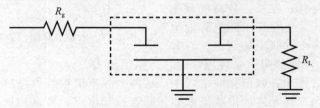

图 2-49　陶瓷滤波器示意图

声表面波滤波器。声表面波（SAW）滤波器是一种特殊形式的晶体滤波器。这种固定调谐频率的带通滤波器可以为某些特定的应用提供所需的精确选择性。声表面波（SAW）滤波器的设计示意图如图 2-50 所示。一般是将 SAW 滤波器制作在压电陶瓷材料（如铌酸锂）基板上。左边是输入部分，表面的交叉指型电极将电信号转换为在滤波器表面传播的声波。通过控制交叉指型的形状、大小和间距，可以针对应用定制所需的谐振频率响应。右边输出部分的交叉指型电极将声波转换为电信号。

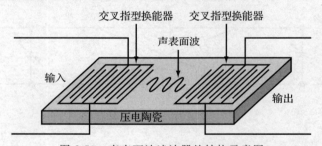

图 2-50　声表面波滤波器的结构示意图

SAW 滤波器通常会作为带通滤波器使用在极高的射频频率下，在这样高频率下的选择性非常难以获得。它们的有效工作频率范围为 10 MHz～3 GHz，其矩形系数较小，这使其在这么高的频率下仍具有非常好的选择性。不过它们的插入损耗较大，通常普通滤波器可达 10～35 dB，所以必须通过跟随一个放大器来补偿。SAW 滤波器广泛应用于现代电视接收机、雷达接收机、无线局域网和手机中。

体声波滤波器。体声波（BAW）滤波器类似 SAW 滤波器，它使用压电薄膜或电介质将信号从输入传输到输出端。通过薄膜的信号路径是垂直的，而不是水平的。有时也将 BAW 滤波器称为薄膜体声波谐振器（FBAR），是一种工作频率范围固定的带通滤波器，可以设计成多个滤波器串联和并联构成的梯形电路，类似于图 2-48 中的晶体滤波器，其滤波性能优于 SAW 滤波器。例如，SAW 滤波器在大约 100 MHz～1.5 GHz 频率范围内的特性最佳，而 BAW 滤波器工作频率更高，可达 10 GHz，它还具有更低的插入损耗、更陡峭的选择性、更低的温度敏感性和更小的尺寸。

BAW 滤波器正在逐渐取代 SAW 滤波器。它们主要应用于智能手机的射频前端。前端是指手机中连接天线、接收机输入端和发射机输出端的电路。它使用 CMOS 开关结合 BAW 滤波器，根据它所处的工作模式来选择正确的信道。这些先进的手机必须覆盖很宽的频率范围，用于较旧的 2G 和 3G 频段、当前的 4G 频段以及更新的 5G 频段，这些移动通信系统使用了 40 多个信道。一些更先进的手机可能会配置超过 40 个滤波器，而且，除了用于蜂窝移动系统电路外，还可用于 Wi-Fi、蓝牙和 GPS 电路中。

BAW 滤波器选择性的极大提高，最大限度地减少了信道之间的干扰，并允许使用更多的信道，同时需要更少和更窄的保护频带，这样可以进一步释放更多可用的频谱空间。BAW 滤波器可以在性能良好的双工器中使用。双工器能允许两个频率相近的电路共用同一副天线。很多手机都是全双工的，发射机与接收机的频率不同，但间隔较近。这两个滤波器具有足够的选择性，可以防止接收机被同一机壳中的发射机的信号淹没或失去灵敏度。现代智能手机包含约 9～15 副天线，提供蜂窝移动信道以及 Wi-Fi、蓝牙和 GPS 无线功能。有些天线是共用的，有些则是独立的。所有这些都需要使用 BAW 滤波器和切换开关来根据电话的功能要求进行连接。

2.3.6 开关电容滤波器

开关电容滤波器（SCF）是由运算放大器、电容和晶体管开关组成的有源 IC 滤波器，也被称为模拟采样信号滤波器或电压换向滤波器，这些器件通常选用 MOS 或 CMOS 工艺来实现，可以将它们设计成高通、低通、带通或带阻滤波器。SCF 的主要优点是，它能在不使用分立的电感、电容或电阻的情况下在 IC 中制作调谐或选择性电路。

开关电容滤波器由运算放大器、MOSFET 开关和电容组成。所有器件都完全集成在一个芯片上，不需要外部分立元件。SCF 中的所有电阻都被用 MOSFET 开关进行切换的电容所取代。与晶体管和电容相比，电阻以 IC 的形式制作难度更大，并且会在芯片上占据更多的空间。而使用开关电容，就可以在单个芯片上制作复杂的有源滤波器。其他优点是滤波器类型的选择比较灵活，截止或中心频率以及带宽的完全可调节，使得该滤波电路可用于许多不同的场景，并且可设置的工作频率和带宽的范围很大。

开关积分器。 SCF 的基本结构如图 2-51a 所示，这是一个经典运算放大器积分器。输入信号通过电阻施加到输入端，电容作为反馈元件。基于这样的布置，输出是输入的积分函数：

$$V_{out} = -\frac{1}{RC}\int V_{in}dt$$

对于交流信号，该电路本质上是一个增益为 $1/RC$ 的低通滤波器。

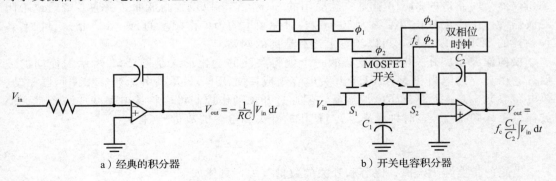

图 2-51　集成电路积分器原理图

为了能够在很大的频率范围内工作，需要改变积分器的 RC 值。以 IC 形式制作较大或较小的电阻值和电容值是有难度的。然而，这个问题可以用开关电容代替输入电阻来解决，如图 2-51b 所示。MOSFET 开关由一个时钟生成器驱动，其频率通常是待滤波的交流信号的最大频率的 50～100 倍。MOSFET 开关导通时的电阻通常小于 1 Ω，当开关断开时，其电阻是兆欧级的。

时钟输出两个相位的时钟波形来驱动 MOSFET 开关，相位分别为 ϕ_1 和 ϕ_2。当 S_1 闭合时，S_2 断开，反之亦然。这些开关是先断开后闭合的类型，意味着其动作要做到一个开关断开后，另一个开关才能闭合。当 S_1 闭合时，电容跟随输入信号电压变化充电。由于开关闭合的时钟周期和持续时间与输入信号变化相比非常短，因此输入电压的瞬时"采样值"仍然存储在 C_1 上，然后 S_1 断开。

当 S_2 闭合时，电容 C_1 上的电荷施加到运算放大器上进行求和运算，C_1 放电，使得反馈电容 C_2 中产生电流，产生的输出电压与输入电压的积分成正比，这时积分器的增益为：

$$f\left(\frac{C_1}{C_2}\right)$$

式中，f 为时钟频率。电容 C_1 以 f 作为时钟频率进行切换，周期为 T，等效为一个电阻 $R = T/C_1$。

这种电路结构的优点在于，不需要在 IC 芯片上制作电阻，而是使用比电阻更小的电容和 MOSFET 开关。此外，由于增益是 C_1 与 C_2 的比值的函数，两个电容的比值比单个精确的电容值更有用。而控制相互匹配的电容对的比值要比制作高精确值的电容容易得多。

通过组合几个这样的开关积分器，可以创建巴特沃斯、切比雪夫、椭圆和贝塞尔型的低通、高通、带通和带阻滤波器，几乎可以实现各种期望的选择性。滤波器的中心频率或截止频率均可由时钟频率值设置，这意味着滤波器可以通过改变时钟频率来实现动态调谐。

SCF 的最大的问题是其输出信号实际上是对输入信号取离散的阶梯值。由于 MOSFET 的开关动作和电容的充放电效应，造成了信号呈阶梯式的数字信号形式，时钟频率相对于输入信号的频率越高，上述情况产生的影响就越小。可以使用一个简单的 RC 低通滤波器滤波，将信号平滑回其原始的状态，该滤波器的截止频率设置为刚好高于信号的最大频率。

各种 SCF 都有集成电路形式，包括专用的单一用途型和通用型两种类型。有些滤波器可以设计成巴特沃斯、贝塞尔、椭圆，或其他多达 8 个极点的滤波器，它们可以用于滤波处理高达约 100 kHz 的信号。器件的制造商有 AD 半导体、美信和德州仪器等。例如，德州仪器公司制造的 MF10 就是一款通用的 SCF，它可以设置为低通、高通、带通或带阻滤波器等，中心或截止频率约为 20 kHz，时钟频率约为工作频率的 50～100 倍。目前有各种各样的 SCF 可以选择，可以浏览上述制造商的网站。

换向滤波器。 开关电容滤波器的一个值得关注的变化形式是图 2-52 所示的换向滤波器。它由分立的电阻和 MOSFET 开关电容组成，MOSFET 开关由计数器和译码器驱动。该电路看起来是一个低通 RC 滤波器，但通过开关动作控制可以将该电路变成一个带通滤波器。工作频率 f_{out}、时钟频率 f_{c} 与使用的开关和电容的数量 N 有关。

$$f_{\text{c}} = N f_{\text{out}} \qquad f_{\text{out}} = \frac{f_{\text{c}}}{N}$$

电路的带宽与 RC 值、电容和开关的数量有关，具体如下：

$$\text{BW} = \frac{1}{2\pi NRC}$$

对于图 2-52 中的滤波器，其带宽为 $\text{BW} = 1/(8\pi RC)$。

该电路可以获得非常高的 Q 值和很窄的带宽，并且改变电阻值可以调整带宽大小。

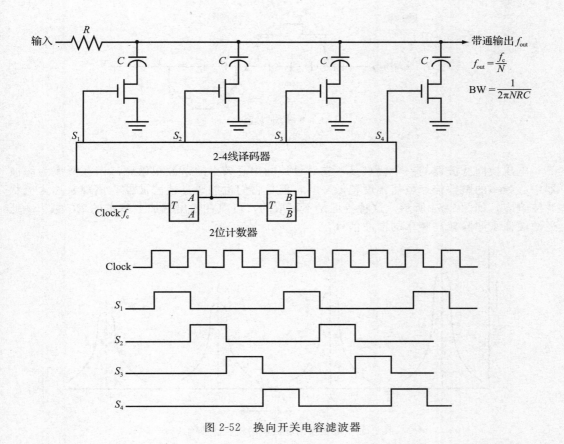

图 2-52 换向开关电容滤波器

另外在图 2-52 显示了在电路中依次接通和断开开关电容所对应的工作波形，每次只有一个电容连接到电路上。输入电压的一个采样值作为电荷存储在每个连接到输入端的电容上。电容上的电压是输入电压变化的平均值，它是开关闭合时电容对信号的采样。

图 2-53a 所示为输入信号为正弦波时的典型输入和输出波形。由于开关电容的离散采样行为，输出是输入的阶梯式近似值。由图可见，阶梯较大，如果希望减小采样阶梯的高度，只需增加开关和电容的数量。如图 2-53b 所示，将电容的数量从 4 个增加到 8 个，阶梯变小，输出波形更接近于输入波形。要最小化或消除这些阶梯式波形，可以将输出通过一个简单的 RC 低通滤波器即可，该低通滤波器的截止频率设置为等于或略大于中心频率。

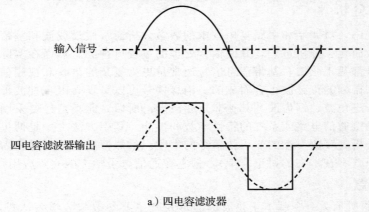

a）四电容滤波器

图 2-53 电压换向滤波器的输入和输出波形

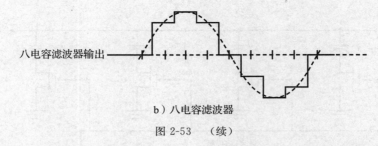

八电容滤波器输出

b）八电容滤波器

图 2-53 （续）

电压换向滤波器的一个特点是，它对设计的中心频率的谐波很敏感。谐波频率为滤波器中心频率的整数倍，虽然幅度稍低一些，但是它们也能通过该滤波器。该现象称为梳状滤波响应，如图 2-54 所示。这种特性是不可取的，可以在输出端加上基本的 RC 或 LC 低通滤波器来滤除较高频率的谐波信号。

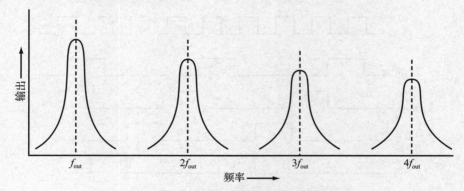

图 2-54 电压换向滤波器的梳状滤波响应

2.3.7 数字滤波器

数字滤波器是一种独特形式的滤波器，它正在逐渐取代传统的模拟滤波器。数字滤波器使用数字信号处理（DSP）技术来复制模拟滤波器的功能设计。DSP 滤波器提供了更好的选择性，其性能是传统的滤波器无法实现的。

数字滤波器接收模拟信号，通过模数转换器（ADC）数字化后，输入到具有 DSP 功能的微控制器或现场可编程门阵列（FPGA）中，用特殊的滤波算法进行处理。

数字滤波器原理详见第 7 章。

2.4 傅里叶分析

在通信系统中，对调制和多路复用技术的数学分析通常假设载波和基带消息信号都是正弦波。这样做简化了分析过程，并使信号处理的过程可预测。然而在实际工程中，并非所有的消息信号都是正弦波，基带消息信号通常是更为复杂的语音和视频信号，它们是由许多不同频率和振幅的正弦波组合而成的。消息信号可以呈现无限多种波形，包括矩形波（即数字脉冲）、三角波、锯齿波和其他非正弦波形。所以，此类信号要采用非正弦波的分析方法，才能确定通信电路或系统的特性参数和性能。其中方法之一是傅里叶分析，它提供了一种准确分析大多数复杂的非正弦信号的手段。虽然傅里叶分析过程需要使用微积分和高等数学知识（不在本书的讨论范围），但它在通信电子学上的实际应用是相对便捷的。

2.4.1 基本概念

图 2-55 左图所示为一个基本正弦波的波形及其主要参数与数学表达式，图 2-55 右图所示为基本余弦波的波形与数学表达式。余弦波与正弦波形状相同，只是比正弦波相位超

前 90°。正弦波的谐波也是一种正弦波，谐波频率是基波正弦波频率的整数倍。例如，2 kHz 正弦波的三次谐波是 6 kHz 的正弦波。图 2-56 所示为一个基波正弦波的前 4 次谐波。

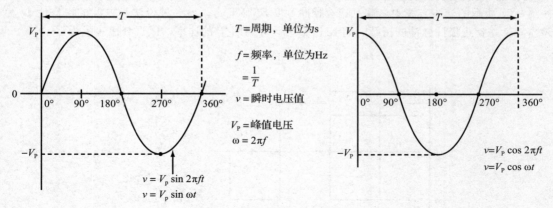

T＝周期，单位为s

f＝频率，单位为Hz
$= \dfrac{1}{T}$

v＝瞬时电压值

V_{P}＝峰值电压
$\omega = 2\pi f$

$v = V_{\mathrm{p}} \sin 2\pi ft$
$v = V_{\mathrm{p}} \sin \omega t$

$v = V_{\mathrm{P}} \cos 2\pi ft$
$v = V_{\mathrm{P}} \cos \omega t$

图 2-55　正弦波和余弦波

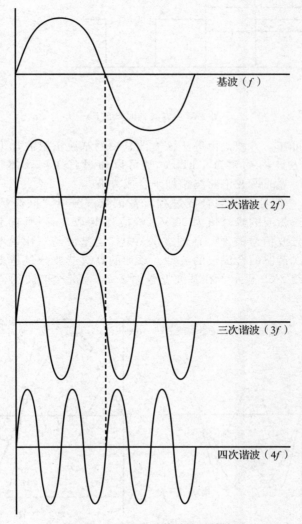

基波（f）

二次谐波（$2f$）

三次谐波（$3f$）

四次谐波（$4f$）

图 2-56　正弦波及其谐波时域波形

根据傅里叶理论，一个非正弦信号可以分解成为多个与谐波相关的不同频率的正弦分量或余弦分量。以典型的方波为例，它是一个具有相等持续时间的正、负交替的矩形脉冲信号。在如图 2-57 所示的交流方波中，这意味着脉冲宽度 t_1 等于 t_2。另一种说法是方波的占空比 D 为 50%，D 是指正极性脉冲的持续时间 t_1 占整个脉冲周期 T 的比率，以百分比表示为：

$$D = \frac{t_1}{T} \times 100$$

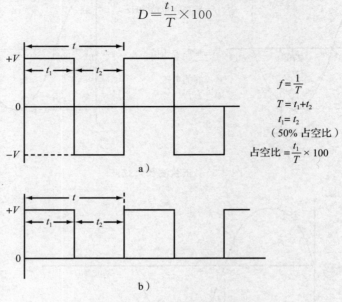

图 2-57   方波的时域波形

通过傅里叶分析可知，方波是由等于该方波基频的基波正弦波加上无数次的奇次谐波组成的。例如，如果方波的基频为 1 kHz，则可以通过将 1 kHz 基波正弦波与 3 kHz、5 kHz、7 kHz、9 kHz 等的谐波正弦波相加来合成方波。

图 2-58 说明了这一信号波形的合成过程。各正弦波分量之间必须保持正确的振幅和相位关系。其中基波正弦波的峰峰值为 20 V（峰值为 10 V）。当所有正弦波值瞬时叠加在一起，结果为近似的方波信号波形。在图 2-58a 中，是基波与三次谐波相加。图 2-58b 所示为添加了三次和五次谐波的合成波的波型。添加的高次谐波分量越多，合成波形看起来就越接近标准方波。图 2-59 显示了在基波上叠加了 20 个奇次谐波的合成波形，显然其形状已经非常接近方波了。

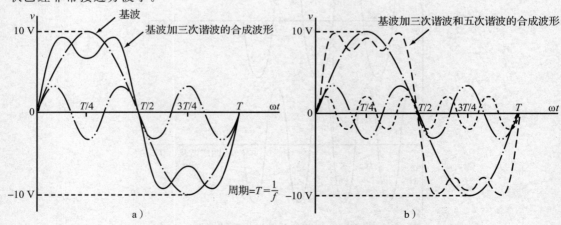

图 2-58   方波由基波正弦波和无限个奇次谐波组成

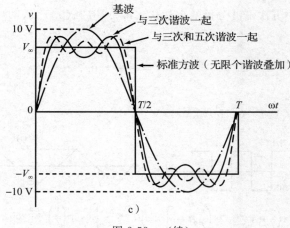

c)

图 2-58　（续）

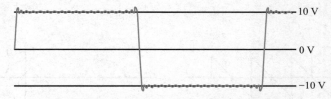

图 2-59　由 20 个奇次谐波加上基波组成的方波

综上所述，可以将方波分解为它的基波与相关的谐波正弦波的集合来分析，而不是单一的方波实体。通过对方波进行傅里叶数学分析可以证明这一点。结果如下式，是将电压表示为时间的函数：

$$f(t) = \frac{4V}{\pi} \left[\sin 2\pi \left(\frac{1}{T} \right)t + \frac{1}{3} \sin 2\pi \left(\frac{3}{T} \right)t + \frac{1}{5} \sin 2\pi \left(\frac{5}{T} \right)t + \frac{1}{7} \sin 2\pi \left(\frac{7}{T} \right)t + \cdots \right]$$

式中，因子 $4V/\pi$ 是所有正弦项的系数，V 是方波信号的峰值电压。第一项是基波正弦波，后面各项分别是三、五、七次谐波等。这些谐波分量也有振幅系数，此时振幅也是谐波次数的函数。例如，三次谐波的振幅是基波振幅的三分之一，以此类推。该表达式可以用 $f = 1/T$ 代入重写，如果方波信号为直流而非交流，如图 2-57b 所示，则傅里叶表达式有一个直流分量：

$$f(t) = \frac{V}{2} + \frac{4V}{\pi} \left(\sin 2\pi ft + \frac{1}{3} \sin 2\pi 3ft + \frac{1}{5} \sin 2\pi 5ft + \frac{1}{7} \sin 2\pi 7ft + \cdots \right)$$

式中，$V/2$ 为直流分量，即标准方波的均值，它也是基波和谐波正弦波波动的基线。

方波信号的通用傅里叶表达式为：

$$f(t) = \frac{V}{2} + \frac{4V}{\pi n} \sum_{n=1}^{\infty} (\sin 2\pi nft)$$

式中，n 为奇数。如果信号波形中存在直流分量，则直流分量的值等于 $V/2$。

类似于上面的方波表达式的分析过程，可以通过使用微积分和其他数学手段，对任意时域波形进行定义、分析，并将其表示为正弦和/或余弦分量之和的表达式形式。图 2-60 给出了一些最常见的非正弦波形的傅里叶表达式。

例 2-26　交流方波的峰值电压为 3 V，频率为 48 kHz。使用图 2-60a 中的表达式求出：a. 五次谐波的频率；b. 五次谐波电压的方均根值。

a. $5 \times 48 \text{ kHz} = 240 \text{ kHz}$。

b. 单独列出公式中五次谐波分量的表达式，即 $\frac{1}{5}\sin 2\pi(5/T)t$，并乘以振幅因子 $4V/\pi$。五次谐波的峰值 V_P 为：

$$V_P = \frac{4V}{\pi}\left(\frac{1}{5}\right) = \frac{4(3)}{5\pi} = 0.76$$

rms＝0.707×峰值

$$V_{rms} = 0.707V_P = 0.707 \times 0.76 = 0.537(\text{V})$$

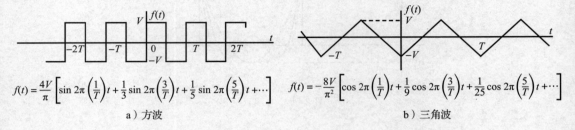

$$f(t) = \frac{4V}{\pi}\left[\sin 2\pi\left(\frac{1}{T}\right)t + \frac{1}{3}\sin 2\pi\left(\frac{3}{T}\right)t + \frac{1}{5}\sin 2\pi\left(\frac{5}{T}\right)t + \cdots\right]$$

a）方波

$$f(t) = -\frac{8V}{\pi^2}\left[\cos 2\pi\left(\frac{1}{T}\right)t + \frac{1}{9}\cos 2\pi\left(\frac{3}{T}\right)t + \frac{1}{25}\cos 2\pi\left(\frac{5}{T}\right)t + \cdots\right]$$

b）三角波

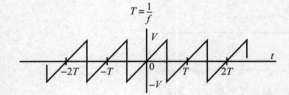

$T = \frac{1}{f}$

$$f(t) = \frac{2V}{\pi}\left[\sin 2\pi\left(\frac{1}{T}\right)t - \frac{1}{2}\sin 2\pi\left(\frac{2}{T}\right)t + \frac{1}{3}\sin 2\pi\left(\frac{3}{T}\right)t - \frac{1}{4}\sin 2\pi\left(\frac{4}{T}\right)t + \cdots\right]$$

c）锯齿波

$$f(t) = \frac{V}{\pi} + \frac{V}{\pi}\left[\frac{\pi}{2}\cos 2\pi\left(\frac{1}{T}\right)t + \frac{2}{3}\cos 2\pi\left(\frac{2}{T}\right)t - \frac{2}{15}\cos 2\pi\left(\frac{4}{T}\right)t + \frac{2}{35}\cos 2\pi\left(\frac{6}{T}\right)t + \cdots\right]$$

d）半波余弦波

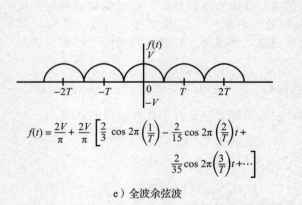

$$f(t) = \frac{2V}{\pi} + \frac{2V}{\pi}\left[\frac{2}{3}\cos 2\pi\left(\frac{1}{T}\right) - \frac{2}{15}\cos 2\pi\left(\frac{2}{T}\right)t + \frac{2}{35}\cos 2\pi\left(\frac{3}{T}\right)t + \cdots\right]$$

e）全波余弦波

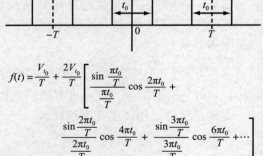

$$f(t) = \frac{V t_0}{T} + \frac{2V t_0}{T}\left[\frac{\sin\frac{\pi t_0}{T}}{\frac{\pi t_0}{T}}\cos\frac{2\pi t_0}{T} + \frac{\sin\frac{2\pi t_0}{T}}{\frac{2\pi t_0}{T}}\cos\frac{4\pi t_0}{T} + \frac{\sin\frac{3\pi t_0}{T}}{\frac{3\pi t_0}{T}}\cos\frac{6\pi t_0}{T} + \cdots\right]$$

f）矩形脉冲

图 2-60　常见的非正弦波及其傅里叶方程

从图 2-60b 中的三角波的表达式看出它含有基波和奇次谐波，但这些基波和谐波都是由余弦波而不是正弦波。图 2-60c 中的锯齿波表达式包含基波和所有奇次和偶次谐波。图 2-60d 和 e 显示的半余弦脉冲，就像余弦信号经过半波和全波整流器的输出波形，显然这两种波形都有一个平均直流分量。半波余弦信号仅由偶次谐波组成，而全波余弦信号同时具有奇次谐波和偶次谐波。图 2-60f 显示的是单极性方波的傅里叶表达式，其中平均直流分量为 V_{t_0}/T。

2.4.2　时域与频域

上述讨论和分析的大多数信号波形是在时域中表示的，即它们的电压、电流或功率是时间的函数。前面图中显示的所有信号都是时域波形的例子，其数学表达式包含变量时间 t，表明它们是时变量。

傅里叶理论给出了另一种表示和描述复杂信号的方法，它将包含了很多正弦和/或余弦分量的合成信号表示成不同频率下的正弦或余弦信号振幅。换句话说，一个特定信号的时域波形可以绘制成多个特定频率和振幅的正弦和/或余弦分量的组合形式。

方波的典型频域图如图 2-61a 所示。其中横轴是频率，上面的垂直直线代表基波和谐波正弦波的振幅。频域图中的这些频率和振幅值可以直接从傅里叶表达式中获得。其他一些常见的非正弦波的频域图也显示在图 2-61 中。图 2-61c 中的三角波由基波和奇次谐波组成，三次谐波显示为横轴下方的一条垂直直线，这表示构成它的余弦波有 180° 的相移。

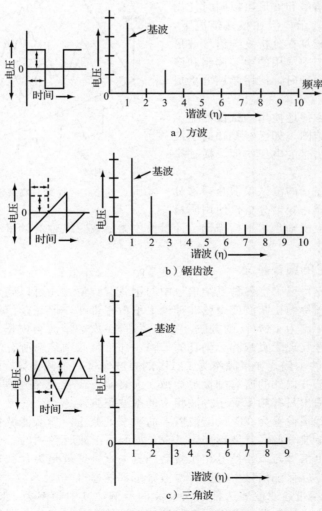

图 2-61　常见的非正弦波的频域图

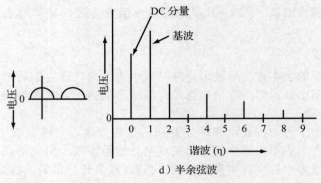

d）半余弦波

图 2-61 （续）

图 2-62 所示为时域和频域之间的对应
关系。以前面讨论的方波为例，图中给出的
是在三轴坐标系中的三维视图。

通信系统中的信号和波形可以同时使用
时域图和频域图来表示，但在很多情况下，
频域图更有用。尤其是在分析复杂信号波形
以及讨论在通信系统中常用的很多调制和多
路复用技术的基本原理时，使用频域分析更
方便。

目前，可以很方便地使用测试仪器显示
信号的时域图和频域图，如已经熟知的示波
器，它的纵轴表示信号的电压幅度，横轴是
时间。

用来产生频域显示的测试仪器是频谱分
析仪。与示波器一样，频谱分析仪使用阴极

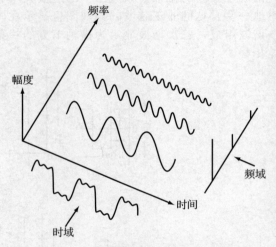

图 2-62 时域与频域之间的对应关系

射线管进行显示，但横轴是水平扫描轴，计量单位为赫兹，纵轴的计量单位为伏特或功率
或分贝。

2.4.3 傅里叶理论的重要意义

傅里叶分析不仅可以确定各种复杂信号中的正弦波分量，还可以确定特定信号占用多
少带宽。虽然单一频率的正弦波或余弦波理论上不占用带宽，但复杂信号显然会占用很多
频谱空间。例如，频率为 1 MHz 的方波，它的高达 11 次的谐波会占据 11 MHz 带宽。如
果要想保证对该信号实现无衰减和无失真的传输，那么就必须传输所有的谐波分量。

如图 2-63 所示的示例。如果频率为 1 kHz 的方波通过一个截止频率略高于 1 kHz 的低
通滤波器，则三次谐波以外的所有分量都会被大大衰减，或者大部分被完全滤除。从结果
看，低通滤波器的输出只有频率等于方波频率的基波正弦波。

如果低通滤波器被设置为在三次谐波以上的频率处截止，那么滤波器的输出将会包含
基波正弦波和三次谐波分量，其波形如图 2-58a 所示。正如所看到的，当更高次的谐波不
能全部通过时，输出信号与原始信号相比就会严重失真。这就是为什么通信电路和系统需
要具有足够宽的带宽以保证信号中的所有谐波分量都能通过。

图 2-64 所示为用带通滤波器选择三次谐波的示例，其中频率为 1 kHz 方波通过中心
频率为三次谐波的带通滤波器，获得了 3 kHz 正弦波输出。显然，只要能保证滤波器的频
率特性曲线足够陡峭，就可以选择出所需的谐波分量。

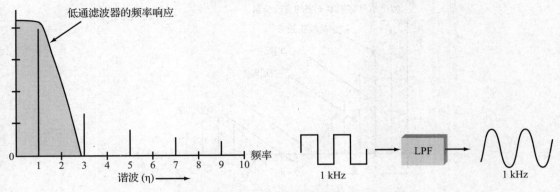

图 2-63　通过滤除所有谐波将方波转换为正弦波

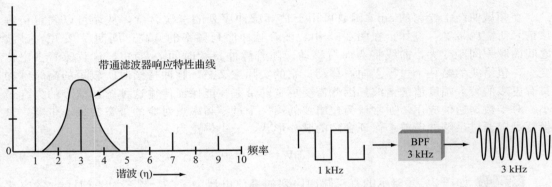

图 2-64　用带通滤波器选择三次谐波

2.4.4　脉冲信号的频谱

二进制脉冲信号的傅里叶分析在通信系统工作过程中特别有用，因为通过这种方法，可以分析得出传输此类脉冲所需的带宽。虽然理论上系统必须确保脉冲含有的全部谐波分量都能通过，但是实际上只能传输一部分谐波来保持脉冲的形状。此外，数据通信中的脉冲序列很少使用占空比为 50% 的方波，而是使用不同占空比的矩形脉冲，并且占空比的取值也不是固定值。这种脉冲的傅里叶响应如图 2-60f 所示。

回到图 2-60f。脉冲序列的周期为 T，脉冲宽度为 t_0，占空比为 t_0/T。脉冲序列由直流脉冲组成，平均直流值为 V_{t_0}/T。在傅里叶分析中，脉冲序列由其基波以及所有偶次和奇次谐波组成。该波形占空比为 50% 时是个特例，在这种情况下所有偶数次谐波均消失。但对于占空比为其他值的脉冲来说，其波形都是由奇次谐波和偶次谐波组成的。由于这是一个直流脉冲序列，其平均直流值为 V_{t_0}/T。

谐波分量的频域图如图 2-65 所示。在坐标的横轴上，每格频率的增量等于脉冲频率 f，其中 $f = 1/T$，T 为脉冲周期。第一个分量幅度为 V_{t_0}/T，是零频率对应的平均直流分量，其中 V 是脉冲的峰值电压。

现在注意基波和各次谐波的幅度，每条垂直线代表脉冲序列的正弦波分量的峰值。有些高次谐波的幅度是负值，这仅说明它们的相位是相反的。

图 2-65 中的虚线是各个分量峰值的轮廓，也就是所谓的频谱包络线。包络曲线的方程具有一般形式 $(\sin x)/x$，称为 sin c 函数，其中 $x = \dfrac{n\pi t_0}{T}$，t_0 为脉冲宽度。在图 2-65 中，sin c 函数多次穿过横轴。穿越横轴的频率点可以计算出来并标注在横轴上，它们是 $1/t_0$ 的倍数。

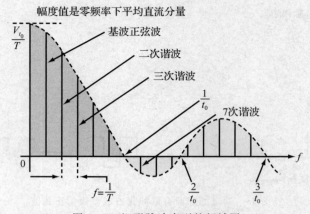

图 2-65   矩形脉冲序列的频域图

在频域曲线上绘制的 sin c 函数可用于估算脉冲序列的谐波含量，从而可以确定传输该信号所需的带宽。例如，在图 2-65 中，随着脉冲序列频率的升高，周期 T 变短，谐波之间的频率间距变大，曲线将会向右移动。随着脉冲持续时间 t_0 变短，这意味着占空比变小，包络线的第一个过零点向右移动。它的实际意义是，脉冲持续时间较短的高频脉冲具有更多的较大幅度值的谐波，因此需要更宽的带宽才能保证传输这种脉冲信号的失真最小。对于数据通信应用，通常认为包络线的第一个过零频率点对应的带宽为最小带宽，该带宽足以通过足够的谐波，保证合理的脉冲形状。最小带宽为：

$$BW = \frac{1}{t_0}$$

例 2-27   如图 2-60f 所示的直流脉冲序列的峰值电压为 5 V，频率为 4 MHz，占空比为 30%。

a. 平均直流电压值是多少（$V_{avg} = V_{t_0}/T$，使用图 2-60f 中给出的公式计算）？

$$占空比 = \frac{t_0}{T} = 30\% = 0.30$$

$$T = \frac{1}{f} = \frac{1}{4 \times 10^6} = 2.5 \times 10^{-7}(s) = 250 \times 10^{-9}(s)$$

$$T = 250 \text{ ns}$$

$$t_0 = 占空比 \times T = 0.3 \times 250 = 75(ns)$$

$$V_{avg} = \frac{V_{t_0}}{T} = V \times 占空比 = 5 \times 0.3 = 1.5(V)$$

b. 在不产生严重失真的情况下，传输该信号所需的最小带宽是多少？

$$最小带宽\ BW = \frac{1}{t_0} = \frac{1}{75 \times 10^{-9}}$$
$$= 0.013\,333 \times 10^9 = 13.333 \times 10^6$$
$$= 13.333(MHz)$$

大部分振幅较大的谐波分量，也就是信号功率中的最重要部分都包含在零频率和曲线上 $1/t_0$ 点之间的频率范围内。

2.4.5   脉冲上升时间与带宽之间的关系

因为理论上像方波这样的矩形波中包含无限个谐波分量，所以可以用方波作为确定一个信号带宽的基础。如果处理电路能传输全部或无限个谐波分量，那么对应的方波的上升和下降时间将为零。如果通过调整滚降或滤除较高的频率分量而减小了带宽，那么较高次谐波就会被大大衰减。影响是这会使得方波的上升下降时间不再等于零，并且会随着越来越多的高次谐波被滤除而增加。带宽越受限，能通过的谐波就越少，上升和下降时间就越长。持续限制带宽的最终结果是滤除所有的谐波，只留下基波正弦波，如图 2-63 所示。

上升和下降时间的概念如图 2-66 所示。上升时间 t_r 是指脉冲电压从其峰值的 10% 上升到 90% 所需的时间。下降时间 t_f 是指脉冲电压从其峰值的 90% 下降到 10% 所需的时间。脉冲宽度 t_0 通常在脉冲前（上升）沿和后（下降）沿的 50% 幅值点处进行测量。

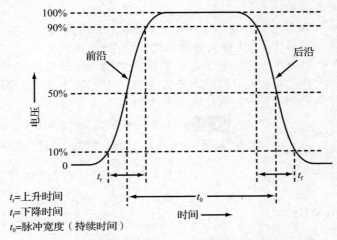

t_r=上升时间
t_f=下降时间
t_0=脉冲宽度（持续时间）

图 2-66 脉冲信号的上升和下降时间示意图

下式给出了矩形波的上升时间与无失真通过该波形电路的带宽的关系：

$$BW = \frac{0.35}{t_r}$$

例 2-28 设脉冲序列的上升时间为 6 ns，不失真地通过该脉冲序列所需的最小带宽是多少？

$$BW = \frac{0.35}{t_r} \qquad t_r = 6 \text{ ns} = 0.006 \ \mu s$$

$$最小 \ BW = \frac{0.35}{0.006} = 58.3 \text{ MHz} \qquad \blacktriangleleft$$

这是通过上升时间为 t_r 的方波中包含最高频分量的信号所需的电路带宽。在该表达式中，带宽实际上定义为以兆赫为单位的电路的 3 dB 带宽，输出方波的上升时间以微秒为单位。例如，如果放大器的方波输出的上升时间为 10 ns（0.01 μs），则电路的带宽必须至少为 BW=0.35/0.01=35 MHz。

重写该表达式，则可以计算出给定带宽的电路输出信号的上升时间：t_r=0.35/BW。例如，方波通过带宽为 50 MHz 的电路，其最小上升时间为 t_r=0.35/50=0.007 μs=7 ns。

通过这种简单的关系，若已知上升时间，就可以快速确定通过矩形脉冲波形所需的电路近似带宽。这种关系被广泛用于表示示波器中垂直放大器的频率响应。示波器的使用说明书通常只给出垂直放大器的上升时间的数值。具有 60 MHz 带宽的示波器可以通过的矩形波形的上升时间最短为 t_r=0.35/60=0.005 83 μs=5.83 ns。

例 2-29 电路带宽为 200 kHz，则该电路通过方波信号最快的上升时间是多少？

$$t_r(\mu s) = \frac{0.35}{f(\text{MHz})} \qquad 200 \text{ kHz} = 0.2 \text{ MHz}$$

$$t_r = \frac{0.35}{0.2} = 1.75 \ \mu s \qquad \blacktriangleleft$$

拓展知识

一个常用的"经验法则"是：只有示波器的垂直带宽至少是方波频率的五倍，才能保证该示波器正常显示出方波波形。也就是说，如果垂直放大器的带宽能够通过方波的五次谐波，那么就可以在示波器上看到正常显示的方波。带宽较窄，则会滤掉高次谐波，方波会失真成类似正弦波的信号。

例：典型的商用示波器的垂直带宽为 100 MHz，可以正常显示的方波的最高频率是多少？

$$\frac{100\ \text{MHz}}{5}=20\ \text{MHz}$$

类似地，示波器的垂直放大器的额定值为 2 ns（$0.002\ \mu$s），则其带宽或截止频率上限为 BW＝0.35/0.002＝175 MHz。这意味着示波器的垂直放大器的带宽能够通过足够数量的谐波，因此作为结果的矩形波的上升时间为 2 ns。这并不表示输入方波本身的上升时间。方波本身的上升时间可用下式计算：

$$t_r=1.1\sqrt{t_{ri}^2+t_{ra}^2}$$

式中，t_{ri}＝输入方波的上升时间；t_{ra}＝放大器的上升时间；t_r＝放大器输出的综合上升时间。

对于存在多级放大器级联的情况，只需将每级放大器上升时间的平方相加，作为整个放大电路的上升时间的平方，然后代入上式的 t_{ra}^2，再开方即可。

例 2-30 示波器的带宽为 60 MHz，输入方波的上升时间为 15 ns。所能显示的方波的上升时间是多少？

$$t_{ra}(示波器)=\frac{0.35}{60}=0.005\,833(\mu\text{s})=5.833(\text{ns})$$

$$t_{ri}=15(\text{ns})$$

$$t_{ra}(综合)=1.1\times\sqrt{t_{ri}^2+t_{ra}^2}=1.1\times\sqrt{15^2+5.833^2}$$

$$=1.1\times\sqrt{259}=17.7(\text{ns}) \blacktriangleleft$$

需要注意的是，由上面的上升时间公式推导出的带宽或截止频率上限只为了保证该上升时间所需要通过的谐波频率，高于该频率的谐波则会产生不需要的辐射和噪声。

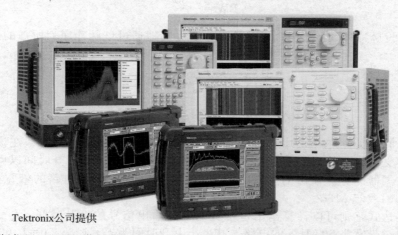

Tektronix公司提供

频谱分析仪用于显示电信号的频谱图。它是通信设备设计、分析和故障排查的关键测试仪器

思考题

1. 随着工作频率的增加，电路容抗会发生什么变化？

2. 当频率降低时，电感的感抗如何变化？

3. 什么是集肤效应，它会如何影响电感的 Q 值？

4. 将铁氧体磁珠放置在导线周围，会发生什么现象？

5. 广泛使用的形状像甜甜圈的电感线圈的名称是什么？

6. 说明串联 RLC 电路在谐振时的电流和阻抗。

7. 说明并联 RLC 电路在谐振时的电流和阻抗。

8. 用自己的语言来陈述一下调谐电路的 Q 值和带宽之间的关系。

9. 使用哪种滤波器能从多个信号中选择单个信号频率？

10. 你会用什么样的滤波器来消除令人反感的 120 Hz 的嗡嗡声？

11. 选择性是什么参数？

12. 用自己的语言来陈述一下傅里叶理论。

13. 说出时域和频域的定义。

14. 写出 800 Hz 的前四个奇次谐波频率。

15. 哪种信号波形只由偶次谐波组成？哪种信号波形只由奇次谐波组成？

16. 为什么非正弦信号在通过滤波器时会有失真？

17. SAW 和 BAW 滤波器最常见的应用是什么？

习题

1. 输出为 1.5 V，输入为 30 μV 的放大器的增益是多少？◆

2. 在图 2-3 中，R_1 为 3.3 kΩ，R_2 为 5.1 kΩ 时，分压器的衰减是多少？

3. 通过将习题 1 和习题 2 中的电路级联形成的电路总增益或衰减是多少？◆

4. 三个增益为 15、22 和 7 的放大器级联，输入电压为 120 μV，每一级的增益和输出电压分别是多少？

5. 某通信设备有两级放大电路，增益分别为 40 和 60，还有两级有损耗的电路，衰减分别为 0.03 和 0.075。输出电压为 2.2 V，求总增益（或衰减）和输入电压。◆

6. 用分贝表示习题 1 到习题 5 中的每个电路的电压增益或衰减。

7. 某功率放大器的输出功率为 200 W，输入功率为 8 W，以分贝为单位的功率增益是多少？◆

8. 某功率放大器的增益为 55 dB，输入功率为 600 mW，求其输出功率。

9. 放大器的输出功率为 5 W，以 dBm 为单位的增益是多少？◆

10. 某通信系统有五级电路级联组成，各级电路的增益和衰减分别为 12 dB、−45 dB、68 dB、−31 dB 和 9 dB，求总增益。

11. 在 2 GHz 下 7 pF 电容的电抗是多少？

12. 电容在 450 MHz 下具有 50 Ω 的电抗，求该电容的大小。

13. 计算在 800 MHz 下 0.9 μH 的电感的感抗。

14. 标称值为 2 μH 的电感在什么频率下的电抗为 300 Ω？

15. 标称值为 2.5 μH 的电感的电阻为 23 Ω，在 35 MHz 的频率下，其 Q 值是多少？

16. 由 22 pF 电容和 0.55 μH 电感构成的谐振电路的谐振频率是多少？

17. 谐振频率为 18 MHz 的电路中的电容是 80 pF，电感值是多少？

18. 标称值为 33 μH 的电感，其电阻值为 14 Ω，与 48 pF 的电容并联，构成的谐振回路的带宽是多少？

19. 串联谐振回路的上、下截止频率分别为 72.9 MHz 和 70.5 MHz，其带宽是多少？

20. 谐振回路的峰值输出电压为 4.5 mV，求其在上、下截止频率下的输出电压值。

21. 在 4 GHz 的频率下电路带宽为 36 MHz，求电路的 Q 值。

22. 并联谐振回路的 $L = 60$ μH，电感的线圈导线电阻 $R_w = 7$ Ω，$C = 22$ pF，求谐振回路的阻抗。

23. 写出峰峰值为 5 V、频率为 100 kHz 的锯齿波的傅里叶表达式的前四项。

24. 上升时间为 8 ns 示波器可以测量显示的正弦波的最高频率是多少？

25. 低通滤波器的截止频率为 24 MHz，该滤波器所能通过的矩形波的最快上升时间是多少？

标有"◆"的习题答案见书末的"部分习题参考答案"。

深度思考题

1. 解释为什么没有集总电容和电感组件的电路中仍然会存在电容和电感？

2. 串联谐振回路中电感或电容的谐振电压为什么大于信号源电压？

3. 你会使用什么类型的滤波器来防止由发射机产生的谐波进入天线？

4. 显示 2.5 GHz 方波所需的示波器最小垂直带宽是多少？

5. 解释为什么可以通过并联电阻来降低并联谐振回路的有效 Q 值。

6. 并联谐振回路的电感为 800 nH，电感线圈电阻为 3 Ω，电容为 15 pF，计算：a. 谐振频率；b. Q 值；c. 带宽；d. 谐振阻抗。

7. 对于第 6 题的电路，如果将一个 33 kΩ 的电阻与谐振电路并联，带宽会是多少？

8. 电阻为 2.2 kΩ，要设计一个截止频率为 48 kHz 的高通滤波器，求所需的电容值。

9. 要通过频率为 28.8 kHz、占空比为 20% 的周期脉冲序列所需的最小带宽是多少？占空比为 50% 时呢？

10. 参考图 2-60，观察各种波形和傅里叶表达式，用什么电路可以构成一个简单实用的倍频器？

第 3 章
振幅调制的基本原理

　　调制是指用基带的语音、视频或数字信号去控制另一个更高频的称为载波的信号变化的过程，载波通常是正弦波信号。用消息信号对正弦波载波调制的方式有振幅调制、频率调制和相位调制。本章主要讨论振幅调制（AM）。

内容提要

学完本章，你将能够：

■ 根据载波信号和调制信号的幅度，计算 AM 信号的调幅指数和调幅百分比。

■ 定义过调制，并解释如何减小过调制产生的影响。

■ 解释 AM 信号中的功率在载波和边带上的分配情况；根据调幅指数计算载波功率和边带功率。

■ 根据载波和调制信号频率，计算边带频率。

■ 比较 AM 信号的时域、频域和相位的数学表达式。

■ 解释 DSB 和 SSB 的基本原理，并说明与传统的 AM 信号相比，SSB 信号的主要优点。

■ 根据信号的电压和负载阻抗，计算峰值包络功率（PEP）。

■ 列举至今仍在使用的 5 种 AM 调制方式。

3.1　振幅调制的概念

　　顾名思义，在振幅调制中，消息信号改变的是正弦载波的振幅。载波振幅的瞬时值随着调制信号的幅度和频率的变化而变化。图 3-1 所示为用单频正弦波作为消息信号去调制高频载波的过程。载波频率在调制过程中保持不变，但其幅度会随着调制信号变化，调制信号幅度的增大会导致载波振幅增大。载波的正、负峰值都随着调制信号的幅度变化而变化，即调制信号幅度的增大或减小，会导致载波幅度的正、负峰值都相应的增大或减小。

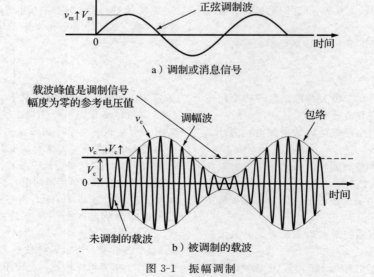

图 3-1　振幅调制

连接载波波形的正、负峰值的假想线（图 3-1 中的虚线）给出了调制消息信号的确切形状。出现在载波波形上的这条假想线被称为包络。

由于图 3-1 所示的波形相对复杂，难以绘制，因此通常将频率恒定的高频载波简化为多条等间距的竖线，如图 3-2 所示，竖线的幅度随着调制信号的变化而变化。这种简化的表示方法在本书中经常使用。

图 3-1 和图 3-2 所示的信号波形表示了载波振幅随时间的变化关系，这种信号被称为时域信号。时域信号是电压和电流随时间的变化情况，可以在示波器屏幕上进行显示和观测。

利用三角函数，可以用简单的表达式来表示正弦载波：

$$v_c = V_c \sin 2\pi f_c t$$

式中，v_c 表示正弦载波在周期中某个时刻的电压瞬时值；V_c 表示未经调制的恒定正弦载波的峰值，即从正弦载波 0 幅值到正半周的最大幅值，或负半周的最大幅值（见图 3-1）；f_c 表示正弦载波的频率；t 表示载波周期中的某个时刻。

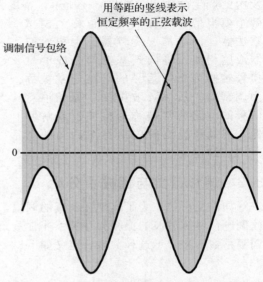

图 3-2　AM 高频正弦波时域波形的简化表示

正弦波调制信号（即消息信号）也可以用类似的表达式表示：

$$v_m = V_m \sin 2\pi f_m t$$

式中，v_m 是消息信号的瞬时值；V_m 是消息信号的峰值幅度；f_m 是调制信号的频率。

在图 3-1 中，调制信号使用未经调制载波的峰值而不是横轴的零幅值作为其幅度参考。调制信号的包络在载波的峰值上下变化，即调制信号的零幅度参考线与未调制载波的峰值重合。因此，载波和调制信号的相对幅值非常重要。一般情况下，调制信号的幅值应该小于载波的幅值。当调制信号的幅值大于载波的幅值时，就会发生失真，导致传输的消息信号

拓展知识

在本书中，除非特别说明，否则所有角度都采用弧度表示，1 弧度约等于 $57.3°$。

出错。在幅度调制过程中，调制信号的峰值小于载波的峰值非常重要，从数学上可表示为：

$$V_m < V_c$$

可以用表达式结合载波信号和调制信号的幅值，来表示已调信号。首先，记住载波的恒定峰值是调制信号的参考点；调制信号的幅值与载波的峰值相加或相减。包络 v_1 正向或负向电压的瞬时值可以通过下式计算：

$$v_1 = V_c + v_m = V_c + V_m \sin 2\pi f_m t$$

上式就是将调制信号的瞬时值与载波的峰值代数相加，因此，可以用 v_1 代替载波的峰值电压 V_c，则已调信号 v_2 的瞬时值为：

$$v_2 = v_1 \sin 2\pi f_c t$$

拓展知识

如果调制信号的幅度大于载波的幅度，就会发生失真。

将前面 v_1 的表达式代入上式并展开，可得：

$$v_2 = (V_c + V_m \sin 2\pi f_m t) \sin 2\pi f_c t = V_c \sin 2\pi f_c t + (V_m \sin 2\pi f_m t)(\sin 2\pi f_c t)$$

式中，v_2 代表 AM 波的瞬时电压值（或 v_{AM}），$V_c \sin 2\pi f_c t$ 是载波瞬时电压值，$(V_m \sin 2\pi f_m t)(\sin 2\pi f_c t)$ 是载波波形与调制信号波形相乘，它是上面表达式的第二项，反映了 AM 信号的特性。产生 AM 波的必要条件是，在电路中必须要有乘法运算项，能将载波与

调制信号相乘。得到的 AM 信号就是载波和调制信号的乘积。

　　用于产生 AM 信号的电路被称为调制器，它的两个输入分别是载波和调制信号，以及由此产生的输出，如图 3-3 所示。幅度调制器计算的是载波和调制信号的乘积。产生两个模拟信号乘积的电路也称为模拟乘法器、混频器、变频器、乘积检波器或鉴相器。将低频基带信号或消息信号转换为高频信号的电路通常被称为调制器。从 AM 波中恢复原始消息信号的电路通常被称为检波器或解调器，混频和检波的应用将在后续的章节中详细讨论。

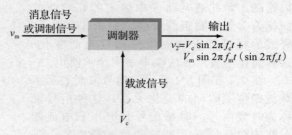

图 3-3　振幅调制器的输入和输出信号

3.2　调幅指数与调幅百分比

　　如前文所述，为了实现无失真的调幅，调制信号的电压 V_m 必须小于载波电压 V_c。因此调制信号和载波的振幅相互关系非常重要。通常使用调幅指数 m（也称之为调幅因子或调幅系数）来表示这种关系，定义如下：

$$m = \frac{V_m}{V_c}$$

分子、分母分别是调制信号的峰值和未经调制的载波电压振幅。

　　将调幅指数乘以 100，可以得到调幅百分比。例如，如果载波电压为 9 V，调制信号电压为 7.5 V，那么调幅因子为 0.8333，调幅百分比为 $0.8333 \times 100 = 83.33$。

3.2.1　过调制和失真

　　调幅指数应该介于 0 和 1 之间。如果调制电压的幅度高于载波电压，m 的值将大于 1，就会造成已调信号波形失真。当失真过大时，消息信号将无法恢复。如果音频信号在传输过程中出现失真，就会在扬声器中产生杂乱、刺耳或不自然的声音。

　　一种简单的失真情况如图 3-4 所示。图 3-4 中的消息信号为正弦波，用它去调制正弦载波，但是由于调制信号的电压远大于载波电压，从而产生所谓的过调制现象。可以看到波形在零线处变平。接收到的信号经解调会输出反映包络线形状的时域波形，但它是负峰值被切割掉的正弦波。如果调制信号的幅度小于载波振幅，就不会产生失真。AM 的理想条件是 $V_m = V_c$，即 $m = 1$，此时可以实现 100% 的调制，使得在没有失真的情况下，发射机的输出功率最大，接收机也会有最大的输出电压。

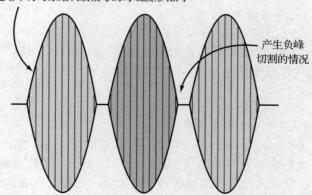

图 3-4　由于调制信号的幅度 V_m 大于载波信号的振幅 V_c 而产生过调制，从而导致包络失真

防止过调制具有一定的难度。因为在音频信号传输过程中，在不同时刻信号的幅度也会有变化。通常将调制信号的幅度放大设置为音频信号的峰值与 100% 调制相对应，从而防止出现过调制和失真。可以使用所谓的压缩电路来解决这个问题，该电路是一种自动调节电路，它在工作时，对小信号进行放大，而对大信号进行抑制或压缩，从而可以使输出信号的平均功率更大，且不会出现过调制。

拓展知识
过调制引起的失真也会造成邻道干扰。

过调制引起的失真还会导致邻道干扰，因为失真会产生非正弦的泄息信号。根据傅里叶理论，各种非正弦信号都可以被视为在消息信号频率的基波正弦波与其谐波分量的叠加，显然这些谐波也会去调制载波，并可能对载波邻道的信号产生干扰。

3.2.2　调幅指数

调幅指数可以通过测量调制信号电压和载波电压的实际值，并计算二者的比值来获得。然而更常用的方法是通过测量已调信号本身的值来计算调幅指数。如图 3-5 所示，使用示波器观察 AM 信号波形，通过 $V_{\max}$ 和 $V_{\min}$ 的值计算调幅指数。调制信号的峰值 V_{m} 是已调信号峰值和谷值差值的一半：

$$V_{\mathrm{m}} = \frac{V_{\max} - V_{\min}}{2}$$

如图 3-5 所示，$V_{\max}$ 是已调信号的峰值，$V_{\min}$ 是已调信号的最小值或波谷值。$V_{\max}$ 是 AM 信号峰峰值的一半，即 $V_{\max(\mathrm{p-p})}/2$。可以用 $V_{\max}$ 减去 $V_{\min}$ 的值得到调制信号的峰峰值，而该值的一半就是调制信号的峰值。

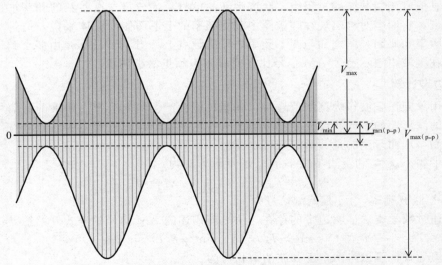

图 3-5　AM 已调信号波形中的峰值（$V_{\max}$）和谷值（$V_{\min}$）

载波信号 V_{c} 的峰值是 $V_{\max}$ 加上 $V_{\min}$ 的平均值：

$$V_{\mathrm{c}} = \frac{V_{\max} + V_{\min}}{2}$$

调幅指数则为：

$$m = \frac{V_{\max} - V_{\min}}{V_{\max} + V_{\min}}$$

$V_{\text{max(p-p)}}/2$ 和 $V_{\text{min(p-p)}}/2$ 的值可以直接从示波器上读取，代入公式即可计算出调幅指数。

通常用调幅百分比而不是分数值来表示 AM 的调制程度。在例 3-1 中，调幅百分比为 $100 \times m$，或者表示为 66.2%。显然在信号不失真的情况下，最大的调幅百分比是 100%，即 V_c 和 V_m 的值相等。此时，$V_{\text{min}}=0$，$V_{\text{max}}=2V_m$，其中 V_m 是调制信号的峰值。

例 3-1 通过示波器屏幕观测 AM 已调信号，其中读取 $V_{\text{max(p-p)}}$ 为 5.9 个单元格，$V_{\text{min(p-p)}}$ 为 1.2 个单元格。

a. 求调幅指数。

$$m = \frac{V_{\text{max}}-V_{\text{min}}}{V_{\text{max}}+V_{\text{min}}} = \frac{5.9-1.2}{5.9+1.2} = \frac{4.7}{7.1} = 0.662$$

b. 如果示波器的垂直刻度为每个单元格表示 2 V，则计算 V_c、V_m 和 m（提示：先绘制出信号波形的草图）。

$$V_c = \frac{V_{\text{max}}+V_{\text{min}}}{2} = \frac{5.9+1.2}{2} = \frac{7.1}{2} = 3.55 \text{（垂直方向每单元格表示 2 V）}$$

$$V_c = 3.55 \times 2 \text{ V} = 7.1 \text{ V}$$

$$V_m = \frac{V_{\text{max}}-V_{\text{min}}}{2} = \frac{5.9-1.2}{2} = \frac{4.7}{2} = 2.35$$

$$V_m = 2.35 \times 2 \text{ V} = 4.7 \text{ V}$$

$$m = \frac{V_m}{V_c} = \frac{4.7}{7.1} = 0.662$$

◀

3.3　边带与频域

在消息信号调制载波的过程中，会产生新的信号频率分量。这些新的频率被称为边带频率或边带，它们会对称出现在频谱图中载波频率的上下两侧。具体来说，边带频率会分布在载波频率和调制频率之和与两个频率之差的频点上。当 AM 波形是由多个频率的信号构成时，在频域中表示这个 AM 信号比在时域中表示更清晰明了。

3.3.1　边带计算

当使用单频正弦波作为调制信号时，调制过程会产生两个边带。如果调制信号是一个相对复杂的波形，如音频或者视频信号，那么在它的整个频率范围内的信号分量都会对载波进行调制，从而产生的是一个边带频率范围。

上边带频率 f_{USB} 和下边带频率 f_{LSB} 的计算方法为：

$$f_{\text{USB}} = f_c + f_m \qquad f_{\text{LSB}} = f_c - f_m$$

式中，f_c 是载波频率，f_m 是调制信号频率。

可以通过数学方法证明边带的存在，从之前描述的 AM 信号的等式开始推导：

$$v_{\text{AM}} = V_c \sin 2\pi f_c t + (V_m \sin 2\pi f_m t)(\sin 2\pi f_c t)$$

根据三角恒等式，可以将两个正弦波的乘积写为：

$$\sin A \sin B = \frac{\cos(A-B)}{2} - \frac{\cos(A+B)}{2}$$

在调制波形的等式中运用上式，信号的瞬时幅度 v_{AM} 可以写为：

$$v_{\text{AM}} = V_c \sin 2\pi f_c t + \frac{V_m}{2}\cos 2\pi t(f_c - f_m) - \frac{V_m}{2}\cos 2\pi t(f_c + f_m)$$

式中，第一项是载波；第二项包含频率之差 $f_c - f_m$，即下边带；第三项包含频率之和 $f_c + f_m$，即上边带。

例如，假设用频率为 400 Hz 的单音信号调制频率为 300 kHz 的载波，那么上边带和下边带分别为：

$$f_{USB} = 300\ 000\ Hz + 400\ Hz = 300\ 400\ Hz = 300.4\ kHz$$
$$f_{LSB} = 300\ 000\ Hz - 400\ Hz = 299\ 600\ Hz = 299.6\ kHz$$

在示波器上观察 AM 信号，可以看到载波的振幅随时间有明显的变化。尽管根据上式可知，在调制过程中确实会产生边带分量，但用示波器的时域显示不能明显观察到边带的存在。AM 信号实际上是由多个频率分量组成的复合信号；如上式所示，在正弦载波上叠加了上下边带。这一过程如图 3-6 所示。

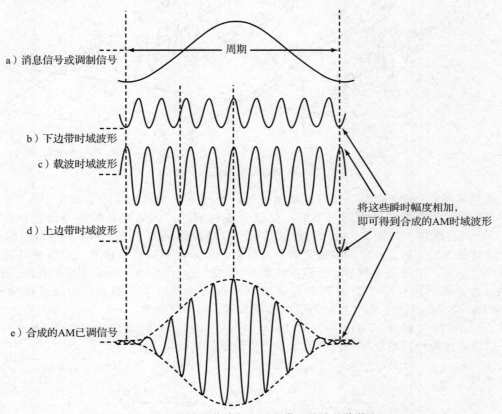

图 3-6　AM 波是载波与上下边带正弦波的代数和

将时间轴上信号的每个时刻的瞬时值代数相加，并绘制出结果，可得到如图 3-6 所示的 AM 波。它是频率值等于载波频率的正弦波，该正弦波的振幅随着调制信号电压的变化而改变。

3.3.2　AM 信号的频域表示

可以用频域方法表示边带信号，即绘制载波和边带信号在不同频率的幅度分布情况，如图 3-7 所示。横轴代表频率，纵轴代表幅度。幅度可以是电压、电流或者功率，也可以是峰值或方均根值。表示信号的幅度与频率的关系图即频域表示，可以通过频谱分析仪来显示信号的频域图。

图 3-8 所示的是 AM 信号的时域和频域的对应关系，时间轴和频率轴相互垂直。在频域中显示的幅度是载波和边带正弦波的峰值。

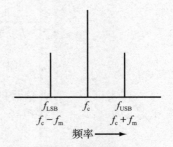

图 3-7　AM 信号（电压）
的频域表示

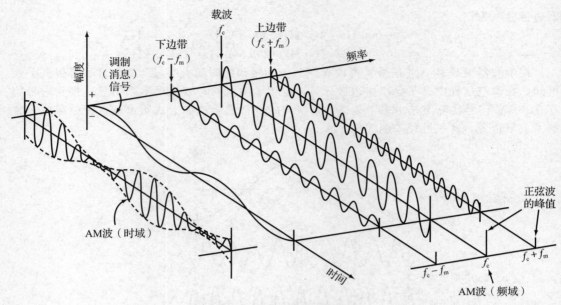

图 3-8　时域和频域的关系示意图

如果调制信号比单一频率正弦波更复杂时，经过 AM 过程后会产生多个上、下边频。例如，音频信号是由许多不同频率的正弦波分量组成的，比如声音的频率出现在 300～3000 Hz 的范围内。如图 3-9 所示，音频信号会在载波频率上下产生一定频率范围的边带信号，这些边带会占据一定的频谱空间。计算边带最大频率和最小频率之差即可得到 AM 信号的总带宽。边带最大频率等于载波频率与调制信号最大频率（对应图 3-9 中的 3 kHz）之和，边带最小频率等于载波频率与调制信号最大频率之差。例如，如果载波频率是 2.8 MHz（2800 kHz），那么边带的最大频率和最小频率分别为：

$$f_{USB}=2800\text{ kHz}+3\text{ kHz}=2803(\text{kHz}) \qquad f_{LSB}=2800\text{ kHz}-3\text{ kHz}=2797(\text{kHz})$$

AM 信号的总带宽只需要简单计算上、下边带频率的差值：

$$BW=f_{USB}-f_{LSB}=2803\text{ kHz}-2797\text{ kHz}=6(\text{kHz})$$

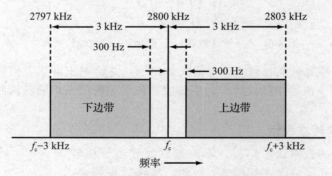

图 3-9　音频调制器 AM 信号的上下边带频谱分布

事实证明，AM 信号的带宽是调制信号最高频率的两倍：$BW=2f_m$，其中 f_m 是调制信号的最高频率。在声音信号的最高频率为 3 kHz 的情况下，总带宽的简单计算方式为

$$BW=2\times3\text{ kHz}=6\text{ kHz}$$

例 3-2　标准的 AM 广播电台允许传输的调制信号频率最高为 5 kHz，如果 AM 广播电台发射的载波频率为 980 kHz，计算 AM 信号的上边带最大频率和下边带最小频率以及

总带宽。

$$f_{USB} = 980 + 5 = 985(kHz)$$
$$f_{LSB} = 980 - 5 = 975(kHz)$$
$$BW = f_{USB} - f_{LSB} = 985 - 975 = 10(kHz)$$
$$或 \quad BW = 2 \times 5 \, kHz = 10(kHz) \quad \blacktriangleleft$$

根据例 3-2 的计算结果可知，AM 广播电台的总带宽为 10 kHz。同时，不同的 AM 广播电台之间的频率间隔为 10 kHz，占用的频谱范围为 540～1600 kHz。如图 3-10 所示，第一个 AM 广播频段的频谱范围为 535～545 kHz，形成带宽为 10 kHz 的信道；频率最高的广播电台的中心频率为 1600 kHz，其已调信号的频率范围为 1595～1605 kHz。整个 AM 广播系统共有 107 个带宽为 10 kHz 的信道。

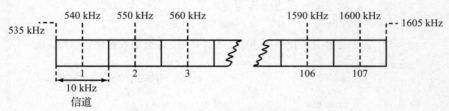

图 3-10　AM 广播频段的频谱范围

3.3.3　数字调制

脉冲信号或矩形波的频谱分量比较复杂，如果用这类信号作为调制信号对载波进行调制，会产生频谱分布很宽的边带分量。根据傅里叶理论，方波、三角波、锯齿波和失真的正弦波等复杂信号都很容易分解为一个基波正弦波和多个不同幅度的谐波。如果用由基波正弦波和所有奇次谐波组成的方波对正弦波载波进行幅度调制，已调信号会在基波正弦波的频率处以及三、五、七次等谐波频率处出现边带分量，频谱如图 3-11 所示。可以看出，脉冲作为调制信号产生了一个带宽较大的宽带信号。为了使方波在发射和接收时不出现失真或衰减，已调信号中的主要边带分量必须能够正常通过天线和发射接收电路。

图 3-12 所示为使用方波对正弦载波进行调制时产生的 AM 已调波。在图 3-12a 中，调幅指数为 50%；在图 3-12b 中，调幅指数为 100%。此时，方波为低电平时，载波幅度也会随之等于 0。使用方波或者二进制矩形脉冲进行的振幅调制方式被称为振幅键控或幅移键控（ASK）。ASK 主要用于数字通信系统，实现二进制信息的传输。

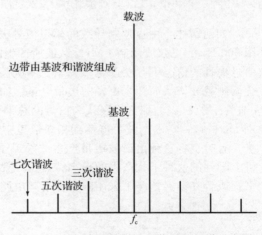

图 3-11　由方波调制的 AM 信号的频谱示意图

还有一种通过载波的开启和关断开实现的简单的振幅调制方式，典型的例子是使用"点"和"划（破折号）"来传输的莫尔斯电码。"点"对应的载波持续时间短，"划"对应的载波持续时间长。图 3-13 所示的是字母 P 的传输过程，它是用"点-划-划-点"（发音为"dit-dah-dah-dit"）表示的。"划"的持续时间是"点"持续时间的 3 倍，"点"和"划"之间的"空"的时间间隔等于"点"的持续时间。这种电码的传输方式通常称为连续波（CW）传输，也称为通断键控（OOK）。尽管通断的过程只是传输了载波信号，但在这样的开/关信号的控制下会产生边带。边带是由脉冲信号本身的频率加上其谐波频率形成的。

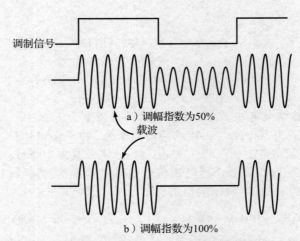

a）调幅指数为50%

载波

b）调幅指数为100%

图 3-12   幅移键控是指使用脉冲或矩形波对正弦载波进行振幅调制的方式

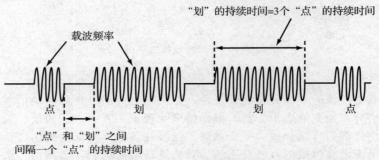

"划"的持续时间=3个"点"的持续时间

载波频率

点   划   划   点

"点"和"划"之间
间隔一个"点"的持续时间

图 3-13   用莫尔斯电码发送字母 P，采用通断键控（OOK）方式的例子

如前所述，由过调制导致的模拟信号失真也会产生谐波分量。例如，图 3-14a 所示为使用 500 Hz 的正弦波调制 1 MHz 载波所产生的信号频谱图，信号的总带宽是 1 kHz。但在调制信号失真的情况下，会产生二、三、四次甚至更高次的谐波，如图 3-14b 所示，这些谐波也会调制载波，从而产生更多的边带分量。如果在失真的情况下，超过四次的谐波幅度比较小（通常小于 1%），那么可以认为信号的总带宽约为 4 kHz，而不是在未失真情况下已调信号的 1 kHz 带宽。它的谐波可能落到相邻信道中，如果此时相邻信道也有信号传输，就会产生干扰。有时也将这种由谐波边带产生的邻道干扰称为"飞溅（splatter）"，该名称来自在接收机上听到的这种干扰产生的噪声特点。只要控制好调制信号的放大器增益或降低调制信号电平，或者在某些情况下采用限幅和衰减电路，就可以轻松消除过调制和飞溅现象。

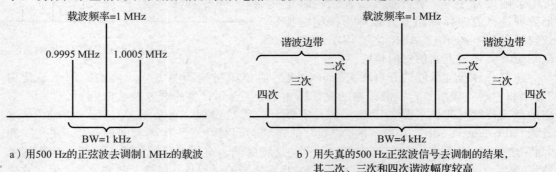

载波频率=1 MHz

0.9995 MHz   1.0005 MHz

BW=1 kHz

a）用500 Hz的正弦波去调制1 MHz的载波

载波频率=1 MHz

谐波边带   谐波边带

二次   二次
三次   三次
四次   四次

BW=4 kHz

b）用失真的500 Hz正弦波信号去调制的结果，
其二次、三次和四次谐波幅度较高

图 3-14   过调制和失真对 AM 信号带宽的影响

3.4 AM 信号功率

在无线电发射系统中，首先要将 AM 信号输入功率放大器进行放大，再馈送至具有理想阻抗特性的天线电路中发射出去，但通常天线的阻抗并不一定是纯电阻的。AM 信号本身是由多种信号的电压组成的，包括载波和两个边带分量，这些信号在天线发射的信号中都有各自的功率分布。简单地将载波功率 P_c 和两个边带功率 P_{USB} 和 P_{LSB} 进行求和，就可以得到总发射功率 P_T。

$$P_T = P_c + P_{LSB} + P_{USB}$$

可以通过以下 AM 信号表达式计算 AM 信号中的功率分布情况：

$$v_{AM} = V_c \sin 2\pi f_c t + \frac{V_m}{2} \cos 2\pi t (f_c - f_m) - \frac{V_m}{2} \cos 2\pi t (f_c + f_m)$$

式中，第一项是载波，第二项是下边带，第三项是上边带。

由于式中的 V_c 和 V_m 分别是载波和调制正弦波的峰值。而在计算功率时，电压需要使用方均根值。可以通过将峰值除以 $\sqrt{2}$ 或者乘以 0.707，从峰值电压换算成电压的方均根值。因此载波和边带电压的方均根值为：

$$v_{AM} = \frac{V_c}{\sqrt{2}} \sin 2\pi f_c t + \frac{V_m}{2\sqrt{2}} \cos 2\pi t (f_c - f_m) - \frac{V_m}{2\sqrt{2}} \cos 2\pi t (f_c + f_m)$$

通过功率公式 $P = V^2/R$ 可以分别计算出载波和边带中的功率，其中 P 为输出功率，V 是输出电压的方均根值，R 为负载阻抗中的电阻分量，它通常就是指天线的。所以在功率公式中，只需要使用上式的正弦项和余弦项系数即可：

$$P_T = \frac{(V_c/\sqrt{2})^2}{R} + \frac{(V_m/2\sqrt{2})^2}{R} + \frac{(V_m/2\sqrt{2})^2}{R} = \frac{V_c^2}{2R} + \frac{V_m^2}{8R} + \frac{V_m^2}{8R}$$

根据调幅指数的表达式 $m = V_m/V_c$，可以用载波电压 V_c 表示调制信号电压 V_m，即：

$$V_m = mV_c$$

如果用载波功率来表示边带功率，那么总的功率表达式为：

$$P_T = \frac{V_c^2}{2R} + \frac{(mV_c)^2}{8R} + \frac{(mV_c)^2}{8R} = \frac{V_c^2}{2R} + \frac{m^2V_c^2}{8R} + \frac{m^2V_c^2}{8R}$$

式中，由于 $V_c^2/2R$ 项等于载波功率 P_c，可以将它单独提出，得到：

$$P_T = \frac{V_c^2}{2R} \left(1 + \frac{m^2}{4} + \frac{m^2}{4}\right)$$

再经过化简，可以得用载波功率和调幅指数表示的 AM 已调信号总功率的公式：

$$P_T = P_c \left(1 + \frac{m^2}{2}\right)$$

例如，AM 发射机的载波功率为 1000 W，调幅指数为 100%（$m = 1$）时，AM 的总功率为：

$$P_T = 1000 \times \left(1 + \frac{1^2}{2}\right) = 1500(\text{W})$$

在总功率中，1000 W 是载波功率，500 W 是载波频率两侧的边带功率。由于边带的功率在数值上大小相等，所以单边带功率为 250 W。

当 AM 发射机的调幅指数为 100% 时，其边带的总功率恒等于载波功率的一半。载波功率为 50 kW 的发射机在 100% 调制时，其边带功率为 25 kW，单边带功率为 12.5 kW。AM 信号总功率是载波与边带功率之和，即 75 kW。

当调幅指数 m 小于理想值 100% 时，边带功率会小很多。例如，$m = 70\%$，载波功率为 250 W，AM 信号的总功率为：

$$P_T = 250 \times \left(1 + \frac{0.7^2}{2}\right) = 250 \times (1 + 0.245) = 311.25 (W)$$

式中，总功率中，载波功率为 250 W，对应的边带功率只有 311.25−250＝61.25 W，单边带功率为 61.25/2＝30.625 W。

例 3-3 AM 发射机的载波功率为 30 W，调幅指数为 85%，计算：a. 已调信号的总功率 P_{SB}；b. 单边带功率 P_{SB}。

a. $P_T = P_c \left(1 + \frac{m^2}{2}\right) = 30 \times \left[1 + \frac{(0.85)^2}{2}\right] = 30 \times \left(1 + \frac{0.7225}{2}\right)$

   $P_T = 30 \times 1.36125 = 40.8 (W)$

b. P_{SB}（双边带）$= P_T - P_c = 40.8 - 30 = 10.8 (W)$

   P_{SB}（单边带）$= \dfrac{P_{SB}}{2} = \dfrac{10.8}{2} = 5.4 (W)$ ◀

在实际工程中，很难通过测量得到输出电压值，也就无法再用功率表达式 $P = V^2/R$ 计算出 AM 信号的功率了。但是，可以很容易测量到负载上的电流值。例如，可以使用射频电流表与天线串联起来测量天线电流。若天线阻抗已知，就可以用下式计算发射功率：

$$P_T = I_T^2 R$$

式中，$I_T = I_c \sqrt{(1 + m^2/2)}$ 这里的 I_c 是负载中未经调制的载波电流，m 是调幅指数。例如，调幅指数为 85% 的 AM 发射机，作为负载的天线阻抗为 50 Ω，负载中的未调制载波电流为 10 A，它的总发射功率计算如下：

$$I_T = 10 \times \sqrt{\left(1 + \frac{0.85^2}{2}\right)} = 10 \times \sqrt{1.36125} = 11.67 (A)$$

$$P_T = 11.67^2 \times 50 = 136.2 \times 50 = 6809 (W)$$

计算调幅指数的一种方法是：分别测量调制前、后的天线电流，然后用下式计算出 m 即可：

$$m = \sqrt{2 \times \left[\left(\frac{I_T}{I_c}\right)^2 - 1\right]}$$

假设未调制时，天线电流为 2.2 A，该电流就是载波电流 I_c。调制后，天线电流为 2.6 A，则可计算调幅指数为：

$$m = \sqrt{2 \times \left[\left(\frac{2.6}{2.2}\right)^2 - 1\right]} = \sqrt{2 \times [(1.18)^2 - 1]} = \sqrt{0.7934} = 0.89$$

调幅指数为 89%。

可以看出，边带功率取决于调幅指数值。调幅指数越大，边带功率和发射总功率也越大。显然，当载波被 100% 调制时，边带功率可以达到最大值。单边带的功率 P_{SB} 可以通过下式计算：

$$P_{SB} = P_{LSB} = P_{USB} = \frac{P_c m^2}{4}$$

AM 信号的功率在频域上的分布如下所示。

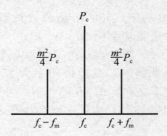

假设调幅指数为 100%，即调幅指数 $m=1$，那么单边带功率为载波功率的四分之一，即 25%。因为有两个边带，所以边带总功率是载波功率的 50%。例如，如果载波功率为 100 W，100% 调制时，双边带功率为 50 W，每个单边带功率为 25 W，发射总功率是载波和边带功率之和，即 150 W。可以得出结论：AM 调制的目标是，在不产生过调制的前提下，尽可能设置更大的调幅指数，这样可以使发射信号中的边带功率最大。

载波功率是总发射功率的三分之二。假设载波功率为 100 W，总功率为 150 W，则载波功率占比为 100/150＝0.667，即 66.7%，边带功率占比为 50/150＝0.333，即 33.3%。

载波本身不包含信息。未经调制的载波也可以直接发射出去，被接收机接收，但它没有传输消息。而调制时则会产生边带分量，显然发射的消息都包含在边带信号内。但是，根据上面的计算分析，边带功率仅占总功率的三分之一，剩下三分之二的功率都浪费在了不携带消息的载波上。

调幅指数越低，边带功率就越小。例如，在载波功率为 500 W，调幅指数为 70% 时，每个边带的功率为：

$$P_{SB}=\frac{P_c m^2}{4}=\frac{500\times(0.7)^2}{4}=\frac{500\times0.49}{4}=61.25(W)$$

总的边带功率只有 122.5 W，而载波功率仍为 500 W。

如前所述，对于复杂的音频和视频信号，其幅度和频率的变化范围很大，AM 调制则只允许调制信号的峰值对应于 100% 的调幅指数。因此，边带平均功率占比会远小于理想调制的 50%。由于发射的边带信号所占的功率偏小，会造成接收信号变弱，通信可靠性较低。

例 3-4　天线阻抗为 40 Ω，用于发射 AM 信号，未调制的载波产生的天线电流为 4.8 A，调幅指数为 90%，计算：a. 载波功率；b. 总功率；c. 边带功率。

a. $P_c=I^2R=4.8^2\times40=23.04\times40=921.6\ W$

b. $I_T=I_c\sqrt{1+\dfrac{m^2}{2}}=4.8\sqrt{1+\dfrac{(0.9)^2}{2}}=4.8\sqrt{1+\dfrac{0.81}{2}}$

$I_T=4.8\sqrt{1.405}=5.7\ A$

$P_T=I_T^2R=5.7^2\times40=32.49\times40=1295(W)$

c. $P_{SB}=P_T-P_c=1295-921.6=373.4(W)$（每个边带功率为 186.7 W）◀

例 3-5　如果例 3-4 中发射机的未调制载波信号产生的天线电流由 4.8 A 变为 5.1 A，那么调幅指数是多少？

$$\begin{aligned}
m&=\sqrt{2\times\left[\left(\frac{I_T}{I_c}\right)^2-1\right]}\\
&=\sqrt{2\times\left[\left(\frac{5.1}{4.8}\right)^2-1\right]}\\
&=\sqrt{2\times\left[(1.0625)^2-1\right]}\\
&=\sqrt{2\times(1.13-1)}\\
&=\sqrt{2\times0.13}\\
&=\sqrt{0.26}\\
m&=0.51
\end{aligned}$$

调幅指数为 51%。◀

例 3-6　例 3-4 中，发射机所发射的单边带功率是多少？

$$P_{SB}=m^2\frac{P_c}{4}=\frac{0.9^2\times921.6}{4}=\frac{746.5}{4}=186.6(W)$$　◀

　　虽然 AM 系统的发射效率低，但因其简单和容易实现的特点仍得到了广泛应用。也正是因为 AM 技术简单的特点，它适用于 AM 无线电广播、民用频段（CB）无线电广播、电视无线广播和航空塔台通信。同样还是因为它简单的技术特点，一些低成本的无线遥控产品也采用 ASK 调制，如车库门和车门的遥控开关。AM 还经常与相位调制相结合使用，实现正交调幅（QAM），用在调制解调器（MODEM）、有线电视和一些无线通信系统中，实现高速数据传输。

3.5　单边带调制

　　在振幅调制已调信号中，载波功率占发射功率的三分之二，而载波本身并不传输任何消息，消息主要包含在边带分量中。所以，如果只传输一个边带，抑制掉载波和另一个边带，就可以达到提高调幅效率的目的，这就是单边带（SSB）调制。SSB 是 AM 的一种调制方式，将其应用在某些通信系统中具有其独特优势。

3.5.1　抑制载波双边带信号

　　产生 SSB 信号的第一步是抑制载波，只保留上边带和下边带。此时的信号被称为抑制载波双边带（DSSC 或 DSB）信号，其优点是没有载波消耗功率。抑制载波双边带调制是 AM 中不包含载波的特殊情况。

　　典型的 DSB 信号波形如图 3-15 所示。图中的信号是两个正弦边带的代数和，是用单音正弦波的消息信号去调制载波产生的。DSB 信号的载波被抑制掉了，在时域上看起来是一个频率值等于载波频率，而振幅是非恒定的正弦波信号。需要注意的是，DSB 信号的包络与标准 AM 已调信号的包络已经大不相同了。DSB 信号的最大特点是在波形的幅度变小时，会产生相位的变化。如图 3-15 所示，波形的零点处有两个相邻的正半周的载波。这个特征可以作为用示波器辨别一个信号是否为 DSB 已调信号的方法。

　　DSB 信号的频域表示如图 3-16 所示。图中的 DSB 信号占用的频带宽度与普通的 AM 信号相同。

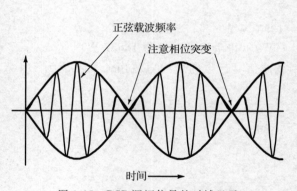

图 3-15　DSB 调幅信号的时域显示

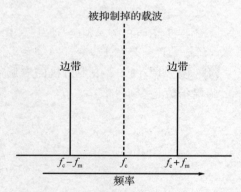

图 3-16　DSB 信号的频域显示

拓展知识

虽然 DSB AM 可以抑制载波，从而节省大量的功率，但由于 DSB 在接收机处进行解调的难度较大，所以 DSB 并没有得到广泛的应用。

　　抑制载波双边带信号可以通过称为平衡调制器的电路产生。平衡调制器能输出信号频率之和以及信号频率之差，还可以抵消或者平衡掉载波分量。关于平衡调制器的工作原理详见第 4 章。

　　尽管采用 DSB 调幅方式可以抑制载波，从而节省很大一部分的信号功率，但由于信号在接收机处难以解调（恢复），所以 DSB 调制方式并没有得到广泛应用。

3.5.2 单边带信号

在 DSB 传输时，因为边带频率是载波频率与调制信号频率的相加与相减，所以消息都包含在两个边带中。事实证明，传输消息并不需要同时传输两个边带，可以抑制其中一个边带；另一个边带可以不传输，该信号称为抑制载波单边带（SSSC 或 SSB）信号。SSB 信号具有四个主要优点。

（1）SSB 信号的基本优点是其带宽只有 AM 或 DSB 信号的一半，这可以节省很大一部分频谱资源，从而允许在相同频率范围内传输更多的信号。

（2）之前 AM 信号中分配给载波和另一个边带的功率，现在可全部用于单边带中，从而产生功率电平更强的信号，可以使信号传输的距离更远，接收的可靠性更高。或者说，SSB 发射机可以比同等条件下的 AM 或 DSB 发射机更小、更轻，因为 SSB 发射机的电路更少、发射功率更低。

（3）因为 SSB 信号占据的带宽较窄，所以信号中的噪声更小。

（4）在长距离通信时，SSB 信号的选择性衰落较小。AM 信号实际上是多个信号分量合成的，至少是一个载波和两个边带信号的叠加。这些信号的频率不同，所以受到电离层和上层大气的影响也略有不同。电离层和上层大气对小于 50 MHz 的无线电信号会产生很大的影响，可能会使载波和边带到达接收机的延时略有不同，造成相移，这些相移信号会与原始的正常 AM 信号相叠加进入接收机，造成它们之间相互抵消。而 SSB 信号因为只传输一个边带信号，所以不会出现这种信号抵消，即不会有选择性衰落的问题。

SSB 信号还有一些不寻常的特性。首先，当消息信号或调制信号等于零时，发射机不会发射射频信号。而在普通的 AM 发射机中，即使当调制信号等于零时，也会发射载波。这种情况会发生在 AM 广播的语音停顿期间。而 SSB 信号中并没有载波，所以如果消息信号为零，就不会有信号发射。也就是说边带信号只在调制时才会有信号发射出去，例如，有人对着传声器说话就属于这种情况。这也是 SSB 比 AM 效率更高的另一个原因。

图 3-17 所示为通过稳定的 2 kHz 正弦波单音对 14.3 MHz 的载波信号进行音频调制时所产生的 SSB 信号波形的时域和频域表示。振幅调制会在 14.298 MHz 和 14.302 MHz 这两个频率点上产生边带，在 SSB 中，只保留了一个边带。如图 3-17a 所示，SSB 只保留了上边带，已调 RF 信号是功率恒定，频率为 14.302 MHz 的正弦波，其时域波形如图 3-17b 所示。

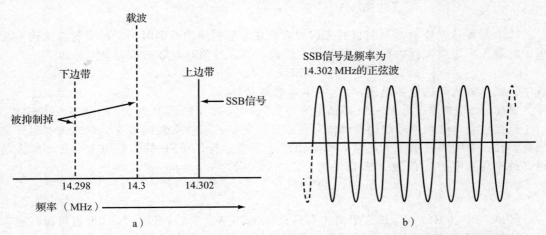

图 3-17 用 2 kHz 的正弦波调制 14.3 MHz 的正弦波载波产生的 SSB 信号的时域频域表示

显然，通过 SSB 发射的大多数消息信号并不是单一频率的正弦波。比较常见的调制信号是音频信号，其频率和幅度都在不断变化。音频信号进行 SSB 调制会产生一个频谱复杂的射频信号，该 RF 信号是在由音频信号带宽决定的窄带频谱范围内发生频率和幅度的变化。SSB 已调信号的频谱与基带信号的频谱形状相同，只是在频率轴上发生了平移。

3.5.3   DSB 和 SSB 的缺点

DSB 和 SSB 调制方式的主要缺点是接收机复杂度高，信号难以解调恢复。解调过程需要载波信息，如果没有载波，则必须在接收机内恢复载波并加入到信号中。为了准确地恢复原始的消息信号，重新加入的载波还必须与接收已调信号中的原始载波同频同相，实现这个功能有一定的难度。当 SSB 用于音频信号传输时，可使再生的载波电路频率是可变的，这样就可以通过手动方式调整频率，实现消息信号的解调接收。但这种方式对于某些类型的数字信号传输来说是不可取的。

为了解决这个问题，有时会将低功率载波信号与 DSB 信号或 SSB 信号同时传输。由于载波的功率较低，因此可以在保留 SSB 的基本优点的同时，接收到较弱的载波，而接收机可以对弱载波信号进行放大，获得载波用于解调恢复原始消息。这种低电平载波称为导频载波。

3.5.4   信号功率的考虑因素

在传统的 AM 中，发射功率在载波和两个边带之间分配。例如，调幅指数为 100%，载波功率为 400 W 的信号，每个边带将包含 100 W 的功率，发射的总功率为 600 W。其中有效的发射功率是边带功率，即 200 W。

SSB 发射机不发送载波，所以载波功率为 0。所以当 SSB 发射机与传统的 AM 发射机具有相同的通信效率时，AM 系统会消耗更多功率。例如，发射功率为 10 W 的 SSB 发射机的性能与总功率为 40 W 的 AM 发射机相同，因为这两种方式在单边带中的功率消耗都为 10 W。SSB 相对于 AM 的功率优势是 4∶1。

在 SSB 中，发射机的输出用峰值包络功率（PEP）表示，它是音频信号在振幅峰值上的最大功率。PEP 可以通过公式 $P = V^2/R$ 来计算。例如，音频信号的峰峰值为 360 V，负载为 50 Ω，电压的方均根值是峰值的 0.707 倍，电压峰值是峰峰值的一半。所以在本例中，电压的方均根值为 $0.707 \times (360/2) = 127.26$ V。

则峰值包络功率为：

$$\text{PEP} = V_{\text{rms}}^2/R = \frac{(127.26)^2}{50} = 324(\text{W})$$

PEP 的输入功率只是发射机的末级放大器在音频包络的峰值时刻所对应的直流输入功率。它等于末级放大器的直流电源电压乘以放大器在峰值时对应的最大电流，即

$$\text{PEP} = V_s I_{\text{max}}$$

式中，V_s = 放大器的电源电压；I_{max} = 电流峰值。

例如，当电源电压为 450 V，峰值电流为 0.8 A 时，产生的 PEP 为 450 V×0.8 A=360 W。

需要注意，音频信号的幅度峰值只在声音很响亮，或故意强调某些单词或声音时才会出现。在正常的声音水平下，输入和输出的功率会远低于 PEP 的值。通常，典型的人类语音的平均功率 P_{avg} 仅为 PEP 值的四分之一到三分之一：

$$P_{\text{avg}} = \frac{\text{PEP}}{3} \quad \text{或} \quad P_{\text{avg}} = \frac{\text{PEP}}{4}$$

如果 PEP 为 240 W，那么平均功率只有 60～80 W。所以在设计 SSB 发射机时，通常是以连续发射信号的平均功率电平作为参照考虑的参数，而不是以 PEP 作为参照。

显然，当传输的是复杂的语音信号时，所传输的边带信号频率和幅度会发生很大变化。此时这个边带所占用的带宽与 AM 信号进行 100% 调制时的一个边带的带宽相同。

另外，使用上边带还是下边带均可以，因为二者都包含了相同的消息。通常可以使用

滤波器滤除不需要的边带。

例 3-7 SSB 发射机的天线负载为 75 Ω，产生的峰峰值电压为 178 V，求 PEP 值。

$$V_p = \frac{V_{p-p}}{2} = \frac{178}{2} = 89(\text{V})$$

$$V_{rms} = 0.707 \quad V_p = 0.707 \times 89 = 62.9(\text{V})$$

$$P = \frac{V^2}{R} = \frac{62.9^2}{75} = 52.8(\text{W})$$

$$\text{PEP} = 52.8 \text{ W} \qquad \blacktriangleleft$$

例 3-8 SSB 发射机的直流电源电压为 24 V，在音频信号达到峰值时，电流达到的最大值为 9.3 A。

a. 求 PEP 值；

$$\text{PEP} = V_s I_{max} = 24 \times 9.3 = 223.2(\text{W})$$

b. 求发射机的平均发射功率 P_{avg}。

$$P_{avg} = \frac{\text{PEP}}{3} = \frac{223.2}{3} = 74.4(\text{W})$$

$$P_{avg} = \frac{\text{PEP}}{4} = \frac{223.2}{4} = 55.8(\text{W})$$

$$P_{avg} = 55.8 \sim 74.4 \text{ W} \qquad \blacktriangleleft$$

3.6 AM/ASK 的无线电应用

虽然 AM 无线电调制方式历史最悠久，但是它目前仍然有着广泛的应用。下面列出了 10 个常见的 AM 通信系统。

（1）AM 广播电台。这是最早的无线电广播技术，最早出现于 20 世纪 20 年代。目前在美国仍有 4728 个 AM 广播电台（另外还约有 6613 个 FM 广播电台）。

（2）CB 无线电。民用波段无线电主要被卡车司机、汽车驾驶人员以及执法人员使用。一些高端的收发机采用 SSB 技术。

（3）航空无线电。应用于飞机到塔台、塔台到地面等的通信，包括商用飞机和私人飞机。

（4）军用远程无线电。空军采用 SSB 无线通信。

（5）业余无线电。主要在较低的业余频段（160 米、80 米、40 米和 20 米波段）中常使用 SSB 传输语音。

（6）短波广播电台。在全球范围内进行频率约为 5 MHz～19 MHz 的远距离广播，所发射的 AM 信号功率大。

（7）用于近距离控制的无线数传电台。例如车库遥控器，可以在 315 MHz、433 MHz，以及 902～928 MHz 的无须授权的频率上使用 ASK/OOK 技术。远程温度采集系统也使用了 ASK 技术。

（8）现代数字无线电视的视频采用 8VSB 或 8 级电平 AM 来传输数据。

（9）脉冲振幅调制（PAM）。在遥测系统中采用脉冲振幅调制的方式来表示数据，目前已不再被广泛使用。

（10）正交振幅调制（QAM）。是一种将振幅调制和相位调制结合在一起形成的调制方式，被广泛用于手机、Wi-Fi 无线网络和其他无线通信系统中，实现数据传输。

3.7 射频发射信号分类

表 3-1 中为各种用于指定无线和有线传输的信号类型的代码。基本的代码由一个大写字母和一个数字组成，用小写下标字母描述更具体的定义。例如，对于基本的 AM 语音信

号，在 AM 广播频段，或 CB，或者是在航空无线电上听到的信号，代码为 A3。使用 AM 的各种形式传输语音或视频信号的代码都有 A3 标识，但是可以通过使用下标字母来区分 AM 的不同形式。本章中描述的调制信号的代码示例如下：

DSB 双边带，全载波＝A3

DSB 双边带，抑制载波＝A3$_b$

SSB 单边带，抑制载波＝A3$_j$

SSB 单边带，10％导频载波＝A3$_a$

残留边带电视＝A3$_c$

OOK 和 ASK＝A1

需要注意，传真和脉冲发射有特殊的名称，数字 9 涵盖了其他数字未涉及的所有特殊的调制方式和技术。当数字在字母代码的前面时，这个数字指的是以千赫兹为单位的带宽。例如，代码名称 10A3 指的是一个带宽为 10 kHz 的 AM 音频信号。代码名称 20A3h 指的是一个具有全载波、消息频率为 20 kHz 的 SSB 振幅调制信号。

另一种用来描述信号的体系见表 3-2。它与上面介绍的描述方法类似，但也有一些不同之处。这是国际电信联盟（ITU）电信标准化局所采用的定义方法。举例说明如下。

A3F　　　振幅调制模拟电视

J3E　　　SSB 语音

F2D　　　FSK 数据

G7E　　　相位调制语音，多路信号

表 3-1　射频发射信号的代码名称		
字母	A	振幅调制
	F	频率调制
	P	相位调制
数字	0	载波开启，没有消息（无线电信标）
	1	载波开启/关闭，没有消息（莫尔斯电码，雷达）
	2	载波开启，键控音调开启/关闭（编码）
	3	电话，语音或音乐消息
	4	传真，静态图片（慢扫描电视）
	5	残留边带（商用电视频道）
	6	四频双工制电报
	7	有多个单边带，每个边带包含不同的消息
	8	
	9	一般情况（其他情况）
下标		
	无	双边带，全载波
	a	单边带，弱载波
	b	双边带，不含载波
	c	残留边带
	d	仅用脉冲作为载波，脉冲振幅调制（PAM）
	e	仅用脉冲作为载波，脉冲宽度调制（PWM）
	f	仅用脉冲作为载波，脉冲位置调制（PPM）
	g	量化脉冲，数字视频信号
	h	单边带，全载波
	j	单边带，不含载波

表 3-2　ITU 发射信号代码名称定义	
调制方式	
N	未调制的载波
A	振幅调制
J	单边带
F	频率调制
G	相位调制
P	脉冲序列，未调制
调制信号的类型	
0	无信号
1	数字信号，单信道，未调制
2	数字信号，单信道，已调制
3	模拟信号，单信道
7	数字信号，两个及两个以上信道
8	模拟信号，两个及两个以上信道
9	模拟和数字信号
消息信号的类型	
N	无信号
A	人工发出的电信号
B	机器发出的电信号
C	传真
D	数据、遥测、控制信号
E	电话（语音）
F	视频，电视
W	以上任意一种信号的组合

思考题

1. 给出调制的定义。
2. 解释调制的意义。
3. 在电路中用一个信号去调制另一个信号，说出该电路的名称以及这两个信号的名称。
4. 在 AM 系统中，载波是如何随着消息信号的变化而变化的？
5. 判断正误：载波频率通常低于调制信号的频率。
6. 载波信号峰值的轮廓被称为什么？它具有什么形状？
7. 电压随着时间的变化而变化的信号叫什么？
8. 写出正弦载波信号的三角函数表达式。
9. 判断正误：在 AM 过程中载波的频率保持不变。
10. 振幅调制器相当于什么数学运算？
11. 调制信号的电压 V_m 与载波电压 V_c 之间的理想关系是什么？
12. 以百分比的形式表示的调幅指数被称为什么？
13. 说明当调制的百分比大于 100% 时产生的影响。
14. 在调制过程中产生的新信号叫什么名字？
15. 示波器上显示的信号是什么类型的信号？
16. 表示不同频率对应的幅度分布的信号叫什么类型的信号？用什么仪器可以观测这种信号？
17. 解释为什么复杂的非正弦信号和失真的信号会比相同频率的下简单的正弦波信号产生的

AM 信号占据更大的带宽。
18. 将哪三个信号相加即可产生 AM 波？
19. 载波被二进制脉冲调制所产生的 AM 信号名称是什么？
20. AM 信号用向量如何表示？
21. 判断正误：在 AM 信号的输出频谱中包含调制信号的频谱。
22. 载波、单边带和双边带在 AM 信号中的功率占比分别是多少？
23. AM 信号中的载波是否携带消息？并做简要说明。
24. 具有双边带分量，但是没有载波的 AM 信号是什么信号？
25. 用于消除 DSB/SSB 信号中的载波的电路名称是什么？
26. 传输时包含所有必要消息，且具有最小带宽的 AM 信号是什么？
27. 写出 SSB 相对于传统 AM 的四个主要优点。
28. 根据表 3-1 和表 3-2，写出脉冲振幅调制的无线电信号和振幅调制（V_{SB}）模拟传真信号的名称。
29. 说明频率为 2 kHz 的语音信号与传输速率为 2 kbit/s 的二进制数据信号在对信道带宽的要求上有什么不同。

习题

1. 给出调幅指数的表达式，并解释其中各项的含义。◆
2. 在示波器上格线中显示的 AM 波的值分别为 $V_{max}=4.8$，$V_{min}=2.5$，那么调制的百分比是多少？
3. 在传输消息时，对应最大幅度的理想的调幅百分比是多少？◆
4. 为了对振幅 $V_c=50$ V 的载波进行 75% 的调制，需要调制信号的峰值幅度 V_m 是多少？
5. AM 波的最大峰峰值是 45 V，调制信号的峰峰值是 20 V，计算调幅百分比。◆
6. 当发生过调制时，载波电压和调制信号电压之间的数学关系是什么？
7. 工作频率为 3.9 MHz 的 AM 无线发射机，载波由最高为 4 kHz 的调制信号调制，那么最大的上下边频是多少？AM 信号的总带宽是多少？◆
8. 用频率为 1.5 kHz 的方波信号去调制频率为 2.1 MHz 的载波，只需考虑 5 次谐波，其产生的 AM 信号的带宽是多少？计算产生的所有上

下边带的频率值。
9. 5 kW 的发射机，其调幅指数为 80%，则 AM 信号的单边带功率是多少？◆
10. 载波功率为 2500 W，调幅指数为 77% 的 AM 发射机，其产生的总功率是多少？
11. AM 信号的载波功率为 12 W，单边带功率为 1.5 W，则调幅百分比是多少？
12. 负载阻抗为 52 Ω 的 AM 发射机，其载波进入天线电流为 6 A，发射机的调幅指数为 60%，总输出功率是多少？
13. 对于负载阻抗为 75 Ω 的天线，未经调制的载波产生的天线电流为 2.4 A，经过振幅调制后，天线电流上升到 2.7 A，那么调幅百分比是多少？
14. 某业余的 AM 发射机，其载波功率为 750 W，当发射机调幅指数为 100% 时，AM 信号的功率会增加多少？
15. SSB 发射机的电源电压为 250 V，当音频信号出现峰值时，末级射频功率放大器输出的电流为 3.3 A，那么输入的 PEP 是多少？

16. 在 SSB 发射机中，52 Ω 的天线上音频信号的峰值处对应的输出电压峰峰值为 675 V，那么输出的 PEP 为多少？

17. SSB 发射机的额定发射功率为 100 W PEP，其平均发射功率为多少？

18. 载波频率为 2.3 MHz 的 SSB 发射机，被频率范围为 150 Hz～4.2 kHz 的消息信号调制，计算下边带的频率范围。

标有"◆"的习题答案见书末的"部分习题参考答案"。

深度思考题

1. 没有载波也可以发送消息信号吗？如果可以，说明原因。

2. 如何表示 SSB 发射机的输出功率？

3. 频率为 70 kHz 的子载波被 2.1 kHz 和 6.8 kHz 的音频信号进行振幅调制，然后使用由此产生的 AM 信号对频率为 12.5 MHz 的载波信号进行振幅调制。计算该复合信号中所包含的所有边带分量的频率，并绘制该信号的频域表示图。在信号被 100% 调制时，完整信号所占据的带宽是多少？

4. 说明如何在同一个载波频率上使用 SSB 发射两个独立的基带消息信号。

5. 调幅指数为 100% 的 AM 信号，其上边带功率为 32 W，那么它的载波功率是多少？

6. 消息信号可以比载波信号的频率高吗？如果使用频率为 1 kHz 的信号对频率为 1 kHz 的载波信号进行调制会发生什么现象？

第 4 章
振幅调制与解调电路

振幅调制电路有数十种类型。调幅电路要实现的功能是使载波振幅随着调制消息信号瞬时幅度的变化而变化。调幅电路可以按不同功率值要求发射 AM、DSB 和 SSB 已调信号。本章将讨论几种常见的、在实际工程中得到了广泛应用的振幅调制器，有些电路是由分立元件构成的，有些电路是用集成电路（IC）实现的。另外，本章还将讨论 AM、DSB 和 SSB 这三种调制方式的解调（检波）器电路。

本章中所给出的电路基本上都是由独立的分立元件构成的，但是需要注意，如今的大多数电路都已经是用集成电路形式实现了。此外，在后续章节的内容中还可以看到，调制和解调功能通常是可以在数字信号处理系统中用软件实现。

读者阅读本章内容，需要具备一些基本的电子电路基础知识和一定的实践经验，比如，已经掌握了一些有关放大器（包括差分放大器和运算放大器）、振荡器、整流电路和数字电路的基础知识。

内容提要
学完本章，你将能够：
- 解释 AM 信号的基本数学表达式与由二极管或其他非线性频率响应元器件或电路实现的振幅调制，混频和变频之间的关系。
- 描述二极管调制器电路和二极管检波器电路的工作原理。
- 比较低电平调幅和高电平调幅电路的优点和缺点。
- 说明如何通过使用全波整流电路来提高基本二极管检波器的性能。
- 叙述同步检波的基本原理，解释同步检波器电路中的削波器的作用。
- 阐述平衡调制器的基本原理与功能，并描述分立元件调幅器和集成电路调幅器电路的区别。
- 绘制用滤波方式实现单边带（SSB）调制器的电路原理框图。

4.1 振幅调制的基本原理

在第 3 章给出了 AM 时域信号的基本表达式，为研究 AM 信号提供了参考依据。基本表达式为：

$$v_{AM} = V_c \sin(2\pi f_c t) + V_m \sin(2\pi f_m t) \sin(2\pi f_c t)$$

式中，第一项是正弦载波，第二项是正弦载波与调制信号的乘积。v_{AM} 是调幅信号电压的瞬时值。这里定义：调幅指数 m 等于调制信号幅度和载波幅度的比值，即 $m = V_m/V_c$，所以有 $V_m = mV_c$。代入上面的基本 AM 表达式中，替换式中的 V_m，可以得到 $v_{AM} = V_c \sin(2\pi f_c t) + mV_c \sin(2\pi f_m t) \sin(2\pi f_c t)$，提取公因式得到 $v_{AM} = V_c \sin(2\pi f_c t)[1 + m \sin(2\pi f_m t)]$。

4.1.1 调幅信号的时域表示

由调幅信号 v_{AM} 的基本时域表达式可知，只需用一个电路来实现载波与调制信号相乘，然后再加上载波即可。这种电路原理框图如图 4-1 所示。实现该电路的思路是，电路的增益（或衰减）是 $1 + m \sin(2\pi f_m t)$ 的函数。如果将该函数定义为增益 A，则 AM 信号的表达式变为：

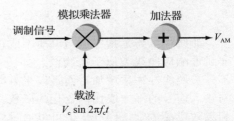

图 4-1 产生 AM 已调信号的电路原理框图

$$v_{AM} = A \times v_c$$

式中，A 是电路的增益或衰减因子。图 4-2 所示为基于上式构造的简单电路。在图 4-2a 中，A 是由放大器提供的增益，A 大于 1。在图 4-2b 中，载波信号经过分压电路后发生衰减，该电路的增益小于 1，因此 A 是衰减因子，将载波与固定值 A 相乘即可。

现在，如果放大器的增益或分压器的衰减可以随着调制信号加 1 的变化而变化，就可以用于产生 AM 已调信号。在图 4-2a 中，根据消息信号瞬时电压的变化，来控制放大器增益的变化。在图 4-2b 中，可以用调制信号瞬时电压去改变分压器中的一个电阻的大小，从而产生变化的衰减因子。有很多种可以实现这种功能的电路，允许增益或衰减可以随着另一个信号幅度的变化而动态变化，从而产生 AM 信号。

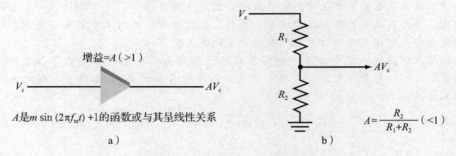

图 4-2　固定增益 A 与载波相乘

4.1.2　调幅信号的频域表示

另一种可以实现载波与调制信号相乘的方法是将这两个信号输入到非线性元件或电路中，尤其是理想情况下具有平方律函数响应特性的电路中。在线性元件或电路中，电流是电压的线性函数，如图 4-3a 所示。例如电阻或线性偏置的晶体管，其中电流的增大与电压的增大成正比。图中直线的陡峭程度，也就是斜率，是由表达式 $i = av$ 中的系数 a 决定。

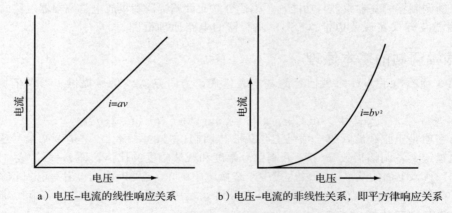

a）电压–电流的线性响应关系　　b）电压–电流的非线性关系，即平方律响应关系

图 4-3　线性响应和平方律响应曲线

非线性电路是指电流与电压不成正比例变化的电路。常见的非线性元件是二极管，其非线性响应曲线类似于抛物线，如图 4-3b 所示，其中电压增加，电流也会随之增加，但不是按照线性关系增加，而是以平方律函数的关系发生变化。平方律函数是指输出信号是与输入信号的平方成比例变化的函数。二极管具有很好的近似平方律的响应特性。双极型和场效应晶体管（FET）也可以通过设置它们的偏置状态，产生平方律的特性响应。场效

应管可以给出近乎理想的平方律响应特性，而在二极管和双极型晶体管中，由于存在高阶分量，所以只能获得近似平方律函数的特性。

对于普通的半导体二极管，可以用下式来近似表示其流过的电流与两端电压的变化关系：

$$i = av + bv^2$$

式中，av 是电流的线性分量，等于输入的电压乘以系数 a，通常就是直流偏置，bv^2 是电流的二阶或平方律分量。二极管和晶体管的响应也有高阶项，如 cv^3 和 dv^4；但由于这些高阶项的值相对很小，往往可以忽略不计，所以在分析时可以不考虑高阶项的存在。

为了产生 AM 已调信号，需要将载波和调制信号相加，然后再输入到非线性器件中。简单的方法是将载波和调制信号源串联起来，再输入到二极管电路中，如图 4-4 所示。

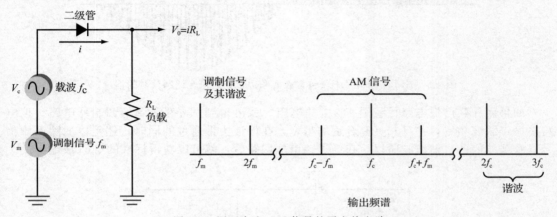

图 4-4　用于产生 AM 信号的平方律电路

二极管两端的电压为：

$$v = v_c + v_m$$

流过二极管的电流为：

$$i = a(v_c + v_m) + b(v_c + v_m)^2$$

将上式展开，可得：

$$i = a(v_c + v_m) + b(v_c^2 + 2v_c v_m + v_m^2)$$

将载波和调制信号用其具体的三角函数表达式替换，令 $v_c = V_c \sin(2\pi f_c t) = V_c \sin(\omega_c t)$，其中，$\omega_c = 2\pi f_c$，令 $v_m = V_m \sin(2\pi f_m t) = V_m \sin(\omega_m t)$，其中，$\omega_m = 2\pi f_m$。可以得到：

$$i = aV_c \sin\omega_c t + aV_m \sin(\omega_m t) + bV_c^2 \sin^2(\omega_c t) + 2bV_c V_m \sin(\omega_c t)\sin(\omega_m t) + bV_m^2 \sin^2(\omega_m t)$$

接下来，利用三角恒等式 $\sin^2 A = 0.5[1 - \cos(2A)]$，代入上面的表达式中，可以得到图 4-4 中的负载电阻中电流的表达式：

$$i = aV_c \sin(\omega_c t) + aV_m \sin(\omega_m t) + 0.5bV_c^2[1 - \cos(2\omega_c t)] + 2bV_c V_m \sin(\omega_c t)\sin(\omega_m t) + 0.5bV_m^2[1 - \cos(2\omega_m t)]$$

式中，第一项是正弦载波，它是 AM 已调信号的重要组成部分；第二项是调制信号正弦波。通常由于调制信号的频率远低于载波频率，所以很容易用滤波器将其滤除，最终的 AM 已调信号中不包含该项。第四项是载波和调制信号正弦波的乘积，就是所定义的 AM 已调信号。如果使用第 3 章中解释的三角函数代换运算，可得到两个额外的项——正弦波和频、差频函数，即上边带分量和下边带分量。第三项 $\cos(2\omega_c t)$ 是载波频率的二倍频正弦波，即载波的二次谐波。$\cos(2\omega_m t)$ 项是调制信号正弦波的二次谐波。AM 信号中不应该含有这些分量，但这两种信号也很容易被滤除。二极管和晶体管的响应函数不完全是平方律函数，会产生三次、四次和更高次的谐波，这些谐波有时被称为互调分量，同样它们也很容易被滤除。

图 4-4 所示为简单的二极管调制器电路及其输出信号的频谱分布图。其输出的时域波形如图 4-5 所示。该波形是一个具有 AM 特征的信号，是由调制信号对载波进行调制产生的。

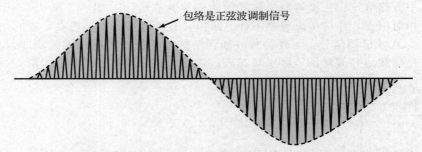

包络是正弦波调制信号

图 4-5　AM 已调信号不仅包含载波和边带，还包含调制信号的信息

如果用并联谐振电路代替图 4-4 中的电阻，就可得到图 4-6 所示的调制器电路。该电路谐振于载波频率，并且其具有合适的带宽，在保证边带通过的同时，还足以滤除调制信号以及载波的各次谐波。所以，在经过该谐振回路后，就可以获得标准的 AM 波输出。

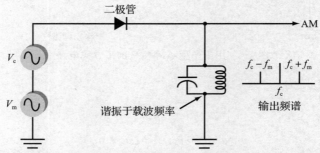

图 4-6　并联谐振电路滤除调制信号和载波的谐波分量，只保留载波和边带

这种分析方法不仅适用于 AM 电路，也适用于其他的频率变换电路，如混频器、解调器、鉴相器、平衡调制器和其他超外差、差拍电路等。实际上，这种分析方法适用于各种具有平方律函数响应特性的器件或电路，它可以解释说明和频、差频信号的产生过程，以及为什么在非线性电路中，大多数的混频和调制过程都会伴随着谐波和互调分量等诸多的非期望信号产生。

4.2　振幅调制电路

振幅调制电路一般有两种类型：低电平调幅和高电平调幅。低电平调幅器产生的 AM 信号是小信号，必须经过大功率放大器放大后才能发射出去。高电平调幅器可以直接产生大功率的 AM 信号，因为该电路通常是在发射机的末级放大器中进行振幅调制的。需要强调的是，尽管在后续章节中讨论的电路都是基于分立元件组成的，但实际上目前使用的大多数幅度调制器和解调器都是用集成电路芯片实现的。

4.2.1　低电平调幅

二极管调制器。在 4.1 节中描述的二极管调制器是最简单的振幅调制器之一。实际的

电路如图 4-7 所示，包括电阻混合网络、二极管整流器和 LC 谐振电路。载波（图 4-8b）
和调制信号（图 4-8a）分别施加到两个输入电阻上，两个信号混合后施加到电阻 R_3 上。
该网络可以实现两个信号的线性混合，即代数相加。如果载波和调制信号都是正弦波，那
么在两个电阻连接处产生的波形将如图 4-8c 所示，载波叠加在调制信号上。该信号不是
AM 信号，因为调制相当于乘法运算过程，而不是加法过程。

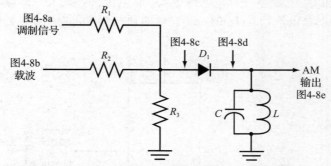

图 4-7　使用二极管进行振幅调制的电路原理图

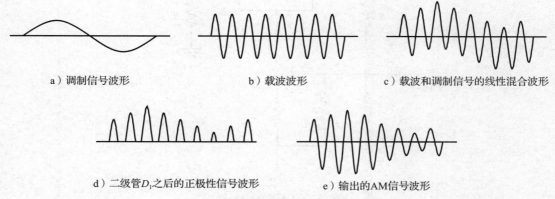

a）调制信号波形　　　　　　　b）载波波形　　　　　　c）载波和调制信号的线性混合波形

d）二级管 D_1 之后的正极性信号波形　　　　e）输出的AM信号波形

图 4-8　二极管调制器中各点的时域波形

　　将叠加在一起的复合信号输入到二极管整流器中，在二极管的单向导电特性的作用
下，只有输入波形的正半周期可以通过。在波形的负半周，二极管处于截止状态，信号无
法通过。通过二极管的电流是一个正脉冲串，脉冲的幅度随调制信号幅度的变化而呈线性
变化，其波形如图 4-8d 所示。

　　将该正脉冲串输入由电感 L 和电容 C 构成的并联谐振回路中，其谐振频率等于载波
频率。每当二极管导通时，就会有电流脉冲流过谐振电路。在电感和电容之间反复进行能
量交换，会在谐振频率上产生振荡，即"振铃"。对应每输入一个正脉冲，谐振电路的振
荡就会产生一个负半周期的脉冲。大幅度的正脉冲会激励谐振电路产生大幅度的负脉冲；
相应地，小幅度的正脉冲也会使谐振电路产生小幅度的负脉冲。从而通过谐振电路输出的
波形为 AM 信号，如图 4-8e 所示。谐振回路的 Q 值应该选择合适的值，Q 值足够高，以
便消除载波谐波，能产生一个纯净的正弦波，并滤除调制信号；同时还要足够低，使电路
的带宽恰好允许 AM 已调信号中的边带信号通过。

　　使用该电路可以产生高质量的 AM 已调信号，但输入信号的幅度是保证其能够正常工
作的重要条件。因为只有在低电压条件下，二极管的特性曲线才是非线性的，所以信号电
平必须很低，通常应该低于 1 V，才能产生 AM 信号。在更高的电压下，二极管的电流响

应几乎呈线性变化。所以，该电路最好工作在毫伏级电压的信号状态下。

晶体管调制器。 可以使用双极型晶体管的发射极-基极来代替二极管，得到如图 4-7 所示电路的改进电路。谐振回路与晶体管的集电极串联，电路的工作原理与前述电路基本相同，不过该电路还可以获得由晶体管所提供的增益，输出标准的 AM 已调波。

差分放大调制器。 差分放大调制器是一种特性优良的幅度调制器。其典型电路如图 4-9 所示，晶体管 Q_1 和 Q_2 形成差分对，晶体管 Q_3 是电流源，向 Q_1 和 Q_2 提供发射极电流 I_E，Q_1 和 Q_2 的发射极电流均为 I_E 的一半。电路通过集电极电阻 R_C 输出。

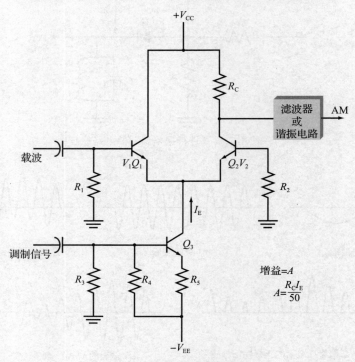

图 4-9　差分放大调制器

输出信号的电压是输入信号 V_1 和 V_2 之差的函数，即 $V_{out} = A(V_2 - V_1)$，其中 A 是电路的增益。如图所示，如果将其中一个输入端接地或输入为零电压，那么该放大器也可以实现单端输入。在图 4-9 中，如果 V_1 为零，那么输出为 $V_{out} = AV_2$，如果 V_2 为零，那么输出为 $V_{out} = A(-V_1) = -AV_1$，输出电压与输入电压极性相反。

输出电压取自晶体管 Q_2 的集电极。

该电路不需要特殊的偏置电路，因为图 4-9 中的恒流源 Q_3 可以直接提供所需要的集电极电流，电阻 R_3、R_4、R_5 以及 V_{EE} 一起为恒流源 Q_3 提供偏置。在没有信号输入的情况下，Q_1 的电流与 Q_2 的电流相等，都是 $I_E/2$。此时输出达到平衡，输出信号为零。由 R_1 和 Q_1、R_2 和 Q_2 构成的电路是桥式电路。当信号输入为零时，R_1 和 R_2 相等，且 Q_1 和 Q_2 的导通状态相同时，桥式电路处于平衡的状态，集电极的输出为 0。

如果将输入信号 V_1 施加在 Q_1 上，那么 Q_1 和 Q_2 的导通都会受到影响。Q_1 的基极电压升高会导致 Q_1 的集电极电流增大，而 Q_2 的集电极电流会等量地减小，从而保证两个电流之和还等于 I_E。降低 Q_1 基极的输入电压可以减小 Q_1 的集电极电流，而增大 Q_2 的集电极电流。Q_1 和 Q_2 的发射极电流之和恒等于 Q_3 提供的电流 I_E。

差分放大器的增益是发射极电流和集电极电阻值的函数。增益的近似表达式为

$A = R_C I_E / 50$，这是单端增益表达式，其中输出是集电极和地之间的电压差。

R_C 是集电极的电阻值，单位为 Ω，I_E 是发射极的电流，单位为 mA。如果 $R_C = R_1 = R_2 = 4.7\,\mathrm{k}\Omega$，$I_E = 1.5\,\mathrm{mA}$，则增益约为 $A = 4700 \times 1.5 / 50 = 7050 / 50 = 141$。

在大多数的差分放大器中，R_C 和 I_E 的值都是固定的，从而提供恒定的增益值。但根据上述公式分析，增益与发射极电流成正比。因此，如果发射极电流可以随着调制信号的变化而变化，就可以用该电路产生 AM 信号。将调制信号施加在恒流源 Q_3 的基极上，就可以很容易实现 AM 功能。消息信号变化，发射极电流也会随之发生变化，从而改变了电路的增益，使载波幅度放大的量随着调制信号的幅度变化而变化，即可实现 AM 已调信号的输出。

> **拓展知识**
>
> 差分放大器是一种性能优良的振幅调制器，它具有增益高和线性特性良好的特点，并且可以实现 100% 的调制。

该电路与基本的二极管调制器类似，在输出信号中除了载波和边带外，还有调制信号本身。由于载波和边带频率通常远高于调制信号频率，因此可以在输出端使用简单的高通滤波器滤除调制信号，或使用中心频率等于载波频率，带宽足以保证通过边带信号的带通滤波器；也可以将 Q_2 集电极上的 R_C 替换成并联谐振回路用于滤波。

用差分放大器构成的 AM 调幅电路是一种性能很好的振幅调制器，它具有增益高和线性特性良好的特点，并且可以实现 100% 的调制。使用高频晶体管或高频 IC 差分放大器，则该电路可以实现频率高达数百兆赫兹的低电平调幅。也可以用 MOSFET（场效应管）代替双极型晶体管，获得接近使用 IC 所能达到的效果。

4.2.2　低电平和高电平调幅

在上面讨论的低电平调幅器电路中，所产生的信号电压和功率都非常小，信号电压通常小于 1 V，功率为毫瓦级。如图 4-10 所示，在使用低电平调幅的系统中，需要将 AM 信号经过一个或多个线性放大器进行不失真放大，提高信号的功率。通过这些工作在甲类、甲乙类或乙类线性状态下的放大器电路，将 AM 信号放大到所需要的功率，再馈送至天线发射出去。

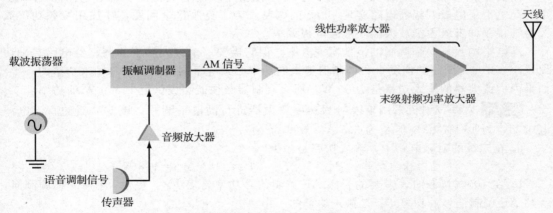

图 4-10　低电平调幅系统在发射前使用的线性功率放大器放大 AM 信号的框图

高电平调幅。 在高电平调幅中，调制器在发射机的末级射频放大级中改变载波信号的电压和功率，使射频放大器具有较高的效率和整体性能。

集电极调幅。 高电平调幅器电路的典型例子是集电极调幅器，如图 4-11 所示。发射机的输出级是大功率丙类放大器。丙类放大器在输入信号处于正半周期的部分时刻才导通。集电极电流脉冲使谐振电路在所需的输出频率上振荡（振铃），因此谐振电路可以重新产生载波信号的负极性部分，具体原理参见第7章。

该调制器是一个低频线性功率放大器，它能将低电平的调制信号放大成为大功率信号。通过调制变压器 T_1 将调制输出信号耦合到丙类放大器的集电极输出级电路。调制变压器 T_1 的次级绕组与丙类放大器的集电极电源电压 V_{CC} 串联。

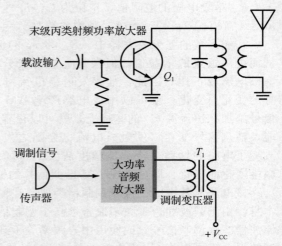

图 4-11　高电平集电极调幅器电路原理图

当输入调制信号为零时，T_1 的次级输出的调制电压也为零，集电极电源电压直接施加在丙类放大器上，输出载波是稳定的正弦波信号。

当输入调制信号不为零时，调制信号的交流电压通过调制变压器 T_1 的次级绕组与晶体管 Q_1 的集电极直流电源电压相加或相减。然后，这个变化的电源电压施加到丙类放大器上，导致通过晶体管 Q_1 输出的电流脉冲的振幅发生变化。从而，正弦载波振幅随着调制信号瞬时电压的变化而变化。如果调制信号电压为正值，Q_1 的集电极电源电压与之相加，使集电极电压值增大，产生的电流脉冲幅度也变大，载波振幅变大；如果调制信号电压为负值，Q_1 的集电极的电源电压与之相减，使施加到集电极上的电压下降，丙类放大器的电流脉冲变小，从而载波输出振幅下降。

当需要达到100％调制时，从 T_1 次级绕组输出的调制信号峰值必须等于电源电压。当调制信号电压为正峰值时，施加到集电极上的电压是集电极电源电压的两倍。当调制信号电压为负值时，集电极上的电压等于集电极电源电压与调制信号电压相减，结果为零，所以此时施加到 Q_1 集电极上的有效电压为零，产生的输出载波为零。

在实际的电路中，由于晶体管对于小信号存在非线性响应特性，无法利用图 4-11 所示的高电平集电极调幅器电路实现100％的调制。为了克服这个问题，往往用音频功率放大器直接驱动末级丙类放大器实现集电极调幅。

高电平调幅是振幅调制的最佳实现方案，但它需要一个很大功率的调制器电路。确切地说，在100％调制的情况下，调制器提供的功率必须等于丙类放大器总输入功率的一半。如果丙类放大器的输入功率是1000 W，那么调制器必须能够提供至少500 W的功率。

例 4-1　AM 发射机采用末级射频功率放大器进行高电平调幅，该放大器的直流电源电压 V_{CC} 为48 V，总电流 I 为3.5 A，效率为70％。

a. 在末级的射频电路中，输入功率是多少？

$$直流输入功率 = P_{in} = V_{CC}I \qquad P_{in} = 48 \times 3.5 = 168(W)$$

b. 在100％调制时，需要的音频 AF 调制信号功率是多少？（提示：在100％调制时，音频 AF 调制信号的功率 P_m 是输入功率的一半。）

$$P_m = \frac{P_{in}}{2} = \frac{168}{2} = 84 \text{ W}$$

c. 载波输出功率是多少？

$$效率 = \frac{P_{out}}{P_{in}} \times 100$$

$$P_{out} = \frac{效率 \times P_{in}}{100} = \frac{70 \times 168}{100} = 117.6(W)$$

d. 在调幅指数 $m = 67\%$ 时，单边带的功率是多少？

$$P_s = \text{单边带功率}$$

$$P_s = \frac{P_c(m^2)}{4}$$

$$m = \text{调制百分比}(\%) = 0.67$$

$$P_c = 168 \text{ W}$$

$$P_s = \frac{168 \times 0.67^2}{4} = 18.85 \text{(W)}$$

e. 在 100% 调制时，直流电源电压的最大和最小摆幅是多少？

$$\text{最小摆幅} = 0$$

$$\text{电源电压 } V_{CC} = 48 \text{ V}$$

$$\text{最大摆幅} = 2 \times V_{CC} = 2 \times 48 = 96 \text{(V)} \quad \blacktriangleleft$$

串联调制器。 集电极调制器的主要缺点是需要调制变压器，用它将音频调制信号放大器连接到发射机中的丙类放大器上。调制信号放大器的输出功率越大，调制变压器的体积就越大，成本就越高。所以在要求大功率调制的应用情况下，就不应该再使用音频调制变压器了，而是改用在前几节中描述过的低电平调幅，然后将获得的 AM 已调信号通过大功率线性放大器放大。当然，这也不是首选的方案，因为使用线性射频放大器的效率远低于丙类放大器。

另一种解决方案是使用晶体管的集电极调制器，如图 4-12 所示，在该电路中用晶体管代替变压器。在串联调制器电路中用射极跟随器代替变压器。调制信号施加到射极跟随器 Q_2，它用作音频功率放大器。射极跟随器与集电极电源电压 $+V_{CC}$ 串联在一起，所以放大后的音频调制信号会改变丙类放大器的集电极供电电压，从而使 Q_2 直接控制 Q_1 的集电极电压。如果调制信号为正，那么 Q_1 的供电电压增大，载波的幅度随调制信号的增大而线性增大；如果调制信号为负，那么 Q_1 的供电电压减小，载波的幅度随调制信号的减小而线性减小。在 100% 调制的情况下，射极跟随器在最大负峰值时可将 Q_1 的供电电压降为零。

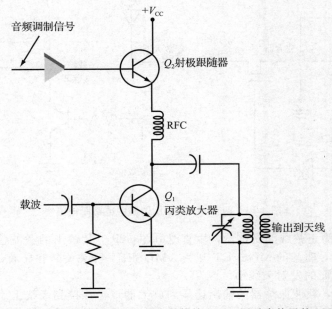

图 4-12　串联调制电路原理图，其中晶体管也可以用适当偏置的 MOSFET

上述高电平调幅方案不再需要体积和重量都很大且成本高昂的音频调制变压器，并且在很大程度上提高了频率响应的速度，但是它的效率仍然很低。因为射极跟随调制器不得不与丙类射频功率放大器消耗同样多的功耗。例如，假设集电极电源电压为 24 V，集电极电流为 0.5 A。当调制信号输入为零，此时调幅百分比也等于 0。需要将射极跟随器的偏置状态设置成集电极和发射极之间的直流电压约为电源电压的一半，在本例中该电压等于 12 V。丙类放大器的集电极供电电压为 12 V，所以输入功率为：

$$P_{in}=V_{CC}I_C=12\times0.5=6(W)$$

如上所述，为了产生 100％ 调制，在音频输入信号振幅的正峰值，Q_1 的集电极电压和电流会翻倍。此时音频信号集中在 Q_1 的发射极，只有极少部分的信号出现在 Q_2 的发射极和集电极之间。所以在 100％ 调制时，Q_2 的功耗很小。

若输入的音频调制信号电压为负峰值，Q_2 的发射极电压降到 12 V，说明电源电压剩余的 12 V 电压加到了 Q_2 的集电极和发射极之间。由于 Q_2 需要消耗 6 W 的功率，所以它只能是体积相对较大的功率晶体管，调制效率低于 50％。而如果使用调制变压器，调制效率要高得多，在某些条件下可以达到 80％。

该电路对非常大功率的振幅调制系统是不实用的，但在功率降到小于 100 W 时，上述电路确实是一种比较有效的高电平调幅器。

4.2.3　ASK/OOK 调制器

首先要明确的是，开关键控（OOK）是幅移键控（ASK）的特例。OOK 通过控制导通和关断对载波进行 100％ 调制，而 ASK 通过输出不同的载波电平来表示二进制数字 0 和 1 的状态。在表示二进制数字 0 时，可以是不完全关闭载波发射，所以，使用一般的振幅调制电路就可以产生 ASK 已调信号。这里所讨论的大多数 ASK 信号都是严格意义上的 OOK 信号。

与其他 AM 电路相同，也有多种方案可以实现 OOK 调制器，这里主要讨论其中的两种基本方法。第一种是通过简单地控制正弦载波振荡器输出的关闭和开启，第二种是对载波振荡器的供电电源进行通断控制。这两种简单方案的电路原理图如图 4-13 所示。

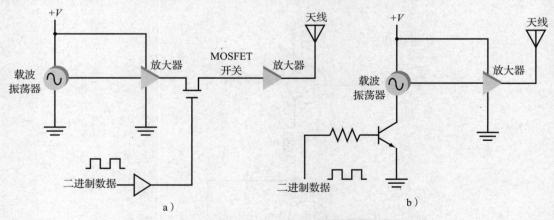

图 4-13　两种实现 OOK 调制的电路原理图

图 4-13a 所示为正弦载波振荡器，由直流电源供电。其输出的载波信号经放大后，送到由二进制数字信号驱动的 MOSFET 开关。MOSFET 开关关断和导通，控制载波阻断或输送至放大器及后面的发射天线中。

在图 4-13b 中，载波振荡器的输出连接到放大器，再连接到天线上。晶体管串联在载波振荡器的电源接地端。用待发送的二进制数据信号控制晶体管的导通和关断，以实现载波振荡器的开启和关闭。

理想的 OOK 信号时域波形如图 4-14 所示。注意，正弦波开始和停止在过零点时刻，与二进制数据脉冲跳变切换的时刻相对应。这就是所谓的相干 ASK 信号。为了实现上述效果，数据的比特脉冲宽度必须是正弦载波周期的整数倍。

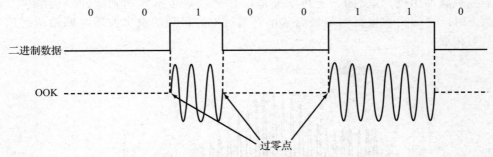

图 4-14　相干 OOK 信号时域波形

在实际应用中，数据信号并不会精确地在过零点处打开或关闭正弦波（见图 4-15），实际上是更多的系统产生的是非相干的 OOK 信号。这种失真会造成正弦波在波形开始和停止时出现毛刺或突变，产生多余的不需要的谐波分量，可以在输出端加上低通或带通滤波器来解决这个问题。显然，该滤波器还需要

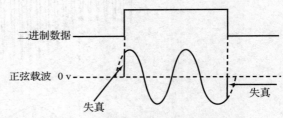

图 4-15　非相干 OOK 调制信号波形

有足够的带宽允许部分 OOK 信号的谐波和边带通过，以确保数据信号的波形不受影响。

4.3　调幅解调器

在接收机中，解调器或检波器是接收已调制信号并恢复出原始调制消息的电路。解调器电路是射频接收机电路中的关键环节。实际上，解调器电路本身就是一台简易的无线电接收机。

4.3.1　二极管检波器

二极管检波器是最简单、应用最广泛的调幅解调器，电路原理图如图 4-16 所示。AM 已调信号经过变压器耦合，施加到由二极管 D_1 和电阻 R_1 组成的基本半波整流电路中。当 AM 信号处于正半周期时，二极管 D_1 导通；AM 信号处于负半周期时，二极管 D_1 反向偏置，处于截止状态，没有电流流过。因此 R_1 上的电流是幅度随调制信号电压变化而变化的正脉冲串。电容 C_1 与电阻 R_1 并联，可以有效地将高频载波分量滤除，从而恢复出原始调制信号。

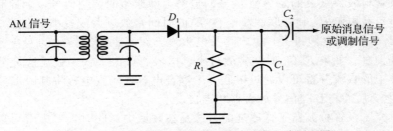

图 4-16　用于 AM 解调的二极管检波器电路原理图

　　一种方法是通过分析二极管检波器的时域波形图来研究其基本工作原理，波形如图 4-17 所示。在每个 AM 信号的正半周，电容都会快速充电，使电容 C_1 两端的电压很快就达到通过二极管后的脉冲峰值电压。当脉冲电压降为零时，电容 C_1 通过电阻 R_1 放电。与载波周期相比，C_1 和 R_1 的时间常数较长。所以在二极管截止时，电容只会轻微放电。直到下一个脉冲出现，电容 C_1 会再次充电，其两端电压迅速达到脉冲峰值电压。当二极管截止时，电容再次通过电阻轻微放电。通过电容得到的输出波形与原始调制信号的波形基本相近。

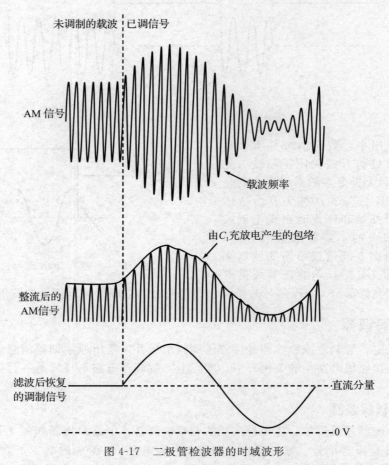

图 4-17　二极管检波器的时域波形

　　由于电容的充放电过程，在恢复的调制信号中会有少量的纹波，引起调制信号失真。但是由于载波频率通常远远高于调制信号频率，因此与载波频率相近的纹波所带来的影响并不明显。

　　由于二极管检波器恢复的是 AM 信号的包络，即原始的调制信号，因此有时也称其为包络检波器。负载电阻 R_1 和并联滤波电容 C_1 的时间常数过大或过小都会造成原始信号的失真。如果 R_1C_1 时间常数过大，电容将放电太慢，跟不上调制信号的变化速度，这种现象被称为惰性失真。如果 R_1C_1 时间常数过小，电容将放电太快，就无法充分滤除载波分量。输出信号中的直流分量可以通过串联一个耦合电容或隔直电容将其隔离掉，如图 4-16 中的 C_2。该电容后面与音频信号放大器相连接。

　　另一种研究二极管检波器工作原理的方法是在频域中。此时，二极管可以看成是有多个信号输入的非线性器件。多个信号是指载波和边带信号，它们组成了待解调的 AM 信号。AM 信号由载波 f_c，上边带 f_c+f_m，下边带 f_c-f_m 构成。二极管检波器电路通过组合这些信号，产生下列和频信号与差频信号：

$$f_c+(f_c+f_m)=2f_c+f_m$$
$$f_c-(f_c+f_m)=-f_m$$
$$f_c+(f_c-f_m)=2f_c-f_m$$
$$f_c-(f_c-f_m)=f_m$$

所有这些分量都会出现在检波器电路的输出信号中。由于载波频率比调制信号的频率高得多，所以可以很容易地使用低通滤波器滤除载波信号。在二极管检波器中，低通滤波器是由电容 C_1 和负载电阻 R_1 并联组成。滤除载波后，信号中只有原始的调制信号。二极管检波器的输出信号频谱分布情况如图 4-18 所示。通过图 4-16 中的低通滤波电容 C_1，只保留了所需的原始调制信号，并滤除了其他所有信号分量。

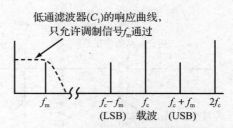

图 4-18　二极管检波器的输出信号频谱分布

4.3.2　矿石收音机

过去曾广泛使用的所谓矿石收音机中的矿石组件就相当于一个简单的二极管。在图 4-19 中重新绘制了图 4-16 的二极管检波器电路，电路中分别加上了接收天线和耳机。使用长天线接收无线电信号，接收到的信号经过变压器 T_1 耦合到次级绕组中，次级绕组与 C_1 构成串联谐振电路。需要注意，次级电路不是并联谐振电路，因为感应到次级线圈中的电压相当于电压源，它与线圈和电容 C_1 串联。可变电容 C_1 用于选择电台。谐振时，电容两端的电压

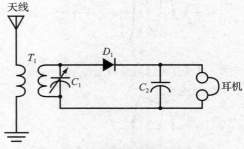

图 4-19　矿石收音机电路原理图

以因子 Q 逐步增长，Q 为谐振回路的品质因数。这种通过谐振使电压增大的方式也是一种放大信号的方式。当这个较高电压的信号施加在二极管上时，二极管检波器 D_1 和滤波电容 C_2 就可以恢复原始的调制信号，在耳机中产生电流。高阻抗的耳机作为接收机的负载电阻，电容 C_2 滤除高频载波信号，其构成了简单的无线电接收机；因为没有加入有源放大电路，所以接收到的信号非常微弱。这里通常使用锗热载流子二极管（1N34A、1N60 等）或肖特基二极管，因为它们的导通阈值电压低于硅二极管，可以接收微弱的信号。矿石收音机可以接收当地电台发射的大功率标准 AM 广播信号，且通常需要使用长天线（长度＞30 m）。

4.3.3　同步检波器

同步检波器使用接收机中等于载波频率的内部时钟信号来控制 AM 信号的开启和关闭，以实现类似标准二极管检波器的整流功能，如图 4-20 所示。AM 信号施加到串联开关上，该开关与载波信号保持同步导通和关断，这个开关通常是一个二极管或晶体管，由频率和相位与载波一致、内部产生的时钟信号控制导通和关断。在 AM 信号的正半周期，图 4-20 中的开关由时钟信号控制为导通状态，因此将 AM 已调信号加载到负载电阻上。在 AM 信号的负半周期，时钟控制开关处于关断状态，因此没有信号到达负载和滤波电容上。其中，滤波电容起到滤除高频载波的作用。

全波同步检波器如图 4-21 所示。AM 信号同时输入到反相和同相的放大器中，由内部

产生的载波信号控制两个开关 A 和 B。时钟信号控制 A 导通时，B 关断，或者控制 B 导通时，A 关断。这种布置相当于加上了一个电子的单刀双掷（SPDT）开关。当输入的 AM 信号为正半周期时，开关 A 将处于正半周期的同相 AM 信号输出馈送到负载上；当输入的 AM 信号为负半周期时，开关 B 连通反相器和负载。处于负半周周期的信号经过反相器后，会变为正极性的信号，所以在负载上出现全波整流信号，从而实现对信号的全波整流。

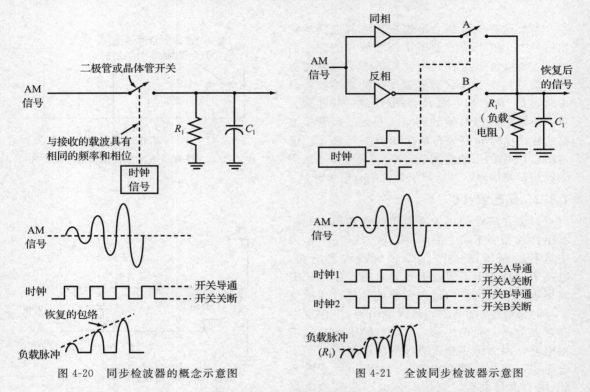

图 4-20　同步检波器的概念示意图　　　图 4-21　全波同步检波器示意图

　　保证同步检波器正常工作的关键是，控制开关动作的信号应该与接收到的 AM 已调信号中的载波频率、相位保持完全一致。而直接由接收机振荡器所产生的载波信号无法使其正常工作，即使开关信号的频率和相位与载波接近，也很难做到完全一致。所以，要想获得与接收信号的载波具有同频同相的开关信号，需要使用称为具有载波恢复技术的电路。

　　一种实用的同步检波器电路如图 4-22 所示。通过中间抽头式变压器提供两个幅度相等但相位相反的信号。将载波信号施加到中间抽头上。需要注意，其中一个二极管的连接方式与全波整流中的二极管连接方式相反。两个二极管都用作开关，由时钟提供偏置电压，控制二极管开关的关断与导通。载波通常是方波信号，该方波信号是通过放大 AM 信号后，再对其进行限幅或削波得到。当时钟信号电压为正极性时，二极管 D_1 处于正向偏置状态，其为短路，将 AM 信号输出连接到负载电阻上，使负载上出

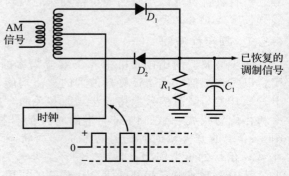

图 4-22　实用的同步检波器示意图

现全部的正半周期信号。

当时钟电压变为负极性时，D_2 正向偏置。此时 AM 信号对应为负半周期，使次级线圈的下面的端子输出为正。D_2 导通时将正半周期信号连接到负载上，电路完成全波整流。和之前的分析过程相同，通过与负载并联的电容滤除频率很高的载波信号，保留负载上的原始调制信号。

图 4-23 所示电路是向同步检波器提供载波信号的一种方式。待解调的 AM 信号输入选择性较好的带通滤波器，挑选出载波的同时抑制掉边带信号，从而消除大部分引起幅度变化的信号。将得到的信号放大并通过限幅器或削波电路，去除信号中剩余的幅度变化部分，只保留载波。削波电路是将正弦载波转变为放大的方波，从而获得同步时钟信号。在一些同步检波器中，可以将削波后的载波经过另一个带通滤波器，以滤除方波中的谐波，生成纯净的正弦载波。然后再将该正弦信号放大，用作时钟参考。可以通过引入一个小型的移相器来纠正在载波恢复过程中可能出现的相位差。因为最终产生的信号确实来源于原始载波中，所以得到的载波信号与原始载波的频率和相位完全相同。将该电路输出的同步载波信号施加到同步检波器中完成检波。还有的同步检波器使用锁定在输入载波信号的锁相环来产生时钟信号。

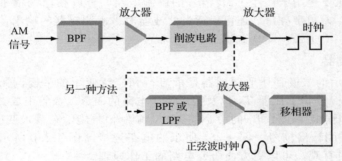

图 4-23　简单的载波恢复电路原理框图

同步检波器也被称为相干检波器，过去也称为零拍检波器。与标准的二极管检波器相比，其主要优点是具有更小的失真和更高的信噪比。选择性衰落是一种在传输的过程中，由于载波上的边带信号的衰减造成的失真现象，同步检波器输出的信号受频率选择性衰落的影响也较小。

> **拓展知识**
> 同步检波器，即相干检波器，与标准的二极管检波器相比，其失真更小，信噪比更高。

4.3.4　ASK/OOK 解调器

图 4-16 所示的简单的二极管检波器电路，可以很好地将 ASK 已调信号转换回原始的数据信号。通过调整 R_1 和 C_1 的时间常数，使数据信号波形的失真最小。可以将电容 C_1 看成是简单的低通滤波器，它能滤除一些谐波分量，在很大程度上平滑正弦信号在脉冲比特开始和结束时产生的突变。当然，仍然需要一定量的谐波能够通过，从而使恢复的信号波形接近基本的脉冲形状。

图 4-24 所示为一种性能更优的 ASK 解调器电路。其中，运算放大器连接作为半波整流器，将 ASK 已调信号放大，并且只允许信号的正半周期或负半周期通过。经过由 R_F 和 C_F 组成的低通滤波器即可恢复半波整流信号的包络。通过仔细计算和调整电路中 R_F 和 C_F 的值，使其不会对包络过度滤波，可以确保数据信号不会出现严重的失真。最后由 IC 比较器将已恢复的数据信号波形变换为方波信号。通过调整与比较器相连的 10 kΩ 电位器的阻值，可以产生质量更好的输出信号波形。

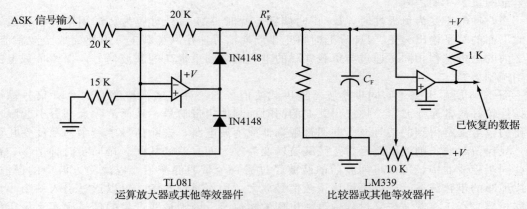

图 4-24   改进的高频 ASK 解调器电路

4.4   平衡调制器

平衡调制器主要是用于产生 DSB 信号的调制电路，可以在已调信号中抑制载波，在输出端只保留和、差边带分量。还可以通过滤波器对平衡调制器的输出信号做进一步的处理，去掉其中的一个边带，实现 SSB 调制。

4.4.1   环形调制器

如图 4-25 所示的二极管环形调制器是最流行和广泛使用的平衡调制器电路之一，它由输入变压器 T_1、输出变压器 T_2 以及构成桥式电路的四个二极管组成。载波信号施加在输入变压器 T_1 和输出变压器 T_2 的中心抽头处，调制信号施加在输入变压器 T_1 上。由变压器 T_2 的次级线圈输出信号。图 4-25a 所示的电路连接与图 4-25b 所示的电路相同，但图 4-25b 的电路更直观，可以更方便研究电路的工作原理。

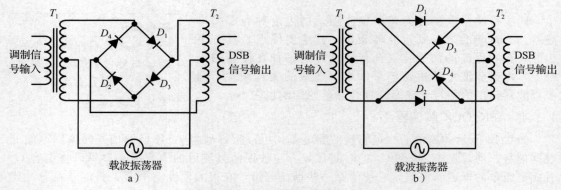

图 4-25   环形调制器电路原理图

环形调制器的工作原理比较简单。正弦载波的频率和振幅通常要比调制信号高得多，可为二极管提供正向和反向偏置源。高频载波控制二极管的高速导通和关断，使二极管作为将 T_1 次级线圈的调制信号连接到 T_2 初级线圈的开关。

图 4-26 和图 4-27 所示为环形调制器的工作原理和时域波形。当调制信号输入为零，载波极性为正时，如图 4-26a 所示，二极管 D_1 和 D_2 为正向偏置，处于导通状态；此时 D_3 和 D_4 处于反向偏置，表现为开路状态。可以看出，载波电流被平分为相等的两部分，分别流入变压器 T_1 次级线圈和变压器 T_2 初级线圈的上下半部分，因此电流在线圈上半

部分产生的磁场和在线圈下半部分产生的磁场大小相等，方向相反，可以相互抵消。在变压器 T_2 次级绕组中不产生输出，载波信号可以被有效地抑制。

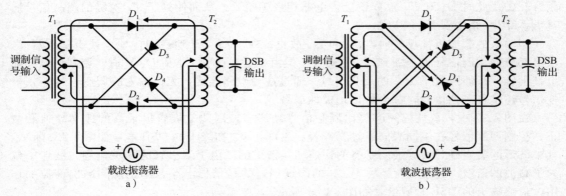

a）　　　　　　　　　　　　　　　　　　b）

图 4-26　环形调制器的工作原理示意图

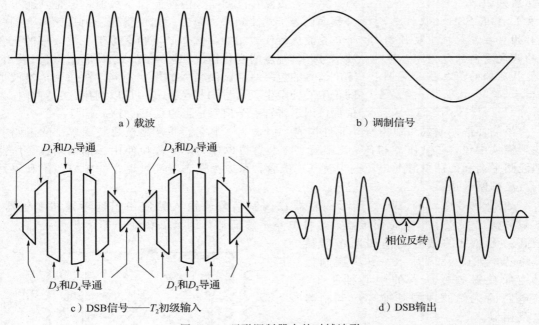

图 4-27　环形调制器中的时域波形

当载波的极性反转时，如图 4-26b 所示，二极管 D_1 和 D_2 处于反向偏置状态，D_3 和 D_4 则是正向偏置的，处于导通状态。同样地，电流流过变压器 T_1 的次级线圈和变压器 T_2 的初级线圈，在 T_2 的初级上下半部分产生的磁场大小相等，方向相反，互相抵消。载波同样可以被有效地抑制，电路输出为零。载波被抑制的程度取决于变压器的线圈绕制精度以及变压器中心抽头的位置精度：精度高的目的是使线圈的上下半部分产生的电流完全相等，产生的磁场能够恰好完全抵消。此外，载波被抑制的程度还取决于二极管特性。要求各个二极管的特性也要完全一致，才能最大程度抑制掉载波信号。如果元器件特性均衡，抑制载波的衰减值可达到 40 dB。

假设用低频的正弦波作为调制信号输入到变压器 T_1 的初级线圈，再通过 T_1 的次级输出。根据载波极性的不同，二极管在载波波形不同极性的时刻或截止或导通，等效为开关的闭合或断开，对变压器 T_1 的次级和 T_2 的初级形成不同的电路连接形式。当载波振荡器输出的载波信号极性如图 4-26a 中所示的瞬时极性时，二极管 D_1 和 D_2 导通，表现为闭合开关；此时 D_3 和 D_4 反向偏置，电路相当于断开，从而使处于 T_1 次级的调制信号通过 D_1 和 D_2 施加到 T_2 的初级。

当输入的载波极性反转时，D_1 和 D_2 截止，D_3 和 D_4 导通。同样地，处于变压器 T_1 次级部分的调制信号也施加到 T_2 的初级，但由于是二极管 D_3 和 D_4 导通，调制信号实际上被反转，从而产生了 180° 的反相信号。通过这种电路连接，无论输入的调制信号是正极性信号还是负极性信号，都会输出正极性信号。

在图 4-27 中，载波的频率要比调制信号高得多，因此二极管以很高的速率导通和截止，控制调制信号在不同时间通过二极管。出现在 T_2 初级上的 DSB 信号如图 4-27c 所示，其中波形的突变是二极管通断状态的快速切换造成的。由于二极管的开关作用，波形中包含了载波的谐波。通常情况下，与 T_2 的次级相连的是谐振电路，起到滤除高次谐波的作用，最终输出的 DSB 时域信号如图 4-27d 所示。

> **拓展知识**
>
> 在 DSB 和 SSB 接收机中，必须将在发射机中被抑制的载波重新恢复出来，才能将原来的消息信号解调出来。

从 DSB 的已调信号的时域波形可以看出如下几个主要特点。第一，虽然在已调信号中抑制掉了载波，但是其输出信号频率仍等于载波频率。第二，如果将处于边带频率上的两个正弦波进行代数相加，就会产生频率等于载波频率的正弦波信号，其幅度的变化情况如图 4-27c 或 d 所示。可以看出，输出信号的包络线与调制信号的形状不同。注意到信号波形的正中心处发生了信号的相位反转，可以利用这一特征作为依据，用于辨别一个信号是否为真正的 DSB 信号。

虽然环形调制器可以由分立元件构成，但是实际上它们通常是被封装成单个的电路模块，模块中包含了变压器和各个二极管，该装置可以作为单个模块使用。精细调整变压器的线圈平衡和使用低导通电压的肖特基二极管，可以为调制器提供更宽的频率范围和更好的载波抑制效果。

如图 4-26 所示的二极管环形调制器在调制信号的输入端使用了低频铁芯变压器，在射频输出端使用了空芯变压器。这种电路不够简洁，因为低频变压器体积偏大，成本较高。更常见的做法是使用两个射频变压器，如图 4-28 所示，其中调制信号施加在射频变压器的中心抽头上。该电路的工作原理与其他环形调制器电路相似。

此类调制器因其结构相对简单而被广泛使用。在对二极管和变压器进行合理选型达到参数匹配的条件下，电路的载波抑制比可以高达 60 dB，此外，这些电路均可以作为一个完整的模块方便使用，不需要自行设计搭建电路。该调制器电路也可以当作混频器使用。

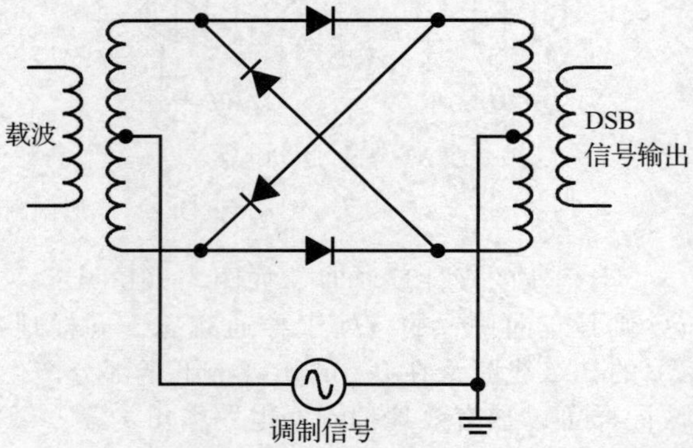

图 4-28　环形调制器的改进电路，对于低频调制信号不再使用铁芯变压器

4.4.2　集成电路平衡调制器

另一种广泛使用的平衡调制器电路是使用差分放大器，典型的例子是如图 4-29 所示的常见的 1496/1596 集成电路平衡调制器。该电路可以在高达 100 MHz 的载波频率下工作，实现 50 dB～65 dB 的载波抑制。集成电路的封装是标准的双列直插式封装（DIP）14

引脚芯片，它的输入和输出引脚按照封装标准做了标号。该器件还有 10 引脚的金属壳封装及其他几种贴片封装。

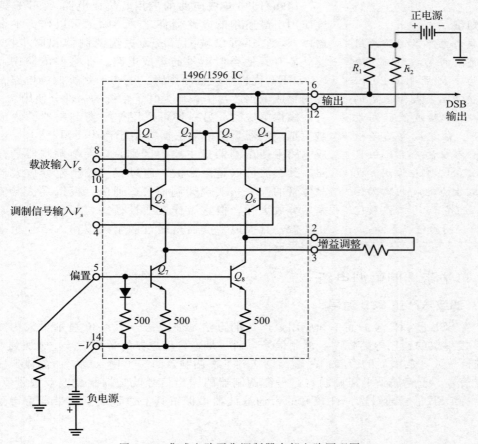

图 4-29　集成电路平衡调制器内部电路原理图

在图 4-29 中，晶体管 Q_7 和 Q_8 由单独的外接电阻和负电源提供偏置电压，作为恒流源，为两个差分放大器提供等值的电流。其中一个差分放大器由 Q_1、Q_2 和 Q_5 组成，另一个放大器由 Q_3、Q_4 和 Q_6 组成。调制信号施加到晶体管 Q_5 和 Q_6 的基极。这些晶体管在电流回路中相连成差分晶体管，其电流的幅度随着调制信号的变化而变化。Q_5 和 Q_6 的电流相位相差 $180°$。随着 Q_5 中电流的增加，Q_6 中的电流会减小，反之亦然。

由载波控制的差分晶体管 Q_1 至 Q_4 在电路中作为开关工作。当输入载波使电路下部的输入端相对于上部的输入端为正时，晶体管 Q_1 和 Q_4 导通，相当于开关 Q_1 和 Q_4 闭合，Q_2 和 Q_3 截止。当载波信号极性反转时，Q_1 和 Q_4 截止，Q_2 和 Q_3 导通，表现为开关 Q_2 和 Q_3 闭合。因此这些差分晶体管相当于开关，与之前描述的环形调制器电路中的二极管的作用相同。它们以载波频率的速率控制开关导通和关断调制信号。

假设向开关晶体管 Q_1 和 Q_4 施加高频载波，向 Q_5 和 Q_6 的调制信号输入端施加低频正弦波。当调制信号为正极性时，流过 Q_5 的电流增加，流过 Q_6 的电流减小。当载波为正极性时，Q_1 和 Q_4 导通。随着流过 Q_5 电流的增加，流过 Q_1 和 R_2 的电流也会成比例地增加，因此 Q_1 集电极的输出电压减小。随着通过 Q_6 电流的减小，通过 Q_4 和 R_1 的电流也会减小，因此 Q_4 集电极的输出电压增大。当载波的极性反转时，Q_2 和 Q_3 导通。Q_5 增大的电流流过 Q_2 和 R_1，使输出电压开始减小。Q_6 中减小的电流流过 Q_3 和 R_2，使输出的电压又开始增大。对载波的开关控制以及调制信号的变化产生了如前面所述的标准 DSB 输出信号，如图 4-27c 所示。在 R_1 和 R_2 上的信号幅度相同，但相位相差 180°。

1496/1596 集成电路的应用。集成电路 1496 是通信系统应用中最通用的电路器件之一。除了可以作为平衡调制器以外，它还可以被配置成为振幅调制器和同步检波器。此外还有其他类似型号的集成电路。在某些电路中，使用 MOSFET 代替双极型晶体管。还有一些类似的电路是在更大的集成电路芯片中，作为其子系统的一部分使用。

模拟乘法器。另一种可以用作平衡调制器的集成电路是模拟乘法器。模拟乘法器常用于产生 DSB 信号。它和集成电路平衡调制器最主要的区别是，平衡调制器是开关电路，其载波可以是矩形波，通过载波控制差分放大器中的晶体管的开关来实现调制信号的通断；模拟乘法器使用的是差分放大器，但它工作在线性模式，其中的载波必须是正弦波，且模拟乘法器是通过两个模拟输入信号相乘来产生信号输出。

> **拓展知识**
>
> 1496 集成电路是通信应用中最通用的电路之一。除了作为平衡调制器以外，它还可以配置成为振幅调制器、乘积检波器和同步检波器。该集成电路是很多年前推出的产品，但目前仍然在发挥着作用。也有新型号的集成电路器件出现，但它们的工作原理与本章说明的内容类似。

4.5   单边带调制解调电路

4.5.1   滤波法产生 SSB 信号

产生 SSB 已调信号最简单和应用最广泛的方法是滤波法。图 4-30 显示了采用滤波法的 SSB 发射机的通用电路框图。调制信号，通常是来自传声器的音频信号，施加到音频放大器进行放大，放大后的音频信号输出馈送到平衡调制器的一个输入端。由晶体振荡器产生载波信号，也施加到平衡调制器。平衡调制器的输出信号就是抑制载波双边带（DSB）信号。将 DSB 信号通过选择性较好的带通滤波器，保留其上边带或下边带即可得到 SSB 信号。

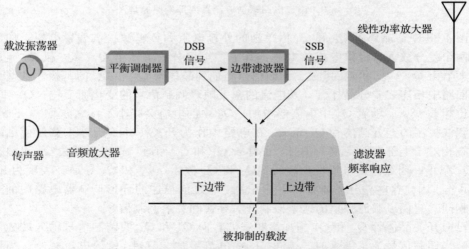

图 4-30   使用滤波法的 SSB 发射机系统组成框图

对滤波器最关键的要求是它只能允许期望的边带信号通过。滤波器的带宽通常设计为 2.5 kHz～3 kHz，有足够的带宽并且只允许标准的语音频率信号通过。滤波器的响应曲线两侧应该是非常陡峭的边沿，这样才能使滤波具有极好的选择性。滤波器的中心频率是固定的，也就是说，滤波器允许通过的信号频率是无法改变的。所以必须选择合适的载波振荡器，使其产生的边带落在滤波器的通带范围内。很多商用的滤波器的中心频率通常被设为 455 kHz、3.35 MHz 或 9 MHz，但也有其他的设定频率值。现代设备中也会使用基于数字信号处理（DSP）技术设计的数字滤波器。

使用滤波法时，需要确定选择保留的是上边带还是下边带。由于两个边带中都包含相同的信息，因此只要在发射机和接收机上使用相同的边带即可，从通信的角度讲，选择哪个具体的边带通常没有本质的区别。不过，上下边带的选取根据服务场景的不同，可能会有不同的选择结果，为了正确地接收 SSB 信号，需要明确所选择的边带。

有两种选择边带的方法。一种方法是，很多发射机包含两个滤波器，其中一个滤波器允许上边带通过，而另一个允许下边带通过，使用电子开关来控制具体选择允许哪一个边带通过，如图 4-31a 所示。另一种方法是提供两个频率不同的载波振荡器。通过两个不同的晶体，改变载波振荡器的频率，促使上边带或下边带出现在滤波器通带中，如图 4-31b 所示。

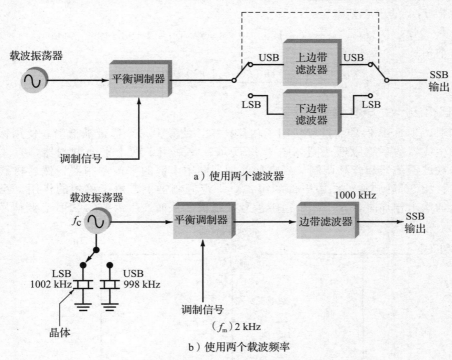

图 4-31 选择上边带或下边带的方法

例如，带通滤波器的滤波频率固定为 1000 kHz，调制信号的频率 f_m 为 2 kHz，平衡调制器产生上下边频。所以必须通过选择载波频率 f_c，使上边频或下边频为 1000 kHz。平衡调制器的输出为 USB$=f_c+f_m$，LSB$=f_c-f_m$。

如果将 USB 设置为 1000 kHz，载波频率必须满足 $f_c+f_m=1000$，即 $f_c+2=1000$，所以 $f_c=1000-2=998$ kHz。如果将 LSB 设置为 1000 kHz，载波频率必须满足 $f_c-f_m=1000$，即 $f_c-2=1000$，所以 $f_c=1000+2=1002$ kHz。

晶体滤波器的成本低，设计相对简单，是目前 SSB 发射机中最常用的滤波器。它们具有较高的 Q 值，为电路提供了极好的选择性。在有些电路设计中还使用了陶瓷滤波器。滤波器中心频率的典型值有 455 kHz 和 10.7 MHz。此外，在现代电路设计中还经常会使用 DSP 数字滤波器。

拓展知识
SSB 的主要应用有业余无线电、民用波段（CB）无线电、军事和海上远程无线电。

例 4-2 如图 4-30 所示使用滤波法的 SSB 发射机，其工作频率是 4.2 MHz，音频信号的频率范围是 300～3400 Hz。

a. 计算上边带和下边带的范围。

上边带计算：

$$\text{频率下限 } f_{LL} = f_c + 300 = 4\,200\,000 + 300 = 4\,200\,300\,(\text{Hz})$$

$$\text{频率上限 } f_{UL} = f_c + 3400 = 4\,200\,000 + 3400 = 4\,203\,400\,(\text{Hz})$$

$$\text{上边带频率范围 USB} = 4\,200\,300\,\text{Hz} \sim 4\,203\,400\,(\text{Hz})$$

下边带计算：

$$\text{频率下限 } f_{LL} = f_c - 300 = 4\,200\,000 - 300 = 4\,199\,700\,(\text{Hz})$$

$$\text{频率上限 } f_{UL} = f_c - 3400 = 4\,200\,000 - 3400 = 4\,196\,600\,(\text{Hz})$$

$$\text{上边带频率范围 LSB} = 4\,196\,000\,\text{Hz} \sim 4\,199\,700\,(\text{Hz})$$

b. 为了选择下边带，带通滤波器的中心频率近似是多少？

下边带 f_{LSB} 的中心频率：

$$f_{LSB} = \sqrt{f_{LL}f_{UL}} = \sqrt{4\,196\,600 \times 4\,199\,700} = 4\,198\,149.7\ (\text{Hz})$$

其近似值为：

$$f_{LSB} = \frac{f_{LL} + f_{UL}}{2} = \frac{4\,196\,600 + 4\,199\,700}{2} = 4\,198\,150\,(\text{Hz})$$

4.5.2 移相法产生 SSB 信号

移相法产生 SSB 信号的过程使用了相移技术，使其中一个边带被抵消。使用移相法的 SSB 信号生成器的系统原理框图如图 4-32 所示。它采用了两个平衡调制器，有效地抑制了载波。载波振荡器和音频调制信号直接施加到图中上部的平衡调制器，然后将载波和调制信号均移相 90°后施加到图中下部的第二个平衡调制器上。由于移相的作用，当两个平衡调制器的输出相加时，其中一个边带信号被抵消，从而产生需要的 SSB 已调信号。

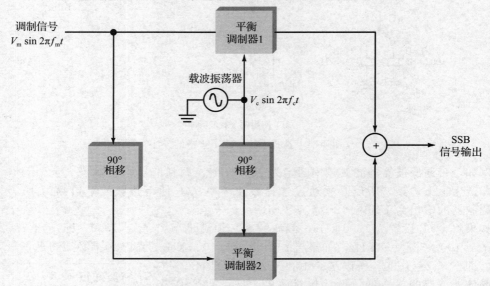

图 4-32　使用移相法的 SSB 信号生成器的系统原理框图

载波信号是 $V_c \sin 2\pi f_c t$，调制信号是 $V_m \sin 2\pi f_m t$，平衡调制器 1 的输出是这两个信号的乘积：$(V_m \sin 2\pi f_m t)(V_c \sin 2\pi f_c t)$。由下面的三角函数公式：

$$\sin A \sin B = 0.5 \times [\cos(A - B) - \cos(A + B)]$$

可以得到

$$V_m \sin(2\pi f_m t) \times V_c \sin(2\pi f_c t) = 0.5 V_m V_c [\cos(2\pi f_c t - 2\pi f_m t) - \cos(2\pi f_c t + 2\pi f_m t)]$$

注意式中的这些频率之和与频率之差，对应的就是上边带信号和下边带信号。

　　还需要注意的是，余弦波只是正弦波经过 90° 相移的结果；也就是说，余弦信号波形与正弦信号波形完全相同，只是它在相位上提前了 90°，即余弦波相位比正弦波超前 90°，正弦波相位比余弦波滞后 90°。

　　图 4-32 中的 90° 移相器产生了载波和调制信号的余弦波，它们在平衡调制器 2 中相乘，产生乘积项 $V_m \cos(2\pi f_m t) \times V_c \cos(2\pi f_c t)$。由另一个三角函数恒等式：

$$\cos A \cos B = 0.5 \times [\cos(A - B) + \cos(A + B)]$$

可以得到

$$V_m \cos(2\pi f_m t) \times V_c \cos(2\pi f_c t) = 0.5 V_m V_c [\cos(2\pi f_c t - 2\pi f_m t) + \cos(2\pi f_c t + 2\pi f_m t)]$$

把之前得到的正弦信号相乘表达式和这个余弦信号相乘的表达式相加，其中和频信号被抵消了，差频信号则是相加的关系，结果只保留了下边带信号 $\cos[(2\pi f_c - 2\pi f_m)t]$。

　　移相法可以用来选择保留上边带或者下边带，这是通过改变音频或载波信号的相移与平衡调制器输入的关系来实现的。例如，将音频信号直接输入图 4-32 中的平衡调制器 2，将经过 90° 相移的音频信号输入平衡调制器 1，就会使输出信号选择保留上边带，而去掉下边带。也可以通过改变载波的相位输入实现上述变化结果。

　　移相调制器输出的是低电平的 SSB 信号，其载波的抑制程度取决于平衡调制器的器件参数的匹配程度和精度，而移相的精度则决定了对需要去掉的边带信号的抑制程度。输出的 SSB 信号在接入发射天线前，需要经过线性射频放大器放大，提高信号功率。

　　由于移相网络本身具有难以实现的严重问题，所以移相法产生 SSB 信号这种方案并不常用。如果要实现良好的载波和边带抑制效果，对移相网络的移相精度要求非常高。另一个难点是设计可以工作在较宽的频率范围内（如 300～3000 Hz 的音频信号），并保持恒定的 90° 相移的移相网络是

拓展知识

当使用滤波法产生 SSB 信号时，可以选择保留上边带或是下边带。上、下边带的选取因实际应用场景而不同，为了正确地接收 SSB 信号，需要明确所选择的边带。

非常困难的。现代的 DSP 技术可以通过使用软件成功实现上述操作过程。移相法可以在超外差通信接收机中找到，对镜像干扰有良好的抑制能力，相关内容详见第 8 章。

4.5.3　DSB 和 SSB 信号解调

　　为了恢复 DSB 或 SSB 信号中的消息信号，必须在接收机中重新插入被抑制的载波信号。例如，假设频率为 3 kHz 的单音信号通过调制频率为 1000 kHz 的载波来发射。SSB 信号取上边带，发射信号频率为 1000 kHz＋3 kHz＝1003 kHz。在接收机处，用 SSB 信号（USB 频率为 1003 kHz）与 1000 kHz 的载波相乘，这与调制的过程相同。如图 4-33a 所示，通过使用平衡调制器，1000 kHz 的载波被抑制，但是会产生频率的和频、差频信号。这里的平衡调制器被称为乘积检波器，因为它是用来恢复原始调制信号的，而不是用来产生传输的已调射频信号。其中产生的和频、差频值分别为：

和频频率：1003＋1000＝2003（kHz）

差频频率：1003－1000＝3（kHz）

　　与原始的消息信号或调制信号不同的是，这里的和频，即频率等于 2003 kHz 的信号不重要，对于接收机来说它没有什么意义。由于平衡调制器输出的两个频率值相差非常大，所以其中频率较高的非期望信号很容易用截止频率为 3 kHz 的低通滤波器滤除，其他非期望信号也同样可以被抑制掉。

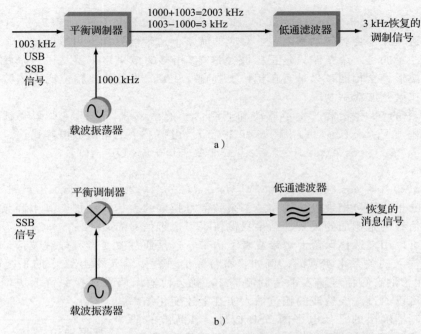

图 4-33　平衡调制器用作乘积检波器来解调 SSB 信号的电路原理框图

平衡调制器也可以用作乘积检波器来解调 SSB 信号。多年来，人们已经研发出了很多种专用的乘积检波器电路。环形调制器或像 1496 这一类集成电路就是很好的乘积检波器。只需要在其输出端上连接一个低通滤波器，就可以在保留所需的差频信号的同时，滤除其他非期望的高频信号。图 4-33b 所示为一种被广泛接受的表示平衡调制器电路的原理示意图，注意图中对平衡调制器和低通滤波器使用的专用表示符号。

思考题

1. 振幅调制器执行什么数学运算？
2. 用于振幅调制的器件必须有怎样的输入输出响应曲线？
3. 描述振幅调制电路产生 AM 信号的两种基本方法。
4. 什么类型的半导体器件有近乎理想的平方律响应？
5. 在低电平二极管调制器的输出端会出现哪四种信号和频率值？
6. 哪种类型的二极管构成的 AM 检波器性能最好（最灵敏）？
7. 为什么模拟乘法器可以作为性能良好的 AM 调制器使用？
8. 为了提高低电平 AM 信号的功率，必须使用什么类型的放大器？
9. 差分放大器用作调制器是如何工作的？
10. 在高电平 AM 发射机中，调制器连接在发射机的哪一级？

11. 解调 AM 信号的最简单且最常用的技术叫什么？
12. 二极管检波器电路中，最重要的元件参数是什么？为什么？
13. 同步检波器的基本元件是什么？这个元件受什么控制？
14. 平衡调制器产生什么信号？消除什么信号？
15. 什么类型的平衡调制器电路需要使用变压器和二极管？
16. 在滤波法实现的 SSB 生成器电路中，最常用的滤波器是什么类型？
17. 为什么通过移相法实现的 SSB 生成器没有得到广泛应用？
18. 哪种类型的平衡调制器会产生最佳的载波抑制效果？
19. 用于解调 SSB 信号的电路名称是什么？
20. 除了待解调的信号外，SSB 解调器中还必须有什么信号？

习题

1. 集电极调制发射机的直流电源电压是 48 V，集电极平均电流是 600 mA，那么发射机的输入功率是多少？为了达到 100％调制度，需要调制信号的功率是多少？◆

2. 某 SSB 生成器，载波频率为 9 MHz，用于传输频率范围为 300～3300 Hz 的音频信号，使用下边带传输。计算获得下边带所需的带通滤波器的中心频率？

3. 1496 集成电路平衡调制器，其输入的载波幅度为 200 mV，能达到的载波抑制比为 60 dB，在输出端的载波电压是多少？◆

标有 "◆" 标号的习题答案，见书末 "部分习题参考答案"。

深度思考题

1. 说明与其他类型的调幅解调器相比，同步检波器的优缺点。

2. 平衡调制器是否能作为同步检波器使用？说明原因。

3. 用 400 Hz 的正弦音频信号去调制频率为 5 MHz 的载波，产生 SSB 已调信号。在接收机处解调时重新插入恢复的载波，但是恢复出的载波频率是 5.000 15 MHz，而不是精确的 5 MHz。这将对恢复的信号产生什么影响？当恢复的载波和原始载波不完全一致时，音频信号会受到什么影响？

第 5 章

频率调制的基本原理

  调制可以通过改变正弦波载波信号的振幅、频率或相移来实现。载波时域波形的基本表达式为：

$$v = V_c \sin(2\pi f t \pm \theta)$$

式中，V_c 为峰值幅度，f 为频率，θ 为相角。

  频率调制（FM）是通过改变载波的频率来传输消息信号的调制方式。用调制信号的电压改变载波的相移被称为相位调制（PM），通过改变载波的相移也可以实现 FM。FM 和 PM 被统称为角度调制。由于 FM 在性能上通常优于振幅调制（AM），因此在通信电子领域得到了广泛应用。

内容提要

学完本章，你将能够：

- 频率调制和相位调制的比较分析。
- 给定最大频偏量和最大调制频率来计算调频指数，并使用调频指数和贝塞尔系数确定 FM 信号中有效的边带数量。
- 采用两种方法计算 FM 信号的带宽，并解释这两种方法的区别。
- 解释如何使用预加重技术解决高频分量的噪声干扰问题。
- 列出 FM 与 AM 相比的优点和缺点。
- 阐述为什么 FM 具有出色的抗噪声能力。
- 解释 FSK 信号的形式，并说明 FSK 已调信号占用带宽偏大的原因。
- 列举三种常见的 FM 应用。

5.1 频率调制的概念

  频率调制（FM）的已调信号的特点是：载波振幅保持不变，载波频率受调制信号（或原始消息信号）电压调制。即载波频率随着消息信号幅度的变化而成比例地变化。若调制信号幅度增加，FM 信号的载波频率增加；调制信号幅度减小，FM 信号的载波频率也随之减小。当然也可以采用反向频率变化的方式，即载波频率在高于中心频率下随着调制信号幅度的减小而增大，在低于中心频率下随着调制信号幅度的增大而减小。随着调制信号幅度的变化，载波频率在正常中心频率（也就是调制信号幅度为 0 时的静止频率）的上下变化。调制信号产生的载波频率变化量被称为频偏 f_d，FM 信号的最大频偏出现在调制信号的最大振幅处。

5.1.1 模拟信号调频

  调制信号的频率决定了频偏的变化速率，即载波频率在单位时间内向上和向下偏离其中心频率的次数。例如，如果调制信号是频率为 500 Hz 的正弦波，那么载波的频率每秒会在中心频率上下变化 500 次。

<table>
<tr><td>

拓展知识

调制信号的频率决定了频偏变化率，即载波频率每秒偏离中心频率的次数。

</td></tr>
</table>

  如图 5-1c 所示为 FM 信号的时域波形。通常载波应该是正弦波，但为了简化说明，这里将正弦波绘制成了如图 5-1a 所示的三角波。在没有调制信号进行调制的情况下，载波信号是频率等于其正常的静止频率值，振幅恒定的正弦波。

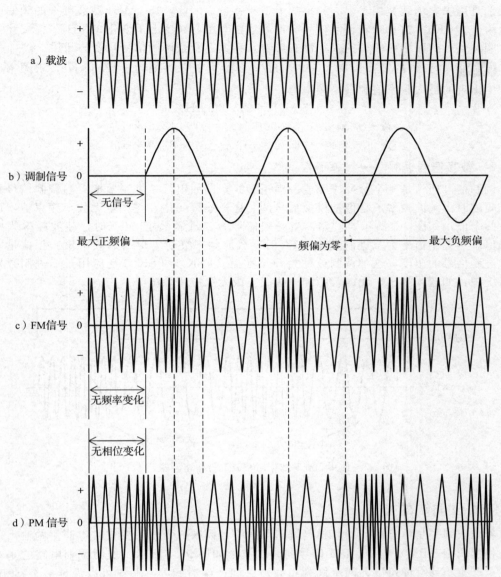

图 5-1　FM 和 PM 信号的时域波形。为简单起见，载波被绘制为三角波，但实际上它是正弦波

　　调制消息信号的时域波形如图 5-1b 所示，在这里它是低频正弦波信号。当调制信号正弦波电压变为正值时，载波频率随调制信号电压成比例地增加。最高频率出现在调制信号的振幅峰值处。随着调制信号幅度的减小，载波频率也随之下降。当调制信号幅度为零时，载波频率等于其中心频率。

　　当调制信号电压变为负值时，载波频率会随之变小，并一直减小到最小频率值，对应于调制信号正弦波的负峰值。然后随着调制信号幅值回升，载波频率也再次变大。上述过程对应的波形如图 5-1c 所示，其中高频正弦载波似乎在横向的时间轴先是被调制信号压缩，然后再被展开。

　　假设载波频率为 150 MHz。如果调制信号的峰值幅度导致载波信号的最大频偏为 30 kHz，那么可以得到载波经过调制后频率偏离的最大值和最小值分别为 150.03 MHz 和 149.97 MHz。总频偏为 150.03 MHz−149.97 MHz＝0.06 MHz＝60 kHz。然而，实际中的频偏是用来表示载波相对中心频率的上下频移量。因此，150 MHz 载波频率的频偏应该表示为±30 kHz。这意味着调制信号会使载波在其中心频率上下变化 30 kHz。需要注意的是，调制信号的频率对频偏的大小没有影响，频偏完全是调制信号幅度的函数。

例 5-1　发射机的工作频率为 915 MHz，其最大 FM 频偏为±12.5 kHz，求频率调制过程中出现的最大频率值和最小频率值。

$$915 \text{ MHz} = 915\,000 \text{ kHz}$$
$$最大频率值 = 915\,000 + 12.5 = 915\,012.5\,(\text{kHz})$$
$$最小频率值 = 915\,000 - 12.5 = 914\,987.5\,(\text{kHz}) \qquad \blacktriangleleft$$

5.1.2　数字信号调频——频移键控

调制信号通常是一个脉冲序列或一串矩形波，例如串行二进制数据。当调制信号只有两个幅度时，载波频率不会像被模拟信号调制那样连续变化，并产生无数个频率值，而是只有两个值，如图 5-2 所示。例如，当调制信号为二进制数字 "0" 时，载波频率为中心频率值。当调制信号为二进制数字 "1" 时，载波频率突变为更高的频率值。频偏量取决于二进制信号的幅度，这种调制被称为频移键控（FSK），FSK 广泛应用于二进制数据发射系统中，如蓝牙耳机、无线音箱和一些工业级无线应用系统等。

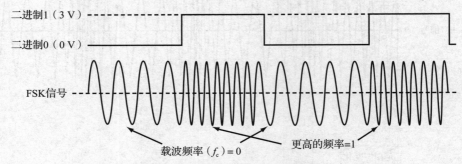

图 5-2　使用二进制数据对载波进行频率调制产生 FSK

5.2　相位调制的概念

若载波频率是恒定的，当其相移量随调制信号幅度的变化而变化时，产生的输出信号就是相位调制（PM）信号。PM 信号的时域波形如图 5-1d 所示。所谓调相电路的基本功能就是产生相移，即可以在两个同频正弦波之间产生时间差。假设可以设计一个移相器，能够实现正弦波的相移量随调制信号幅度的变化而变化，调制信号的幅度越大，输出信号的相移越大。或者说，调制信号的幅度为正值，输出信号的相位滞后；反之，若调制信号的幅度为负值，则输出信号的相位超前。

如果将恒定振幅和频率的载波正弦波施加到移相器上，载波的相移随消息信号幅度的变化而变化，此时移相器的输出信号就是 PM 波。当调制信号变为正值时，相位滞后量以及载波输出的延迟会随着调制信号幅度的增加而变大。输出信号的波形与载波频率恒定信号被拉长或频率变小时的波形相同。当调制信号由正变负时，相移变为超前，此时正弦载波相当于被加速传输，或在时间上被压缩了，结果与载波频率变大时的效果相同。

需要注意的是，正是调制信号的动态变化才会导致移相器输出信号的频率发生变化，即相位变化就等同于产生了 FM 信号。为了更好地理解这一点，观察图 5-3a 所示的调制信号，它是三角波信号时域波形的正负峰值以固定幅度被削波的结果。在 t_0 时间段，信号幅度为零，此时载波频率等于其中心频率。

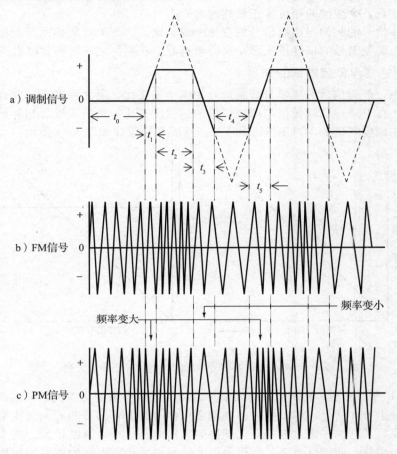

图 5-3 只有当调制信号幅度变化时，调相（PM）信号才会发生频率变化

将此调制信号施加到频率调制器会产生如图 5-3b 所示的 FM 信号。在幅度上升的 t_1 时间段内，载波频率在变大。在正极性振幅恒定的 t_2 时间段内，FM 输出频率不变。在幅度减小并变为负值的 t_3 时间段内，载波频率在变小。在负极性振幅恒定的 t_4 时间段内，载波频率也保持恒定，只是频率值变小了。在 t_5 时间段，载波频率又逐渐变大。

现在，观察图 5-3c 中的 PM 信号。在幅度变化的 t_1、t_3 和 t_5 这三个时间段内，信号频率会发生变化。然而在恒定幅度的正负峰值期间，信号频率保持不变。相位调制器的输出只是移相后的载波频率。这清楚地表明了，将调制信号

> **拓展知识**
>
> 当调制信号幅度出现最快的变化时，相位调制也同时会产生的最大频偏。如果调制信号是正弦波，则变化快慢的时间指的就是调制信号波形的正负极性变化的时间。

施加到相位调制器上后，输出信号的频率变化仅发生在调制信号幅度变化的时间段内。

相位调制器的最大频偏发生在调制信号变化速率最大的时刻。对于正弦波调制信号，当调制信号的波形由正变为负或由负变为正时，对应的调制信号的变化率最大。如图 5-3c 所示，调制电压的最大变化率恰好出现在过零点处。需要强调的是，在 FM 波中则恰好相反，最大频偏出现在调制信号电压的正负峰值处。因此，虽然相位调制器也确实会产生 FM 信号，但最大频偏时刻对应的调制信号的幅度位置是不同的。

在 PM 中，载波的频偏与调制信号的变化率成正比，所谓变化率就是信号幅度对时间

求导的结果。如果调制信号是正弦波，PM 调制就相当于用余弦波作为调制信号进行频率调制。需要注意，余弦波的相位比正弦波超前 90°。

由于 PM 信号的频偏与调制信号的变化率成正比，因此 PM 频偏既与调制信号的频率成正比，又与调制信号的幅度成正比，这种影响需要在调制之前对调制信号进行补偿。

5.2.1 调制信号与载波频偏的关系

在 FM 中，已调信号的频偏与调制信号的幅度成正比。最大频偏出现在调制信号振幅正负峰值处。在 PM 中，频偏也与调制信号的幅度成正比，超前或滞后相移的最大值出现在调制信号的幅度峰值处。对于 FM 和 PM，这种变化规律如图 5-4a 所示。

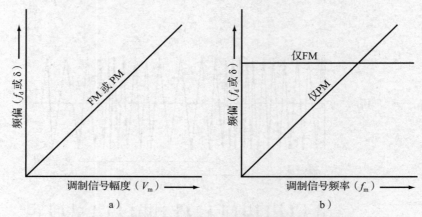

图 5-4 频偏是调制信号幅度和调制信号频率的函数

从图 5-4b 可以看出，FM 信号的频偏与调制信号的频率变化无关，只与调制信号的幅度有关。而对于 PM 信号，调制信号的频率变化会引起 PM 信号的频偏发生变化。调制信号的频率越高，其周期越短，电压变化越快时，PM 信号的频偏也越大。更大的调制电压会导致更大的相移，而这反过来又会产生更大的频偏。然而更高的调制频率则会产生更大的调制电压变化率，从而 PM 信号产生更大的频偏。所以，对于 PM 来说，载波频偏与调制信号频率（即调制信号电压的斜率）和幅度成正比；而对于 FM，频偏仅与调制信号的幅度成正比，与调制信号的频率无关。

5.2.2 用 PM 实现 FM

为了使 PM 与 FM 兼容，需要对由调制信号的频率变化所产生的频偏进行补偿。可以用低通 RC 网络对消息信号进行滤波来实现补偿，如图 5-5 所示。该低通滤波器被称为频率校正网络、预失真器或 $1/f$ 滤波器，可以衰减掉调制信号中频率较高的分量。虽然较高的调制信号频率会产生较大的幅度变化率，并在已调信号中产生较大的频偏，但可以通过减小调制信号的幅度来抵消，调制信号的幅度变小，产生的相移就会变小，从而降低了频偏。预失真器可以补偿由较高的调制信号频率产生的过大频偏，从而实现与 FM 调制完全相同的已调信号输出。由相位调制器实现 FM 的方法被称为间接调频法。

5.2.3 相移键控

PM 的调制信号不仅可以是模拟信号，也可以是二进制数字信号，如图 5-6 所示。当二进制数字调制信号为电压 0V，即二进制数字“0”时，PM 已调信号就是载波；如果调制信号中出现二进制数字“1”的电压电平，作为调制器的移相器只会改变载波的相位，载波频率不变。在图 5-6 中，产生的相移为 180°。每当调制信号在数字“0”和“1”之间变化时，都会有 180°相移。虽然 PM 已调信号的频率仍然等于载波频率，但相对于未被调制的原始载波信号，其相位已经发生了变化。

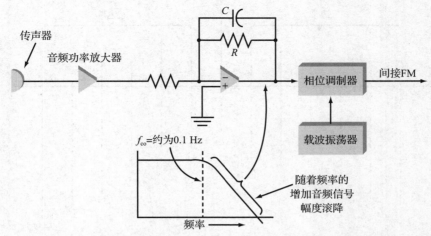

图 5-5 使用低通滤波器来降低音频调制信号幅度随频率变化的程度

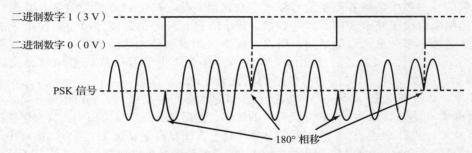

图 5-6 通过二进制数据对载波进行相位调制产生 PSK 信号

使用二进制数据信号对载波进行相位调制的过程称为相移键控（PSK）或二进制相移键控（BPSK）。图 5-6 所示的 PSK 信号使用的参考相移为 180°，当然也可以使用其他相移值，如 45°、90°、135°或 225°。需要强调的是，PSK 已调信号的频率是恒定的，当二进制调制信号出现时，参考信号的相位会发生变化。对 PSK 进行改进，可以得到正交振幅调制（QAM），它是 ASK 和 PSK 两种数字调制方式相结合的结果，具体原理详见后续章节。

5.3 调频指数和边带

在各种调制过程中都会产生边带信号分量。用单频正弦波去调制载波幅度，会产生两个边频分量。边频是载波和调制频率的频率之和与频率之差。与 AM 相同，在 FM 和 PM 中不仅会产生上边频和下边频，还会产生大量的上下边频对。因此，FM 或 PM 信号的频谱通常比等效的 AM 信号的频谱要宽得多。也有一种特殊的窄带 FM 信号生成方式，其已调信号带宽仅比 AM 信号带宽略大一点。

图 5-7 所示为典型的 FM 已调信号的频谱分布情况，其中调制信号是单频正弦波。从图中可以观察到，边频与载波 f_c 的间隔以及各边频彼此之间的间隔等于调制信号频率 f_m。如果 f_m 为 1 kHz，则第一对边带在载波上方和下方各 1000 Hz 的位置上。以此类推，第二对边带在载波上方和下方分别为 2×1000 Hz＝2000 Hz＝2 kHz 处。另外还需要注意，边带的幅度也会发生变化。如果设边带分量都是正弦波，其频率和振幅分布如图 5-7 所示，并且将所有正弦波相加，即可得到 FM 信号。

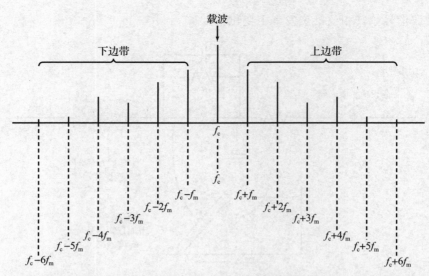

图 5-7　FM 信号的频谱。注意图中的载波和边带幅度值只是示例，实际的幅度取决于调频指数 m_f

调频信号的频偏会随着调制信号幅度的变化而变化，产生的边频带数量及其振幅和彼此之间的间隔取决于频偏和调制信号频率，而 FM 已调信号的振幅是恒定的。由于 FM 信号是各个边带频率分量总和的结果，所以，如果边频带信号的总和是产生幅度恒定但频率变化的 FM 信号，那么边带信号的幅度必须随频偏和调制信号频率的变化而变化。

> **拓展知识**
>
> 在 FM 中，只有振幅最大的边带分量在承载信息方面是有效的。占总功率不到 2% 的边带分量对消息的可懂度几乎没有贡献。

理论上，FM 过程会产生无数个上下边频带分量，因此会产生无限大的带宽。然而在实际工程应用中，只有那些振幅最大的边带在携带信息方面具有重要意义。通常，振幅小于未调制载波振幅 1% 的边带分量是可以忽略的。因此 FM 很容易通过有限带宽的电路或通信信道进行传输。尽管如此，FM 信号的带宽通常仍比传输相同调制信号的 AM 信号的带宽大得多。

5.3.1　调频指数

频偏与调制信号频率之比称为调频指数 m_f：

$$m_f = \frac{f_d}{f_m}$$

式中，f_d 是频偏，f_m 是调制信号的频率。有时用小写希腊字母 δ 代替 f_d 来表示频偏，即 $m_f = \delta / f_m$。例如，如果载波的最大频偏为 $\pm 12\,\text{kHz}$，最大调制频率为 $2.5\,\text{kHz}$，则调频指数为 $m_f = 12/2.5 = 4.8$。

FM 通信系统通常都限定了频偏和调制频率的最大值。例如，在标准 FM 广播中，最大允许频偏为 $75\,\text{kHz}$，最大允许调制信号频率为 $15\,\text{kHz}$，产生调频指数 $m_f = 75/15 = 5$。

当使用最大允许频偏和最大调制频率计算调频指数时，m_f 称为频偏率。

例 5-2　如果最大频偏为 $25\,\text{kHz}$，最大调制频率为 $15\,\text{kHz}$，频偏率是多少？

$$m_f = \frac{f_d}{f_m} = \frac{25}{15} = 1.667$$

5.3.2　贝塞尔函数

给定调频指数，可以通过求解 FM 信号的基本表达式来确定有效边带的数量和幅度。FM 信号的方程是 $v_{FM} = V_c \sin[2\pi f_c t + m_f \sin(2\pi f_m t)]$，其中，$v_{FM}$ 是 FM 信号的瞬时值，m_f 是调频指数，括号内系数为 m_f 的项是载波的相位角，其推导不在本书的内容范围。需要注意，此方程式通过正弦波调制信号来表示相位角。该方程式需用贝塞尔函数这个复杂的数学工具进行求解，省略具体求解过程，直接给出结果如下：

$$\upsilon_{FM}=V_c\{J_0(\sin\omega_c t)+J_1[(\sin(\omega_c+\omega_m)t-\sin(\omega_c-\omega_m)t)]+$$
$$J_2[(\sin(\omega_c+2\omega_m)t+\sin(\omega_c-2\omega_m)t)]+$$
$$J_3[(\sin(\omega_c+3\omega_m)t-\sin(\omega_c-3\omega_m)t)]+$$
$$J_4[(\sin(\omega_c+4\omega_m)t+\sin(\omega_c-4\omega_m)t)]+$$
$$J_5[(\sin\cdots]+\cdots\}$$

式中，$\omega_c=2\pi f_c$ 为载波频率，$\omega_m=2\pi f_m$ 为调制信号频率，V_c 为未调制载波的峰值。

　　FM 波可以表示为不同频率和幅度正弦波的合成，所以将它们相加就可以得到 FM 时域信号。第一项是载波，其幅度由系数 J_n 给出，在上式中为 J_0。下一项表示第一对上下边频带，等于载波和调制信号频率的和与差，其幅度为 J_1。再下一项是另一对边频带，其频率分别等于载波频率加、减 2 倍的调制信号频率。其他项表示彼此间隔等于调制信号频率若干倍的两侧边带频率分量。

　　边带的幅度由系数 J_n 决定，而 J_n 又由调频指数决定。这些幅度系数可以通过下式计算：

$$J_n(m_f)=\left(\frac{m_f}{2^n n!}\right)^n\left[1-\frac{(m_f)^2}{2\times(2n+2)}+\frac{(m_f)^4}{2\times4(2n+2)(2n+4)}-\frac{(m_f)^6}{2\times4\times6(2n+2)(2n+4)(2n+6)}+\cdots\right]$$

式中，! 表示阶乘运算，n 为边频带数量（1、2、3 等），$n=0$ 表示的是载波分量，$m_f=\dfrac{f_d}{f_m}$ 为频偏率。

　　在实际应用中，通常不必记住或计算这些系数，通过查相关的表格就可以得到这些系数值。图 5-8 给出了部分调频指数对应的贝塞尔系数。最左侧的一列给出了调频指数 m_f，其余列表示载波和各个边频对的相对幅度。相对载波幅度小于 1‰（0.01）的边带可忽略不计。注意某些具有负号的载波和边带幅度，这意味着由该幅度表示的信号只是在相位上变化了 180°（反相）。

拓展知识

符号 "!" 表示阶乘运算。就是将 1 到符号 "!" 所附数字之间的所有整数相乘。例如，5! 表示 $1\times2\times3\times4\times5=120$。

调频指数	载波	边带（成对）															
		第一	第二	第三	第四	第五	第六	第七	第八	第九	第十	第十一	第十二	第十三	第十四	第十五	第十六
0.00	1.00	—	—	—	—	—	—	—	—	—	—	—	—	—	—	—	—
0.25	0.98	0.12	—	—	—	—	—	—	—	—	—	—	—	—	—	—	—
0.5	0.94	0.24	0.03	—	—	—	—	—	—	—	—	—	—	—	—	—	—
1.0	0.77	0.44	0.11	0.02	—	—	—	—	—	—	—	—	—	—	—	—	—
1.5	0.51	0.56	0.23	0.06	0.01	—	—	—	—	—	—	—	—	—	—	—	—
2.0	0.22	0.58	0.35	0.13	0.03	—	—	—	—	—	—	—	—	—	—	—	—
2.5	−0.05	0.50	0.45	0.22	0.07	0.02	—	—	—	—	—	—	—	—	—	—	—
3.0	−0.26	0.34	0.49	0.31	0.13	0.04	0.01	—	—	—	—	—	—	—	—	—	—
4.0	−0.40	−0.07	0.36	0.43	0.28	0.13	0.05	0.02	—	—	—	—	—	—	—	—	—
5.0	−0.18	−0.33	0.05	0.36	0.39	0.26	0.13	0.05	0.02	—	—	—	—	—	—	—	—
6.0	0.15	−0.28	−0.24	0.11	0.36	0.36	0.25	0.13	0.06	0.02	—	—	—	—	—	—	—
7.0	0.30	0.00	−0.30	−0.17	0.16	0.35	0.34	0.23	0.13	0.06	0.02	—	—	—	—	—	—
8.0	0.17	0.23	−0.11	−0.29	−0.10	0.19	0.34	0.32	0.22	0.13	0.06	0.03	—	—	—	—	—
9.0	−0.09	0.24	0.14	−0.18	−0.27	−0.06	0.20	0.33	0.30	0.21	0.12	0.06	0.03	0.01	—	—	—
10.0	−0.25	0.04	0.25	0.06	−0.22	−0.23	−0.01	0.22	0.31	0.29	0.20	0.12	0.06	0.03	0.01	—	—
12.0	−0.05	−0.22	−0.08	0.19	0.18	−0.07	−0.24	−0.17	0.05	0.23	0.30	0.27	0.20	0.12	0.07	0.03	0.01
15.0	−0.01	0.21	0.04	0.19	−0.12	0.13	0.21	0.03	−0.17	−0.22	−0.09	0.10	0.24	0.28	0.25	0.18	0.12

图 5-8　基于贝塞尔函数的不同调频指数 FM 信号的载波和边带幅度

图 5-9 所示的是根据图 5-8 中的数据绘制的曲线。载波和边带的幅度与极性都绘制在纵轴上；调频指数绘制在横轴上。如图所示，载波幅度 J_0 随调频指数的变化而变化。在 FM 中，频域中的载波幅度和边带幅度随着调制信号频率和频偏的变化而变化；而在 AM 中，频域中的载波幅度是始终保持不变的。

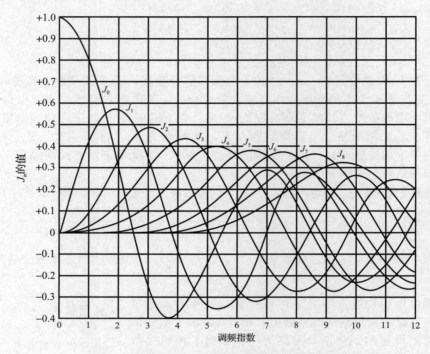

图 5-9   根据图 5-8 数据绘制的贝塞尔函数曲线

需要注意观察图 5-8 和图 5-9 中的几个点，在调频指数约为 2.4、5.5 和 8.7 时，表示载波相对幅度的 J_0 值降为零。这说明在这些点上，所有信号的功率都完全分布在整个边带上。从图 5-9 还可以看到，边带在调频指数的某些值处也等于零。

例 5-3 可用于实现调频指数为 2.2 和频偏为 7.48 kHz 的最大调制频率是多少？

$$f_m = \frac{f_d}{m_f} = \frac{7480}{2.2} = 3400 (\text{Hz}) = 3.4 (\text{kHz}) \qquad \blacktriangleleft$$

如图 5-10 所示为具有不同调频指数的 FM 信号频谱图的示例。将这个图的数据与图 5-8 中的数据进行比较，可以看出，图 5-10a 中未调制载波的相对幅度为 1.0，也就是说，在未调制的情况下，所有功率都集中在载波中。调制后，载波幅度减小，而各边带的幅度增大。

在图 5-10d 中，调频指数为 0.25。这是 FM 的一种特例，其调制过程就像 AM 产生的边带一样，仅产生一对有效的边带。调频指数为 0.25 时，FM 信号占用的带宽与 AM 信号的带宽相近，这种 FM 称为窄带 FM，或 NBFM。NBFM 的定义是：调频指数小于 $\pi/2 = 1.57$ 即 $m_f < \pi/2$ 的 FM 系统。然而，对于只有一对边带的真正的 NBFM 来说，m_f 必须远小于 $\pi/2$。通常情况下，真正的 NBFM 中的 m_f 值约为 0.2～0.25。常见的采用 FM 方式的无线对讲机系统所使用的最大频偏为 5 kHz，最大语音频率为 3 kHz，调频指数为 $m_f = 5\,\text{kHz}/3\,\text{kHz} = 1.667$。尽管这些系统并不符合 NBFM 的标准定义，但通常也仍然将其视为窄带调频系统。

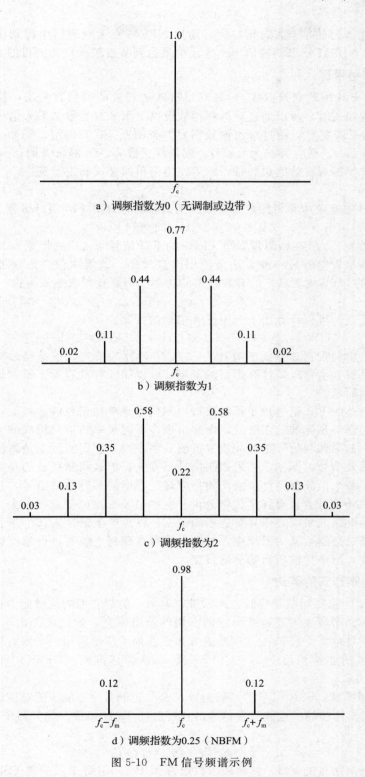

a）调频指数为0（无调制或边带）

b）调频指数为1

c）调频指数为2

d）调频指数为0.25（NBFM）

图 5-10 FM 信号频谱示例

例 5-4 根据图 5-8 和图 5-9，列出调频指数为 4 的 FM 信号的载波和前四个边带的幅度。$J_0 = -0.4$；$J_1 = -0.07$；$J_2 = 0.36$；$J_3 = 0.43$；$J_4 = 0.28$。◀

NBFM 的主要目的是节省频谱空间，所以 NBFM 在无线通信中得到了广泛应用。但是，需要注意，NBFM 是以牺牲信噪比为代价来达到节省频谱资源的目的。

5.3.3　调频信号带宽

如前所述，FM 中的调频指数 m_f 越高，有效边频带的数量就越多，信号的带宽也越宽。当需要节省频谱时，可以通过对调频指数设置上限来有意限制 FM 信号的带宽。

FM 信号的总带宽可以通过求出调频指数并查阅图 5-8 来确定。例如，假设信号的最高调制频率为 3 kHz，最大频偏为 6 kHz，则调频指数 $m_f=6\,kHz/3\,kHz=2$。参考图 5-8，可以查到它能产生四对有效的边频带，然后使用简单的公式确定带宽：

$$BW = 2f_m N$$

式中，N 是信号中有效边频带的数量。根据上式，可以计算 FM 信号带宽为：

$$BW = 2 \times 3\,kHz \times 4 = 24\,kHz$$

所以，调频指数为 2，最高调制频率为 3 kHz 的 FM 信号所占用的带宽为 24 kHz。

确定 FM 信号带宽的另一种方法是使用卡森规则。该规则仅考虑幅度大于载波幅度 2%（图 5-8 中的 0.02 或更高）的有效边带的功率。卡森规则表达式为：

$$BW = 2\left[f_{d(max)} + f_{m(max)}\right]$$

根据卡森规则，可以计算出上例中 FM 信号的带宽为：

$$BW = 2 \times (6\,kHz + 3\,kHz) = 2 \times 9\,kHz = 18\,kHz$$

卡森规则给出的带宽总是低于用 $BW=2f_m N$ 计算的带宽，但是经过实践证明，如果电路或系统满足根据卡森规则计算得到的带宽，可以保证有效边带正常通过，信号也不会出现严重的失真问题。

目前为止上述的 FM 信号例子都是假设调制信号是单频正弦波。然而，实际工程中的调制信号基本上都不是标准的正弦波，而是由很多不同频率的信号组成的复杂信号。由傅里叶理论可知，如果调制信号是脉冲或二进制数字序列，它们实际上是基波正弦波加上各次谐波组成的等效信号。例如，如果调制信号是方波，那么调制载波的是基波正弦波和所有的奇次谐波。每个谐波都会产生由调频指数确定幅度的多对边频信号，且由方波或矩形波调频产生的 FM 信号会含有许多边带分量，它的信号带宽也会变得很大。承载、处理或传输此类信号的电路或系统必须具有适当的带宽，以免产生信号失真。在大多数使用 FSK 方式传输数字或二进制数据的系统中，二进制信号在调制之前要进行滤波处理，以去除信号中的高次谐波，减小传输所需的信道带宽。

5.3.4　FSK 调制方式的改进

FM 和 FSK 的主要问题是它们占用的带宽偏大，但是它们的抗噪能力很强，所以人们已经做了很多工作来最大限度地减少它们占用的信道带宽，如已经提出了各种 FSK 的改进方案来降低信号带宽。FSK 的这些改进方案已获得了广泛应用。下面对这些方案进行简单讨论，具体包括连续相位 FSK（CPFSK）、高斯频移键控（GFSK）和最小频移键控（MSK）。

FSK 的调频指数。 FSK 信号的调频指数 h 是二进制数字 0 和 1 所对应的两个频率之间的频偏 Δf 以及要传输的二进制基带信号的比特时间 T_b 的函数。如果两个 FSK 频率为 f_0 和 f_1，则：

$$h = \Delta f T_b = (f_0 - f_1)T_b$$

对于非二进制信号的 FM，其调频指数通常大于 1。但对于二进制 FSK，其调频指数可以小于 1。当 $h < 1$ 时，已调制的信号占用的带宽可以达到最小。其中 MSK 方式的典型 h 值为 0.5。

连续相位 FSK（CPFSK）。 当二进制数据信号将载波信号从一个频率切换到另一个频率时，一般不关心切换动作的具体时刻。也就是说，如果其中一个频率的正弦波载波结束，而另一个正弦波载波信号恰好在相同的过零时刻开始时，正弦载波可以做到从一个频率平滑过渡到另一个频率上。相反，如果载波信号切换是随机的，结果是二进制数字调制 FSK 信号出现载波幅度不连续的情况，会产生更多的谐波和高频边带分量，从而会增大 FSK 信号的带宽。

解决该问题的方案之一是，恰当选择两个 FSK 载波的频率和二进制比特率，便于两个频率的信号在相同的过零点进行切换。如果二进制数据信号在"0""1"之间进行切换时，两个不同频率的 FSK 信号可以从当前的信号周期平滑过渡到下一个周期，不会产生相移，那么这就是连续相位 FSK 调制。这种调制可以消除普通的 FSK 调制方式在载波切换过程中出现的前后信号幅度不连续问题，实现整体上变窄带宽的信号。

高斯频移键控（GFSK）。最小化 FSK 信号带宽的另一种可靠方案是对二进制数据信号进行滤波，以减少其谐波含量，其中的最优方式是使用高斯滤波器。该滤波器通过有效地延长数字脉冲的上升和下降时间，平滑脉冲的边沿，使它不再陡峭，从而滤除或抑制谐波含量，减少边带数量，产生的 GFSK 信号占用带宽更小。这种调制方式频谱效率非常高，已经被多种无线通信标准所采纳。例如蓝牙和 Z-Wave 通信标准，这两种技术都是广泛用于家庭和工业中的短距离、低数据传输速率无线通信系统。

最小频移键控（MSK）。MSK 是 CPFSK 方式的特例。在 MSK 中，调制指数 $h=0.5$。

$$h=(f_0-f_1)T_b$$

两个 FSK 频率分别定义为二进制数字"1"对应 f_1，二进制数字"0"对应 f_0。它们的差值 (f_0-f_1) 应为二进制数据传输速率的一半，如 MSK 及其调频指数 $h=0.5$ 所定义的。

假设数据速率为 1500 bit/s，则有：

$$T_b=1/1500=0.000\ 666\ 67\ \text{s}$$
$$h=(f_0-f_1)T_b$$
$$0.5=(f_0-f_1)\times0.000\ 666\ 67$$
$$(f_0-f_1)=0.5/0.000\ 666\ 67=750(\text{Hz})$$
$$(f_0-f_1)=750\ \text{Hz}$$

如果 $f_1=1500$，则：

$$f_0-1500=750$$
$$f_0=750+1500=2250(\text{Hz})$$
$$f_0=2250\ \text{Hz}$$

MSK 的主要优点是它继承了 FM 的优点，同时已调信号的带宽也很小。MSK 的边带数量显著减少，所以频谱效率很高。如果全部使用 MSK 调制，那么同样的频谱空间可以传输更多的信息。此外，MSK 是相干的调制方式，即在不同频率间的载波切换发生在幅度过零点处，没有不连续。这也是能实现信号带宽最小化的根本原因。最后，MSK 具有恒定包络，也就是说其已调信号的振幅是恒定的。所以可以使用效率更高的丙类、丁类或戊类功率放大器。在 MSK 方案中还可以使用高斯滤波器对原始二进制信号脉冲进行平滑，进一步减少边带数量，进一步减小带宽，该方案称为 GMSK。

4FSK。如前所述，标准 FSK 使用了 2 个频率，所以既可以称为普通 FSK，也可以称为 2FSK。而 4FSK，顾名思义，就是使用了 4 个离散频率的频移键控调制技术。每个频率值代表调制二进制基带数据信号的两个比特。对于 4 个符号或频率，在给定带宽内传输的数据速率是加倍的。在一些双向移动无线电标准中，采用 4FSK 调制方式在窄信道（带宽为 12.5 kHz）中传输数据和压缩的语音信号。

例 5-5 FM 信号的频偏为 30 kHz，最大调制频率为 5 kHz，a. 根据图 5-8 确定最大带宽；b. 根据卡森规则确定最大带宽。

a. $m_f = \dfrac{f_d}{f_m} = \dfrac{30\ \text{kHz}}{5\ \text{kHz}} = 6$

通过查图 5-8 可知，$m_f = 6$ 对应的有 9 个有效边带，间隔为 5 kHz。

$$BW = 2f_m N = 2 \times 5\ \text{kHz} \times 9 = 90\ \text{kHz}$$

b. $BW = 2 \times [f_{d(max)} + f_{m(max)}] = 2 \times (30\ \text{kHz} + 5\ \text{kHz}) = 2 \times 35\ \text{kHz}$

$\quad BW = 70\ \text{kHz}$

◀

5.4   调频系统的噪声抑制

噪声一般是由闪电、电动机、汽车点火系统产生的，交流电力设备电源的打开或关闭也都会产生瞬态信号，产生噪声干扰。这类噪声通常是极窄的电压毛刺，频率极高，它们会叠加在期望信号上，造成干扰。噪声对 FM 信号的潜在影响如图 5-11 所示。如果噪声信号足够强，甚至可能完全淹没消息信号。

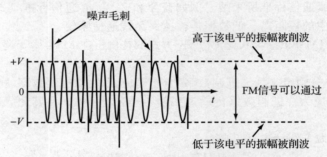

图 5-11   存在噪声的 FM 信号的波形示意图

然而，FM 信号具有恒定的载波振幅，并且 FM 接收机包含专门限制接收信号幅度的限幅电路。如图 5-11 所示，FM 信号上发生的幅度变化都可以被全部削掉。这不会造成 FM 信号中的信息内容失真，因为是由载波的频率变化表示原始信息的。限幅电路的削波作用几乎可以完全消除噪声的影响。即使 FM 信号本身的峰值被削波或变平坦，并且造成了已调信号的失真，也不会丢失任何信息。事实上，FM 相对于 AM 的主要优势之一就是其卓越的抗噪性能。在解调或恢复 FM 信号的过程中实际上可以抑制噪声，提高信噪比。

5.4.1   噪声和相移

叠加到 FM 信号的噪声幅度会引入微小的频率变化或相移，造成信号畸变或失真。如图 5-12 所示其工作原理。载波信号由长度（即振幅）固定的向量 S 表示。根据傅里叶理论，噪声通常是由包含许多振幅和相位的不同频率的窄脉冲组成。为了简化分析，假设噪声是单一频率，且相位时变的信号。在图 5-12a 中，该噪声信号由旋转向量 N 表示。载波和噪声的合成信号也是一个向量，标记为 C，其幅度是信号和噪声的向量和，其相对载波的相位角偏移量为 ϕ。想象当噪声向量旋转时，合成信号向量的幅度和相位相对于载波向量也会发生变化。

如图 5-12b 所示，当噪声向量和信号向量正交

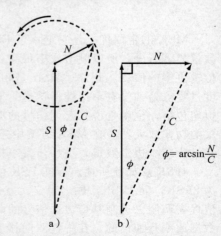

图 5-12   噪声引入相移的过程示意图

时，则会产生最大相移。该相角可以用反正弦函数来计算：

$$\phi = \arcsin \frac{N}{C}$$

可以使用以下公式确定由一定的相移产生的频移量：

$$\delta = \phi f_{\mathrm{m}}$$

式中，δ 为噪声产生的频偏；ϕ 为相移，单位为弧度；f_{m} 为调制信号的频率。

假设信噪比（S/N）为 $3 : 1$，调制信号频率为 800 Hz。则相移为 $\phi = \arcsin(N/S) = \arcsin(1/3) = \arcsin 0.3333 = 19.47°$。由于 1 rad $= 57.3°$，因此可计算出角度为 $\phi = 19.47/57.3 = 0.34$ rad。由这个小的相移产生的频偏计算为：

$$\delta = 0.34 \times 800 = 271.8 \, (\mathrm{Hz})$$

相移造成信号失真的严重程度取决于多个因素。根据频偏表达式可知，最坏情况下的相移和频偏会发生在调制信号的最高频率处。频偏受到的总体影响情况取决于所应用系统允许的最大频偏值。如果允许的最大频偏值很大，也就是说调频指数很高，则一般情况下的频偏值可能是相对较小的，可以不考虑其影响。如果系统允许的总频偏很小，则噪声产生的频偏影响就可能很严重。需要注意的是，一般噪声干扰的持续时间都非常短，因此，产生的相移是瞬时的，对语音的可懂度造成的损害不大。但若噪声幅度很大，人说话的语音会出现短暂的模糊不清，可懂度会受到一定的影响。

假设上例中允许的最大频偏为 5 kHz，噪声产生频偏与最大允许频偏之比为：

$$\frac{噪声产生的频偏}{最大允许的频偏} = \frac{271.8}{5000} = 0.0544$$

这个值仅比 5% 多一点。5 kHz 频偏对应的是最大调制信号的幅度。271.8 Hz 频偏是噪声幅度产生的。因此，这个比值就是噪信比 N/S，其倒数就是 FM 的信噪比：

$$\frac{S}{N} = \frac{1}{N/S} = \frac{1}{0.0544} = 18.4$$

对于 FM，$3 : 1$ 的输入信噪比变成了 $18.4 : 1$ 的输出信噪比。

例 5-6　FM 接收机的输入信噪比为 2.8，调制频率为 1.5 kHz，最大允许频偏为 4 kHz。a. 求由噪声引起的频率频偏；b. 改进的输出 S/N 是多大？

a. $\phi = \arcsin \dfrac{N}{S} = \arcsin \dfrac{1}{2.8} = \arcsin 0.3571 = 20.92 = 0.3652 \, (\mathrm{rad})$

$\delta = \phi(f_{\mathrm{m}}) = 0.3652 \times 1.5 \, \mathrm{kHz} = 547.8 \, \mathrm{Hz}$

b. $\dfrac{N}{S} = \dfrac{噪声产生的频偏}{最大允许的频偏} = \dfrac{547.8}{4000}$

$\dfrac{N}{S} = 0.136\,95$

$\dfrac{S}{N} = \dfrac{1}{N/S} = 7.3$

5.4.2　预加重技术

噪声会干扰 FM 信号，尤其是调制信号的高频分量。由于噪声主要是尖锐的能量毛刺，它包含大量谐波和其他高频分量。这些频率分量的振幅可能大于调制信号的高频分量，导致频率失真，无法正常接收信号。

调制信号的大部分分量是低频分量，尤其是语音信号。在语音通信系统中，带宽限制在 3 kHz 左右，以使语音信号具有可接受的清晰度。相比之下，乐器发出的声音通常既会产生低频信号，同时还可能包含许多高频谐波，这些谐波赋予了它们独特的音色，如果要保留这些音色不失真，则必须保证这些谐波正常传输。因此，高保真系统所需的带宽更大。由于高频分量的电平一般非常低，因此可能会被噪声完全淹没。

　　为了克服这个问题，大多数 FM 系统使用了所谓的预加重技术，该技术有助于抑制高频噪声干扰。在发射端，调制信号首先通过一个简单的网络进行处理，该网络只放大调制信号中的高频分量。这种电路的最简单形式是如图 5-13a 所示的高通滤波器。设置时间常数 τ 为 75 μs，其中 $\tau = RC$。具有该时间常数的电阻和电容（或电阻和电感）的各种组合均可以正常工作。

$$f_{\text{L}} = \frac{1}{2\pi RC} = \frac{1}{2\pi\tau} = \frac{1}{2\pi \times 75\ \mu s} = 2123（\text{Hz}）$$

该电路的截止频率设为 2122 Hz；高于 2122 Hz 的频率分量将被线性增大。输出幅度随频率以每倍频程 6 dB 的速率增加。预加重电路增加了高频信号的能量，使其强于高频噪声分量。这样便改善了信噪比，提高了清晰度和保真度。

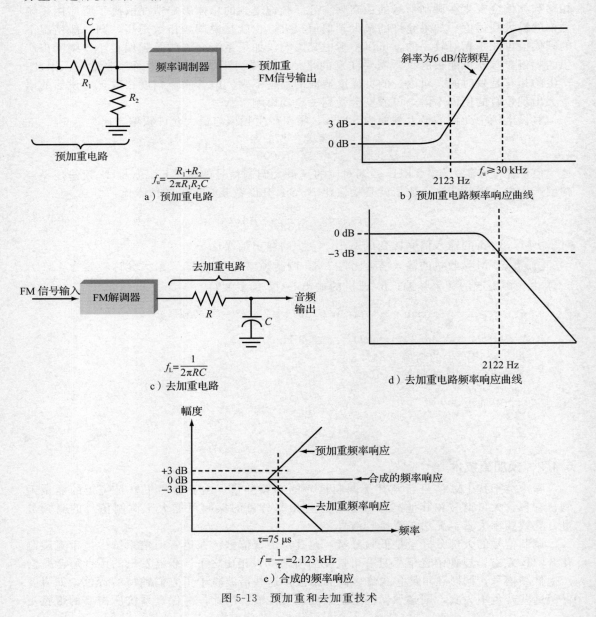

图 5-13　预加重和去加重技术

预加重电路还有一个上限频率 f_u，超过该频率的信号增益变平坦，如图 5-13b 所示，f_u 的计算公式为：

$$f_u = \frac{R_1 + R_2}{2\pi R_1 R_2 C}$$

f_u 的值设置得远远超出音频上限，通常大于 30 kHz。

为了将频率响应恢复到正常的"平坦"水平，需在接收端使用去加重电路，一个时间常数为 75 μs 的简单的低通滤波器，电路原理框图如图 5-13c 所示。高于截止频率 2123 Hz 的信号以每倍频程 6 dB 的速率衰减，响应曲线如图 5-13d 所示。发射机的预加重特性被接收机的去加重电路精确地抵消了，最后实现了平坦的频率响应特性。预加重和去加重合成在一起的综合结果是为了提高传输过程中高频分量的信噪比，使它不被噪声淹没。图 5-13e 所示为预加重和去加重处理的整体效果。

5.5 调频与调幅的比较

5.5.1 调频的优点

通常认为 FM 系统的性能优于 AM。尽管 AM 和 FM 信号都可用于传输消息，但 FM 通常比 AM 具有更显著的优势。

抗噪性能。FM 相对于 AM 的主要优势在于它具有出色的抗噪性能，接收机中的削波限幅器电路起到了重要作用，它有效地去除了所有幅度上的噪声变化，留下了恒定振幅的 FM 信号。尽管限幅器不能保证在所有情况下都能完全恢复消息信号，但对于给定的载波振幅，FM 仍然可以承受比 AM 高得多的噪声电平，对于相移引起的失真也是如此。

捕获效应。FM 的另一个主要优势是可以有效地抑制同频干扰。由于 FM 接收机使用的限幅器和解调方式的作用，当两个或多个 FM 信号同时出现在同一频率上时，会发生一种称为捕获效应的现象。如果一个信号的振幅是另一个信号的两倍以上，则较强的信号会捕获信道，从而完全消除掉较弱的信号。对于现代接收机电路，仅 1 dB 的信号幅度差值就足以产生捕获效应。相反，当两个 AM 信号占用相同的频率时，不论二者的相对信号强度如何，通常会听到两个声音。当一个 AM 信号明显强于另一个时，强信号自然是更清晰的；但是较弱的信号声音并没有被消除，仍然可以在背景中听到。当两个 AM 信号的强度几乎相同时，它们会相互干扰，使两个信号都几乎无法听清楚。

尽管捕获效应可以防止听到两个 FM 信号中较弱的一个，但是当两个电台广播的信号振幅大致相同时，可能会先捕获其中一个信号，过了一会儿又捕获了另一个信号。例如，当沿着高速公路行驶的司机正在收听特定频率的清晰广播时就会发生这种情况。在某个时候，司机可能突然收听到另一个广播节目，而完全失去了第一个广播节目，然后突然又听到了原来的第一个广播节目。哪一个占主导地位取决于汽车的位置以及两个信号的相对信号强度。

发射机效率。FM 相对于 AM 的第三个优点是功率效率高。回想一下，AM 可以通过低电平调幅和高电平调幅技术实现。效率相对较高的是高电平调幅，它使用了丙类放大器作为末级射频功放级，并由高功率调制放大器调制，AM 发射机必须同时产生非常高的射频和调制信号功率。此外，在非常高的发射功率下，还要使用大功率的调制信号放大器是不现实的，在这种情况下如果还要保证 AM 信息不失真，则必须改用低电平调制。AM 信号以较低电平产生，然后用线性放大器放大以产生最终的射频信号。线性放大器工作在甲类或乙类，它们的效率远低于丙类放大器。

FM 信号具有恒定的振幅，因此没有必要使用线性放大器来实现功率放大。事实上，调频信号总是先在较低的电平实现调制，然后再通过多个丙类放大器提高功率。由于丙类放大器效率高，可以更好地利用功率。更高效的丁类、戊类或己类放大器也可用于 FM 或 PM 系统中。

5.5.2　调频的缺点

　　FM 的主要缺点是它的已调信号占用带宽过大。一般来说，FM 信号的带宽比传输同样信息的 AM 信号带宽要宽得多。虽然可以使用较低的调频指数来最小化信号带宽，但降低调频指数也会降低 FM 信号的抗噪性能。在商用双向 FM 无线对讲机系统中，允许的最大频偏为 5 kHz，最大调制信号频率为 3 kHz，这便产生了 5/3＝1.67 的频偏率。频偏率也有会低至 0.25 的，尽管这样产生的 FM 信号质量比宽带 FM 信号差得多。这两个频偏率都被归类为窄带调频。

　　由于 FM 占用了过多的带宽，因此它通常仅可用于带宽相对丰富的频段，即所要求的载波频率应该非常高。实际应用中 FM 系统很少工作在 30 MHz 以下，大多数 FM 通信系统都工作在 VHF、UHF 和微波频段。

5.5.3　FM 和 AM 的应用

　　表 5-1 列出了是一些 AM 和 FM 的主要应用及相应的调制方式。

表 5-1　AM 和 FM 的主要应用及相应的调制方式

应用	调制方式
FM 广播电台	FM
FM 立体声	DSB（AM）和 FM
手机	PSK，QAM（AM 加 PSK）
无绳电话	FM，PSK
船用无线电台	FM 和 SSB（AM）
移动和手持对讲机	FM，数字化
业余无线电	FM 和 SSB（AM）
计算机调制解调器	FSK，PSK，QAM（AM 加 PSK）
家用无线对讲业务	FM
蓝牙技术	GFSK
Z-Wave（一种基于射频技术的无线通信协议）	GFSK

思考题

1. FM 和 PM 统称为什么？
2. 说明在 FM 或 PM 过程中分别对载波振幅的影响。
3. 载波在调制过程中偏离未调制的载波中心频率的变化量的名称和数学表达式是什么？
4. 当调制信号幅度和频率发生变化时，说明 FM 系统中载波频率如何变化。
5. 当调制信号幅度和频率发生变化时，说明 PM 系统中载波频率如何变化。
6. FM 信号什么时候出现最大频偏？PM 信号呢？
7. 陈述用相位调制器产生 FM 信号的必要条件。
8. 用 PM 技术实现的 FM 称为什么调制方式？
9. 说明当调制信号电压恒定时相位调制器的输出特性。
10. 用二进制数据对载波进行频率调制的过程是什么调制？

11. 用二进制数据对载波进行相位调制的过程是什么调制？
12. 必须如何调整调制信号的特性才能通过 PM 技术产生 FM？
13. 调频指数和频偏率有什么区别？
14. 说明窄带调频（NBFM）的定义，用什么标准来确定 FM 方式就是 NBFM？
15. 用于求解 FM 信号中边带数量和幅度的数学表达式的名称是什么？
16. 图 5-8 中边带值的负号是什么意思？
17. 说出噪声影响 FM 信号的两种方式。
18. 如何在接收机中将 FM 信号上的噪声降至最低？
19. FM 相对于 AM 的主要优势是什么？
20. 列出 FM 相对于 AM 的另外两个优势。
21. 通常伴随无线电信号的噪声具有什么特性？

22. FM 发射机在哪些方面比低电平 AM 发射机更高效？解释一下。

23. FM 相对于 AM 的主要缺点是什么？说出两种克服这个缺点的方法。

24. 用于放大 FM 信号的功放是什么类型的？放大低电平的 AM 信号的功放又是什么类型的？

25. 消除噪声的接收机电路叫什么？

26. 什么是捕获效应，产生的原因是什么？

27. 受 FM 信号噪声影响最大的调制信号的特性参数是什么？

28. 描述预加重的过程。它如何在存在噪声的情况下提高通信性能？是在发射机还是接收机里实现？

29. 产生预加重的基本电路是什么？

30. 描述去加重的过程。它是在发射机还是接收机里实现？

31. 用什么类型的电路实现去加重技术？

32. 预加重和去加重电路的截止频率是多少？

33. 列出使用 GFSK 调制方式的两个常用射频通信标准。

34. 用什么方式可以最小化 FSK 信号的带宽？

35. 可以有效减小 FSK 信号带宽的方式叫什么？

36. 如果两个频率选择不当，导致 FSK 信号带宽变宽的原因是什么？

37. 什么是高斯滤波器，它在 FSK 中的主要作用是什么？

习题

1. 用频率为 2 kHz 的调制信号对频率为 162 MHz 的载波进行调频，已调信号的频偏为 12 kHz，其调频指数是多少？◆

2. 带有 2.5 kHz 信号的 FM 载波的最大频偏为 4 kHz，其频偏率是多少？

3. 对于习题 1 和 2，使用常规方法和卡森规则计算信号占用的带宽。绘制每个信号的频谱，要求表示出所有有效的边带分量及其精确幅度大小。

4. 频率为 3 kHz 的单频正弦波调制信号用于调频系统，载波频率为 36 MHz，其边带信号的间距是多少？

5. 对于频偏率为 8 的 FM 信号，它的第四对边带的相对幅度是多少？◆

6. 第一对边频带的幅度大约在什么调频指数下趋于零？使用图 5-8 或图 5-9，找出此结果对应的最低调频指数。

7. FM 传输的可用频道带宽为 30 kHz，最大允许调制信号频率为 3.5 kHz。应该使用什么频偏率？◆

8. FM 系统的信噪比为 4：1，最大允许频偏为 4 kHz。当调制频率为 650 Hz 时，噪声引起的相移会引入多少频偏？最后实际的输出信噪比是多少？

9. 去加重电路的电容值为 0.02 μF，计算所需要的电阻值，给出最接近的标准 EIA 电阻值。◆

10. 当频率高达 3.333 kHz 时允许的最大频偏为 5 kHz，使用卡森规则计算 FM 频道的带宽。绘制频谱图，显示载波和边带值。

11. MSK 信号的数据传输速率为 4800 bit/s，对应的两个 MSK 频率差是多少？

标有"◆"的习题答案见书末的"部分习题参考答案"。

深度思考题

1. AM 广播频段由 10 kHz 宽的电台的 107 个频道组成，最大允许调制频率为 5 kHz。这个频段可以用 FM 吗？如果可以，解释实现它的必要条件。

2. 用频率为 1.5 kHz 的方波对频率为 49 MHz 的载波进行调频，调频指数为 0.25。绘制调频后信号的频谱（假设只有低于 6 次的谐波被系统通过）。

3. FM 广播频段分配的频谱范围为 88 MHz～108 MHz，有 100 个频道，间隔为 200 kHz。第一个频道中心频率为 88.1 MHz；最后一个频道，也就是第 100 个频道的中心频率为 107.9 MHz。每 200 kHz 宽的频道内都有 150 kHz 的已调信号带宽，两侧各有 25 kHz 的"保护频带"，以最大限度地减少过调制（频偏过大）的影响。

FM 广播频段允许最大频偏为 ±75 kHz，最大调制频率为 15 kHz。

   a. 绘制以 99.9 MHz 为中心的频道频谱，要标出所有有效的边带频率值。

   b. 绘制 FM 波段的频谱，要详细标出其中三个最低频率频道和三个最高频率频道。

   c. 使用频偏率和贝塞尔表确定 FM 信号的带宽。

   d. 使用卡森规则计算 FM 信号的带宽。

   e. 以上哪种带宽计算方法更适合计算可用的信道带宽？

4. 450 MHz 无线电发射机使用 FM，最大允许频偏为 6 kHz，最大调制频率为 3.5 kHz。其所需的最小带宽是多少？使用图 5-14 确定载波和前三个有效边频带的近似幅度。

5. 假设现在需要使用 FM 广播频段无线电台传输

数字数据信号。最大允许带宽为 200 kHz，最大频偏为 75 kHz，频偏率为 5。假设希望保留三次谐波，可以传输的方波最高频率是多少？

6. 在确定 FSK 频率时，如何降低信号的带宽？

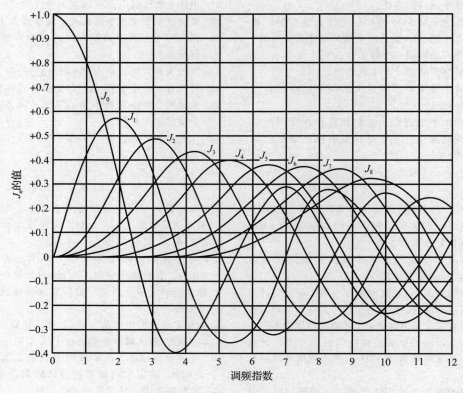

图　5-14

第 6 章

频率调制与解调电路

用于 FM 和 PM 的调制和解调系统的电路种类丰富。但是由于各种原因，如今其中大部分电路已经过时，或从未被真正使用过。首先是开发了更新更好的电路。其次近年来半导体制造技术进步显著，能够将非常复杂的电路制造成集成电路（IC）形式，调制器与发射机集成，解调器与接收机集成。最后，数字信号处理（DSP）技术已经很普及，调制器和解调器等大部分通信电路都可以用数学手段表示，用软件编程实现，并由处理器运行。

尽管有了上述进展，但是研究一些相对经典和较常用的电路还是有意义的，可以帮助我们探究电路的工作原理，理解基础知识。

内容提要

学完本章，你将能够：

- 解释变容二极管的物理结构、偏置、工作原理与应用。
- 说明晶体振荡器电路如何使用变容二极管实现 FM 调制。
- 说明相位调制器电路的基本原理及实现调相的基本技术。
- 给定原始振荡器频率和倍频系数，计算 FM 发射机的总频偏。
- 描述正交检波器的工作原理。
- 绘制锁相环（PLL）的框图，说明各个组成部分的作用，解释电路的工作原理，阐述 PLL 的捕获范围和锁定范围的定义。
- 解释 PLL 用于鉴频和调频的工作原理。
- 解释 FSK 调制器和解调器的概念和工作原理。

6.1 频率调制器电路

频率调制器是一种根据调制信号瞬时值改变载波频率的电路。载波是由 LC 或晶体振荡电路产生的，因此必须找到改变振荡频率的方法。在 LC 振荡器中，载波频率由调谐电路中的电感值和电容值决定，因此可以通过改变电感或电容来改变载波频率。根据这个思路，可以找到某种电路或器件，将调制电压转换为相应的电容或电感值变化即可。

当载波由晶体振荡器产生时，频率值由晶体决定。需要注意的是，晶体的等效电路是具有串联和并联谐振频率的 LCR 电路，如果将外部电容连接到晶振上可使其工作频率发生微小变化。设计目标同样是找到某种电路或元器件，使其电容值随调制信号电压的变化而变化。实现该功能最常用元件就是变容二极管，也称为电压可变电容（VVC）、可变电容二极管，它是一种工作在反向偏置状态下的半导体结型二极管。

6.1.1 变容二极管工作原理

在制造过程中形成 P 型和 N 型半导体时会产生结型二极管。N 型材料中的一些电子漂移到 P 型材料中并与其中的空穴进行复合，如图 6-1a 所示，形成一个称为耗尽区的相对较薄的区域，该区域没有自由载流子：空穴或电子。该区域充当防止电流流过器件的很薄的绝缘体。

如果对二极管施加正向偏置电压，它将处于导通状态。外部电动势迫使空穴和电子向 PN 结移动，它们在耗尽区复合，并在二极管内部和外部产生连续电流，耗尽层完全消失，如图 6-1b 所示。如果对二极管施加外部反向偏置电压，如图 6-1c 所示，则没有电流流动。

偏置电压增加了耗尽层的宽度，增加量取决于反向偏置电压的大小。反向偏置电压越大，耗尽层越宽，电流能流动的机会就越小。

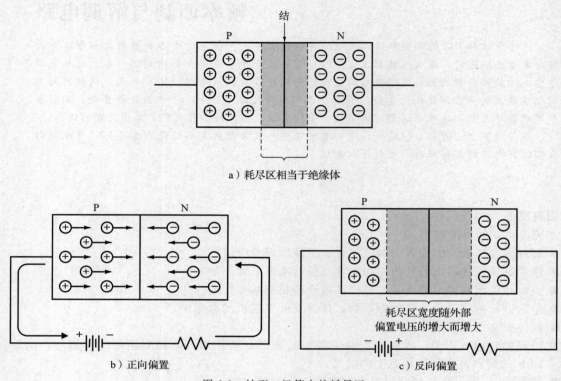

图 6-1　结型二极管中的耗尽区

反向偏置结型二极管相当于是一个小电容。P 型和 N 型材料充当电容的两个极板，耗尽区充当电介质。由于所有活性载流子（电子和空穴）在耗尽区复合，它的功能就像绝缘材料一样。耗尽层的宽度决定了电介质的宽度，因此也决定了电容的大小。如果反向偏置电压高，耗尽区会很宽，相当于电介质使电容的极板间距变大，从而使电容变小。减少反向偏置电压会缩小耗尽区，使电容的极板更靠近一些，使电容变大。

改变反向偏置电压时，所有结型二极管都会表现出可变电容的特性。但是，实用的变容二极管还需要优化这一专属特性，使电容随偏置电压的变化值要尽可能宽，且呈线性关系。用于表示变容二极管的符号如图 6-2 所示。

变容二极管的电容值范围很宽，大多数的标称电容值在 1～200 pF。电容变化范围可高达 12∶1。如图 6-3 所示为典型变容二极管的曲线。在 1 V 时获得 80 pF 的最大电容；施加 60 V 时，电容降至 20 pF，变化范围为 4∶1。通常工作范围限制在曲线中间的线性区域。

> **拓展知识**
> 变容二极管的电容值范围很宽，大多数变容二极管的标称电容在 1～200 pF 范围内。电容变化范围可高达 12∶1。

6.1.2　变容二极管调频

图 6-4 所示为发射机的载波振荡器基本电路，它包含一个变容二极管频率调制器。变容二极管 D_1 的电容与电感 L_1 组成了振荡器的并联调谐电路。C_1 在载波频率下有很大的值，故其电抗很小。因此，由 C_1 将调谐电路连接到振荡器电路，此外 C_1 还阻止 Q_1 基极上的直流偏置电压通过 L_1 短路到地。D_1 的电容值和 L_1 的值决定了载波中心频率。

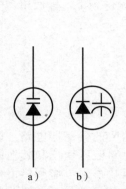

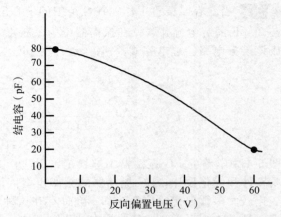

图 6-2　变容二极管的电路符号表示　　　图 6-3　典型变容二极管的电容与反向偏置电压的关系曲线

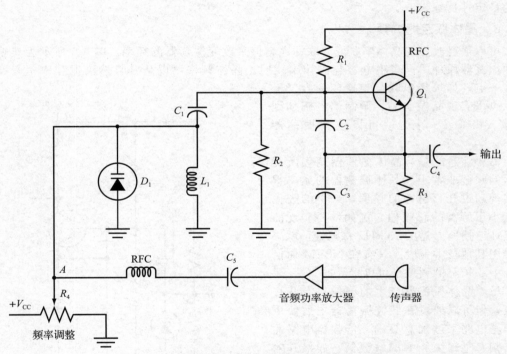

图 6-4　使用变容二极管的直接调频载波振荡器

可以通过两种方式改变 D_1 的电容值：一是通过固定直流偏置或调制信号电压。在图 6-4 中，D_1 上的偏置由分压电位器 R_4 确定，改变 R_4 可使载波中心频率在较窄的范围内变化。调制信号通过 C_5 和射频扼流圈（RFC）耦合进来；二是隔直电容 C_5 可将变容二极管上的直流偏置电压与调制信号电路隔离开。RFC 的电抗在载波频率处很高，以阻止载波信号返回音频调制信号电路。

来自传声器的调制信号被放大并施加到调制器。随着调制信号的变化，它与固定偏置电压相加或相减，因此施加到 D_1 的有效偏置电压也会变化，导致其电容就会发生变化，最后获得所需的载波频偏。A 点的正极性信号会增加反向偏置电压，使电容值减小，提高载波频率；反之，A 点的负极性信号会减小反向偏置电压，使电容值增大，降低载波频率。

例 6-1 当变容二极管工作在线性范围的中心位置时，它的电容值为 40 pF。该变容二极管与 20 pF 固定电容并联。在振荡器中为了获得 5.5 MHz 的振荡频率，应使用多大的电感构成该谐振电路？总电容 $C_T = 40 + 20 = 60$ pF。

$$f_0 = 5.5\ \text{MHz} = \frac{1}{2\pi\sqrt{LC_T}}$$

$$L = \frac{1}{(2\pi f)^2 C_T} = \frac{1}{(6.28 \times 5.5 \times 10^6)^2 \times 60 \times 10^{-12}}$$

$$L = 13.97 \times 10^{-6}\ \text{H} = 14\ \mu\text{H}$$　◀

图 6-4 中电路的 LC 振荡器不够稳定，无法作为提供载波信号的振荡器电路。即使采用优质元件和优化设计，LC 振荡器的频率也会因温度变化、电路电压变化和其他因素而发生变化。大多数现代通信系统都不允许存在这种不稳定性，其中发射机必须尽可能保证频率稳定且准确。而 LC 振荡器根本达不到要求，无法满足相关规定的指标。因此，通常使用晶体振荡器来产生载波，晶体振荡器产生的频率不仅精度高，而且在很宽的温度范围内的稳定性良好。

6.1.3　晶体振荡器调频

可以通过改变与晶体串联或并联的电容值来改变振荡器的频率。图 6-5 所示为典型的晶体振荡器原理图。当小电容与晶体串联时，晶体频率可以从其自然谐振频率稍微"拉低"一点。如果将串联电容换成变容二极管，可以实现晶振调频。调制信号施加到变容二极管 D_1 上，就可以改变振荡器频率。

需要注意的是，晶体振荡器调频所能产生的频偏非常小。晶体振荡器的频率很难实现超过几百赫兹的频偏，产生的频偏可能小于所需的总频偏。例如，要实现商业 FM 广播所必需的 75 kHz 总频偏，就必须使用其他技术手段。只有在 NBFM 通信系统中，较窄的频偏是可以接受的。

虽然晶体振荡器产生的频偏只有几百赫兹，但可以通过在载波振荡器之后使用倍频器电路来增加总频偏。倍频器电路的输出频率是输入频率的整数倍。如果其输出频率是输入频率的 2 倍，称为二倍频器；如果输出频率是输入频率的 3 倍，称为三倍频器，等等。倍频器也可以级联。

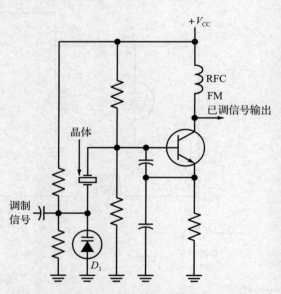

图 6-5　使用 VVC 对晶体振荡器进行频率调制

当用倍频器处理 FM 信号时，输出载波频率和频偏量都会成倍增加。典型的倍频器的输出频率的倍率可以达到 24～32 倍。图 6-6 所示为倍频器提高载波频率和频偏的工作原理。图 6-6 中 FM 发射机的期望输出频率为 156 MHz，期望的最大频偏为 5 kHz。载波由 6.5 MHz 的晶体振荡器产生，后面使用了倍频电路，可将频率倍频 24 倍（6.5 MHz×24＝156 MHz）。变容二极管对晶体振荡器进行调频，产生的最大频偏仅为 200 Hz。经倍频器倍频 24 倍后，频偏会增加到 200×24＝4800 Hz，即 4.8 kHz，这接近所需的频偏。倍频器电路原理详见第 8 章。

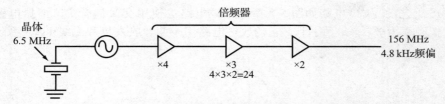

图 6-6 倍频器提高载波频率和频偏的工作原理示意图

6.1.4 压控振荡器

由外部输入电压控制频率的振荡器称为压控振荡器（VCO）。压控晶体振荡器通常被称为 VXO。虽然 VCO 主要用于 FM，但它们也可用于各种需要将电压转换为频率的场合。最常见的应用是在锁相环电路中，本章稍后将对此进行讨论。

尽管用于 VHF、UHF 和微波的 VCO 仍然需要使用分立元件实现，但已经有越来越多的 VCO 与其他发射机或接收机电路一起集成在单片硅芯片上了。这种 VCO 的示例如图 6-7 所示。该电路使用硅锗（SiGe）双极型晶体管实现 10 GHz 的中心振荡频率。振荡器电路设计中的多谐振荡器或触发器采用了交叉耦合晶体管 Q_1 和 Q_2。输出是正弦波信号，其频率由集电极电感和变容二极管电容确定。调制电压，通常是产生 FSK 的二进制信号，施加到变容二极管 D_1 和 D_2 的共同连接点上。射极跟随器 Q_3 和 Q_4 提供两个互补输出。在该电路中，电感实际上是芯片内部的铝（或铜）形成的微小螺旋线圈，电感在 500～900 pH 范围内。当变容二极管是反向偏置时，作为可变电容，谐振频率范围为 9.953～10.66 GHz。

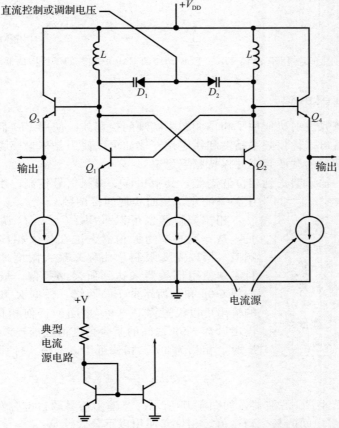

图 6-7 工作频率为 10 GHz 的硅锗集成 VCO 电路

CMOS 工艺的 VCO 电路如图 6-8 所示。该电路也使用交叉耦合 LC 谐振电路的设计形式，工作频率为 $2.4\sim2.5\,\mathrm{GHz}$。它的改进电路用于蓝牙收发机和无线 LAN 系统中。

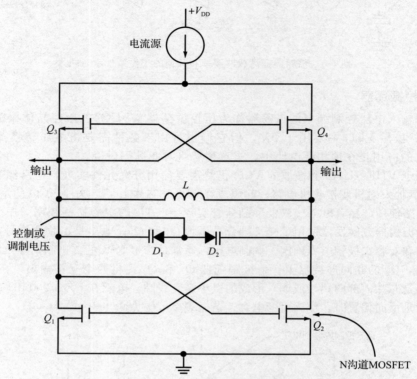

图 6-8　用于 $2.4\,\mathrm{GHz}$ 的 FSK 调制的 CMOS 工艺的压控振荡器

6.2　相位调制器电路

大多数现代调频发射机使用了相位调制来实现间接调频。使用 PM 而不是直接 FM 的原因是载波振荡器可以优化频率精度和稳定性。比如可以使用晶体振荡器或晶体控制的频率合成器来获得精确的载波频率并保持频率稳定。

载波振荡器的输出馈送到相位调制器，其中相移受调制信号控制。由于相位变化会产生频率变化，从而实现间接调频。

相位调制器也可以采用 RC 或 LC 调谐电路实现。但是，这一类简单的移相器无法在较大相移范围上保证线性响应。所以需要限制总相移来最大限度地保证线性度，并且必须使用倍频器来达到所需的频偏。最简单的移相器是如图 6-9a 和 b 所示的 RC 网络。根据 R 和 C 的值，移相器的输出可以设置为 $0°\sim90°$ 之间的任何相角。在图 6-9a 中，输出以 $0°\sim90°$ 之间的某个角度值超前输入。例如，当 $X_c=R$ 时，相移为 $45°$。相移可用以下公式计算：

> **拓展知识**
>
> 简单的移相器很难在较大的相移范围内均能获得线性响应特性。为了对其进行补偿，往往要限制其总的相移量以最大化线性度，最后还必须使用倍频器来获得所需的频偏。

$$\phi=\arctan\frac{X_c}{R}$$

也可以使用低通 RC 滤波器，如图 6-9b 所示。其输出信号取自电容两端，因此它比输入电压滞后 $0°\sim90°$ 之间的某个角度值。相位角使用以下公式计算：

$$\phi = \arctan \frac{R}{X_C}$$

如果可以用调制信号改变电阻或电容值，则可以将简单的相移电路用作相位调制器。一种方法是用变容二极管替换图 6-9b 所示电路中的电容。由此产生的相移电路如图 6-10 所示。

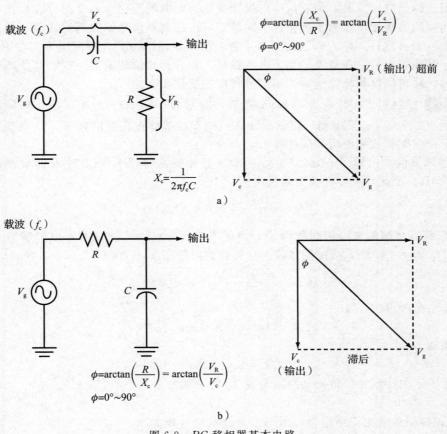

a)

b)

图 6-9　*RC* 移相器基本电路

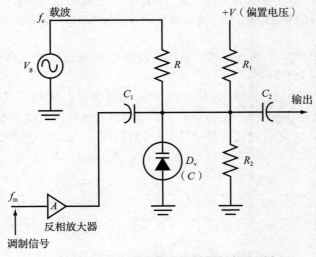

图 6-10　变容二极管相位调制器电路原理图

在该电路中，调制信号改变变容二极管的电容。如果放大器 A 输出的调制信号幅度向正极性增大，则会增加由 R_1 和 R_2 分压提供的变容二极管反向偏置电压，导致电容减小，电抗增大，电路相移和频偏减小；反之，当放大器 A 输出的调制信号向负极性增大，变容二极管的反向偏置电压降低，电容增大，电抗减小，相移量和频偏增大。

使用这种调制器方案，调制信号的极性变化与频偏的变化方向之间存在反比关系，这与通常期望的效果相反。为了纠正这个问题，可以在调制信号源和调制器输入端之间加上反相放大器 A。这样，输入调制信号为正时，反相器输出为负，频偏增大。在图 6-10 中，C_1 和 C_2 是隔直电容，在载波频率下电抗极低。和各种相位调制器一样，其所产生的相移是滞后的，输出幅度和相位随着调制信号幅度的变化而变化。

例 6-2　发射机工作频率为 168.96 MHz，频偏为 ±5 kHz。使用了三个倍频器，倍频因子分别为 2、3、4，采用相位调制。计算：a. 载波晶体振荡器的频率；b. 在 2.8 kHz 调制频率下产生期望频偏值所需的相移 $\Delta\phi$。

a. 倍频器的总倍频因子为 $2\times3\times4=24$。晶体振荡器频率乘以 24 获得最终输出频率 168.96 MHz。因此，晶体振荡器的频率为：

$$f_0=\frac{168.96}{24}=7.04(\text{MHz})$$

b. 倍频器将频偏乘以相同的因子。为了实现 ±5 kHz 的频偏，相位调制器必须产生 $f_d=5\text{ kHz}/24=\pm208.33\text{ Hz}$ 的频偏。计算频偏时使用 $f_d=\Delta\phi f_m$，$f_m=2.8\text{ kHz}$。

$$\Delta\phi=\frac{f_d}{f_m}=\frac{208.33}{2800}=\pm0.0744\text{ rad}$$

转换为角度得到：

$$0.0744\times57.3°=\pm4.263°$$

总相移为：

$$\pm4.263°=2\times4.263°=8.526°$$

◀

用于确定由特定相位角表示的频偏量 f_d 的简单公式为：

$$f_d=\Delta\phi f_m$$

式中，$\Delta\phi$ 为相角变化，单位为 rad，f_m 为调制信号频率。

假设对于可移相 0.75 rad 的电路，其最低调制频率是 300 Hz，则频偏 $f_d=0.75\times300=225\text{ Hz}$，即 ±112.5 Hz。由于这是相位调制（PM），实际频偏也与调制信号频率成比例，所以在同样的最大频偏为 0.75 rad 下，如果调制频率是 3 kHz，则频偏是 $f_d=0.75\times3000=2250\text{ Hz}$，即 ±1125 Hz。

为了消除这种影响，实现真正的 FM，需要使用低通滤波器对音频输入信号进行处理，以滚降高频信号分量的幅度。

例 6-3　例 6-2 中的发射机使用如图 6-9 所示的移相器，其中 C 是变容二极管的电容值，$R=1\text{ k}\Omega$。设总相移范围以 45° 为中心，计算实现总频偏所需的两个电容值。

相位范围以 45° 为中心变化，即 $45°\pm4.263°=40.737°$ 和 $49.263°$。总相位范围为 $49.263-40.737=8.526°$。若 $\phi=\arctan(R/X_C)$，则 $\tan\phi=R/X_C$。

$$X_C=\frac{R}{\tan\phi}=\frac{1000}{\tan40.737}=1161(\Omega)$$

$$C=\frac{1}{2\pi fX_C}=\frac{1}{6.28\times7.04\times10^6\times1161}=19.48(\text{pF})$$

$$X_C=\frac{R}{\tan\phi}=\frac{1000}{\tan49.263}=861(\Omega)$$

$$C=\frac{1}{2\pi fX_{\mathrm{C}}}=\frac{1}{6.28\times7.04\times10^{6}\times861}=26.26(\mathrm{pF})$$

为获得所需的频偏，语音信号对变容二极管进行电压偏置后的电容值需在 19.48～26.26 pF 的范围内变化。 ◀

6.3　鉴频器电路

将载波中的频率变化转换成电压的线性变化，就是对 FM 信号解调或鉴频。从 FM 信号中恢复原始调制信号的电路称为解调器、检波器或鉴频器。传统的鉴频器类型有互感耦合鉴频器（也称福斯特-席利（Foster-Seeley）鉴频器）、比例鉴频器和脉冲平均鉴频器。这几种鉴频器目前基本不再使用了，唯一常用的 FM 解调器是正交鉴频器。下面说明它的工作原理。

6.3.1　正交鉴频器

正交鉴频器使用移相电路将未调制的载波信号移相 90°。最常用的移相电路结构如图 6-11 所示。调频信号通过一个非常小的电容（C_1）耦合到并联谐振回路上，回路调整为谐振在载波的中心频率处。处于谐振状态时，调谐电路表现为阻值很大的纯电阻。与调谐电路阻抗相比，小电容也具有很高的电抗。因此调谐电路在载波频率下的输出非常接近 90°并超前于输入。当载波信号频率被调制后，载波频率就会在调谐电路的谐振频率附近变化，使输入和输出信号之间产生相移。

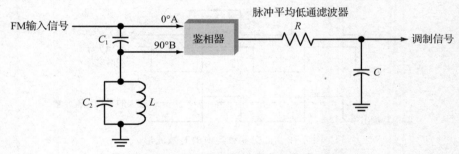

图 6-11　正交 FM 鉴频器的电路原理图

然后将这两个正交信号输入至鉴相器电路。如第 4 章所述，最常用的鉴相器是使用差分放大的平衡调制器。鉴相器输出一脉冲序列，脉冲宽度随两个信号之间的相移量而变化。利用 RC 低通滤波器对这些信号进行平滑滤波，恢复出原始调制信号。

通常情况下，鉴相器的正弦 FM 输入信号电平较大，促使鉴相器中的差分放大器工作在截止和饱和两个状态。充当开关的差分晶体管输出的是脉冲序列。如果输入信号电平足够大，则不需要限幅器，输出脉冲的宽度由相移量决定。鉴相器可以看作是与门，只有当两个输入脉冲都为 ON 时，输出才为 ON，如果其中一个或两个输入为 OFF，则输出为 OFF。

图 6-12 所示为正交鉴频器的典型时域波形。当输入信号是没有被调制的载波，两个输入信号恰好有 90°的相位差，因此可以得到具有固定宽度的输出脉冲。当 FM 信号频率增加时，相移量减小，则输出脉冲宽度变大。由 RC 滤波器滤波后，脉冲越宽产生的平均输出电压越大，这对应于大频偏 FM 信号所承载的高电平调幅信号。当信号频率降低时，相移增大，输出脉冲宽度变窄。窄脉冲经过滤波平均后产生较低的平均输出电压，这对应原始的幅度较低的调制信号。

> **拓展知识**
> 术语正交是指两个信号之间存在 90°相位差。

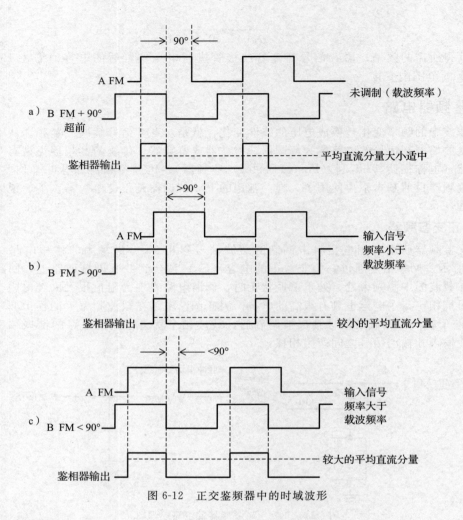

图 6-12　正交鉴频器中的时域波形

6.3.2　锁相环

锁相环（PLL）是一种对频率或相位敏感的反馈控制电路，可用于鉴频、频率合成以及各种滤波和信号检波电路。锁相环由鉴相器、VCO 和低通滤波器三个基本部分组成，如图 6-13 所示。

（1）鉴相器用于将 FM 输入（有时称为参考信号）与 VCO 的输出进行比较。

（2）VCO 的频率随低通滤波器输出的直流电压而变化。

（3）低通滤波器将鉴相器的输出滤波平滑为一个控制电压，该电压用于控制 VCO 的频率。

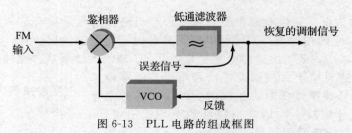

图 6-13　PLL 电路的组成框图

鉴相器的主要功能是比较两个输入信号相位并产生输出信号，该输出信号再经过滤波后用于控制 VCO。如果 FM 输入和 VCO 信号之间存在相位差或频率差，鉴相器输出电压则会与该差值呈线性关系。滤波后的输出信号去调整 VCO 频率，以校正原始频率或相位差。该直流控制电压是电路中的反馈量，称为误差信号。

当输入信号为零时，鉴相器和低通滤波器输出为零，后面的 VCO 电路不受控制，工作在自由振荡频率下，其正常工作频率由内部谐振电抗元件确定。当输入信号频率接近 VCO 频率时，鉴相器将 VCO 输出信号与输入信号频率进行比较，并产生与频差成正比的输出电压。有些 PLL 鉴相器的工作原理与正交鉴相器的原理相同。鉴相器输出的是脉冲序列，脉冲宽度与两个输入信号的相差或频差呈线性变化。将输出脉冲滤波成直流，输入到 VCO 中。该直流控制电压调整 VCO 频率值向降低误差电压的方向变化，也就是说误差电压迫使 VCO 频率向减小 VCO 输出信号与鉴相器输入信号之间的相差或频差的方向变化。在某一时刻，误差电压会使 VCO 频率等于输入信号频率；此时，PLL 称为处于锁定状态。尽管输入信号频率与 VCO 频率相等，但它们之间存在相差，通常恰好为 90°，这会产生直流输出电压使 VCO 产生保持电路锁定状态的频率。

> **拓展知识**
>
> 锁相环具有良好的频率选择性和滤波性能，使它的输出信噪比优于其他类型的 FM 鉴频器。

如果输入频率发生变化，鉴相器和低通滤波器会产生一个新的直流控制电压值，迫使 VCO 输出频率发生变化，直到其输出与新的输入信号频率相等。输入频率的任何变化都会引起 VCO 频率发生变化与其相匹配，因此电路保持锁定状态。PLL 中的 VCO 可以跟踪的输入频率变化值是一个很宽的范围。PLL 能够跟踪并保持锁定的输入信号频率范围称为锁定范围。锁定范围通常是位于 VCO 自由振荡频率附近的频率带。如果输入信号频率超出锁定范围，PLL 将无法锁定，此时，VCO 输出频率会跳转到其自由振荡频率。

> **拓展知识**
>
> 锁相环的捕获范围小于锁定范围。一旦捕获到输入频率，输出频率将与其匹配，除非输入频率超出锁定范围。然后锁相环将返回到 VCO 的自由振荡频率 f_o。

如果将位于锁定范围内的输入频率施加到 PLL 上，则电路会立刻向锁定状态调整。鉴相器确定 VCO 自由运行频率和输入频率之间的相位差，并生成用于控制 VCO 等于输入频率的误差信号，该过程称为输入信号捕获。一旦捕获成功，PLL 将保持锁定状态。只要频率在锁定范围内，PLL 就会持续跟踪输入信号可能的频率变化。PLL 捕获输入信号的频率范围，称为捕获范围，比锁定范围窄得多，但与锁定范围一样，捕获频率范围也是以 VCO 的自由振荡频率为中心频率（见图 6-14）。

PLL 在特定频率范围内捕获信号的特性使其可以作为带通滤波器使用。锁相环通常用于信号调整，在这些应用中，希望只有位于特定频率范围内的信号通过，并抑制该范围以外的信号。PLL 在消除信号上的噪声和干扰方面非常有效。

PLL 对输入频率变化的响应能力使其可以用作 FM 鉴频器。PLL 的频率跟踪过程说明 VCO 可以用作频率调制器，产生与输入完全相同的 FM 信号。为了实现这个功能，VCO 的输入信号必须与原始调制信号相同。由鉴相器和低通滤波器产生的误差电压迫使 VCO 跟踪 FM 输入信号，因此 VCO 输出频率跟随 FM 输入信号频率。如果 PLL 保持锁定，VCO 输出必须

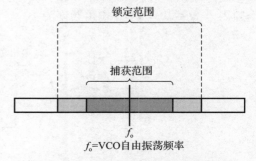

f_o=VCO自由振荡频率

图 6-14　PLL 电路的捕获和锁定频率范围

与输入信号相同。误差信号必须与 FM 输入的原始调制信号相同。低通滤波器截止频率需设计成能够通过原始调制信号。

PLL 提供频率选择性和滤波的能力使其信噪比优于其他各种类型的 FM 鉴频器。VCO 的线性特性确保了原始调制信号的低失真和高精度的重现。虽然 PLL 电路很复杂，但是目前可以很容易、比较方便地以低成本的 IC 形式实现。

6.4 FSK 电路

FSK 调制和解调已经在大规模 IC 中实现。虽然主要电路细节只有 IC 制造商知道，但仍然可以讨论一些 FSK 的调制和解调电路来理解 FSK 电路的基本工作原理。

6.4.1 PLL FSK 调制器

PLL 中的 VCO 可以用作 FSK 生成器或频率调制器。断开环路滤波器并将调制信号直接连接到 VCO 直流电压输入端，如图 6-15 所示。在两个电压之间切换的二进制数据信号控制 VCO 输出在两个特定频率之间跳变。由于还可能需要缓冲电路或其他接口，故在使用 PLL 电路时，要仔细阅读 PLL 数据表说明，详细了解其中的 VCO 输入特性参数信息。

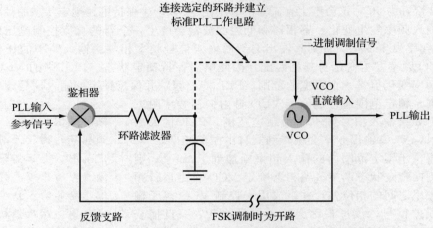

图 6-15　使用 VCO 作为调制器的 PLL 电路示意图，不含主环路

将 PLL 用作 FSK 调制器的另一种方法是将其连接为频率合成器，如图 6-16 所示（这是从图 8-8 修改得来的）。使用精密稳定的晶体振荡器作为参考频率，该参考与鉴相器中的反馈信号进行比较。反馈来自于应用在数字分频器的 VCO 输出。数字分频器将 VCO 输出频率降低为 $1/N$。需要注意，要使 PLL 处于稳定的锁定状态，鉴相器的两个输入频率必须相同。这意味着 VCO 输出频率必须是参考频率的 N 倍。若参考频率为 1 MHz，分频因子 $N=10$，VCO 输出频率为 $10×1$ MHz＝10 MHz。

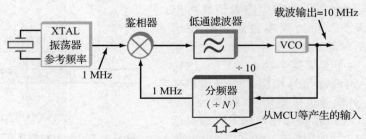

图 6-16　用作 FSK 调制器的 PLL 频率合成器

在类似图 6-16 的电路中，可以很容易通过改变 N 来改变 VCO 输出频率。可编程数字分频器可以提供整数值 N，从而使 PLL 成为频率合成器，其频率可以以参考频率为单位增量变化。

图 6-17 所示为一种商用的集成电路 PLL，型号为 CD74HC4046A。虽然它是已经出产很早的 IC 产品，但是目前仍然被广泛使用。它的工作原理简单，可作为讨论和学习 PLL 基础知识的实例。CD74HC4046A 由德州仪器出品，包含两个相位比较器和一个 VCO，其中由 R_3 和 C_2 构成的外部 RC 电路作为环路滤波器。

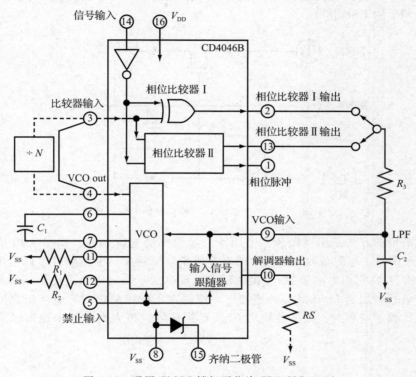

图 6-17 通用 CMOS 锁相环芯片 CD74HC4046A

分频器的分频因子 N 由芯片外部提供，如来自微控制器或其他数字电路。选择两个 N 值是因为它们可使 VCO 产生两个所需的 FSK 频率。

例 6-4 设计 FSK 调制电路，用二进制数字"0"表示 5 MHz，二进制数字"1"表示 5.5 MHz。PLL 调制器使用 100 kHz（0.1 MHz）参考振荡器。计算该电路的分频因子 N。

对于二进制数字"0"：

$$5 \text{ MHz} = 5000 \text{ kHz}$$

$$\frac{5000 \text{ kHz}}{N} = 100 \text{ kHz}$$

$$N = \frac{5000}{100} = 50$$

对于二进制数字"1"：

$$\frac{5500 \text{ kHz}}{N} = 100 \text{ kHz}$$

$$N = \frac{5500}{100} = 55$$

　　分频因子 N 值可以用微控制器产生，通过编程，使微控制器以一定的速率输出所需 N 值；也可以采用 FPGA 等的一些专用数字电路获得 N 值。发送 N 值的速度必须足够快，才能确保实现所需的 FSK 比特率。

6.4.2　其他 FSK 调制器

　　实现 FSK 的一种简单方法是使用两个具有所需 FSK 频率 f_1 和 f_2 的振荡器，用信号控制频率在二者之间切换。图 6-18 所示为使用 MOSFET 开关的电路。数据信号通过两个反相器施加到 MOSFET 的栅极。Q_1 导通时，Q_2 截止，反之亦然。在两个振荡器之间切换可产生非相干的 FSK 信号。

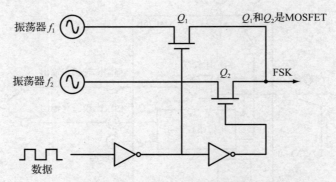

图 6-18　用于产生非相干 FSK 信号的电路原理图

　　另一种简单的方法是切换振荡器中用于决定频率的电抗元件。如图 6-19 所示为标准考毕兹 LC 振荡器，可通过改变电路中的电容值来改变频率。电路电容是两个串联的变容二极管 D_1 和 D_2。它们由电位器 R_4 提供反向偏置电压，该电压用于初始频率调整。将待传输的数据信号施加到 D_1 和 D_2 的连接点，控制在正电压和接近零电压值之间切换，与初始偏置电压相加或相减。振荡器输出 FSK 已调信号。该方案电路中也可以采用晶体振荡器实现。

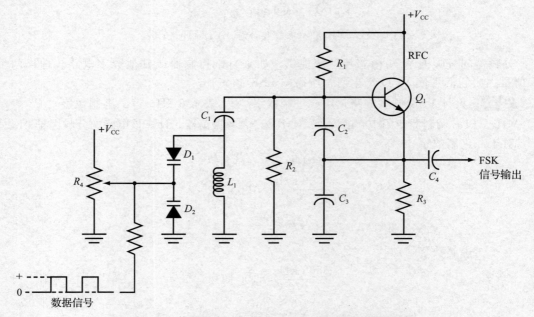

图 6-19　使用变容二极管产生 FSK 信号的电路原理图

6.4.3　FSK 解调器

FSK 解调器用于检测两个频率并恢复原始数据信号。如图 6-20 所示，FSK 信号输入到两个带通滤波器（BPF），其中心频率分别设置为 f_1 和 f_2。带通滤波器具有足够的选择性保证只有一个频率通过。滤波器后面连接着包络检波器，类似 AM 解调器。来自每个滤波器的正弦载波被整流为半波正弦脉冲，再经滤波成为直流脉冲。当其中一个频率的信号出现在输入端时，它通过滤波器生成输出脉冲，另一个包络检波器的输出为零。两个不同频率的数据脉冲交替打开和关闭。

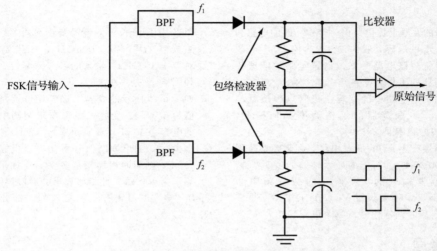

图 6-20　FSK 解调器电路原理图

为了恢复原始数据信号，将两个包络检波器输出信号施加到比较器上。比较器是一种类似运算放大器的电路，它通过比较两个输入信号的大小来生成二进制输出脉冲。当 f_1 出现时，直流电压出现在图 6-20 中的比较器上部的输入端（"＋"输入），而比较器的下部输入端（"－"输入）为零。比较器输出为两个可能电平中的一个。如果 f_2 出现，则比较器的下部输入端会有直流电压输入，而上部的 f_1 输入端为零，这将比较器输出切换为相反的状态电平。最后，比较器输出的就是原始数据信号。

一般情况下，通常很少有机会设计或实现上述电路，因为 FSK 电路实际上都被集成到了 IC 内部。此外，FSK 调制和解调通常可通过软件编程实现，程序运行在通用 DSP 器件或专用逻辑电路（如 FPGA）中。例如应用很广的蓝牙通信技术。

目前，更现代的商用 PLL IC 大约有数十种可供选择，可以满足各种需求。可咨询 IC 制造商 Analog Devices、Maxim Integrated、Silicon Labs 和德州仪器等了解可选用的产品。在第 8 章将会讨论更现代和最新的 PLL。

思考题

1. 变容二极管的哪些组成结构相当于电容的极板？
2. 电容如何随外加电压变化？
3. 变容二极管是正向偏置还是反向偏置？
4. 如今 LC 振荡器不能直接用于发射机的主要原因是什么？
5. 对于应用最广泛的载波振荡器类电路可以通过变容二极管实现调频吗？
6. 使用相位调制器而不是直接频率调制器的主要优点是什么？
7. PM 产生的频率调制的术语是什么？
8. 调相过程中，如果调制信号的频率过大，会产生较大的输出频偏，用什么电路可以进行补偿？

9. 哪两种 IC 解调器可以通过使用低通滤波器进行脉冲滤波平均的方法来恢复原始调制信号？

10. 在本章讨论的所有 FM 解调器中，哪种可能是性能最好的 FM 解调器？

11. 什么是 PLL 的捕获范围？什么是锁定范围？

12. 当输入超出捕获范围时，VCO 输出的是什么频率？

13. PLL 在其锁定范围内看起来像什么类型的电路？

14. 判断正误：PLL 可以用作 FM/FSK 调制器和解调器。

15. 说出除 PLL 之外的另一种 FM 解调器。

16. 解释什么是相干 FSK，并说明为什么它比非相干 FSK 好。

17. 尽管 FM/FSK 信号会占用很多带宽，但是却得到了非常广泛的应用，为什么？

习题

1. 振荡器中的并联谐振电路由一个 40 μH 的电感和一个 330 pF 的电容并联构成。电容值为 50 pF 的变容二极管与该电路并联。谐振电路的谐振频率和振荡器的工作频率各是多少？◆

2. 如果习题 1 中电路中的变容二极管电容值减小到 25 pF，a. 振荡器的工作频率如何变化？b. 新的谐振频率是多少？

3. 相位调制器产生 45° 的最大相移。调制频率范围为 300～4000 Hz。可能的最大频偏是多少？◆

4. PLL 解调器输入的 FM 信号的载波频率为 10.7 MHz。a. 需要设置 VCO 的工作频率是多少？b. 恢复的调制信号从哪个电路输出？

5. PLL 用于 FSK 调制器需要输出两个频率，二进制数字 "0" 对应 1.3 GHz，二进制数字 "1" 对应 1.45 GHz。输入的参考频率为 1 MHz。分频因子 N 是多少？

6. 如图 6-10 所示的变容二极管相位调制器的电阻值为 3.3 kΩ。变容二极管在未调制中心频率处的电容为 40 pF，载波频率为 1 MHz。a. 相移是多少？b. 如果调制信号将变容二极管电容变为 55 pF，则新的相移又是多少？c. 如果调制信号频率为 400 Hz，此相移表示的近似频偏是多少？

标有"◆"的习题答案见书末的"部分习题参考答案"。

深度思考题

1. 哪些通信产品还在使用 FM？

2. 说出锁相环的三个关键组成部分，并简要说明每个部分的工作原理。

3. 调频信号通过带宽过窄的谐振电路，导致较高的上边带和下边带被消除，会发生什么情况？与原始调制信号的输出相比，处理该信号的解调器的输出信号会有什么变化？

4. 直接调频的晶体振荡器频率为 9.3 MHz。变容二极管产生的最大频偏为 250 Hz。振荡器之后是两个三倍频器、一个倍频器和一个四倍频器。最终输出频率和频偏是多少？

5. 参考图 6-4。要降低振荡器频率，应该将电位器 R_4 的抽头电压调整为更接近 $+V_{CC}$ 还是更接近地？

第 7 章

数字通信技术

如今，得益于快速、低成本的模/数（A/D）、数/模（D/A）转换器和高速数字信号处理器（DSP）等这类器件的快速发展与广泛应用，大多数电子通信系统均采用了数字通信技术。

本章首先介绍模/数（A/D）和数/模（D/A）转换器的基本概念和工作原理，然后介绍脉冲调制技术，最后介绍数字信号处理（DSP）技术。

内容提要

学完本章，你将能够：

- 解释量化误差的产生机理，描述用于最小化量化误差的技术；在给定待转换模拟信号的频率上限下，计算最小采样速率。
- 列出三种最常见的模/数转换器的优缺点。
- 说出过采样和欠采样的定义及其优缺点。
- 解释可以用脉冲编码调制取代脉冲振幅调制（PAM）、脉冲宽度调制（PWM）和脉冲位置调制（PPM）的原因。
- 绘制数字信号处理（DSP）电路框图并说明其组成。
- 列出使用数字信号处理（DSP）技术可以完成的四种模拟处理过程。

7.1 信号的数字传输

术语"信号"是指要传输的消息。由计算机、微控制器、FPGA 或其他数字源产生的信息均为数字形式。语音、视频或其他模拟信号在传输前也必须转换为数字形式。

数字通信技术最初仅限于通过局域网（LAN）实现计算机之间的数据传输。现在，随着模拟信号和数字信号之间的互相转换变得简单易行，数字通信技术可以用于传输数字形式的语音、视频和其他模拟信号了。如今大多数的通信系统都采用了数字技术。

采用数字技术传输信息比用模拟技术有几个显著优势，关于二者的比较将在以下内容和 7.5 节中详细讨论。

抗噪性能。 当信号通过介质或者信道进行传输时，不可避免地会被叠加进噪声。随着信噪比的下降，信号的恢复难度也会变大。噪声是幅度和频率随机变化的电压，模拟信号更容易受到它的干扰。如果期望信号的幅度较小，就有可能会被噪声完全淹没。可以采用某些技术改进系统的抗噪性能，如在调频系统的发射机和接收机中分别采用预加重和去加重电路等。对于模拟调频信号，采用上述技术可以在接收机端对噪声进行抑制，提高接收信号质量，但如果信道传输的是模拟调相信号，噪声的影响依然会很大。

数字信号通常是二进制的信号形式，数字信号的抗噪性能要优于模拟信号，因为噪声幅度必须远高于信号幅度，才能使得二进制数字"1"变成"0"，或者相反。如果二进制"0"和"1"的幅度足够大，那么即使存在大量噪声，接收电路也能很轻易地区分开"0"和"1"的电平，如图 7-1 所示。

> **拓展知识**
> 数字信号通常是二进制的，抗噪性能优于模拟信号。

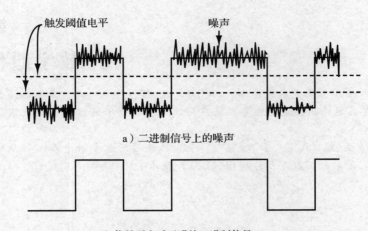

a）二进制信号上的噪声

b）信号再生后无噪的二进制信号

图 7-1　数字信号的抗噪性能

可以在接收机中设置噪声消除电路。具体地，就是用线性接收电路，如运算放大器比较器或施密特触发器设置一个阈值电平，将输入信号电平高于或低于阈值电平作为触发条件。如果阈值设置得当，只有满足逻辑电平要求才会触发电路，因此将会获得完全没有噪声的输出脉冲信号。这个过程称为信号再生。

与模拟信号类似，数字信号通过电缆或者无线电传输时，也会出现失真和衰减。电缆的特性一般可以等效为低通滤波器，它会滤除脉冲信号中的高次谐波，导致信号高频分量损失和波形失真。通过无线电传输时，信号的幅度还会出现严重的衰减。但是，如果数字信号可以通过再生补偿由传输介质引起的幅度衰减，并抑制叠加的噪声，则可实现更可靠的长距离传输。可以保证信号传输到达终点时，信号波形与发送端原始信号波形接近一致，因此数字传输系统所产生的误码率很小。

误码检测与纠正。在数字通信系统中，可以针对传输误码进行检测甚至纠正。如果由于噪声电平较大造成了误码，接收机可通过专用电路检测出误码，然后可以向发射机发起请求重新传输数据的指令。目前已经开发了很多技术用于检测二进制传输中的误码；相关内容将在第 10 章讨论。此外，还开发了一类更完善的误码检测方法，可以识别误码类型甚至确定误码的具体位置。如果能同时获得这两个信息，就可以在接收机端使用数据之前对误码进行纠正了。

数字信号处理（DSP）。DSP 是使用数字方法对模拟信号进行处理的一系列技术，包括将模拟信号转换为数字信号，然后再用高速的数字计算机进行处理。具体的处理功能包括滤波、均衡、移相、混频和其他传统的模拟信号处理过程。此外，处理还包括数据压缩技术，该技术可以提高数据传输的速率并降低某些应用所需的数字数据存储器容量。DSP 还可以实现调制和解调。该处理过程是通过在计算机上执行专用的数学算法实现的，然后将数字信号转换回模拟信号的形式。DSP 在处理信号方面的性能比等效的模拟技术有显著的优势。其中最明显的优势是，以前使用模拟方式从未实现的信号处理类型，使用 DSP 技术却变得非常容易实现。

最后，处理还涉及数据的存储问题。模拟数据很难存储，但是数字数据可以通过一系列经过充分可靠验证的数字存储方法和设备存储在计算机中，如 RAM、ROM、闪存、硬盘、光盘和磁带等。

> **拓展知识**
>
> 使用二进制数字技术，信号的带宽可能是使用模拟方法的两倍以上。

7.2　并行与串行传输

传输二进制数据的方式主要有两种：一是同时传输一个码字的所有位（比特），二是一次只传输 1 bit，依次传输所有的比特。这两种方式即所谓的并行传输和串行传输。

7.2.1　并行传输

在并行数据传输方式中，一个码字的所有位要同时传输出去，如图 7-2 所示。待传输的二进制码字通常先加载到寄存器中，每一位占用一个触发器。每个触发器的输出都连接着一根导线，将该位传输到接收电路中，接收电路通常也是由寄存器构成的存储器。如图 7-2 所示，在并行数据传输中，由于待传输的每一位数字都需要配有一根导线，这就要求所使用的传输电缆需要有多股导线，或者在印制电路板（PCB）上要绘制多条铜箔走线。携带二进制数据的多条并行信号线通常被称为数据总线。所有 8 条线通常都使用一条公共地线。

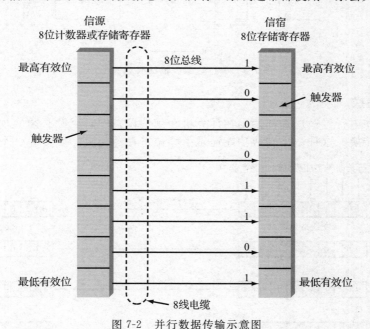

图 7-2　并行数据传输示意图

并行数据传输非常快，因为数据码字的所有位是同时传输的。并行传输的速度取决于逻辑电路发送和接收中的传输延迟以及由电缆或 PCB 上的走线引入的延迟。在许多系统应用中，这种数据传输可以在数纳秒内完成。

并行数据传输对于远距离通信是不适用的。因为为了传输一个 8 位的数据码字，需要8 个单独的通信信道，每一位占用一个信道。虽然可以在有限的距离内使用（通常不超过数米）多线电缆，但对于远距离数据通信来说是不切实际的，因为这其中还要考虑成本和信号衰减的问题。

多年来，并行总线上的数据传输速率一直在提高。例如，目前总线传输速率已经提高到 400 Mbit/s 甚至更高。然而，为了达到这样的速度，总线的长度不得不大大缩短。总线的寄生电容和电感会造成脉冲信号的严重失真。此外，导线之间的串扰也限制了传输速率的进一步提高。缩短线路长度可以减小寄生电感和电容，从而实现更高的传输速率。要实现高达 400 Mbit/s 的传输速率，总线长度必须限制在数米的范围内。为了达到更

> **拓展知识**
> 随着数据传输速率的不断提高，总线长度必须缩短以消除电缆的寄生电感和电容的影响。

高的传输速率，就需要选择使用串行数据传输方式。

7.2.2 串行传输

通信系统中的数据传输主要是以串行的形式进行的；码字的每一位都是一个接一个地依次传输出去，如图 7-3 所示。图中显示了一次传输 1 bit 的码字 10011101。首先传输最低有效位（LSB），最后传输最高有效位（MSB）。MSB 在右侧，表示它的传输在 LSB 之后。每个比特以固定的时间间隔 t 传输。代表每个比特的电压电平依次出现在单条数据线上（相对于地的信号电压），直到整个码字传输完毕。例如，若比特间隔是 10 μs，则说明码字中的每个比特的电压电平出现的时长为 10 μs。因此，传输一个 8 位码字需要 80 μs。

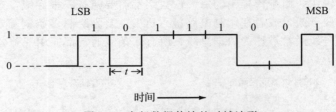

图 7-3　串行数据传输的时域波形

7.2.3 串并转换

由于并行和串行传输过程都发生在计算机和其他设备中，因此必须实现串行、并行数据之间的互相转换。这种数据转换功能通常由移位寄存器完成，如图 7-4 所示。

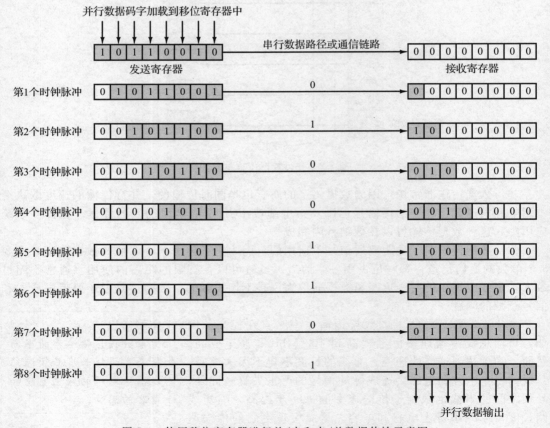

图 7-4　使用移位寄存器进行并/串和串/并数据传输示意图

移位寄存器是一种由多个级联的触发器组成的时序逻辑电路。触发器能够存储多位二进制码字，该码字通常并行加载到发送寄存器中。当时钟脉冲（CP）施加到触发器时，码字的每个位将按顺序从一个触发器移位到另一个触发器。发送寄存器中的最后一个（最右侧的）触发器最终按顺序存储并移位输出二进制码字的每一位。

随后串行数据码字通过串行通信链路传输，到达接收端以后，由另一个移位寄存器接收。码字的每一位逐位地移入各个触发器中，直到该码字全部移入寄存器。然后各个触发器的输出就组成了并行码字，可将该码字数据并行传输到其他电路。这些串行、并行数据互相转换的过程一般发生在接口电路内部，这种接口电路被称为并/串转换和串/并转换（SERDES）器件。

串行数据长距离的传输通常要比并行数据更快。如果使用的是双线传输线路而不是多条线组成的传输线路，则可以通过数米长的串行链路实现超过 2 Gbit/s 的传输速率。如果将串行数据转换为红外光脉冲，就可以使用光导纤维作为传输介质，能实现传输速率高达 100 Gbit/s 的数千米长距离的串行数据传输。目前，在需要高速数据传输的计算机、存储系统和电信设备中，串行总线已经基本上取代了并行总线。

例如，以 400 MB/s 的速率传输数据，使用并行系统传输中，可在时钟速率为 100 MHz 的 32 位并行总线上一次传输 4 字节。但是，总线长度限制在十几厘米以内。

也可以改用串行方式传输。400 MB/s 等于 8×400 Mbit/s 或 3.2 Gbit/s。该速率可以在几米长的铜导线或几千米长的光缆中实现。

7.3 信号转换技术

数字通信的关键是将模拟信号转换为数字形式。有专门的电路可以完成这个任务。将模拟信号转换为数字形式，目的是可以更加方便地对信号进行处理或存储。当然，信号还必须转换为模拟形式供最终用户使用。例如，声音和视频必须是模拟信号的形式。本节重点讨论信号转换技术。

7.3.1 信号转换的基本原理

将模拟信号转换为数字信号称为模/数（A/D）转换、信号数字化或编码。用于进行这种转换的器件称为模/数（A/D）转换器或者 ADC。现代 A/D 转换器通常是一个单片集成电路，它接收模拟信号并将其转换成并行或串行的二进制数据输出，如图 7-5 所示。很多微控制器和某些较大规模的集成电路中往往都集成了 ADC 电路。

与 ADC 相反的信号转换过程称为数/模（D/A）转换。用于实现该功能的电路称为数/模（D/A）转换器、DAC 或解码器。D/A 转换器的输入可以是串行或并行二进制数据，输出是与输入数字值成比例的模拟电压值。与 A/D 转换器一样，D/A 转换器通常也是一个单片集成电路，如图 7-6 所示，或是集成在大规模集成电路内部。

图 7-5 模/数转换器原理示意图

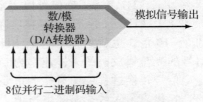

图 7-6 数/模转换器原理示意图

模/数转换。 模拟信号表现为平滑或连续的电压或电流变化，如图 7-7 所示。它可以是语音信号、视频波形或表示其他物理量特性（如温度）变化的电压。通过 A/D 转换，这些连续变化的信号转换成一串二进制数字。

A/D 转换是按规定的时间间隔对模拟信号进行采样或测量的过程。在图 7-7 中垂直虚线所示的时间点，在这些时刻，ADC 对模拟信号的瞬时值进行采样，并生成一个与信号电平成比例的二进制数来表示该样本值大小。这样，连续的模拟信号就被转换成了一串表示采样值的离散二进制数字信号。

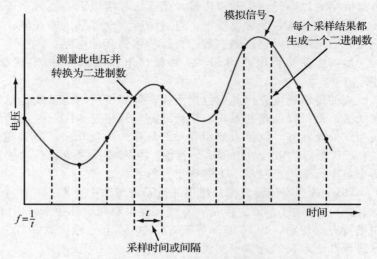

图 7-7　模拟信号采样过程示意图

在采样过程中，一个最关键的参数是采样频率 f，它就是图 7-7 所示的采样间隔 t 的倒数。为了在模拟信号中保留高频信息，就必须采集足够数量的样本，以保证波形不失真。根据采样定理可知，最小采样频率必须等于模拟信号的最高频率的两倍。例如，如果模拟信号的最高频率为 3000 Hz，则对该模拟信号波形的采样频率必须是最高频率的至少两倍，也就是 6000 Hz。该最小采样频率称为奈奎斯特频率 f_N（即 $f_N \geqslant 2f_m$，其中 f_m 为输入信号的频率）。对于上下限分别为 f_2 和 f_1 的带限信号，奈奎斯特采样频率就是带宽的 2 倍，也就是 $2(f_2 - f_1)$。

虽然理论上对模拟信号的最高频率分量可以用两倍于最高频率的速率进行采样而不失真地表示，但在实际中所使用的采样速率要远高于奈奎斯特频率 f_N，采样速率通常取 f_N 的 2.5～3 倍。实际的采样速率取决于具体的系统应用场景以及成本、复杂度、信道带宽、实际电路的可实现性等因素。

例如，假设要将调频收音机的输出信号转换成数字信号。调频广播中音频信号的最高频率为 15 kHz。为了确保可以表示出其最高频率，采样速率必须不小于最高频率的 2 倍：$f = 2 \times 15\ kHz = 30\ kHz$。但在实际应用中所使用的采样速率更高，可以达到信号最高频率的 3～10 倍，也就是 45（3×15 kHz）～150 kHz（10×15 kHz）。存储频率为 20 kHz 的音乐信号的光盘播放机的采样速率为 44.1 kHz 或 48 kHz。

信号转换过程中的另一个重要参数是电压采样的增量数，由于模拟信号是平滑和连续的，它代表了无数个实际电压值。而在实际的 A/D 转换器中，不可能将所有的模拟样本都按比例转换为精确的二进制数。相反，A/D 转换器只能表示特定范围内的有限个电压值，也就是将采样值转换为一个接近实际电压值的二进制数。例如，一个 8 位二进制数只能表示 256 种状态，对电压为 +1V 和 −1V 之间的模拟波形进行采样，只能将无数个模拟信号电压的正负值转换为 256 个数字值之一。

　　A/D 转换器工作时，它将电压范围划分为若干个离散的电压增量，然后用二进制数表示每个电平。采样时测量得到的模拟电压分配最接近的电平值。例如，假设一个 A/D 转换器产生 4 个输出位。用 4 位可以表示 $2^4 = 16$ 个电平。为简单起见，假设模拟电压范围为 0～15V。A/D 转换器如图 7-8 所示来划分电压范围，标出了每个电平所表示的二进制数。需要注意虽然有 16 个电平，但是只有 15 个增量。电平数有 2^N 个，增量数有 $2^N - 1$ 个，其中 N 为二进制数的比特数。

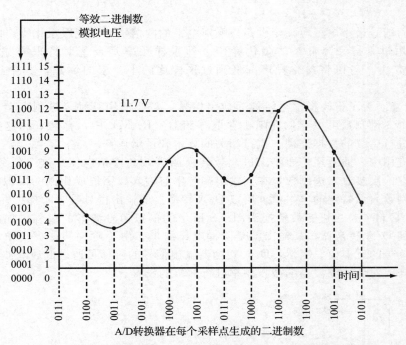

图 7-8　A/D 转换器将输入电压范围划分为若干个离散的电压增量

　　假设 A/D 转换器对模拟输入进行采样并测量到 0 V 的电压。A/D 转换器将产生一个尽可能接近该值的二进制数，在本例中是 0000。如果模拟输入为 8 V，A/D 转换器产生二进制数 1000。但是，如果模拟输入为 11.7 V，如图 7-8 所示，则 A/D 转换器产生的二进制数为 1011，十进制等效为 11。事实上，对于 11～12 V 之间的任何模拟电压值，A/D 转换器都会输出 1011。

　　显然，在 A/D 转换过程中会产生一些误差，该误差叫作量化误差。

　　对于给定的模拟电压范围，可以通过简单的方法减小量化误差，即通过减小电压增量值。而为了表示数量更多的电平值，就必须使用更多的二进制位数。例如，使用 12 位而不是 10 位来使得模拟电压范围产生 2^{12} 即 4096 个电压增量。这就更精细地划分了模拟电压值，从而允许 A/D 转换器输出一个更接近实际模拟值的成比例的二进制数。位数越多，在给定模拟电压范围内的增量数就越多，量化误差也就越小。

　　最大误差值等于 A/D 转换器工作的电压范围除以电压增量个数。假设有一个 10 位的 A/D 转换器，有 $2^{10} = 1024$ 个电平，或 $1024 - 1 = 1023$ 个电压增量。假设输入电压范围为 0～6 V，则最小的电压步长增量为 $6/1023 = 5.86 \times 10^{-3} = 5.865$ mV。

　　显然，每个增量都小于 6 mV，这是可能产生的最大误差值；平均误差是该值的一半。最大误差也称作 ±1/2 LSB 或 LSB 所表示的增量值的一半。

　　量化误差也可以看作是一种随机噪声或白噪声，它限制了 A/D 转换器的动态范围，因为它会造成低电平、小信号转换难度增大。该噪声的近似值为：

$$V_n = \frac{q}{\sqrt{12}}$$

式中，V_n 为噪声电压的方均根，q 为 LSB 表示的最小电压值。这种近似只适用于信号带宽小于 $f_s/2$（称为奈奎斯特带宽）的情况。输入信号频率必须位于该频率范围内。使用上面的 10 位 ADC 为例，LSB 为 5.865 mV，则噪声电压的方均根为：

$$V_n = \frac{q}{\sqrt{12}} = \frac{0.005\,865}{3.464} = 0.0017(V) = 1.7(mV)$$

待数字转换的信号最小电压应该至少是该噪声电平的两倍，才能克服量化噪声的影响。

也可以用过采样来降低整体量化噪声，即采样频率是奈奎斯特采样频率的数倍。利用过采样方法，可以将量化噪声降低到过采样比的平方根的倒数，其中过采样比为 $f_s/(2f_m)$。

数/模转换。 为了将模拟信号转换为数字信号，需要使用某种二进制存储器。表示每个样本的多个二进制数可以存储在随机存取存储器（RAM）中，存储好的这些样本值就可以供微机进行后续的数据处理，执行相关的算术和逻辑运算。

在实际应用中，通常还需要将二进制数转换回等效的模拟电压。这个任务由 D/A 转换器完成，它依次接收二进制数，在其输出端产生与输入数字值成比例的模拟电压。由于输入的二进制数表示特定的电平值，所以 D/A 转换器的输出信号具有阶梯特性。图 7-9 所示为通过 DAC 将 4 位二进制数转换为图 7-8 所示的模拟信号波形的过程。如图所示，二进制数输入到 D/A 转换器，其输出就是阶梯电压波形。由于阶梯的存在，输出的模拟电压只是实际信号的近似值。当然，D/A 转换器输出信号的阶梯可通过低通滤波器将其平滑滤波，此时需要对低通滤波器的截止频率进行适当的设置。

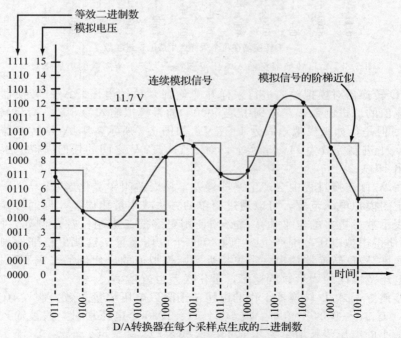

图 7-9　D/A 转换器产生原始信号的阶梯近似的时域波形

例 7-1　用数字方式传输消息信号，该信号是周期为 71.4 μs 的矩形波。如果信道带宽允许传输信号的四次谐波，则该波形的传输基本上不会出现失真。计算：a. 信号频率；

b. 四次谐波频率；c. 最小采样速率（奈奎斯特速率）。

  a. $f=\dfrac{1}{t}=\dfrac{1}{71.4\times10^{-6}}=14\,006\,(\mathrm{Hz})\approx14\,(\mathrm{kHz})$

  b. $f_{4次谐波}=4\times14\,\mathrm{kHz}=56\,\mathrm{kHz}$

  c. 最小采样速率$=2\times56\,\mathrm{kHz}=112\,\mathrm{kHz}$ ◀

  如果模拟电压范围一定，表示电压值的二进制码字的位数越多，所输出的电压步长增量就越小，DAC 输出的模拟信号电压也就更接近于原始模拟信号波形。

  混叠。 对模拟信号波形进行采样，实际上相当于是脉冲振幅调制（PAM）。其调制器中有一个门控电路，会瞬时允许一部分模拟信号通过，产生一个持续时间固定的脉冲，其幅度值等于当时的信号电压值。结果是如图 7-10 所示的一连串脉冲。这些脉冲输入到 A/D 转换器，将其转换为成比例的二进制数值。下面分析一下 A/D 转换中存在的各种因素对 A/D 转换结果的影响。

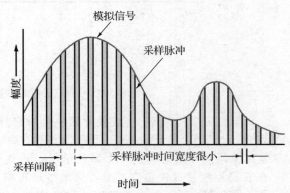

图 7-10　采样和模拟信号，实现脉冲幅度调制

  由第 3 章可知，调幅是载波乘以调制信号的过程，而在 A/D 转换过程中，所谓的载波或采样信号就是一个窄脉冲序列，可以用傅里叶级数表示为：

$$\upsilon_c=D+2D\left(\frac{\sin\pi D}{\pi D}\cos\omega_s t+\frac{\sin2\pi D}{2\pi D}\cos2\omega_s t+\frac{\sin3\pi D}{3\pi D}\cos3\omega_s t+\cdots\right)$$

式中，υ_c 是瞬时载波电压，D 为占空比，是脉冲持续时间 t 与脉冲周期 T 的比值（$D=t/T$）。$\omega_s=2\pi f_s$，其中 f_s 是脉冲采样频率。需要注意该脉冲序列含有直流分量（D 项）和代表基波及其奇次和偶次谐波的正弦和余弦分量。

  将该脉冲信号与待数字化处理的模拟调制或消息信号相乘，可以得到一个看起来很长很烦琐的表达式，其实它很容易理解。假设待数字化处理的模拟信号是频率为 f_m 的正弦波，可以写成 $V_m\sin(2f_m t)$，将其乘以载波，即采样脉冲的傅里叶级数表达式，可得到：

$$\upsilon=V_m D\sin(\omega_m t)+2V_m D\left(\frac{\sin(\pi D)}{\pi D}\sin(\omega_m t)\cos(\omega_s t)+V_m\frac{\sin(2\pi D)}{2\pi D}\sin(\omega_m t)\cos(\omega_s t)+\right.$$

$$\left.V_m\frac{\sin(3\pi D)}{3\pi D}\sin(\omega_m t)\cos(\omega_s t)+\cdots\right)$$

式中，第一项是原始的模拟正弦信号。若将该复合信号通过截止频率略高于模拟调制正弦信号频率的低通滤波器，就可以滤除所有脉冲信号的其他谐波分量，只保留所需的模拟正弦信号。

  从上式中的复合信号可以看出，其正弦波和余弦波的乘积形式与熟悉的 AM 信号表达式相似。回顾第 3 章的相关知识，这些正余弦表达式可以分解为 AM 信号中的和频、差频分量，也就是上下边带。同理，这里采样后得到的信号也含有基于采样频率 f_s 的边带，即形成频率为 f_s+f_m 和 f_s-f_m 的边带信号。此外，还包含基于载波或采样频率的所有谐波形成的边带分量（$2f_s\pm f_m$，$3f_s\pm f_m$，$4f_s\pm f_m$ 等）。用频域图可以更清楚地表示上述各个分量，如图 7-11 所示。通常不需要关心高次谐波及其边带分量，因为它们最终会被滤除。但是应该关注基波正弦波形成的边带分量。在图 7-11 中给出了奈奎斯特频率，并将频谱划分成各个奈奎斯特区间。奈奎斯特区间的宽度是奈奎斯特频率的一半。理想情况下，被采样信号的频率必须小于 $f_s/2$ 或信号必须位于第一个奈奎斯特区间内。

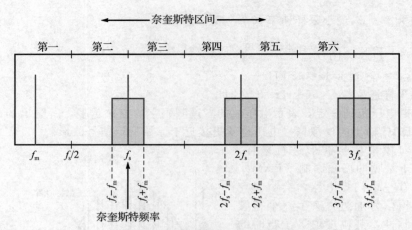

图 7-11　脉冲振幅调制信号的频域图

　　只要设置采样频率 f_s 或载波频率是被采样的调制信号或消息信号中最高频率的两倍或两倍以上即可。然而，如果采样频率不够高，可能会出现一个称为混叠的现象。混叠会导致在原始信号附近产生一个新的信号，该信号的频率为 $f_s - f_m$。当采样信号最终通过 D/A 转换器恢复成模拟信号时，输出将是频率为 $f_s - f_m$ 的混叠信号，而不是 f_m 的原始信号。图 7-12a 所示为上述过程的频谱分布，图 7-12b 为原始模拟信号和恢复的混叠信号。

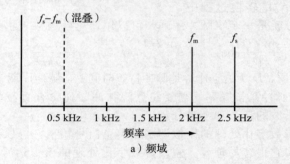

a）频域

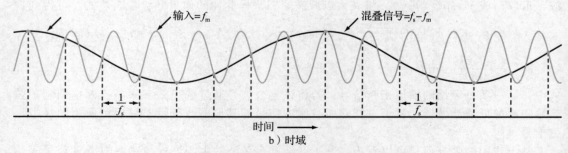

b）时域

图 7-12　混叠示意图

<table>
<tr><td>

拓展知识

混叠是指采样频率低于输入信号频率两倍时出现的错误采样结果，为了确保采样结果正确，需要在采样前加抗混叠滤波器。

</td><td>

假设期望输入信号频率为 2 kHz。最小采样频率或奈奎斯特频率需为 4 kHz。如果将采样速率降为 2.5 kHz，则会产生 2.5 kHz − 2 kHz = 0.5 kHz，即 500 Hz 的混叠信号。D/A 转换器恢复的将是这个混叠信号，而不是期望的 2 kHz 信号。

　　为了消除混叠现象，通常要在原始调制信号源和 A/D 转换器输入之间加一个低通滤波器作为抗混叠滤波器，以

</td></tr>
</table>

确保通过滤波器的信号频率低于采样频率的一半。该滤波器必须具有极好的选择性。普通 *RC* 或 *LC* 低通滤波器的滚降太平缓，所以大多数抗混叠滤波器使用了多级 *LC* 滤波器、*RC* 有源滤波器或高阶开关电容滤波器，来获得陡峭的滚降沿。滤波器截止频率通常设置为略高于输入信号的最高频率。

7.3.2 过采样和欠采样

采样可以理解为是以一定的速率对模拟输入信号进行瞬时测量。对于每个采样值，均会产生一个对应的成比例的二进制数。如前所述，为了确保模拟信号最终可以不失真地恢复出来，采样速率必须是模拟信号最高频率的两倍或以上。信号最高频率的两倍通常被称为奈奎斯特采样速率。

例如，输入信号是含有奇次谐波的频率为 2 MHz 的方波信号。为了保持方波的时域波形不失真，必须至少包含五次谐波，即 10 MHz。因此，最小奈奎斯特采样速率 f_s 至少为 10 MHz 的 2 倍，即 $f_s \geqslant 20$ MHz。通常实际速率超过输入信号中最高频率的两倍称为过采样。显然，过采样既有优点也有缺点。

以低于奈奎斯特频率的速率进行采样称为欠采样。如前所述，欠采样会产生混叠。然而，欠采样有一些值得关注的好处，当然同样也有缺点。

过采样。 过采样是很有必要的，因为它是捕获、处理和保留信号细节的最佳方法。快速升降的窄脉冲就是典型的实例。采样速率越高，数字信号的粒度越细。过采样的缺点包括成本更高、功耗更大、所需存贮空间更大，且需要更快的处理速度，而高速 ADC 的成本更高。此外，更快的 ADC 通常是闪速型或流水线类型结构，其电路更复杂，规模更大，功耗也更高。在 CMOS 设计的电路中，更高的工作频率将产生更大的功耗。如果需要将信号进行存储，用于后续处理，则需要更大的存储器空间，这会进一步增加成本。如果需要对产生样本进行实时处理，则需要计算机处理器主频更高或现场可编程门阵列（FPGA）中的数字电路的运行速度更快，这同样也会增加成本。

至于优点，过采样确实可以完整保留信号的全部细节。其次，过采样对抗混叠滤波器的复杂度要求降低，因为越接近最高频率的采样速率，对滤波器的选择性强要求就越高，通常需要多个椭圆滤波器级联来消除混叠效应。过采样速率越大，滤波器电路规模就越小、越简单，成本就越低。

过采样的最大优点是，由于它在给定时间内产生更多的采样值，因此可以通过频谱扩展来降低量化噪声下限。换句话说，它可以提高信噪比（SNR）。这种在信噪比上的改进称为处理增益。

信噪比是信号功率（P_s）与噪声功率（P_n）的比值，计算结果通常以分贝为单位：
$$\text{SNR(dB)} = 10 \log (P_s/P_n)$$

计算处理增益的表达式如下：
$$处理增益(dB) = 10 \log [(f_s/2)/\text{BW}]$$

式中，f_s 为采样频率，BW 为信号带宽，是指输入信号从 0 Hz 或直流到输入信号中要保留的最高频率的频率范围。

总的信噪比为：
$$\text{SNR}_总 = \text{SNR} + 处理增益$$

例如，假设信噪比为 68 dB，信号带宽为 20 MHz，采样速率为 100 MHz。
$$处理增益(dB) = 10 \log [(100/2)/20] = 10 \log (2.5) = 4 \text{ dB}$$
$$\text{SNR}_总 = 68 + 4 = 72 \text{ dB}$$

对于某些小信号通信系统来说，恶劣的噪声可能淹没掉微弱信号，通过过采样获得更大的处理增益，可以抵消过采样的不足。

欠采样。 欠采样定义为以低于奈奎斯特速率（待数字化信号中最高频率的两倍）的采样速率对模拟信号进行采样。如前所述，欠采样会导致频谱混叠，在 DAC 中恢复信号时会出现多余的低频信号，会影响到原始信号的恢复。可以在 ADC 前面加一个抗混叠低通滤波器，滤除信号中所含有的频率值大于采样速率一半的分量。

换一个角度看，这种混叠效应是可以加以利用的，例如，可将其作为一种实现混频或调制的手段，将信号从较高的频率搬移到较低的频率。在无线电接收机中，通常是将高频信号变换为频率固定的较低频的信号，称之为中频（IF）信号，频率相对较低的中频信号更有利于进行更充分的滤波，改善选择性，详见第 9 章。执行这种等效混叠的电路称为混频器或下变频器。事实证明，欠采样的 ADC 可以作为下变频器或混频器，在现代接收机中，通过欠采样甚至可以省去传统的混频级电路。

如前所述，为了保留待数字化的原始模拟信号的所有信息，采样频率必须是原始信号中最高频率的两倍或以上。这一要求通常假设原始模拟信号的频谱范围是从直流或 0 Hz 到某一频率 f_m。而实际上，奈奎斯特准则却是说，如果以两倍于信号带宽（BW）的频率对信号进行采样，就可以保留原始信号的所有信息。信号的带宽可简单地定义为最高频率（f_2）与最低频率（f_1）之差：

$$BW = f_2 - f_1$$

如果频谱是从直流到 f_m，那么带宽只是 f_m，即：

$$BW = f_m - 0 = f_m$$

然而，在许多情况下，信号显然是一个频率分布于中心频率附近的窄带信号。例如，原始模拟信号占据 70 ± 10 MHz，即 60 MHz～80 MHz 的范围，那么其带宽为：

$$BW = 80 - 60 = 20 \, (MHz)$$

采样定理说的是，如果采样频率大于等于信号带宽的两倍，那么所有的信息都将被保留：

$$f_s = 2BW = 2 \times 20 = 40 \, (MHz)$$

通常情况下，会将采样定理解释为，采样频率必须是最高频率值 80 MHz 的两倍。也就是说采样频率至少为 2×80 MHz $= 160$ MHz。而按照上述采样定理的内容，可以用 40 MHz 或更高的速率对 60～80 MHz 的信号进行采样，这显然是欠采样，也就因此会发生混叠。若使用适当的滤波器滤除欠采样产生的多余频率分量，原始信号会被转换成包含所有相关频率分量的低频信号，这些频率分量很容易通过 DAC 恢复。下面的例子将说明这一点

如图 7-11 所示，采样过程相当于使用矩形波进行振幅调制，产生的信号是若干信号频谱的集合，包括采样频率及其谐波分量加上原始信号频率的边带。频率为 $f_s \pm f_m$ 加上 $2f_s \pm f_m$、$3f_s \pm f_m$ 等。即使在欠采样情况下也会产生这些频谱。

现假设信号的中心频率是 70 MHz，带宽为 ± 10 MHz，也就是 20 MHz。经过 AM 调制后，产生的和频与差频值分别等于 70 MHz + 10 MHz = 80 MHz 和 70 MHz − 10 MHz = 60 MHz，即最大边带频率。带宽为 20 MHz，所以采样频率必须大于等于 40 MHz。这里采用的采样频率为 50 MHz，产生如图 7-13a 所示的频谱。

产生的边带信号是混叠的。第一种情况下，$f_s + f_m$ 即 50 MHz + 70 MHz = 120 MHz 和 $f_s - f_m$ 即 50 MHz − 70 MHz = −20 MHz。差值虽是负频率，但是它仍然是有效的，即频率为 20 MHz 的信号。这里所感兴趣的正是这个差值信号。通过上述过程，对频率从 60 MHz 到 80 MHz 的信号进行处理，产生了 10～30 MHz 的频谱，仍然是 20 MHz 的带宽。这样做的结果是将 70 MHz 信号转换为 20 MHz，同时保留 20 MHz 带宽内的所有边带和原始信息。然后只需要用低通滤波器滤除所有高次谐波信号及其混叠信号即可。

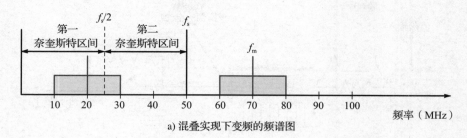

a) 混叠实现下变频的频谱图

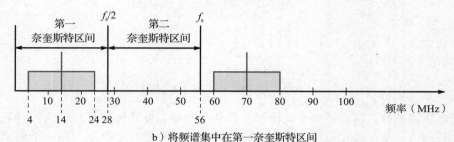

b）将频谱集中在第一奈奎斯特区间

图 7-13 混叠用作下变频的示例

欠采样有几个显著的优点。首先，可以使用采样频率较低的 ADC 器件，其成本较低，对相关电路的性能指标要求也没有那么苛刻。其次，较慢的 ADC 器件的功耗也较小。第三，较慢的 ADC 器件可以使采样之间进行数字信号处理的时间更充裕，也就是说不再要求使用高速的计算机处理器或 FPGA 器件，从而进一步降低了设备的硬件成本和功耗。第四，如果在 ADC 之后还要使用存储器，则所需的存储容量更小，这也可以进一步降低成本和功耗。

成功进行欠采样的关键是仔细选择采样频率。上面的例子随意选择了 50 MHz，因为 50 MHz 是信号带宽的两倍多。可以使用以下公式来选择最佳采样频率。在第一个应用中，Z 的值由选定的采样频率 f_s 和信号频率 f_m 确定。如果 Z 不是整数，则向下取整，并代入第二个公式来产生所需的实际采样频率。使用这些公式可以确保信号位于最低奈奎斯特区间的中心。

$$f_s \geqslant 2\mathrm{BW}$$
$$f_s = 4f_m/(2Z-1)$$

其中第二个公式要使用两次。由第一个公式得到 $f_s \geqslant 40$ MHz，任意取值 $f_s = 50$ MHz。然后用第二个公式求 Z，其中，中心频率为 $f_m = 70$ MHz。

$$Z = 0.5 \times (4f_m/f_s + 1)$$
$$Z = 0.5 \times (4 \times 70/50 + 1) = 0.5 \times (280/50 + 1) = 0.5 \times (5.6 + 1) = 3.3$$

将 Z 向下取整为 3。现在使用第二个公式计算所需的采样频率。

$$f_s = 4f_m/(2Z-1) = 4 \times 70/(2 \times 3 - 1) = 280/5 = 56(\mathrm{MHz})$$

56 MHz 的采样频率将信号频带集中在第一奈奎斯特区间。如图 7-13b 所示。

7.3.3 数/模转换器

可以使用多种电路方案将数字码字转换为与其成比例的模拟电压。最常见的方案是使用 R-$2R$、电阻串型和加权电流源型 D/A 转换器。可将它们设计成集成电路的形式，或将它们集成到其他更大型的片上系统（SoC）中。

R-$2R$ 转换器。 R-$2R$ 转换器主要由四部分组成，如图 7-14 所示。

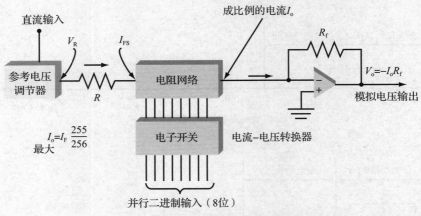

图 7-14 数/模转换器的基本组成

参考电压调节器。 精确的参考电压调节器是由齐纳二极管构成，对输入的直流电压进行处理得到的，齐纳二极管将输入直流电压转换为高精度的参考电压。用一个电阻对该参考电压进行限流，限定电阻网络的最大输入电流，并设置电路的精度。该电流称为满量程参考电流或者 I_{FS}。

$$I_{FS} = \frac{V_R}{R_R}$$

式中，V_R 为参考电压，R_R 为参考电阻。

例 7-2 a. 频率为 15 MHz 的信号以 28 MHz 的采样频率采样会生成什么混叠？

b. 频率为 140 MHz 的信号的带宽为 ±20 MHz。奈奎斯特采样频率是多少？

c. 如果以 60 MHz 的采样速率对 140 MHz 的信号进行采样，产生的混叠频谱范围是什么？

d. 将频谱集中在第一奈奎斯特区间的最佳采样速率是多少？

解：

a. $f_a = f_s - f_m = 28\ \text{MHz} - 15\ \text{MHz} = 13\ \text{MHz}$。

b. $f_s \geqslant 2\text{BW} = 2 \times 40\ \text{MHz} = 80\ \text{MHz}$。

c. 混叠频谱：中心频率为 80 MHz，最低频率为 60 MHz，最高频率为 100 MHz。

d. 更理想的 f_s 是 62.22 MHz。 ◀

电阻网络。 精密电阻网络采用独特的连接方式。参考电压施加到该电阻网络，电阻网络将参考电压转换成为与二进制输入数值成比例的电流。电阻网络的输出电流与二进制输入数值和满量程参考电流成正比。其输出电流最大值为：

$$I_o = \frac{I_{FS}(2^N - 1)}{2^N}$$

对于 8 位数模转换器，$N = 8$。

一些现代的数模转换器使用的是电容网络而不是电阻网络来将二进制数转换为成比例的模拟电流输出。

输出放大器。 成比例的电流通过运算放大器转换成为成比例的电压值。电阻网络的输出连接到运算放大器的求和引脚上。运放的输出电压等于电阻网络的输出电流乘以反馈电阻值。通过适当地选择反馈电阻值，可以缩放到想要的输出电压值。图中的运放是反相放大器：

$$V_o = -I_o R_f$$

电子开关。 电阻网络由一组电子开关控制，这些开关可以是电流开关或电压开关，通常是用二极管或晶体管作为开关。这些开关由来自计数器、寄存器或微处理器输出端口的并行二进制输入位进行控制。开关通过导通或关断来配置电阻网络。

图 7-14 中的所有组件除了放大器外，通常都集成到单片 IC 芯片上，一般情况下放大器是芯片的外部电路。

这种类型的 D/A 转换器有多种类型，可实现 8 位、10 位、12 位、14 位和 16 位的二进制码字的 D/A 转换。

D/A 转换器电路的实现方法差异很大。图 7-15 所示为最常见的电路方案。为了简化绘图，图中的输入数据是只有 4 位的二进制数。这里的关键电路是电阻网络，只使用了两个电阻值，所以将其称为 R-$2R$ 梯形网络。目前已设计出了更复杂的网络，但是使用的电阻取值范围更宽，所以很难在集成电路中实现精确电阻的集成。在图 7-15 中，将这些开关表示为机械器件符号，实际上它们是由二进制数字输入控制的晶体管开关。许多较新型的 D/A 和 A/D 转换器都是使用电容网络而不是 R-$2R$ 网络。

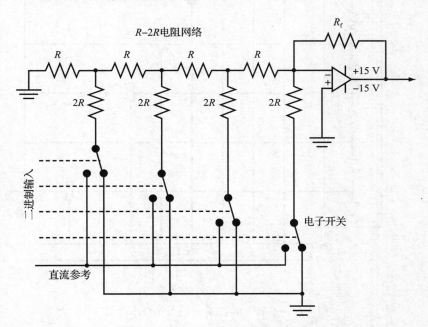

图 7-15 R-$2R$ 梯形网络的数模转换器

电阻串型 DAC。 电阻串型 DAC（分压式 DAC）是由一串阻值相等的电阻串联组成的分压器电路，如图 7-16 所示。该分压器将输入参考电压划分为与二进制输入成比例的等步长电压。电阻串中有 2^N 个电阻，其中 N 是决定分辨率的输入位数。在图 7-16 中，分辨率为 $2^3 = 8$，因此使用 8 个电阻，也可以使用 10 位和 12 位二进制数据实现更高的输出分辨率。如果输入参考电压为 10 V，则分辨率为 $10/2^3 = 10/8 = 1.25$ V。输出以增量 1.25 V 从 0 增加到 8.75 V。

输出电压由一组增强型 MOSFET 开关确定，增强型 MOSFET 开关由标准二进制译码器控制。译码器有 3 位输入和 8 个输出，每个输出驱动控制一个 MOSFET 开关。如果输入码为 000，则开关 S0 导通，输出为接地或 0 V，此时其他的 MOSFET 开关关断。如果输入码为 111，则 S7 导通，输出电压为 8.75 V。根据实际应用需要，如果希望调整输出电压，可以加上一个具有增益和较低输出阻抗的运算放大器进一步调节。

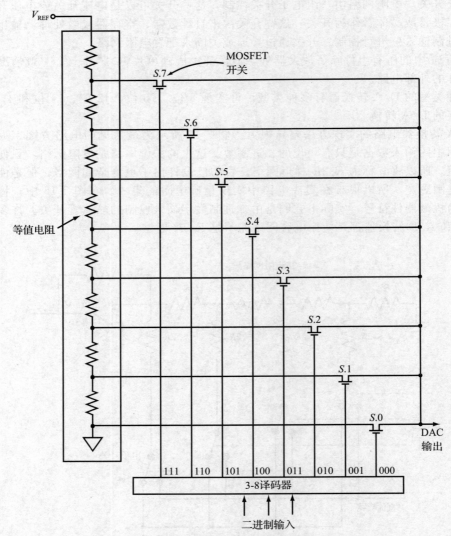

图 7-16　电阻串型数/模转换器结构示意图

加权电流源 DAC。图 7-17 所示的加权电流源 DAC 是一种较常见的超高速 DAC 的电路结构。电流源提供由外部参考电压确定的固定电流。每个电流源提供 I、$I/2$、$I/4$、$I/8$ 等的二进制加权值。电流源由电阻、MOSFET 或某些情况下双极晶体管的组合构成。开关通常是快速增强型 MOSFET，但在某些类型的电路中也使用双极型晶体管。并行二进制输入数据通常存储在输入寄存器中，寄存器输出根据二进制数值的指示控制开关的关断或导通。电流源的输出加载到运放的求和结点。输出电压 V_o 等于电流总和 I_t 与反馈电阻 R_f 的乘积：

$$V_o = I_t R_f$$

在图 7-17 所示的 4 位分辨率情况下，电流增量值有 $2^N = 2^4 = 16$ 个。设电流为 $I = 100\ \mu A$。若输入二进制数为 0101，开关 S2 和 S4 闭合，电流等于 $50\ \mu A + 12.5\ \mu A = 62.5\ \mu A$。使用一个 $10\ k\Omega$ 的反馈电阻，输出电压为 $62.5 \times 10^{-6} \times 10 \times 10^3 = 0.625\ V$。

电流源 ADC 可用于非常快速的转换，分辨率可以是 8、10、12 和 14 位。

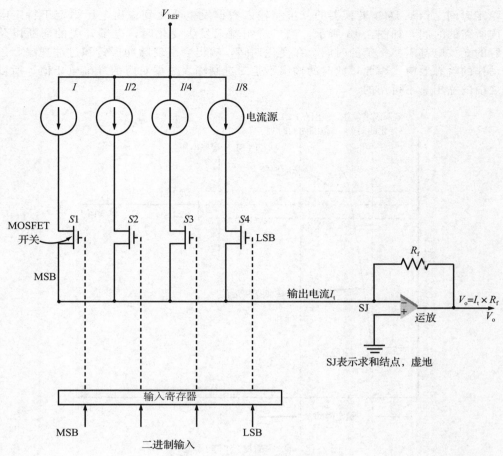

图 7-17　加权电流源 DAC 电路

D/A 转换器的参数。 与 D/A 转换器相关的有四个重要的参数指标：速率、分辨率、误差和稳定时间。速率是指 D/A 转换器可以产生输出步长增量的最快速率。现代 DAC 可以达到每秒 10G 个采样值（10 GSPS）的速率。

分辨率是 D/A 转换器在其输出电压范围内产生的最小电压增量。分辨率与输入位数直接相关。通过将参考电压 V_R 除以输出增量数 $2^N - 1$ 来计算。增量总个数比二进制状态数少 1。

> **拓展知识**
> MSPS 是指每秒数百万个样本。GSPS 是指每秒千兆（十亿）个样本。SFDR 是无杂散动态范围。SNR 是指信噪比。

对于 10 V 参考电压和 8 位 D/A 转换器，分辨率为 $10/(2^8 - 1) = 10/255 = 0.039$ V = 39 mV。

如果应用对转换精度要求较高，则应该使用输入码字位数较多的 D/A 转换器。8 位和 12 位的 D/A 转换器最常见，也有 10、14、16、20 和 24 位的 D/A 转换器件可以使用。

误差用误差电压相对于最大输出电压或满量程输出电压的百分比来表示，满量程输出电压即参考电压值。典型的误差值小于 ±0.1%。误差电压应小于最小增量的一半。参考电压为 10 V 的 8 位 D/A 转换器的最小增量为 0.039 V，即 39 mV。用百分比表示是 $0.039 \div 10 = 0.0039 \times 100 = 0.39\%$，一半就是 0.195%。对于 10 V 的参考电压，则误差电压为 $0.001\,95 \times 10 = 0.0195$ V = 19.5 mV。满量程 0.1% 的典型误差电压为 $0.001 \times 10 = 0.01$ V = 10 mV。

稳定时间是指从 D/A 转换器的二进制输入数据发生变化到输出电压稳定于特定电压范围内所需的时间，如图 7-18 所示。当二进制输入发生变化时，电子开关的通断以及电路电容的充放电都需要一定的时间。在变化期间，输出会出现脉冲振铃和过冲现象，以及开关动作的瞬态效应。因此，此时的输出不是二进制输入数据对应的准确电压值；所以在稳定之前的输出是不可用的。

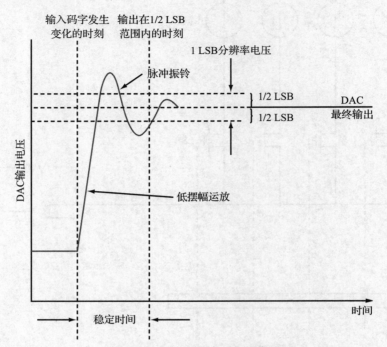

图 7-18 DAC 的稳定时间示意图

拓展知识

稳定时间通常等于 D/A 转换器输出电压稳定到 ±1/2 LSB 变化范围内所需的时间。

稳定时间是 D/A 转换器输出稳定到 ±1/2 LSB 变化范围内所需的时间。在前面描述的 8 位 D/A 转换器的情况下，当输出电压稳定到变化范围小于最小电压 39 mV 的一半，也就是 19.5 mV 时，就可以认为输出信号是稳定的。典型的稳定时间在 100 ns 范围内。这个参数很重要，它决定了电路的最大运行速率，称为转换时间。100 ns 的稳定时间换算成频率为 $1/(100 \times 10^{-9}) = 10$ MHz。如果运行速率高于该速率将会产生输出误差。

单调性是 DAC 另一个参数指标。若输入二进制数每增加一位，输出的电压就以分辨率电压增加一个步长，则 DAC 是单调的。在高分辨率的 DAC 中，增量极小，如果电路精度不准，则可能会造成输入二进制数增大的同时输出电压却在减小。这通常是由 DAC 中的电阻或电流源的调整或匹配不当造成的。

直流工作电压和电流也是 DAC 的参数指标。早期的 DAC 器件工作电压是 +5 V，但目前大多数新推出的 DAC 器件工作电压是 3.3 V 或 2.5 V。器件使用说明中通常还会给出其损耗的电流值。

另一个需要考虑的因素是单个芯片中 DAC 的个数。常见的单片 IC 中可以有 2、4、8 个 DAC。在多 DAC 的芯片中，大多数 DAC 的二进制输入选择串行输入方式，是因为串行输入可以大大减少专用于输入二进制信号的引脚数量。一个 16 位并行的 DAC 需要有 16 个输入引脚，如果改用串行输入的话，则只需要一个输入引脚。典型的串行输入格式是串行外设接口（SPI）或大多数嵌入式控制器及微处理器上常见的 I²C 接口。

二进制输入电平逻辑也是 DAC 的参数指标之一。早期的 DAC 使用 TTL 或 CMOS 兼容的＋5 V 输入电平，而目前较新的芯片使用较低的 1.8 V、2.5 V 或 3.3 V 电平作为输入信号电平。高速 DAC 通常使用电流模式逻辑（CML）输入或低压差分信号（LVDS）电平，差分信号的摆幅只有几百毫伏。参考电压值通常是 1～5 V，由 DAC 芯片上的齐纳二极管产生，该二极管带有温度补偿。

7.3.4　模/数转换器

模/数转换从采样过程开始，通常由采样保持（S/H）电路对信号进行采样。S/H 电路以特定的时间间隔对模拟电压进行精确采样测量，再由 A/D 转换器将瞬时电压值转换为二进制数。

采样/保持电路。 采样/保持（S/H）电路，也称为跟踪/存储电路，接收模拟输入信号，并在电路采样模式下保持模拟信号电压不变。在保持模式下，放大器会记住，即存储一个在采样时刻的特定电压电平。S/H 放大器的输出是一个固定的直流电平，其幅度为采样时刻的值。

图 7-19 所示为采样/保持放大器的简化图。主要元件是一个高增益的直流差分运算放大器。该放大器连接成一个具有全部负反馈的电压跟随器形式。将信号从同相（＋）端输入放大器，该放大器将会直接输出完全相同的信号，因为放大器增益为 1，是同相放大器。

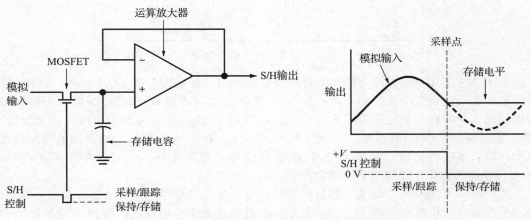

图 7-19　ADC 的采样/保持放大器工作原理示意图

存储电容连接到放大器输入端，输入阻抗很高。输入信号通过 MOSFET 的栅极施加到存储电容和放大器输入端。通常情况下用增强型 MOSFET 作为开关。只要 MOSFET 栅极的控制信号为高电平，输入信号就可以加到运放的输入端和存储电容上。当栅极为高电平时，场效应管导通，等效为一个非常小的电阻，将输入信号连接到放大器输入端。电容充电电压跟随输入信号电压。这是放大器的采样，即跟踪模式，此时运放的输出电压等于其输入。

当 S/H 控制信号变为低电平时，场效应管被关断，但电容上的电荷仍然存在。由于放大器具有极高的输入阻抗，允许电容保持电荷相对较长的时间。S/H 放大器的输出等于在采样瞬间输入信号的电压值，采样瞬间即 S/H 控制脉冲从高电平（采样）切换到低电平（保持）的点。运放输出电压输入到 A/D 转换器，转换为成比例的二进制数。

S/H 放大器的主要优点是它在采样间隔期间可以存储模拟电压。在某些高频信号中，模拟电压在采样间隔内可能发生变化，这是不希望出现的问题，因为它会影响 A/D 转换器的正常工作，引入所谓的孔径误差。而采用 S/H 放大器将电压存储在电容上；在采样间隔期间电压恒定，A/D 转换器的量化值就是准确的。

有许多方法可以将模拟电压转换为二进制数。下面将介绍几种最常见的方法。

逐次逼近型转换器。 如图 7-20 所示，该转换器包含一个 8 位逐次逼近寄存器（SAR）。寄存器中的特殊逻辑使从 MSB 到 LSB 的每一位依次置为 1，直至最接近输入电压的二进制数值并存储在寄存器中。时钟输入信号决定二进制数字 0 和 1 的变化速率。

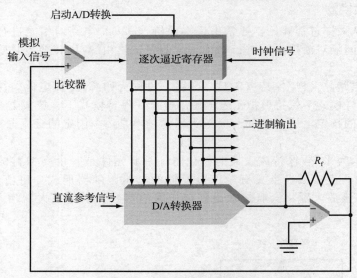

图 7-20   逐次逼近型转换器

SAR 最初重置为 0。当转换开始时，MSB 置为 1，在输出产生 10 000 000，使得 D/A 转换器的输出电压为满量程的一半。将 D/A 转换器输出施加到运算放大器上，后者将其与模拟输入一起输入到比较器中进行比较。如果 D/A 转换器的输出大于输入，比较器向 SAR 发出信号，将 MSB 清零。下一位 MSB 置为 1，D/A 转换器输出成比例的模拟电压，再次与输入值进行比较。如果 D/A 转换器的输出仍然大于输入，则该位仍清零；如果 D/A 转换器的输出小于输入，则该位将保持为二进制 1。

然后将 MSB 的下一位置为 1 再进行比较。重复此过程直到所有 8 位进行完毕。最终的输出是与输入电压成比例的 8 位二进制数。时钟频率为 200 kHz 时，时钟周期为 $1/200 \times 10^3 = 5\ \mu s$。每一位的操作都是在一个时钟周期内完成的。共进行了 8 次 5 μs 的比较，总转换时间为 $8 \times 5 = 40\ \mu s$。

逐次逼近型转换器运行速度快，一致性好。其转换时间一般为 $0.25 \sim 200\ \mu s$，分辨率有 8 位、10 位、12 位和 16 位等。转换速率也可以使用每秒百万个采样（MSPS）作单位。目前逐次逼近型转换器的转换速率可达 5 MSPS。

拓展知识

在集成电路中，电阻占用的空间比其他元件占用的空间大。为了在集成电路设计中尽量节省空间，可以将电阻网络重新设计为电容网络。

许多较新型的逐次逼近型转换器在加权网络中使用电容代替了电阻，而且不再使用具有 $R\text{-}2R$ 网络的 D/A 转换器。制作集成电路（IC）A/D 或 D/A 转换器难度最大的部分就是电阻网络。它可以用激光微调的薄膜电阻来实现，但在制作集成电路时这需要相当昂贵的加工工艺。电阻也比其他器件占用更多的芯片空间。在 A/D 转换器中，$R\text{-}2R$ 网络占用的空间可能是所有其他电路的 10 倍甚至更多。为了解决这些问题，可以采用电容网络代替电阻网络。电容有易于制作，占用空间小等优点。

对电容网络的基本概念说明如图 7-21 所示。图中是一种相对简单的 3 位 D/A 转换器。需要注意，电容的二进制权重值为 C、$C/2$ 和 $C/4$，所有并联电容的总电容为 $2C$。实际的电容值大小无关紧要，因为决定转换结果的是电容的比值。因为不需要精确的电容值，这使得 IC 的制造难度降低。只需要仔细控制好电容的比值，这在制造集成电路时比使用激光微调电阻更容易实现。图中采用 MOSFET 作为实际电路中的开关。通过一个 3 位逐次逼近寄存器控制 $S_1 \sim S_4$ 的开关。

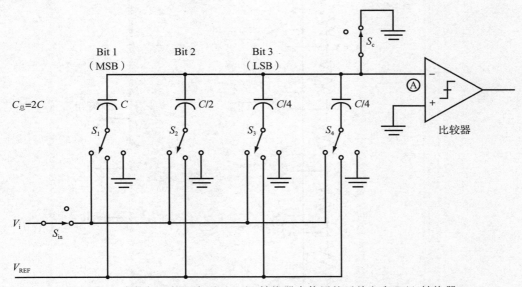

图 7-21   在较新型的逐次逼近 A/D 转换器中使用的开关电容 D/A 转换器

开关 S_c 和 S_{in} 闭合启动转换，开关 $S_1 \sim S_4$ 将 V_i 连接到并联的 4 个电容上。比较器两个输入端暂时短路。待采样和转换的模拟输入信号 V_i 施加到所有电容上，使每个电容充电到当前信号电压值。接下来，S_c 和 S_{in} 开关断开，在电容上存储了当前的信号电压值。由于电容在采样时存储了输入电压值，因此不需要单独的 S/H 电路。逐次逼近寄存器和相关电路按照一定的顺序将参考电压 V_{REF} 切换到各个电容上，比较器在每一步切换后比较其输入的电压值，确定每次比较的结果是 0 还是 1。例如，第一步，S_1 将 V_{REF} 连接到电容 C 上，其他所有电容均通过 $S_2 \sim S_4$ 接地。电容 C 与其他所有电容并联构成分压器。比较器查看电容的公共连接点（点 A）的电压，然后根据比较结果输出 "0" 或 "1"。如果连接点处的电压大于比较器阈值（通常是电源电压的一半），比较器输出为 "1"，并将其存储在输出寄存器中。如果连接点处的电压小于阈值，则比较器输出为 "0"，也将其存储在输出寄存器中。如果比较后的输出值为 "1"，则电容 C 在本次转换过程中的剩余时间内与 V_{REF} 保持连通；反之，如果输出值为 "0"，电容 C 由开关 S_1 控制连接到地。

该过程继续进行，将下一个电容 $C/2$ 从地连接到 V_{REF} 上，再次进行比较，并产生下一个输出位。持续进行这个过程直到所有电容的电压都比较完毕。在此过程中，电容上的初始电荷根据输入电压的值被重新分配。二进制输出存储在逐次逼近寄存器中。

该电路可以很容易地用更多的电容进行扩展，以获得更多的输出位。使用正负参考电压可以用于双极性输入信号的转换。

开关电容网络可使 A/D 转换器的电路规模变得非常小，这样它就可以很容易地集成到其他电路中。典型例子就是集成在微控制器（MCU）芯片中的 A/D 转换器。

闪速型转换器。闪速型转换器采用了一种完全不同的方法来完成 A/D 转换，采用了大的电阻分压器和多个模拟比较器。需要 2^N-1 个比较器，其中 N 是期望输出数据的位数。如图 7-22 所示，一个 3 位 A/D 转换器需要 $2^3-1=8-1=7$ 个比较器。

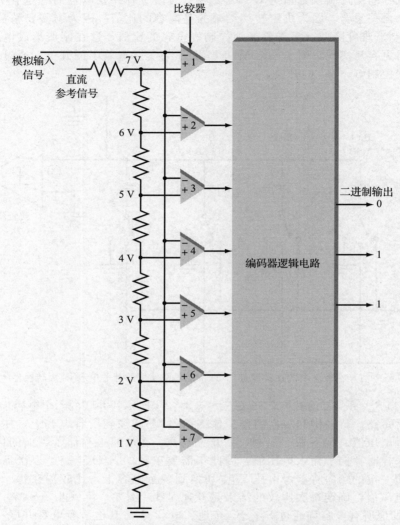

图 7-22　闪速型 AD 转换器工作原理示意图

电阻分压器将直流参考电压范围分成若干相等的增量。分压器的每个抽头连接到一个单独的模拟比较器。所有比较器的另一个输入端都连接在一起，并由模拟输入电压驱动。根据输入电压的实际值，有些比较器输出为 1，有些会输出为 0。比较器的工作过程为：若模拟输入电压大于分压器抽头处的参考电压，则比较器的输出将为二进制 1。例如，设图 7-22 中的模拟输入电压为 4.5 V，则比较器 4、5、6 和 7 的输出将为二进制 1，其他比较器的输出将为二进制 0。编码器逻辑电路是一种特定的组合逻辑电路，它将比较器的 7 位二进制输入转换为 3 位二进制输出。

逐次逼近型转换器在电路经过判决过程后产生其输出电压，而闪速型转换器几乎在一瞬间产生二进制输出。不需要计数器逐位递增，也不需要寄存器中的一系列位进行 0、1 转换。相反，闪速型转换器产生输出的速度与比较器切换的速度一样快，信号瞬间就被逻辑电路转换为二进制电平。比较器切换和逻辑传播的延迟极短，因此，闪速型转换器是工作速率最快的一类 A/D 转换器。转换速度通常小于 100 ns，最快可小于 0.5 ns。闪速型的转换速率以每秒百万个采样（MSPS）或每秒千兆个采样（GSPS）或每秒 10^9 个采样为单位。闪速型 A/D 转换器复杂且昂贵，因为大量的二进制数需要大量的模拟比较器来处理。所需比较器的总数是以 2 为底的幂。一个 8 位闪速型转换器有 $2^8-1=255$ 个比较器电路。显然，对于集成电路来说，这样的单元组件数量越多，规模越大，制造难度也就越大。并且因为比较器是线性电路，所以这种集成电路也比数字电路的功耗更大。然而对于高速转换应用来说，它们却是最佳选择，因为它们可以实现很高的转换速度，可以很容易地对视频等高频信号进行数字化处理。常见的闪速型转换器的输出分辨率为 6、8、10 位。

例 7-3　14 位 A/D 转换器的电压范围是 $-6\sim+6$ V。求出：a. 可表示的离散电平（二进制码字）数；b. 用于划分总电压范围的电压增量数；c. 表示最小电压增量的数字分辨率。

a. $2^N=2^{14}=16\,384$

b. $2^N-1=2^{14}-1=16\,383$

c. 总电压范围是 $-6\sim+6$ V，也就是 12 V，因此，

$$分辨率=\frac{12}{16\,383}=0.7325\ \text{mV}=732.5\ \mu\text{V}\qquad\blacktriangleleft$$

流水线型转换器。 流水线型转换器是使用两个或多个低分辨率闪速型转换器组成的，实现在转换速率和分辨率上优于逐次逼近型转换器的目的，但是比单个的闪速型转换器的分辨率和转换速率还是要低一些。8 位以上的高分辨率闪速型转换器是不实用的，因为它所使用的比较器数量非常多，功耗太大。然而，可以使用几个位数较少的闪速型转换器来实现更高的转换速率和分辨率。图 7-23 所示为一种两级 8 位流水线型转换器结构。S/H放大器采样获得的模拟信号输入到 4 位闪速型转换器上，产生 4 个最高有效位。再将这些最高有效位输入到 4 位 DAC 转换回模拟信号，然后在差分放大器处从原始模拟输入信号中减去 DAC 输出信号。剩下的模拟信号表示信号的最低有效部分。经放大后输入到第二级 4 位闪速型转换器上，输出为 4 个最低有效位。

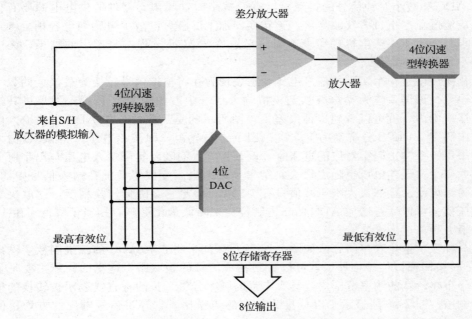

图 7-23　两级 8 位流水线型转换器

使用两个 4 位闪速型转换器级联，只需要 30 个比较器就可以实现 8 位分辨率。否则如前所述，用单个闪速型转换器则需要 255 个比较器。流水线型转换器的代价是转换速率下降。因为流水线型转换器需要经过两步转换，每个闪速型转换器都需要进行一次转换，所以流水线型转换器显然变慢了。然而总体的运行速率仍然是非常快的，比逐次逼近型转换器要快得多。

上述方案原理可以扩展到 3 个、4 个或更多级的级联构成流水线型转换器，以达到 12、14 和 16 位的分辨率。用这种方法构成的转换器速率可以高达 10 GSPS。

7.3.5　模/数转换器的参数

模/数转换器（ADC）的主要参数是转换速率、分辨率、动态范围、信噪比、有效位数和无杂散的动态范围。转换速率是指 ADC 所能达到的最快的采样速率。实际应用中有时也需要使用低速率 ADC。目前 ADC 的采样速率可达 20 GSPS。

ADC 的分辨率与位数有关。分辨率表示转换器可转换的最小输入电压，等于参考电压 V_{REF} 除以 2^N，其中 N 为输出二进制位数。常见的 ADC 分辨率为 8、10、12、14、16、18、20、22 和 24 位。

ADC 的动态范围是可以完成转换的输入电压范围，表示为最大输入电压与最小可转换电压的比值，并换算为分贝。在 ADC 电路中，最小输入电压一般是 LSB 电压的值，也就是等于二进制数字值 "1"。最大输入电压与最大输出码字 $2^N - 1$ 相关，N 是位数。ADC 的动态范围表达式为：

$$\text{dB} = \frac{20\log(2^N - 1)}{1} = 20\log(2^N - 1)$$

用上式计算 12 位 A/D 转换器的动态范围为：

$$\text{dB} = 20\log(2^{12} - 1) = 20\log(4096 - 1) = 20\log 4095 = 72.24(\text{dB})$$

动态范围分贝值越大越好。

信噪比（SNR）是 ADC 重要的性能指标。是实际输入信号电压与系统中总噪声的比值。ADC 的噪声包括时钟相关噪声、电源纹波、外部信号耦合以及量化噪声。将时钟布线远离 ADC 和减小时钟信号的抖动可以有效减小时钟噪声。器件的供电电源要有良好的旁路，应能避免产生过多纹波噪声。给转换器加上屏蔽可以减少电感和电容耦合噪声。但量化噪声与上述噪声产生机理完全不同，它是 A/D 转换过程本身产生的结果，无法有效减小到小于某个特定值。

量化噪声就是一个实际的信号电压，它表现为在将模拟信号转换为最接近的数字值时产生的误差，该误差作为噪声叠加到模拟输入信号中。如图 7-24 所示，如果将其绘制在输入电压范围内，就可以看到这种误差。该图所示的是简单的 3 位 ADC 中的输入电压和相关输出码字。1 LSB 分辨率为 $V_R/2^N$。图下方是噪声，即误差电压。当 ADC 输入电压正好等于每一个输出码字对应的电压时，误差为零。而随着实际输入电压与码字所表示的电压之差变大，误差电压也随之增大。结果是误差电压变成了叠加在输入信号中的噪声，其波形为锯齿波。虽然最大噪声峰值只有 1 LSB，但是它会降低转换精度，这取决于输入信号电压值。可以通过增加 ADC 的二进制位数来降低量化噪声，相当于降低了由 LSB 值决定的最大噪声。

另一种表示量化噪声的方法如图 7-25 所示。如果将获取 ADC 的二进制数字输出再通过 DAC 转换回模拟信号，那么就可以看到各个信号的频域图。这里的噪声主要是量化噪声，它分布在较宽的频率范围内，具有丰富的频率分量。长的垂直线表示被转换的模拟输入信号电压。图 7-25 还显示了以分贝为单位的信噪比，它等于信号电压的方均根值除以噪声的方均根值，以分贝表示。

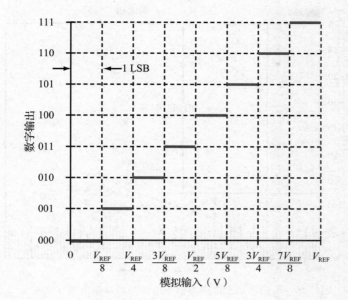

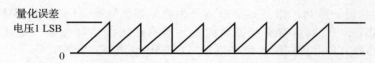

图 7-24　量化噪声是因为输入信号电平和所用的量化电平不相等而产生的误差

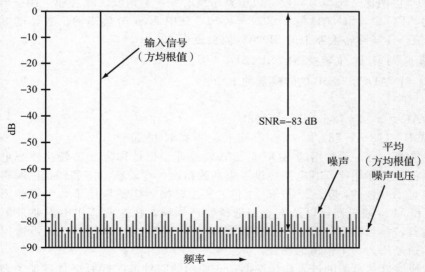

图 7-25　量化噪声和信号电压的频域分布图

　　另一个相关的参数是无杂散动态范围（Spurious Free Dynamic Range，SFDR），如图 7-26 所示。它等于信号电压的方均根值与最大"杂散"电压方均根值的比值，以分贝表示。杂散噪声是由互调失真引起的谐波失真或非期望信号，它是由转换器电路、放大器或相关电路及元件的非线性引起的混频或调制的结果。杂散是各种信号与其谐波之间的相加或相减的结果。

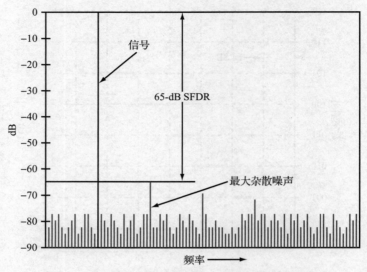

图 7-26   无杂散动态范围是信号电压与最高杂散电压之差

对于 ADC 来说，噪声、谐波或杂散信号相叠加都会降低 ADC 的分辨率。通常复合噪声电平大于 LSB 值，所以只有那些更高的位才能真正决定信号振幅。这种效应可以用一种称为有效比特数（ENOB）的参数来度量，ENOB 可用下式计算：

$$ENOB = \frac{SINAD - 1.76}{6.02}$$

SINAD（信纳比）是信号幅度除以电路中所有噪声与谐波失真之和。在一个完全无噪声和失真的 ADC 中，SINAD 是 $6.02N + 1.76$，其中 N 是分辨率的位数。这可能是最佳的 SINAD 值，在实际转换器中的 SINAD 值会更小。

例 7-4   a. 计算 12 位转换器的 SINAD。

b. 计算 SINAD 为 78 dB 的转换器的 ENOB。

解：

a. SINAD $= 6.02 \times 12 + 1.76 = 74$（dB）

b. ENOB $= (78 - 1.76)/6.02 = 12.66$ 位，可以取 12 位。   ◀

Σ-Δ 转换器。 另一种常用的 ADC 是 Σ-Δ 转换器。也被称为 Δ-Σ 转换器或电荷平衡转换器，与其他转换器相比，其电路提供了极高的精度、宽动态范围和较低的噪声。它的输出字长可以是 18 位、20 位、22 位和 24 位。Σ-Δ 转换器广泛应用于数字音频系统，例如 CD、DVD 和 MP3 播放器，以及工业和地球物理领域，在这些应用中需要采集低速传感器信号并将其转换为数字信号。Σ-Δ 转换器不适用于高速 A/D 转换，也不适用于必须将多个独立信道复用为一个信道的场合。

Σ-Δ 转换器就是所谓的过采样转换器。它使用的时钟或采样频率是其他类型转换器所需的最小奈奎斯特速率的若干倍。转换速率通常是模拟输入信号中最高频率的 64～128 倍或以上。例如，假设一个谐波高达 24 kHz 的音乐信号，逐次逼近型转换器必须以其两倍或更多倍（超过 48 kHz）的速率进行采样，以避免混叠和数据丢失。而 Σ-Δ 转换器则使用 1.5～3 MHz 范围内的时钟或采样速率。目前，实用的 Σ-Δ 转换器的采样速率已经可达最高输入信号频率的数百倍，因为量化噪声的下降取决于过采样速率的平方根的倒数。采样频率越高，噪声越低，动态范围越宽。Σ-Δ 转换器中使用的过采样技术本质上是将噪声搬移到更高的频率上，可以很容易地用低通滤波器滤除。将噪声电平降低后，可以对电平更低的输入信号进行 A/D 转换，这就相当于增加了转换器的动态范围。如果用分贝表示，动态范围是转换器可转换的最小和最大信号电平之差。当然，这种转换器技术的另一个好处是解决混叠问题非常容易，通常只需要一个简单的 RC 低通滤波器即可防止混叠效应。

图 7-27 所示为基本的 Σ-Δ 电路。输入信号施加到差分放大器上，该差分放大器从输入信号中减去 1 位 D/A 转换器的输出电压。该 1 位 D/A 转换器由比较器的输出驱动。如果输出是二进制数字"1"，则 D/A 转换器输出 +1 V。如果比较器输出为二进制数字"0"，则 D/A 转换器输出 −1 V。这样，转换器的输入电压范围设置为 +1 V。

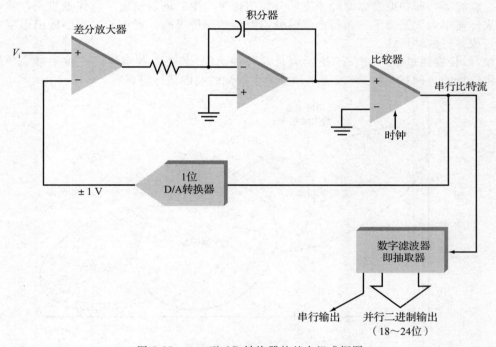

图 7-27 Σ-Δ 型 AD 转换器的基本组成框图

差分放大器的输出在积分器中进行平均。积分器的输出进入比较器，与地电平（0 V）进行比较。该比较器由外部时钟振荡器进行控制，以便比较器在每个时钟周期产生一个判决输出位，由此产生的二进制数字"0"和"1"的比特流表示变化的模拟输入信号。这个串行比特流被馈送到数字滤波器或抽取器，产生最终的二进制输出码字。

当输入信号施加到电路时，Σ-Δ 转换器产生一个表示输入平均值的串行比特流输出。闭环电路使输入信号在每个时钟周期内与 D/A 转换器的输出进行比较，从而产生一个比较器判决结果，该结果可能会也可能不会改变比特值，即 D/A 转换器的输出。如果输入信号增大，则 D/A 转换器将连续输出二进制数字"1"，使积分器中的平均值增大。如果输入信号减小，则比较器切换到二进制数字"0"，迫使 D/A 转换器输出 −1 V。结果是，D/A 转换器的输出经过多个周期的平均，产生一个等于输入电压的输出。通过闭环可以不断地迫使差分放大器输出趋近零。

进一步分析，考虑 D/A 转换器输出值在 +1 V 和 −1 V 之间切换。如果输出都是二进制"1"，即 +1 V 脉冲，则 D/A 转换器输出的平均值正好等于 +1；如果 D/A 转换器的输入都是二进制"0"，则会出现一串电压为 −1 V 的脉冲，在多个周期内，输出电压平均值为 −1 V。现在假设 D/A 转换器的输入是一系列交替变化的二进制"0"和"1"，则 D/A 转换器的输出在一个周期为 +1 V，在下一个周期为 −1 V。随着时间的推移，平均值为零。可以看出，如果在 D/A 转换器输入端二进制"1"多过"0"，则平均输出为正电压。反之，如果 D/A 转换器输入二进制"0"更多，则平均电压将变为负值。"0"或"1"的密度决定了一段时间内的平均输出值。比较器的输出是一串比特流，该比特流表示输入电压的平均值，它是一个连续的非二进制输出。

这种串行比特流不是很实用。因此，可将其通过所谓的抽取器。抽取器就是一种数字滤波器，它所使用的数字信号处理技术不在本书的讨论范围内。该滤波器的总体效果是对串行比特流进行数字平均，产生多比特连续输出码字，这些码字实际上就是输入的滚动平均值。滤波器，即抽取器以时钟速率的分频值速率产生二进制输出。总体效果是，输入信号的采样速率大大下降了，而转换器的分辨率依然保持很高。真正的二进制输出码字可以是串行或并行两种形式。

模/数转换器总结。图 7-28 所示为目前各种 ADC 的工作频谱情况。对于每一种类型的可供选择的 ADC 器件，转换速率和分辨率指标的范围估计得很宽。

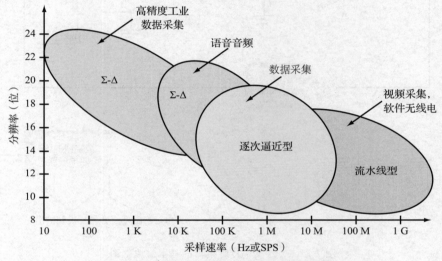

图 7-28　最常用 ADC 的分辨率和采样速率

7.4　脉冲调制技术

脉冲调制是通过改变二进制脉冲信号来表示待传输的信息的过程。用二进制技术传输信息的主要优点是，它具有很强的抗噪性和对衰减信号的再生能力。在传输过程中加入二进制信号中的任何噪声通常都会被抑制。此外，信号的各种失真也可以通过施密特触发器、比较器或类似的电路对信号进行整形来消除。如果消息信号可以在由二进制脉冲组成的载波上传输，则二进制传输方式就可以用于提高通信质量。脉冲调制技术就是利用了这些优点。原始消息信号通常是模拟信号，用于以某种方式改变二进制信号（导通/关断）或脉冲载波的某个参数，实现调制。

进行脉冲调制时，载波不是连续发射的，而是以短脉冲的方式发射，其持续时间和幅度与调制信号相对应。载波的占空比通常较小，这样载波关断的时间就比脉冲持续时间长。这样安排的好处是，即使在峰值功率较高的情况下，平均载波功率也保持相对较低。在给定的平均功率下，峰值功率的脉冲可以传播更远的距离，同时也可以更有效地克服系统中的噪声。

脉冲调制有四种基本形式：脉冲振幅调制（PAM）、脉冲宽度调制（PWM）、脉冲位置调制（PPM）和脉冲编码调制（PCM）。

7.4.1 脉冲调制方式的比较

图 7-29 所示为模拟调制信号和由 PAM、PWM 和 PPM 调制器产生的各种信号波形。在这三种情况下，类似 A/D 转换那样，都会对模拟信号进行采样。采样点表示在了模拟波形上。采样时间间隔 t 是恒定的，并受前面描述的奈奎斯特条件的限制。模拟信号的采样速率必须大于等于模拟信号最高频率分量的两倍。

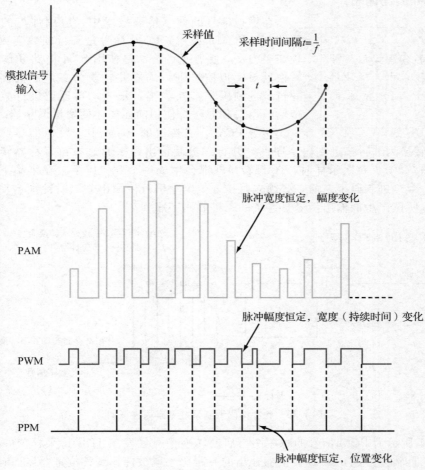

图 7-29 几种类型的脉冲调制信号的波形

图 7-29 中的 PAM 信号是一串恒定宽度的脉冲，其幅度随模拟信号而变化。与采样周期相比，脉冲通常较窄，即占空比很小。PWM 信号的幅度是二进制的（只有两个电平）。脉冲的宽度或持续时间随模拟信号的幅度而变化：在低模拟信号电压下，脉冲较窄；模拟信号幅度变高，脉冲变宽。在 PPM 中，脉冲根据模拟信号的幅度来改变位置。脉冲宽度很窄。这些脉冲信号可能以基带形式传输，但在大多数应用中，会将脉冲信号调制到高频无线电载波上。按照脉冲信号的形状来控制载波的导通和关断，实现调制。

在四种脉冲调制类型中，PAM 的实现最简单，成本最低。但是，由于它是用脉冲幅度变化携带信息，故 PAM 更容易受到噪声的影响，也无法使用限幅电路抑制噪声，因为限幅、削波也会消掉振幅调制信号。PWM 和 PPM 是二进制信号的形式，所以可以使用削波或限幅技术来减小噪声电平。

脉冲调制技术已经有了数十年的历史，目前它们已不再被广泛应用，在三种脉冲调制技术中，PWM 相对应用最广泛，比如用于遥控目的，例如在飞机模型、船模、汽车模型中。脉冲宽度调制（PWM）技术也被广泛用于开关电源（DC-DC 转换器、稳压器等）、电机转速控制以及丁类音频开关功率放大器。

　　如今，脉冲调制技术已经在很大程度上被更先进的数字技术所取代，例如脉冲编码调制，其中传输的是表示数字数据的实际二进制数。

7.4.2　脉冲编码调制

> **拓展知识**
>
> 在所使用的各种模拟信号数字传输技术中，脉冲编码调制（PCM）技术的应用最广泛。

在模拟信号的数字传输技术中，应用最广的是脉冲编码调制（PCM）技术。PCM 信号是串行的数字数据，有两种产生方法。更常见的方法是使用 S/H 电路和传统的 A/D 转换器对模拟信号进行采样并转换为二进制码字序列，将并行二进制码字转换为串行形式，再逐位进行数据的串行传输。第二种方法是使用前面描述的增量调制器。

　　传统 PCM。在传统的 PCM 中，模拟信号经过采样后通过 A/D 转换为并行二进制码字序列。并行二进制输出码字通过移位寄存器转换为串行信号（见图 7-30）。每次采样时，A/D 转换器都会生成一个 8 位码字。在采集下一个样本并生成另一个二进制码字之前，必须先将该 8 位码字串行传输出去。时钟和启动转换信号是同步的，所以产生的输出信号是连续的二进制码字序列。

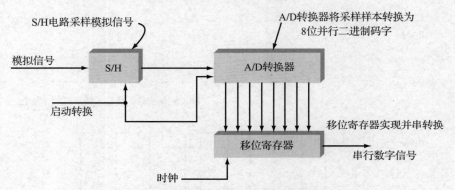

图 7-30　脉冲编码调制系统基本原理框图

　　图 7-31 所示为 PCM 信号的时序图。启动转换信号触发 S/H 保持采样值并启动 A/D 转换器。一旦转换完成，A/D 转换器输出的并行码字就被传输到移位寄存器。时钟脉冲开始以每次 1 位的方式向外移出数据。在传输完一个 8 位码字后，会启动下一次转换并传输下一个 8 位码字。在图 7-31 中，发送的第一个 8 位码字是 01010101；第二个 8 位码字是 00110011。

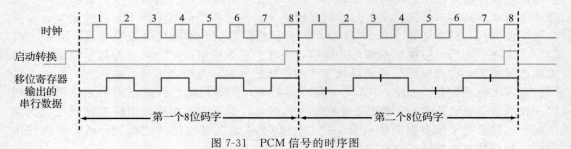

图 7-31　PCM 信号的时序图

在系统的接收端，串行数据输入到移位寄存器中，如图 7-32 所示。时钟信号是从数据中提取出来的，这样可以确保与传输的数据精确同步（时钟恢复的过程将在第 11 章讨论）。当完整的 8 位码字全部进入寄存器后，D/A 转换器就会将其转换为成比例的模拟信号电压输出。因此，当表示样本的二进制码字转换为相应的模拟值，就恢复出了模拟信号采样值。D/A 转换器输出的是原始信号的阶梯式

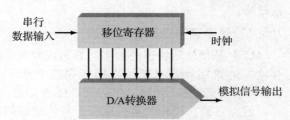

图 7-32 在接收机中 PCM 到模拟信号的转换

近似值。可以将该近似信号通过低通滤波器滤波，将这些阶梯平滑掉。

压扩技术。 压扩是对信号进行压缩和扩展的处理，目的是克服音频信号传输中的失真和噪声问题。

电话系统中语音幅度的动态范围约为 1000∶1。换句话说，最大幅度的语音峰值大约是最小语音信号的 1000 倍，即 1000∶1，60 dB。如果使用具有 1000 个增量的量化器，将实现非常高质量的模拟信号表示。例如，分辨率为 10 位的 A/D 转换器可以表示 1024 个单独的电平。10 位 A/D 转换器可以良好地表示信号。如果音频最大峰值电压为 1 V，则最小电压增量为该值的 1/1023，即 0.9775 mV。

事实证明，对语音信号来说，没有必要使用那么多量化电平，在大多数实际的 PCM 系统中，一个 7 位或 8 位 A/D 转换器用于量化就足够了。最常用的格式是使用 8 位码字，其中 7 位表示 128 个幅度电平增量，第 8 位表示信号极性（0＝＋，1＝－）。总之，可表示 255 个电平值，一半为正电压，一半为负电压。

虽然典型语音信号的模拟电压动态范围约为 1000∶1，但低电平信号占更大的比例。在大多数情况下，人们交谈都是在相对较低的音量电平上进行的，人耳对幅度较小的声音信号更敏感。因此，AD 转换过程中使用到大的量化电平阶梯的情况并不多见。

由于大多数信号是低电平的小信号，故其量化误差也相对较大。也就是说，即使量化的增量比较小，但是相对小信号来说也是占比很大的。当然，虽然这个增量对于大信号峰值电压的影响是非常小的，但是，同样的增量对小信号的影响很大。过大的量化误差会产生声音干扰或失真。

低电平信号的存在除了可能使相对的量化误差变大外，还容易受到噪声的影响。噪声是叠加到信号中的随机尖峰或电压冲激。结果就会干扰低电平信号，使其受到干扰后难以恢复。

压扩技术是克服量化误差和噪声的最常用技术。在系统的发射端，对待发送的语音信号进行压缩，即减小其动态范围。低电平信号被放大，高电平信号被衰减。

在接收端，恢复的信号输入到执行相反功能的信号扩展电路中，对低电平信号进行衰减，对高电平信号进行放大，从而将发送的经过压缩的信号重新恢复为其原始状态。使用压扩技术可以大大提高信号的传输质量。

7.5 数字信号处理

如前几章所强调的，在通信过程中需要涉及大量的信号处理技术。为了进行通信，必须要对模拟信号进行某种处理；例如放大或衰减。通常需要滤除信号中不需要的频率分量，进行相移或调制解调，混频或变频，比较和通过频谱分析来确定其频率分量。可以实现上述功能的模拟信号处理电路有数千种，有些电路在本书前面章节中已讨论过。

虽然模拟信号还是广泛地用模拟电路来进行处理，但是目前在越来越多的系统设计中，是将模拟信号转换为数字信号进行传输和处理。如本章前面的内容所述，以数字形式

传输和处理数据具有显著的优势，其中之一就是可以通过数字信号处理（DSP）技术来处理信号。

7.5.1 数字信号处理基础知识

　　DSP 是指使用快速的数字计算机或数字电路对数字信号进行处理。具有足够的速度和存储器的数字计算机都可以用于完成 DSP 任务。超快的 32 位和 64 位精简指令集计算（RISC）处理器特别擅长完成 DSP 任务。然而，DSP 也可由专门为此开发的处理器来实现，因为它们在架构和运行机制上与传统的微处理器有所不同。

　　DSP 技术的基本原理框图如图 7-33 所示。一个待处理的模拟信号输入到 A/D 转换器，转换成二进制数序列存储在可读/写的随机存取存储器（RAM）中，如图 7-34 所示。程序通常存储在只读存储器（ROM）中，通过运行相应的程序，对数据进行数学运算和其他处理操作。大部分数字处理技术涉及复杂的数学算法，如果信号处理可以用数学表达式进行表示，那就可以用 DSP 实现。

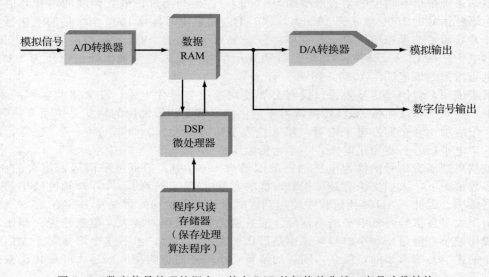

图 7-33　数字信号处理的概念。其中 DSP 的架构并非就一定是哈佛结构，
数据存储器和程序存储器是各自独立的

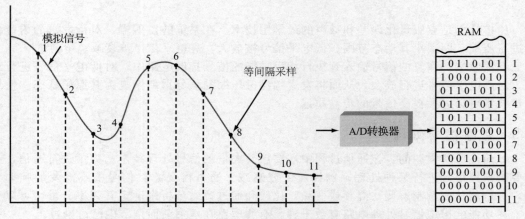

图 7-34　将模拟信号转换为 RAM 中的二进制数据，以便由 DSP 处理器进行处理

对 DSP 的关键要求之一是信号处理过程必须在启动采样的时钟脉冲之间的时间间隔内完成，也就是说，算法必须实时执行，即输出是与输入几乎同时出现。在实时处理过程中，处理器的运行速度必须非常快，以便在下一个采样开始之前完成对当前采样的所有计算处理任务。

信号处理的结果一般是另一组数据码字，可以暂存于 RAM 中，也可以使用数字形式传输这些信号数据，或是被馈送至 D/A 转换器转换回模拟信号。输出的模拟信号看起来像经过了等效模拟电路的处理一样。

几乎所有用模拟电路可以完成的信号处理操作都可以用 DSP 来完成。通过某种实用的方式对经过 A/D 转换采样后的信号进行数学运算处理。最常见的操作有滤波、均衡、压扩、移相、混频、信号再生、调制和解调。

7.5.2　数字信号处理器

DSP 技术在 20 世纪 60 年代问世时，就可以实时执行更复杂的处理操作了。随着快速 16 位和 32 位微处理器的出现，DSP 逐渐实用化，可以用于很多实际系统中。在 20 世纪 80 年代开发了一种专用的微处理器来针对 DSP 进行优化。DSP 也可以通过专用的数字逻辑电路或在 FPGA 中实现。FPGA 相对来说容易进行编程，还可以根据需要进行重新编程，更新程序，以修正存在的前期设计问题或增加新功能。FPGA 的速度也非常快，所以经常用它完成高采样速率的实时处理任务。

大多数计算机和微处理器使用称为冯·诺依曼体系的架构。物理学家约翰·冯·诺依曼通常被认为首创了存储程序的概念，这是所有数字计算机运行的基础。表示计算机指令的二进制码字按顺序存储在存储器中形成程序。这些指令被高速读取执行，一次读取和执行一条指令。程序通常处理二进制数形式的数据，这些数据与程序位于同一个存储器中。冯·诺依曼结构的关键特征是指令和数据都存储在同一个公共的存储空间中。该存储空间可以是可读/写 RAM 或 ROM 或它们的组合。但需要注意的是，在存储器与 CPU 之间只有一条路径，一次只能访问一个数据或指令码字，这就大大限制了执行速度。这个缺点通常被称为冯·诺依曼瓶颈。

DSP 微处理器的工作原理是类似的，但它们使用了一种称为哈佛架构的变化形式。在哈佛架构的微处理器中有两个存储器，一个是程序或指令存储器，通常是 ROM，另一个是数据存储器，通常是 RAM。此外，在 CPU 与存储器之间有两条数据路径可以实现数据交互。因为指令和数据可以同时被访问，所以这种架构的微处理器的运行速度非常快。

DSP 微处理器主要用来执行 DSP 中常见的数学运算。A/D 转换器产生的数据码字由 DSP 进行处理，大部分的 DSP 处理过程就是乘法、加法和累加运算的组合，结果存储在 RAM 中。DSP 处理器执行加法和乘法的速度比其他类型的 CPU 都快，并且大多数 DSP 处理器将上述运算组合在一条指令中完成，以获得更高的速度。DSP 的 CPU 包含两个或多个乘加器（MAC）。

DSP 微处理器被设计成尽可能工作在其最高频率上。目前 DSP 的时钟频率可高达 2 GHz。有些 DSP 处理器芯片实际上只是一个 CPU 芯片，但还有一些 DSP 处理器芯片则是将 CPU 与数据 RAM 和程序 ROM 集成在一起，有的芯片甚至还包括 A/D 和 D/A 转换器电路。只要将所需的处理程序写入并存储在 ROM 中，就能构成完整的单片 DSP 系统电路，通过数字技术可以进行定制的模拟信号处理。许

> **拓展知识**
> DSP 微处理器被设计成尽可能工作在其最高频率上，最高频率高达 4 GHz 的并不罕见。

多传统的嵌入式（核）处理器现在都有了专门的 DSP 指令，如内置的 MAC 操作。DSP 芯片的知名供应商包括 Analog Devices（亚德诺半导体），ARM（安谋），Microchip

Technology（微芯科技），NXP（恩智浦）和 Texas Instruments（德州仪器）。

最后要说的是，有许多 DSP 电路是嵌入式或具备专用功能的，不同于可编程的通用 DSP 芯片，这些专用芯片是由硬件逻辑电路组成的，只能完成特定的滤波或其他功能。一些 DSP 模块则是被嵌入到特定产品的电路中，如用于智能手机。DSP 也可以嵌入到专用集成电路（ASIC）中。目前 FPGA 芯片广泛用于定制 DSP。

7.5.3　DSP 的应用

滤波。DSP 最常见的应用就是滤波。通过对 DSP 处理器进行编程，可实现带通、低通、高通和带阻滤波器功能。使用 DSP 设计的滤波器具有远优于等效的模拟滤波器的特性：选择性更好，通带和阻带可根据具体应用要求调整，并且相位响应更容易控制。

压缩。数据压缩是减小表示模拟信号所需的二进制码字量的过程，通常用于将视频模拟信号转换为数字信号后的存储和处理。用 A/D 转换器对视频信号进行数字化，会产生大量的二进制数据。如果视频信号包含高达 10 MHz 的频率分量，则 A/D 转换器的采样速率必须超过 20 MHz。假设使用 8 位 A/D 转换器，其采样频率为 20 MHz，则会产生 20 MB/s 的数据传输速率。可以计算 60 s 的数字视频信号的数据量为 60 s×20 MB＝1200 MB＝1.2 GB 的数据。尽管可以将这些数据存储到硬盘上，但是在系统工作过程中，如此大的数据量还需要使用大容量的 RAM 资源。而在通信系统中串行传输这些数据，则需要花费很长的时间。

为了解决这个问题，就需要对数据进行压缩。目前已经开发了很多数据压缩算法，如 MPEG-2、MPEG-4 和 H.264，它们广泛用于数码摄影和数字视频。压缩的实现是通过统计数据的冗余度及其他特征，并利用各种数学算法产生一组新的数据。通常情况下，数据可以被压缩上百倍，也就是说，压缩后的数据量是其原始大小的 1/100。通过压缩，1200 MB 的数据减小到了 1.2 MB，尽管数据量仍然很大，但是当前的 RAM 和硬盘是可以承受的。音频数据也同样可以压缩，例如用于便携式音乐播放器的 MP3 算法。压缩技术也被广泛应用到手机中，可以减少语音所需的存储空间和传输时间。

DSP 芯片对从 A/D 转换器接收的数据进行压缩，再将压缩数据存储起来或者传输出去。在数据通信中，通过压缩可极大减少数据传输时间。

当需要使用该数据时，必须进行解压缩，使用 DSP 算法的逆计算来恢复原始数据。逆运算过程也同样需要一个专门的 DSP 电路。

频谱分析。频谱分析是统计信号的频率分量的过程。回想一下，所有的非正弦信号都是由正弦波基波叠加多个谐波正弦波的组合，这些谐波的频率、振幅和相位都不相同。离散傅里叶变换（DFT）算法可以用于 DSP 处理器或 FPGA 来分析输入信号的频率分量。模拟输入信号被转换成一个需要进行 DFT 程序处理的数字数据分组。DFT 的运算结果是信号的频域形式，包括各个正弦波分量的频率、振幅和相位。

DFT 运算比较复杂，运行时间长。通常情况下，DSP 的速度不足以支持 DFT 对信号进行实时运算。因此，开发了一种专用算法来加快计算速度，即快速傅里叶变换（FFT），用它可以进行实时的信号频谱分析。

其他应用。如前所述，DSP 几乎可以替代模拟电路所能完成的所有功能，例如移相、均衡和信号平均。

使用 DSP 技术还可以进行信号合成。各种形状、特征的波形都可以用数字比特的形式存储于存储器中。当需要具有特定形状的信号时，可以将对应的二进制数据读出来，发送给 DAC 生成模拟信号即可。这种技术主要用于语音和音乐合成。如苹果的 Siri 和亚马逊的 Alexa 所使用的语音识别技术就是通过 DSP 实现的。

均衡也可以通过 DSP 技术实现。均衡是对长距离传输路径上发生的信号失真进行补偿的过程。电缆衰减和信号失真经常会造成接收机无法正常接收信号。均衡可以在发射机处对信号进行预失真处理，使信号在经过传输电缆衰减后在接收端仍可实现正常接收。

调制、混频（如下变频）、解调功能在 DSP 中也非常容易实现。

DSP 技术已广泛应用于 CD 播放机、调制解调器、手机以及其他日常的电子产品中。随着 DSP 处理器的工作速度的不断提升，它在通信系统中的应用也会更加广泛。一些快速 DSP 处理器可以用来实现大部分普通通信接收机的功能，这种软件定义的无线电（SDR）技术已非常常见，详见第 12 章（见下册）。

7.5.4　DSP 的工作原理

在 DSP 中使用的先进数学算法超出了本书的范围，当然也超出了电子工程师和技术人员在实际工作中所要达到的知识储备。通常情况下只需要知道这些技术的存在就足够了。然而，在不涉及烦琐的数学推导的前提下，可以对 DSP 的工作原理进行更深入的了解。例如，将模拟信号数字化为二进制序列数据分组，这些数据表示的是采样的幅度，然后将其存储于 RAM 中（见图 7-34），这是相对容易理解的。信号转换成数字形式后，就可以用多种不同的方法进行处理。两个常见的应用是滤波和频谱分析。

滤波器应用。 有限长单位冲激响应（FIR）滤波器是最常用的 DSP 滤波器之一，又称为非递归滤波器（非递归滤波器是指其输出只是当前输入样本乘积求和的函数）。通过编程，可以设计 FIR 类型的低通、高通、带通或带阻滤波器。这种滤波器的算法的数学表示形式为 $Y = \Sigma x_i h_i$。式中，Y 是二进制输出，它是 a、b 相乘再求和（Σ）的结果。x_i 项表示二进制样本幅度，i 表示样本的序号。这些样本乘以对应类型的滤波器的系数 h_i，再将结果求和。

图 7-35 是滤波器内部原理框图。x_n 表示来自 RAM 的输入数据样本，其中 n 是样本序号。标有"延迟"的方框为延迟线（延迟线是一种将信号或采样延迟一定时间间隔的电路）。当然，事实上并没有真正执行了延迟操作，相反，电路以等于采样时间的固定的时间间隔依次产生每个样本，其中，采样时间是 A/D 转换器时钟频率的函数。实际上，图 7-35 中每个延迟框的输出是顺序采样，该顺序采样是以相当于一系列延迟的采样速率依次出现的。

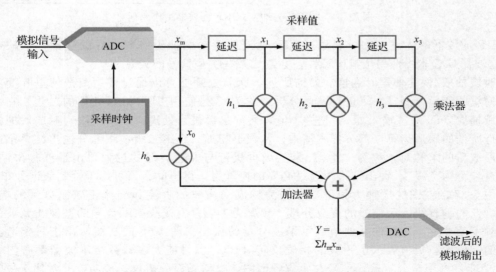

图 7-35　非递归 FIR 滤波器处理算法的原理框图

需要注意的是，样本值要乘以常数 h_n。这些常数或系数是由算法和所需滤波器的类型决定的。样本值与滤波器系数的乘积再求和。前两个样本分别乘以系数后相加，再与下一个乘以系数的样本相加，求和的结果再加上下一个乘以系数的样本，以此类推。结果是输出 Y，等于各样本值与系数乘积再求和。DSP 求解方程：$y(n)=h_0x_0+h_1x_1+h_2x_2+\cdots$。$x$ 样本值是 A/D 转换的结果。h 值是常数，即系数，是由要实现的功能（本例中是滤波）确定的。延迟（也称为抽头）的次数越多，滤波选择性就越好。设计 DSP 软件本质上就是获得这些常数。经过 DSP 处理得到的新数据样本也存储到 RAM 中，这些新数据分组将输入至 D/A 转换器，D/A 转换器输出的信号就是经过 DSP 滤波处理的模拟信号。信号平均主要用于处理存在噪声的模拟信号，需要对信号进行重复采样。将信号经 A/D 反复转换为数字信号，并对样本进行数学平均，则信噪比会大大提高。因为噪声是随机的，它的平均值趋向于零，而信号是恒定不变的，平均后可以抑制掉信号中的噪声。后面介绍的这个 FIR 滤波器可以用作滑动平均滤波器。

另一类 DSP 滤波器是无限冲激响应（IIR）滤波器，这是一种带有反馈的递归滤波器：每个新的输出采样值都要用当前输出结果和过去的输入采样值来计算。其工作原理如图 7-36 所示。需要注意的是，其中一些样本经过相乘求和后的结果要进行反馈用于后续处理，再与复合输出结果相加。

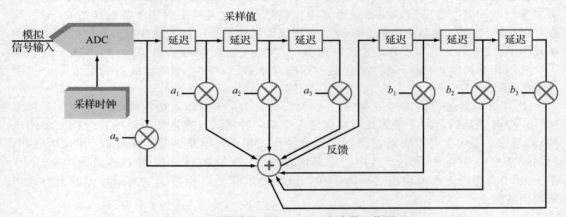

图 7-36 无限冲激响应（IIR）滤波器工作原理

IIR 滤波器的优点是它可以用比 FIR 滤波器更少的抽头实现更好的选择性。缺点是 IIR 滤波器具有非线性相位响应特性，会造成某些类型信号的失真。

时域抽取/快速傅里叶变换。 如前所述，DSP 处理器可以通过使用离散傅里叶变换或快速傅里叶变换（FFT）来进行频谱分析。图 7-37 是使用 FFT 进行处理的过程。它被称为时域抽取（DIT）。输入处 x_n 是样本值，共分三级进行处理。在第一级，对成对的样本值进行所谓的蝶形运算，部分样本值乘以常数再相加。在第二级，将部分输出结果乘以常数并形成新的求和对，称为"组"。第三级再执行与上述类似的过程得出最终输出结果，这一过程称为"级"。输出结果再经过必要的换算后，得出的新值可用于绘制频谱分布图。

图 7-38 的左图的横轴为频率，纵轴为构成采样波的直流和交流正弦波分量的幅度。频率为 0 的垂直线表示信号的直流分量。频率为 1 的垂直线段表示信号的基波正弦波的振幅，频率为 2、3、4 等的其他值表示谐波分量的振幅。图 7-38 的右图给出了每个谐波正弦波的相位角。负值表示正弦波的相位反转（180°）。目前大多数数字示波器都有内置的 FFT 功能，可用于分析输入信号并生成频谱图，类似频谱分析仪，该功能非常便于故障排查工作。

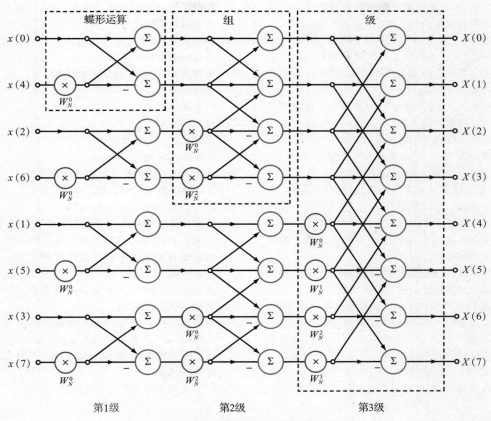

图 7-37　时域抽取 FFT 算法示意图

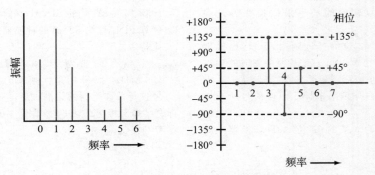

图 7-38　FFT 频谱分析的输出曲线

思 考 题

1. 列举出通信中使用数字技术的四个主要好处。其中哪一个可能是最重要的?

2. 什么是信号转换? 说出其中两种基本类型。

3. 在某个时间点测量模拟信号值的过程的名称是什么?

4. 为模拟信号的瞬时值确定一个特定的二进制数的过程叫什么名字?

5. A/D 转换的另一个常用名称是什么?

6. 描述当模拟信号被转换为数字形式时信号和消息的基本特征。

7. 描述 D/A 转换器输出波形的基本特征。

8. 说出 D/A 转换器中的 4 个主要组成部分。

9. 说出混叠的定义并说明其在 A/D 转换器中的影响。

10. 用于将 D/A 转换器的电流输出转换为电压输出的电路类型是什么？

11. 说出三种类型的 A/D 转换器，哪种使用最广泛？

12. 哪一种 A/D 转换器是在寻找等于输入电平的电平过程中，将输出位按照从 MSB 到 LSB 的顺序依次置为 1。

13. 最快的 A/D 转换器是哪种类型的？简要描述其所使用的转换方法。

14. 说出过采样和欠采样的定义。

15. 通常使用什么电路实现串/并和并/串转换？这个过程的缩写是什么？

16. 在 A/D 转换之前是什么电路执行采样操作？为什么这个电路很重要？

17. Σ-Δ 转换器用在什么场合？为什么？

18. 欠采样产生的混叠效应相当于模拟信号的什么处理过程？

19. 在发射机处压缩模拟信号的动态范围并在接收机处将其扩展的过程是什么技术？

20. ADC 的最大分辨率（以比特为单位）是多少？什么类型的 ADC 可以提供最大分辨率？

21. 说出脉冲调制的三种基本类型。哪种类型不是二进制形式的？

22. 说出产生电压输出的 DAC 的名字。

23. 什么类型的 DAC 可用于非常高速的转换？

24. 判断正误：ADC 输出或 DAC 输入可以是并行的也可以是串行的。

25. 哪种类型的 ADC 比逐次逼近型转换器快，但又比闪速型转换器慢？

26. 哪种类型的 ADC 的分辨率最高？

27. 为什么电容型 D/A 转换器优于 R-$2R$ 型 D/A 转换器？

28. 过采样的意思是什么？什么转换器使用了过采样技术，为什么使用？

29. 如何防止混叠？

30. 说出 PWM 的两种常见的非通信应用。

31. 简要描述数字信号处理（DSP）技术。

32. 执行 DSP 的电路有哪些类型？

33. 简要描述实现 DSP 需要用到的基本数学处理。

34. 给出非 DSP 微处理器的基本体系结构和 DSP 微处理器通常使用的体系结构的名称。简要描述两者之间的区别。

35. 说出使用 DSP 的五种常见处理操作。哪个是最常用的 DSP 应用？

36. 简要描述执行离散傅里叶变换或快速傅里叶变换的 DSP 处理器输出的基本特征。

37. 说出两种用 DSP 实现的滤波器，解释这两种滤波器的区别。

38. FFT 运算用来执行什么功能？

习题

1. 视频信号包含光的变化，其变化频率高达 3.5 MHz。A/D 转换的最小采样频率需是多少？◆

2. D/A 转换器有 12 位的二进制输入，输出模拟电压范围为 0~5 V，问：有多少个离散的输出电压增量，最小电压增量是多少？

3. 计算以 8 kHz 采样频率采样 5 kHz 信号所产生的混叠。◆

4. 计算电压范围为 3 V 的 14 位 A/D 转换器上的量化噪声。

5. 计算 15 位 ADC 的 SINAD（信纳比）。◆

6. 计算 SINAD 为 83 dB 的转换器的 ENOB（有效比特数）。

7. 一个信号的带宽为 16 MHz，中心频率为 100 MHz，计算用采样频率为 40 MHz 对该信号进行采样得到的频谱，最佳采样速率是多少？

标有"◆"标号的习题答案见书末的"部分习题参考答案"。

深度思考题

1. 列出三种尚未实现数字化但最终可能会数字化的主要通信业务类型，并解释如何将数字技术应用于这些通信业务。

2. 解释全数字接收机如何处理模拟调幅无线电广播信号。

3. 什么类型的 A/D 转换器最适合用于处理频率分量高达 5 MHz 的视频信号？为什么？

4. 在什么条件下串行数据传输能比并行数据传输更快？

第 8 章

无线电发射机

无线电发射机将待发送的消息转换为与通信介质传输特性兼容的电信号。这个处理过程通常包括载波产生、调制和功率放大。然后通过导线、同轴电缆或波导将功率信号馈送至天线，由天线发射到自由空间。本章内容包括发射机组成以及无线电发射机中的常用电路，包括振荡器、放大器、倍频器和阻抗匹配网络。

内容提要

学完本章，你将能够：

- 计算晶体振荡器的精度（用 ppm 表示）。
- 详述锁相环（PLL）和直接数字式频率合成器（DDS）的工作原理，以及输出频率的变化。
- 给定振荡器频率、乘法器数量和类型的情况下，计算发射机的输出频率。
- 说明晶体管甲类、甲乙类和丙类功率放大器的偏置和工作原理。
- 详述丁类、戊类和己类开关放大器的工作原理和优点，以及为什么它们效率更高。
- 说明前馈、数字预失真、多尔蒂（Doherty）功放、包络跟踪和 GaN 功率放大器的工作原理和优点。
- 说明 L 形、π 形和 T 形 LC 电路的基本设计方法，及其在阻抗匹配电路中的应用。
- 说明变压器和巴伦变换器（baluns）在阻抗匹配中的应用。

8.1 发射机基础

发射机是一种电子单元模块，它接收待传输的消息信号，将其转换为能进行长距离传输的射频信号。对发射机有四个基本要求：

- 在频谱期望的频点上产生正确频率的载波信号。
- 实现某种形式的调制，将消息信号加载到载波信号上。
- 具有足够的功率放大能力，以确保信号电平足够高，满足传输距离的要求。
- 配备功率放大器与天线之间的阻抗匹配电路，保证发射功率最大。

8.1.1 发射机的组成

最简单的发射机可以是一个单晶体管振荡器，再将其直接连接到天线上即可。振荡器产生载波，通过电报电键的通断来产生国际莫尔斯电码的"点"和"划"，以这种方式传输消息被称为连续波（CW）传输。如今这种发射机已经很少见了，因为莫尔斯电码已经鲜有应用，且单纯的振荡器电路的输出功率太低，无法进行可靠的通信发射。现在也只有业余无线电爱好者制作这种发射机。

如图 8-1 所示，只需在振荡器后加一个功率放大器，就可以改进连续波发射机的

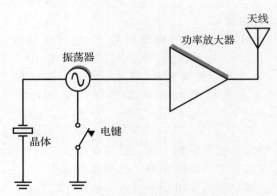

图 8-1 输出功率更大的连续波（CW）发射机

通信效果。仍然用键控开关的通断来控制振荡器产生"点"和"划"信号，而放大器提高了信号的功率。结果增强了信号，提高了传输距离和可靠性。

图 8-1 所示的基本振荡器放大器组合是无线电发射机的基本电路。根据所使用的调制类型、功率电平要求及其他因素，可能还要增加其他辅助电路。

8.1.2　几种发射机的工作原理

高电平调幅发射机。图 8-2 所示为高电平调幅发射机原理框图。在多数系统中是使用晶体振荡器产生发射载波频率，然后将载波信号馈送到缓冲放大器。缓冲放大器位于振荡器与后级的功率放大器之间，主要可以起到隔离作用。缓冲放大器通常工作在甲类状态，能提供一定的信号增益。缓冲放大器的主要作用主要是防止功率放大器级或天线中的负载变化对振荡器的输出频率产生影响。

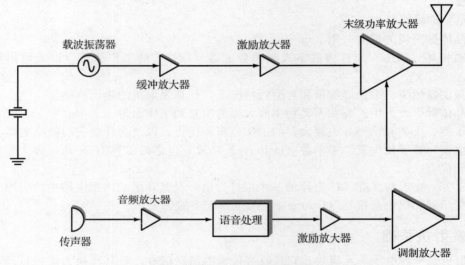

图 8-2　使用高电平集电极调制的调幅发射机

缓冲放大器的输出信号施加到丙类激励放大器的输入端，进行中等电平的功率放大。该电路的作用是产生足够的输出功率来驱动末级功率放大器级。末级功放也工作在丙类状态下，通常输出功率很大。实际的功率取决于具体的应用需求。例如，在民用频道（CB）发射机中，其功率输出只有 5 W，而 AM 电台的信号发射功率要大得多，可以是 250 W、500 W、1000 W、5000 W 或 50 000 W。手机基站的发射功率一般为 30～40 W。

发射机中使用的所有射频电路器件通常都是固态的，它们既可以是双极型晶体管，也可以是金属氧化物半导体场效应晶体管（MOSFET）。目前最常用的是双极型晶体管，而 MOSFET 也出现了能工作在高频、高功率下的类型，所以它在射频发射机中的使用也逐渐增多。在功率水平不超过数百瓦的末级功放电路中，通常使用的是晶体管。单个射频功率晶体管可处理约 800 W 的功率。如果将多个功率晶体管连接成并联或推挽形式的电路，则其功率处理

> **拓展知识**
>
> AM 无线电台可以发射高达 50 000 W 的功率。相比之下，民用波段（CB）发射机的发射功率只有 5 W。

能力可提升至数千瓦。但是在需要更高功率水平的发射机中，仍然需要使用真空管，只是在最新的系统设计中已经很少使用它了。工作在甚高频（VHF）和特高频（UHF）范围的真空管的输出功率可达 1 kW 或更高。

假设图 8-2 中的调幅发射机用于语音通信。来自传声器输入的小信号通过低电平甲类

音频放大器放大，放大器可以是单级放大器也可以是多级放大器级联。放大后的语音信号输入到某个形式的语音处理电路（滤波和幅度控制）。滤波确保只允许一定频率范围内的语音信号可以通过，这有助于控制信号的带宽最小。一般通信发射机都将声音信号频率限制在 300~3000 Hz 的范围内，满足可懂的语音通信的需求即可。不过调幅广播电台是能够提供更好的声音信号保真度的，工作频率可高达 5 kHz。在实际应用中，许多调幅电台的调制信号频率上限可高达 7.5 kHz，甚至能达到 10 kHz，这是因为 FCC（美国联邦通信委员会）规定在一个特定地域内的广播电台采用频率点交替间隔的方式分配使用信道，所以信号带外的边带分量非常弱，不会发生邻道干扰。

　　语音处理器还包含了一个保持最大幅度电平的电路。大幅度信号被压缩，小幅度信号被放大，防止了过调制，且使得发射机尽可能接近 100% 的调制。这样做的好处是，一方面，减小了信号失真和产生谐波的可能性，防止谐波产生更宽的边带，造成邻道干扰；另一方面，使边带中输出功率尽可能大。

　　语音处理器后面连接着激励放大器，提高信号功率水平，使其能够驱动后面的大功率调制放大器。如图 8-2 所示的 AM 发射机中，使用高电平或集电极调制（真空管的极板调幅）。如前所述，调制放大器的输出功率必须是射频功率放大器输入功率的一半。大功率调制放大器通常采用甲乙类或乙类推挽结构，确保达到功率水平要求。

　　低电平调频发射机。在低电平调制中，调制信号在较低功率水平上对载波进行调制，已调信号再通过功率放大器放大。这种系统方案适用于调幅和调频。但是实际上低电平调频发射机的应用远超低电平调幅发射机的应用。

　　图 8-3 所示为 FM 或 PM 发射机的典型组成框图，这里所采用的是间接 FM 方式。使用频率稳定度更高的晶体振荡器产生载波，用缓冲放大器将其与后面的电路隔离开。然后如在第 6 章中所讨论的那样，将载波信号输入到相位调制器电路，实现调频。语音输入信号经过放大和处理，其频率范围受到限制，防止出现过调制。最后调制器输出的就是所期望的调频信号。

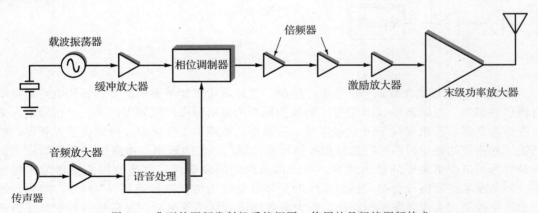

图 8-3　典型的调频发射机系统框图，使用的是间接调频技术

　　调频发射机一般工作在 VHF 和 UHF 范围。由于晶体不能直接产生这么高的频率，因此发射机生成的载波频率通常要比最终输出频率低得多。为了达到所需的输出频率，需要使用一个或多个倍频器。倍频器是一种丙类放大器，其输出频率是输入频率的整数倍。大多数倍频器会将频率提高为输入频率的 2、3、4 或 5 倍。同时由于它们是丙类放大器，故倍频器通常还具有一定的功率放大能力。

　　倍频器不仅将载波频率提高到所期望的输出频率，还会将调制器产生的频偏倍增。大部分频率和相位调制器所产生的频偏非常小，远低于所要求的最终频偏值。所以，在设计发射机的过程中，必须保证倍频器能同时为载波频率和调制频偏提供正确的倍数。在倍频器级后面还有一个丙类激励放大器，可充分提高功率值，以驱动同样工作在丙类状态下的末级功率放大器。

大多数调频通信发射机工作在相对较低的功率值上，通常小于 100 W。所以，即使在 VHF 和 UHF 范围内的所有电路，都可以使用半导体晶体管作为放大器。对于超过数百瓦的功率水平，则必须使用真空管。调频广播发射机的末级放大器通常使用大型真空管构成的丙类放大器。工作在微波频段的调频发射机则使用速调管、磁控管和行波管来提供末级功率放大。

单边带发射机。 典型的单边带（SSB）发射机如图 8-4 所示。振荡器产生载波信号，经过缓冲放大器放大后，馈送至平衡调制器。平衡调制器的另一个输入端接到前述的音频放大器和语音处理电路的输出。平衡调制器的输出 DSB 信号，再进入一个边带滤波器，该滤波器选择上边带或下边带。产生的 SSB 信号被馈送到混频器电路，将信号的频谱搬移到最终的工作频率上。混频器电路的工作原理与简单的振幅调制器相同，用于将低频信号上变频为高频信号或将高频信号下变频为低频信号（混频器的原理详见第 9 章）。

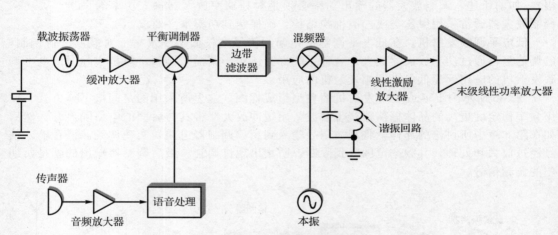

图 8-4　SSB 发射机系统原理框图

通常 SSB 信号是在较低频率值下产生的，这样做可以使平衡调制器和滤波电路更简单且更容易实现。混频器将 SSB 信号上变频为期望的发射频率。混频器的另一个信号输入来自本地振荡器，该频率与 SSB 信号混频，可获得所期望的工作频率。可以设置混频器，使其输出端连接的谐振回路可以选择和频信号或差频信号作为输出。电路中的振荡器频率必须设置为可以提供期望的输出频率。对于信道固定的发射机，直接使用晶振作为本振即可。但是在某些通信设备中，例如无线电爱好者所使用的变频振荡器（VFO），需要在期望的频率范围内实现频率连续调谐。在大多数现代通信设备中，一般都使用频率合成器来产生最终的输出频率。

图 8-4 中的混频器输出的信号频率是最终的发射载波频率，其中包含了 SSB 已调信号。在此之后它将通过线性激励放大器和功率放大器，提高到足够的功率水平。由于丙类放大器会产生信号失真，因此不能用它放大 SSB 或其他类型的低电平 AM 调制信号，包括 DSB 已调信号。此时必须使用甲类或甲乙类线性放大器来保证 AM 信号中的消息不失真。

数字发射机。 在大多数现代的数字无线通信系统中，如手机，均使用 DSP 来进行待传输数据的调制和相关处理。参见图 8-5，待传输的串行数据馈送至 DSP，DSP 产生两个数据流,转换成 RF 信号进行发射。DSP 芯片输出的数据馈送到 DAC,被转换为对应的模拟信号。该模拟信号进入低通滤波器(LPF)滤波,然后施加到混频器,上变频到最终的发射频率。混频器的另一个输入信号来自本地振荡器或可以调整选择工作频率的频率合成器。需要注意,这里的振荡器输出信号是正交的,也就是说,两个信号的相位差为 90°,如果一个是正弦波,那么另一个就是余弦波。图中下面支路的信号称为同相(I)信号,上面支路的信号称为正交(Q)信号。将混频器的输出信号相加,结果输入功放(PA)电路完成功率放大和发射。在接收机中 DSP 芯片需要两个正交信号来恢复信号,实现解调。这种电路方案适用于各种类型的调制方式,因为所有的调制都可以用数学算法完成。相关技术的详细讨论见第 11 章和第 12 章(见下册)。

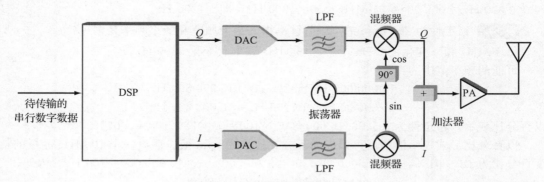

图 8-5 现代数字发射机框图

8.2 载波生成器

发射机正常工作的第一步就是产生载波。有了载波后,就可以对其进行调制以及后续的各种处理、放大,并最终发射出去。现代发射机中载波的来源基本上都是晶体振荡器。在 PLL 频率合成器中,用晶体振荡器作为稳定的频率参考源,可以产生多个信道频率值。

8.2.1 晶体振荡器

在美国,无线电发射机都需要由 FCC 直接或间接授权,只能在特定的频带内和预分配的频点或信道上工作。哪怕偏离指定频率很小的值,也会对邻道信号产生干扰。因此发射机的载波生成器必须非常精确地工作在所授权的频率上,允许的频率误差范围极小。在一些无线电业务中,合成频率的误差必须限定在指定频率的 0.001% 以内。此外,发射机必须一直工作在指定频率上,尽管有许多工作条件会影响其正常工作频率的稳定性,如温度的变化和电源电压的变化等,但它也不能漂移或偏离额定频率值所规定的范围。唯一能够满足美国 FCC 规定的精度和稳定性的振荡器就是晶体振荡器。

晶体就是将一块石英材料切割研磨成薄的,扁平的晶片,再将其安装在两块金属板之间。晶体经过金属板上的交流信号激励,它就会产生振动。这种现象被称为压电效应。振动的频率主要由晶体的厚度决定。其他影响频率的因素还有晶体切割的位置和角度以及晶片尺寸。晶体频率范围为 30 kHz~150 MHz。当晶体振动或振荡时,它的输出能够非常稳定地保持在期望的频率值上。只要晶体经过切割或研磨,形成特定的频率,即使电压或温度变化很大,它的固有频率也不会有很大变化。若将晶体封装在密封的、有温度控制的容器(称为晶体恒温箱)中,可以获得更好的频率稳定性。这类器件可以保

> **拓展知识**
> 唯一能够保持 FCC 要求的频率精度和稳定性的振荡器是晶体振荡器。事实上,FCC 要求在所有的发射机中都必须使用晶体振荡器。

持晶体工作温度绝对恒定，以获得稳定的输出频率值。

正如在第 4 章中所看到的，用晶体可以构成 LC 谐振回路。可用它等效一个 Q 值高达 30 000 的串联或并联 LC 电路。晶体能够代替传统振荡电路中的电感和电容，形成一个非常精确的、稳定的振荡器。晶体的精度或稳定性通常以百万分之一（ppm）作为计量单位。例如，一个频率为 1 MHz 的晶体具有 100 ppm 的精度，这说明该晶体的频率变化范围是 999 900～1 000 100 Hz。大多数晶体的允许误差和稳定性的值在 10 ppm～1000 ppm 范围内。以百分比表示，精度为（100/1 000 000）×100＝0.0001×100＝0.01%。

还可以使用比率和比例来计算给定精度的晶振频率误差值。例如，一个稳定性为±50 ppm 的 24 MHz 晶体的最大频率误差 Δf＝（50/1 000 000）×24 000 000。因此，Δf＝50 ppm× 24 000 000 Hz/1 000 000＝24 MHz×50＝1200 Hz，即±1200 Hz。

例 8-1 稳定性为 200 ppm 的 16 MHz 晶振的最大频率和最小频率是多少？

每 1 MHz 频率变化 200 Hz；对于 16 MHz 频率共变化 3200 Hz。

可能的频率范围为：

$$16\ 000\ 000\ \text{Hz}-3200\ \text{Hz}=15\ 996\ 800\ \text{Hz}$$
$$16\ 000\ 000\ \text{Hz}+3200\ \text{Hz}=16\ 003\ 200\ \text{Hz}$$

以百分比表示，稳定性为（3200/16 000 000）×100＝0.0002×100＝0.02%。

以百分比形式表示的精度可以以如下方式转换为 ppm 值。假设一个 10 MHz 晶振的精度百分比为±0.001%，10 000 000 的 0.001% 为 0.000 01×10 000 000＝100 Hz。因此，

$$\text{ppm}/1\ 000\ 000=100/10\ 000\ 000$$
$$\text{ppm}=100\times1\ 000\ 000/10\ 000\ 000=10\ \text{ppm}$$

不过，将百分比转换为 ppm 的最简单方法是，将百分比值转换为其十进制形式，方法是除以 100，即将小数点向左移两位，然后乘以 10^6，即将小数点向右移六位。例如，一个精度为 0.005% 的 5 MHz 晶体的稳定性 ppm 值可以这样计算，首先，将 0.005% 用十进制形式表示为 0.005%＝0.000 05，最后再乘以 10^6：

$$0.000\ 05\times1\ 000\ 000=50\ \text{ppm}\qquad◀$$

例 8-2 无线电发射机使用频率为 14.9 MHz 的晶体振荡器和倍频因子为 2、3 和 3 的，共三个倍频器级联。晶体的稳定性为±300 ppm。

a. 计算发射机的输出频率。

$$总倍频因子=2\times3\times3=18$$
$$发射机输出频率=14.9\ \text{MHz}\times18=268.2\ \text{MHz}$$

b. 如果晶体的频率漂移到最大极限值，计算发射机的发射频率可能达到的最大和最小频率。

$$\pm300\ \text{ppm}=\frac{300}{1\ 000\ 000}\times100=\pm0.03\%$$

将该变化率乘以倍频因子，可得±0.03%×18＝±0.54%，268.2 MHz×0.0054＝1.45 MHz。因此发射机输出的频率为 268.2±1.45 MHz。其频率上限为：

$$268.2\ \text{MHz}+1.45\ \text{MHz}=269.65\ \text{MHz}$$

频率下限为：

$$268.2\ \text{MHz}-1.45\ \text{MHz}=266.75\ \text{MHz}\qquad◀$$

典型的晶体振荡器电路。最常见的晶体振荡器是考毕兹振荡器，其中的正反馈是由 C_1 和 C_2 组成的电容分压器产生的。用射极跟随器构成的电路形式如图 8-6 所示，这里反馈同样来自电容 C_1、C_2 的分压器，晶体管的发射极输出的是未经谐振滤波的信号。因为大多数此类振荡器是由甲类放大器构成，输出的信号就是正弦波。其中分立器件构成的放

大器也越来越多地采用 JFET 器件代替双极型晶体管了。

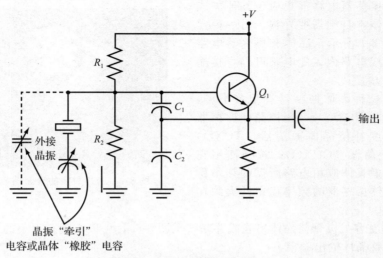

图 8-6　射极跟随器晶体振荡器

　　偶尔可以看到在有的电路中会用一个电容与晶体串联或并联（不是两者都有），如图 8-6 所示。这些电容可以对晶振频率值进行微调。如前所述，串联或并联电容不会产生较大的频率变化，但它们可以对频率进行微调，此时的电容称为晶体"牵引"电容，如果用于在整个过程中对晶体频率进行微调，则有时也将这些电容称为晶体"橡胶"电容。当牵引电容是可变电容时，可以用于产生 FM 或 FSK 信号，可以用模拟信号或二进制调制信号去改变可变电容电容值，进而改变晶振频率。

　　泛音振荡器。 晶体的主要问题是它们的工作频率是有上限的。需要的振荡频率越高，晶体就必须越薄才行。大约在 50 MHz 的上限，晶体就已经非常脆弱，不适合工程应用了。然而多年来，为了追求更多的频谱空间和更大的信道容量，工作频率却在持续提升，而 FCC 仍然要求在更高工作频率下的稳定性和精度必须与原先的较低频率系统的指标相同。利用晶体实现 VHF、UHF 甚至微波频率的一种方法是使用倍频器电路。载波振荡器输出低于 50 MHz 的频率，再用倍频器把频率提高到期望值。例如，如果期望的工作频率为 163.2 MHz，倍频器的倍频因子为 24，则晶振频率必须为 163.2/24＝6.8 MHz。

　　另一种在高于 50 MHz 频率下同样实现晶体的精度和稳定性的途径是使用泛音晶体。泛音晶体是以一种特殊方式切割获得的，能够优化晶体在基本振动频率下的泛音振荡频率。泛音就相当于电信号中的谐波，因为它通常是基本振动频率的整数倍。谐波的概念通常用于电信号，而泛音则是用于较高频率的机械振动。像谐波一样，泛音通常是基频振动频率的整数倍，然而实际上大多数泛音都略大于或略小于整数值。在晶体中，二次谐波称为一次泛音，三次谐波称为二次泛音，以此类推。例如，基频为 20 MHz 的晶体将具有 40 MHz 的二次谐波或一次泛音，以及 60 MHz 的三次谐波或二次泛音。

　　由于泛音与谐波是同义词，也有些制造商将三次泛音晶体称为三次谐波晶体。

　　晶体奇数次泛音频率处的振幅远远大于偶数次泛音。大多数泛音晶体能在晶体最初研磨频率的三次或五次泛音频率处可靠振荡，甚至也有可达七次泛音的晶体。泛音晶体可以获得的频率高达约 250 MHz。典型的泛音晶体振荡器可以使用一个晶体切割的频率，例如，16.8 MHz，晶体经过的针对泛音工艺优化可以获得 3×16.8 MHz＝50.4 MHz 的三次泛音

> **拓展知识**
> 泛音是指谐波频率增加的倍数。二次谐波是指一次泛音，三次谐波是指二次泛音，以此类推。

振荡频率。由电感和电容组成的谐振输出电路会谐振在 50.4 MHz 的频率值上。

很多晶体振荡器电路都集成于其他集成电路内部，晶体本身则需要外接。另一种常见的形式如图 8-7 所示，晶体和振荡器电路完全封装在集成电路内。此电路可以直接输出正弦波或者方波。

封装好的这种晶体振荡器有很多类型，如基本晶体振荡器（XO）、压控晶体振荡器（VCXO）、温度补偿晶体振荡器（TCXO）和恒温晶体振荡器（OCXO）。选择使用它们时，需要考虑具体应用电路所需的频率稳定性。基本晶体振荡器的频率稳定性大约在数十 ppm 以内。

图 8-7　密封封装的表面贴装晶体振荡器

VCXO 用变容二极管与晶体串联或并联（见图 8-6），可以实现在很小的输入控制直流电压范围内调整晶体输出频率。

TCXO 在频率稳定性上做了改进，它使用了带有热敏电阻的反馈网络来测量温度变化，进而控制电压可变电容（VVC）或变容二极管将晶体频率调回到期望值。TCXO 的频率稳定度可以达到 ± 0.2 ppm $\sim \pm 2$ ppm。

OCXO 将晶体及振荡器电路封装在一个恒温容器中，以保持频率稳定在标称值。反馈电路中的热敏电阻传感器控制恒温容器中加热元件调整温度，其稳定性可达到或优于 $\pm 1 \times 10^{-8}$。

8.2.2　频率合成器

频率合成器是一种可以改变输出频率的载波生成器，它的频率稳定性接近晶体振荡器，但能很方便地在较宽频率范围内输出不同的调谐频率。频率合成器可输出以固定频率增量变化的信号。频率合成器可以为发射机的信道选择调整提供基本载波生成。频率合成器也可用于接收机作为本地振荡器，执行调谐选频功能。

> **拓展知识**
>
> 目前，制作晶体振荡器的传统工艺已经越来越多地被微机电系统（MEMS）技术制作工艺所取代。在这种新工艺中，决定频率值的元件是硅电子振荡电路中的硅机械振动结构。

使用频率合成器能有效解决使用多个晶体所带来的成本和尺寸方面的问题。例如，假如发射机需要在 50 个信道上发射信号，频率稳定性要与晶体相同。最直接的方法是简单地对应每个信道频率都使用一个晶体，并用一个很大的多路开关进行信道切换。虽然这种设计可以实现正常功能要求，但它存在很大的缺点。首先是晶体价格较高，每个晶体从 1 美元到 10 美元不等，即使是以最低的价格计算，50 个晶体的总成本也可能比发射机的其他部件成本之和还要高。另外，50 个晶体也会占用很大的空间，所需空间可能会是其他所有发射机部件所占空间的 10 倍以上。而采用频率合成器，只需要一个晶体再加上几个微型集成电路，即可生成所需的多路信道频率。

多年来，已经出现了很多可以实现带有倍频器和混频器的频率合成器的新技术，但目前主流的频率合成器基本上都是使用锁相环（PLL）电路实现的。随着集成电路技术使高频生成变得实用化，一种名为直接数字合成（DSS）的新技术正在成为主流应用。

8.2.3　锁相环频率合成器

基于 PLL 的基本频率合成器如图 8-8 所示。与所有的锁相环一样，它由鉴相器、低通滤波器和 VCO（压控振荡器）组成。鉴相器的输入是一个参考振荡器，参考振荡器通常是由晶体产生的，用于保证高频稳定性。参考振荡器的频率设置为可以按一定频率增量变化。其中 VCO 输出信号并不直接返回到鉴相器，而是先经过分频器进行分频。所谓分频器，就是其输出频率等于输入频率除以某个整数的分频值。例如，10 分频的分频器产生的输出频率就是输入频率的十分之一。分频器可以很容易地用数字电路来实现，获得所需要的整数分频值。

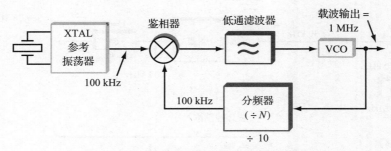

图 8-8　PLL 频率合成器的基本组成结构

在图 8-8 中的 PLL 中，参考振荡器被设置为 100 kHz（0.1 MHz）。假设分频器初始分频值设为 10。要使 PLL 锁定或同步，鉴相器的另一个输入端的输入频率必须等于参考频率，也就是说，要使 PLL 达到锁定状态，分频器输出必须为 100 kHz。则 VCO 的输出频率必须是这个频率的 10 倍，即 1 MHz。分析该电路的一种思路是将其视为一个倍频器：将 100 kHz 的输入乘以 10，可以产生 1 MHz 的输出。在频率合成器的设计中，将 VCO 频率设置为 1 MHz，这样当它被分频时，将可以提供鉴相器在锁定条件下所需的 100 kHz 输入信号。频率合成器的输出就是 VCO 的输出。因此构成的是一个输出 1 MHz 的信号源。由于 PLL 被锁定在晶体参考源上，因此 VCO 的输出频率与晶体振荡器具有相同的稳定性。PLL 会跟踪频率变化，由于晶体的输出非常稳定，因此 VCO 输出频率稳定性与参考晶体振荡器的相同。

为了使频率合成器更实用，需要将其设计成输出频率可调。即通过改变分频因子来实现，可通过各种切换技术，设置分频器中的触发器，提供期望的分频值。在成熟的电路设计中，通常使用微处理器通过软件编程产生精确的分频因子。

举例说明通过改变分频因子来改变输出频率的过程。如图 8-8 所示的电路，如果分频因子从 10 变为 11，则 VCO 输出频率必须变为 1.1 MHz。这样分频器的输出保持在 100 kHz（1 100 000/11＝100 000），以维持锁定条件。分频因子每变化一个增量都会使输出频率变化 0.1 MHz。这就是由参考振荡器确定频率增量的基本原理。

图 8-9 所示为一个更复杂的 PLL 频率合成器，它能在 100～500 MHz 范围内产生 VHF 和 UHF 频率。该电路使用 FET 振荡器直接产生载波频率，不需要倍频器。频率合成器的输出可直接连到发射机中的激励放大器和功率放大器上，该频率合成器的输出频率在 390 MHz 附近，可以按 30 kHz 的频率增量在该频率上下调整。

图 8-9 中频率合成器的 VCO 电路如图 8-10 所示。该 LC 振荡器的频率由 L_1、C_1、C_2 和变容二极管 D_1、D_2，电容值分别为 C_a 和 C_b，来设定。施加到变容二极管上的直流电压可以改变振荡频率。两个变容二极管背靠背串联，这使得电容对的总有效电容小于单个电容。具体来说，它等于串联电容值 C_S，其中 $C_S＝C_a C_b/(C_a＋C_b)$。如果 D_1 和 D_2 完全相同，则 $C_S＝C_a/2$。需要为变容二极管提供反向偏置电压，该电压值相对地为负极性。当负电压的绝对值增大时，反向偏置电压会增大，电容减小，这反过来使振荡器的频率增加。

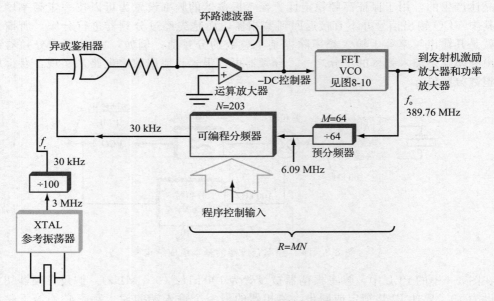

图 8-9　VHF/UHF 频率合成器

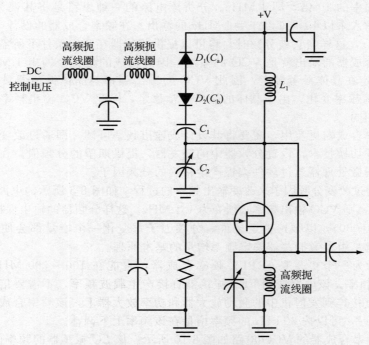

图 8-10　工作在 VHF/UHF 频段的压控振荡器

　　使用两个变容二极管能使振荡器产生更大的射频电压，而不会发生变容二极管所固有的正向偏置问题。因为变容二极管就是一个二极管，如果变成正向偏置，它就不再是电容了。振荡器中的谐振回路产生的高电压在数值上有时会超过反向偏置电压，造成变容二极管正向导通，发生整流现象，产生一个直流电压，从而可能会改变鉴相器和环路滤波器的直流调谐电压。当两个变容二极管串联时，组合所需的正向偏置电压是单个变容二极管的两倍。另一个优点是，两个串联变容二极管的电容随负偏置电压变化的线性度优于单个变容二极管。控制频率变化的直流控制电压是通过低通环路滤波器对鉴相器的输出进行滤波而得到的。

在目前大多数的 PLL 电路中，鉴相器是由数字电路而不是线性模拟电路实现的，因为鉴相器的输入通常是数字信号。需要注意的是，鉴相器的其中一个输入信号来自反馈分频器链路的输出，分频器的输出信号肯定都是数字的；另一个输入信号来自参考振荡器。在某些电路设计方案中，参考振荡器的频率也是通过数字分频器进行分频，获得期望的频率增量值。如图 8-9 所示就是这种情况。由于频率合成器的频率以 30 kHz 为步进的增量，因此鉴相器的参考输入必须为 30 kHz，它由一个稳定的 3 MHz 晶体振荡器加上一个分频因子为 100 的分频器产生。

图 8-9 所示的电路采用异或鉴相器。根据异或运算，当两个输入值不同时，异或（XOR）门才会输出二进制 "1"，否则它将输出二进制 "0"。

图 8-11 所示为异或鉴相器的工作原理，需要注意，鉴相器的输入频率必须相等。电路要求输入信号占空比为 50%，且两个信号之间的相位关系决定了鉴相器的输出。如果两个输入信号相位完全相同，则异或鉴相器输出将为零，如图 8-11b 所示。如果两个输入相位差为 180°，则异或鉴相器将输出一个恒定的二进制值 "1"，如图 8-11c 所示。其他的输入相位差值都会造成输出脉冲频率变为输入频率的两倍，这些输出脉冲的占空比表示相移量。小的相移产生较窄的脉冲，较大的相移产生较宽的脉冲。图 8-11d 所示的是输入相位差为 90°。

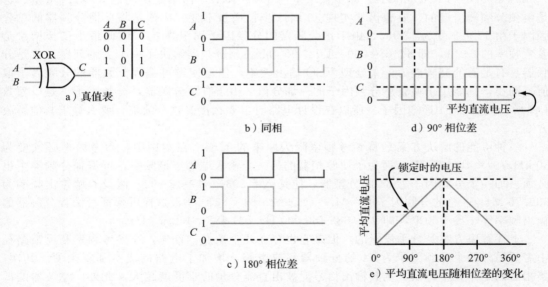

图 8-11 异或鉴相器的工作波形

输出脉冲馈送到环路滤波器，如图 8-9 所示，运算放大器和反馈路径的电容构成低通滤波器。该滤波器将鉴相器输出脉冲滤波平均成恒定的直流电压，用作 VCO 中的变容二极管偏置电压。平均直流电压与占空比成正比，占空比是二进制 "1" 脉冲持续时间与信号周期的比值。窄脉冲（小占空比）产生较低的平均直流电压，宽脉冲（大占空比）产生较高的平均直流电压。图 8-11e 所示的是平均直流电压随相位差的变化情况。大多数 PLL 锁定的相位差为 90°。然后，当 VCO 的频率因漂移或分频比的变化而变化时，来自反馈分频器的鉴相器的输入发生变化，从而改变占空比。这会改变环路滤波器的直流电压，迫使

VCO 频率发生变化，以补偿频率的变化量。需要注意，这里异或鉴相器产生的直流平均电压为正极性，但环路滤波器中的运算放大器会根据 VCO 的要求将其变为负极性。

频率合成器的输出频率 f_o 和鉴相器参考频率 f_r 与总分频因子 R 的关系如下：

$$R = \frac{f_o}{f_r} \quad f_o = R f_r \quad f_r = \frac{f_o}{R}$$

在上例中，鉴相器的参考输入 f_r 必须为 30 kHz，以匹配来自 VCO 输出 f_o 的反馈值。设 VCO 输出频率为 389.76 MHz，要想使用分频器将这个值降到 30 kHz，则总分频因子 $R = f_o / f_r = 389\,760\,000 / 30\,000 = 12\,992$。

在频率非常高的 PLL 频率合成器中，在 VCO 的高频率输出和与可编程分频器之间使用了称为预分频器的特殊分频器。预分频器可以是一个或多个射极耦合逻辑（ECL）触发器，也可以是一个低分频比的 CMOS 分频器，工作频率可高达 1~2 GHz。再看回图 8-9。预分频器的分频因子 $M = 64$，可将 VCO 的输出频率由 389.76 MHz 降至 6.09 MHz，该分频值在大多数可编程分频器的工作范围内。由于需要总分频因子 $R = 12\,992$，已知预分频因子 $M = 64$，故可计算出反馈分频器可编程部分的分频因子 N。总分频因子 $R = MN = 12\,992$，可得 $N = R/M = 12\,992/64 = 203$。

下面分析频率合成器的输出频率如何随分频因子而改变，假设分频器的可编程部分分频因子增加 1，到 $N = 204$。为了使 PLL 保持锁定状态，鉴相器的输入频率必须等于 30 kHz，也就是说 VCO 的输出频率必须发生改变。新的分频因子是 $204 \times 64 = 13\,056$，乘以 30 kHz 得到新的 VCO 输出频率 f_o（391.68 MHz）。VCO 输出频率的变化值为 $391\,680\,000 - 389\,760\,000 = 1\,920\,000$ Hz，即步长增量为 1.92 MHz，而不是所需的 30 kHz 增量。这是由预分频器引起的。要想仍然实现 30 kHz 步长增量不变，应该是将反馈分频器的总分频因子由 12 992 变为 12 993。由于预分频器的分频因子固定为 64，因此最小步长增量是参考频率的 64 倍，即 $64 \times 30\,000 = 1\,920\,000$ Hz。预分频器解决了一个关键问题，就是分频器具有足够的高频能力，来处理 VCO 输出频率，但这使得可编程分频器的分频因子取值范围小，只能用于调整总分频因子的一部分值。由于有预分频器，分频因子不是以整数 1 递增，而是以 64 递增因子。所以在设计电路时，要么接受这个缺陷，要么寻求其他解决方案。

一种可能的解决方案是将参考频率降为原来的 1/64。在本例中，参考频率必须变为 30 kHz/64 = 468.75 Hz。而为了使鉴相器的另一个输入端等于该频率，可编程分频器中也必须另加一个分频因子为 64 的分频器，使其 $N = 203 \times 64 = 12\,992$。假设原始输出频率为 389.76 MHz，总的分频因子 $R = MN = 12\,992 \times 64 = 831\,488$，这样可保证可编程分频器的输出频率等于参考频率，即 $f_r = 389\,760\,000$ Hz/831 488 = 468.75 Hz。

上述解决方案是合乎逻辑的，但是它也存在几个缺点。首先，在参考频率和反馈路径中需要另外两个分频因子为 64 的分频器集成电路，增加了电路的成本和复杂度。其次，鉴相器的工作频率越低，从其输出信号滤波出直流分量的难度就越大。此外，滤波器的低频响应也会使锁定过程变慢。因为当分频因子变化时，VCO 输出频率也必须改变，滤波器需要一定的响应时间来输出校正电压，控制 VCO 改变输出频率。鉴相器频率越低，该锁相环延迟时间越大。已知的最低可接受工作频率约为 1 kHz，在某些应用中这个工作频率太低了。因为在 1 kHz 处，滤波器电容随着鉴相器变化的脉冲占空比进行充放电的响应速度变得非常慢，造成 VCO 输出频率的调整也变慢了。而对于 468.75 Hz 的鉴相器频率，环路滤波响应只会变得更慢。所以，要想获得更快的频率变化响应，就必须使用更高的频率。在扩频通信和一些卫星通信应用中，频率变化的响应时间要控制在几微秒或更短的时间内，这就要求鉴相器的输入应该是很高的参考频率。

为了解决这个问题，可以在高频 PLL 频率合成器设计中使用专用的集成电路分频器，如图 8-12 所示，被称为分数 N 分频器锁相环。VCO 输出施加到一个专用的可变模值的预分频器上。它由射极耦合逻辑或 CMOS 电路组成，共有两个分频因子，分别为 M 和 $M+1$。常见的比值对分别是 10/11、64/65 和 128/129。假设使用的分频器比值为 64/65，实际的分频因子由模值控制输入决定。如果输入的是二进制"0"，则预分频器的分频因子为 M，即 64；如果输入的是二进制"1"，则预分频因子为 $M+1$，即 65。如图 8-12 所示，计数器 A 的输出作为预分频器模值控制的输入。计数器 A 和 N 是可编程下行计数器，用作分频器。计数器每完成一个完整的分频周期，其分频因子均会被预置到计数器中，这里设 $N>A$。每个计数器的输入频率均来自可变模值的预分频器的输出。

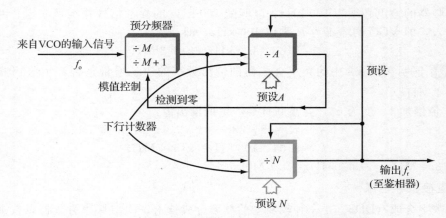

图 8-12　在 PLL 分频器中使用可变模值预分频器

在一个分频周期的开始时刻，首先将下行计数器分别预置为 A 和 N，将预分频器分频因子设置为 $M+1=65$。来自 VCO 的输入频率为 f_o，下行计数器的输入为 $f_o/65$。两个计数器都开始递减计数，由于 A 的计数值比 N 小，因此计数器 A 将先到 0。当它计数到 0 时，它的检测到零输出由低电平变为高电平，控制预分频器的模值由 65 变为 64。此时 N 计数器初始值为 $N-A$ 的值，并继续向下计数，其输入频率为 $f_o/64$。当它计数到 0 时，两个下行计数器再次被预置，双模预分频器的分频因子（模值）变回 65，重新开始下一个周期。

图 8-12 中整个分频器的总分频因子为 $R=MN+A$。如果 $M=64$、$N=203$，$A=8$，则总分频因子 $R=64\times203+8=12\ 992+8=13\ 000$。输出频率为 $f_o=Rf_r=13\ 000\times30\ 000\ \text{Hz}=390\ 000\ 000\ \text{Hz}=390\ \text{MHz}$。

通过选择适当的 A 和 N 的预设值，可以获得期望范围内的任何分频因子值。此外，该分频器每次分频因子的步进是整数 1，使输出频率步长增量为所需的 30 kHz。

例如，假设 N 设置为 207，A 设置为 51。总分频因子 $R=MN+A=64\times207+51=13\ 248+51=13\ 299$，新的输出频率 $f_o=13\ 299\times30\ 000\ \text{Hz}=398\ 970\ 000\ \text{Hz}=398.97\ \text{MHz}$。

如果将 A 值加 1，也就是 52，则新的分频因子 $R=MN+A=64\times207+52=13\ 248+52=13\ 300$，新的输出频率 $f_o=13\ 300\times3000\ \text{Hz}=399\ 000\ 000\ \text{Hz}=399\ \text{MHz}$。这里 A 的增量为 1，R 的变化也是 1，最终输出频率的增量为 30 kHz（0.03 MHz），即从 398.97 MHz 增加到 399 MHz。

N 和 A 的预设值可以由并联数字源提供，但一般是由微处理器提供或存储在 ROM 中。虽然这种频率合成器电路很复杂，但它能实现所期望的结果，一是输出频率步长增量等于鉴相器输入参考频率，二是允许参考频率保持较高的值，使输出频率变化的响应时间更短。

例 8-3　一个频率合成器有一个 10 MHz 的参考晶体振荡器，一个分频因子为 100 的分频器，可变模值预分频器的 $M=31/32$，A 和 N 下行计数器的分频因子分别为 63 和 285。频率合成器的输出频率是多少？

鉴相器的参考输入信号为：

$$\frac{10\ \text{MHz}}{100}=0.1\ \text{MHz}=100\ \text{kHz}$$

总分频因子 R 为：

$$R=MN+A=32\times285+63=9183$$

该分频器的输出必须为 100 kHz，以匹配 100 kHz 的参考信号并实现锁定。因此，分频器的输入，即 VCO 的输出为 R 乘以 100 kHz，即

$$f_\circ=9183\times100\ \text{kHz}=918.3\ \text{MHz}\qquad\blacktriangleleft$$

例 8-4　证明在例 8-3 中的频率合成器的输出频率的步长增量是否等于鉴相器的参考值，即 0.1 MHz。

将 A 值增加 1，变为 64，并重新计算产生的输出值：

$$R=32\times285+64=9184$$
$$f_\circ=9184\times100\ \text{kHz}=918.4\ \text{MHz}$$

增量为 918.4 MHz−918.3 MHz＝0.1 MHz。　　　　　　　　　　　　　　　　　　　　▲

8.2.4　直接数字合成

直接数字合成（DDS）是一种较新型的频率合成技术。DDS 频率合成器以数字形式产生正弦波输出，输出频率可以根据输入的二进制数值控制按一定增量变化，二进制数值通常可由计数器、寄存器或嵌入式微控制器提供。

> **拓展知识**
>
> 必须从输出波形中滤除 D/A 转换器时钟频率附近的高频分量，可以用低通滤波器来实现滤波，最后得到平滑的正弦波。

DDS 频率合成器的基本概念如图 8-13 所示。只读存储器（ROM）中被编程写入正弦波的二进制数字表示数值，这些数字值是由 A/D 转换器通过对模拟正弦波数字化得到的，并将其存储于存储器中。这些二进制数值输入到数模（D/A）转换器，D/A 转换器的输出将是正弦波的阶梯式近似波形。用低通滤波器（LPF）对时钟频率附近的高频分量进行滤除，平滑后的交流输出就是近乎理想的正弦波。

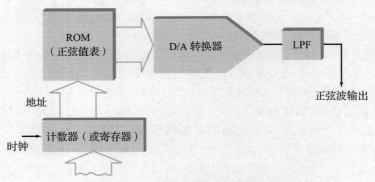

图 8-13　DDS 频率合成器的基本概念

为了使该电路正常工作，使用一个二进制计数器向 ROM 提供地址码字。计数器以时钟信号作为参考向 ROM 提供顺序递增的地址。将存储在 ROM 中的二进制数施加到 D/A 转换器的数字输入端，就可以产生阶梯式正弦波形。时钟频率决定了正弦波的频率。

　　举例说明这个概念，假设有一个 16 个存储单元的 ROM，其中每个存储单元都对应一个 4 位地址。地址由 4 位二进制计数器提供，计数值从 0000 到 1111 变化，并循环计数。存储在 ROM 中的是二进制数，它们表示要生成的正弦波的特定角度的正弦值。由于一个周期正弦波的相位值为 360°，并且由 4 位计数器产生 16 个地址或增量，因此每个二进制值表示 360/16＝22.5°增量的正弦值。

　　进一步假设这些正弦值以 8 位精度的二进制数表示。8 位二进制正弦值被输入到 D/A 转换器，被转换成成比例的电压值。如果电路中的 D/A 转换器是只能输出单极性信号，即只能输出正电压，那么它就无法产生正弦波信号所需的负电压值。因此，要对预先存储在 ROM 中的正弦波值进行处理，加上一个偏移量，就可以输出正弦波信号了，只是该正弦波有一个正的偏移电压。例如，如果希望产生峰值为 1 V 的正弦波，正弦波将从 0 变化到＋1，然后返回到 0，接着从 0 变化到－1，然后返回到 0，如图 8-14a 所示。在波形中添加二进制数值 1，使 D/A 转换器的输出如图 8-14b 所示，在正弦波为负峰值时，D/A 转换器的输出将为 0。这个值 1 将被添加到存储在 ROM 中的每个正弦值上。图 8-15 所示为 ROM 的地址、相位角、正弦值以及正弦值＋1 的对应值。

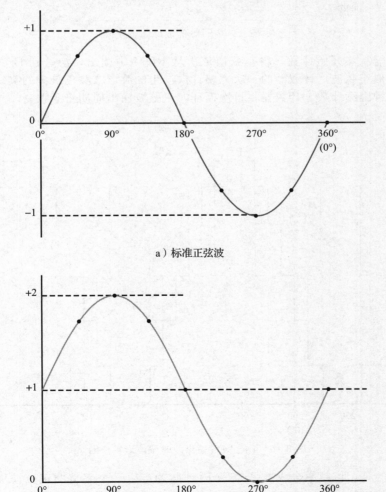

a）标准正弦波

b）含有直流分量的正弦波

图 8-14　将正弦波偏置为直流信号的时域波形示意图

地址	相位角（°）	正弦值	正弦值 + 1
0000	90	1	2
0001	112.5	0.924	1.924
0010	135	0.707	1.707
0011	157.5	0.383	1.383
0100	180	0	1
0101	202.5	−0.383	0.617
0110	225	−0.707	0.293
0111	247.5	−0.924	0.076
1000	270	−1	0
1001	292.5	−0.924	0.076
1010	315	−0.707	0.293
1011	337.5	−0.383	0.617
1100	360	0	1
1101	22.5	0.383	1.383
1110	45	0.707	1.707
1111	67.5	0.924	1.924
0000	90	1	2

图 8-15　4 位 DDS 的地址和正弦值

如果计数器从零开始计数，将正弦值依次从 ROM 中读出，馈送到 D/A 转换器，产生阶梯形的近似正弦波。计数器的一次完整计数产生的波形（颜色最深的实线）如图 8-16 所示。如果时钟继续计数，计数器将再次循环，正弦波输出周期将会重复。

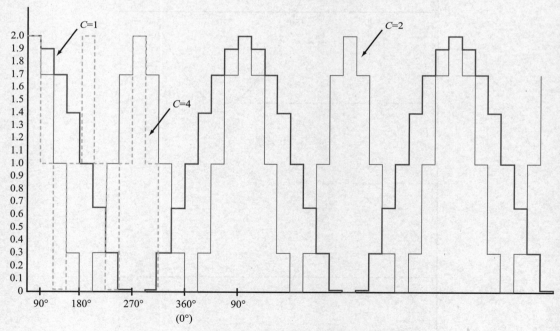

图 8-16　4 位 DDS 输出的时域波形示意图

需要注意的是，该频率合成器每 16 个时钟脉冲产生一个完整的正弦波周期，因为这里的一个周期的正弦波使用了 16 个正弦值表示，预先存储在 ROM 中。为了得到一个更准确的正弦波波形，可以使用更多位数的数据。例如，如果使用具有 256 个状态的 8 位计数器，正弦值将按照每 360/256＝1.4°变换一次，从而给出正弦波的高精度表示。这种关系可以表示为：正弦波的输出频率 $f_o =$ 时钟频率 $f_{clk}/2^N$，其中 N 等于 ROM 中的地址位数。

如果 4 位计数器使用 1 MHz 的时钟频率，正弦波输出频率将是：

$$f_o = 1\ 000\ 000\ Hz/2^4 = 1\ 000\ 000\ Hz/16 = 62\ 500\ Hz$$

然后用低通滤波器对正弦波的阶梯式近似值进行滤波，去除其中的高频分量，就可得到低失真的正弦波。

> **拓展知识**
>
> 输出频率 f_o 等于时钟频率 f_{clk} 除以 2^N，其中 N 为 ROM 中的地址的位数。

改变该频率合成器的输出频率的唯一方法是改变时钟的频率。但是这样做意义不大，因为通常希望频率合成器的输出具有晶体振荡器的精度和稳定性。为了实现这一点，时钟振荡器必须由晶体实现。这样问题就变成了，如何调整这个电路既可以保持恒定的时钟频率，又可以以数字方式改变频率？

改变频率合成器输出频率最常用的方法是用寄存器代替计数器，该寄存器存储的内容作为 ROM 的地址，该地址也可以很方便地更改。例如，可以从外部微控制器给寄存器加载一个地址。然而在大多数 DDS 电路中，通常是将这个寄存器结合二进制加法器一起使用，如图 8-17 所示。地址寄存器的输出与一个二进制常数值一起作为加法器的输入，这个常数值也可以被更改。加法器的输出再馈送到地址寄存器中。寄存器和加法器的组合通常被称为累加器。该电路的目的是使得当每个时钟脉冲出现时，常数 C 能够被加到寄存器的前一个值中，并且将累加求和结果重新存储到地址寄存器中。这个常数值来自相位增量寄存器，该寄存器的值可由嵌入式微控制器或其他数字器件提供。

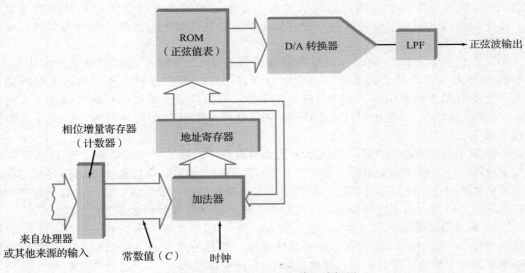

图 8-17 完整的 DDS 电路组成框图

为了说明该电路的工作原理，假设使用一个 4 位累加器加上一个 ROM，并设常数值为 1。每次时钟脉冲到来，寄存器就会加 1。寄存器初值设为 0000 时，第一个时钟脉冲到来，寄存器增加到 1，下一个时钟脉冲到来，寄存器增加到 2，以此类推，因此其工作方式与前述的二进制计数器相同。

现在假设这个常数值为 2。也就是说每个时钟脉冲到来时，寄存器值将增加 2。从 0000 开始，寄存器的值将为 0、2、4、6，以此类推。如图 8-15 所示的正弦值表，可以看出，输出到 D/A 转换器的值也能合成输出正弦波，不过此时正弦波的生成速率更快了。这里不是用 8 个幅值来代表正弦波的峰峰值，而是只用了 4 个值。参见图 8-16，其中说明了输出的结果（颜色较浅的实线）。当然输出是正弦波的阶梯式近似值，在计数器从 0000

到 1111 的完整周期中，输出的是两个周期的正弦波。输出的阶数更少，表示正弦波的波形描述更粗糙。但是加上一个适当的低通滤波器进行滤波，即可输出正弦波，此时输出正弦波的频率是常数设为 1 的电路产生的正弦波频率的 2 倍。

> **拓展知识**
>
> 对于输入到 4 位累加器寄存器中的递增常数，可以用常数 C 乘以时钟频率 f_{clk} 除以 2^N 来计算输出正弦波的频率，其中 N 是寄存器的位数。

正弦波的频率可以通过改变加到累加器的常数值来进一步调整。将常数设置为 3 将使得产生的输出频率是原电路的三倍。当常数值为 4 时，所产生的输出频率是原频率的四倍。

可以用下式来表示输出正弦波的频率：

$$f_0 = \frac{C f_{clk}}{2^N}$$

常数值 C 越高，用于恢复输出正弦波的样本就越少。当常数设置为 4 时，将图 8-15 中的每 4 个值发送到 D/A 转换器，生成图 8-16 中的虚线波形，它的频率是原来的四倍。这对应于每个正弦波周期有两个样本，这是允许的最小的样本数量，当然这样做仍然能够产生精准的正弦波输出频率。根据奈奎斯特采样定理，要不失真地重现正弦波信号，必须在其每个周期内至少完成两次采样，才能再由 D/A 转换器不失真地恢复出来。

为了使 DDS 有效，需要在 ROM 中存储的正弦样本的总数非常大。实际电路一般使用至少 12 个地址位，需要给出 4096 个正弦样本，甚至更多。

上述的 DDS 频率合成器与 PLL 频率合成器相比具有一些优势。首先，如果决定分辨率的 ROM 码字位数和累加器位数均满足要求，则输出频率可以实现非常精细的增量变化。由于时钟信号是由晶体产生的，因此输出的正弦波的频率将与晶体时钟有着相同的准确性和精度。

第二个优点是，DDS 频率合成器的频率通常比 PLL 频率合成器的频率改变快得多。要想改变 PLL 频率合成器的频率，必须在分频器中输入新的分频因子，然后反馈回路还需要一定的时间来检测误差，进入新的锁定条件。环路低通滤波器的存储时间也大大延迟了频率的改变速度。而这些问题在 DDS 频率合成器中是不存在的，因为它可以在纳秒级内改变频率。

DDS 频率合成器的缺点是，它很难实现非常高频率的输出。输出频率受到 D/A 转换器及数字逻辑电路工作速度的限制。利用当今的技术手段和器件，可以制作出的 DDS 频率合成器的输出频率可达 200 MHz。当然，随着集成电路技术的进一步发展，这一参数指标可能将会有所增加。所以，对于更高频率的应用需求，PLL 频率合成器仍然是上佳的选择。

DDS 频率合成器可以从多家 IC 公司获得。整个 DDS 电路都封装在一个芯片上，时钟电路通常也含在芯片内，其频率由外部晶体提供。芯片由并行的二进制输入总线来设置改变频率所需的常数值。芯片内部比较典型的 D/A 转换器是 12 位的。这种芯片例如 ADI 公司的 AD9852，如图 8-18 所示。片上时钟来自由 PLL 构成的倍频器，倍频值可以设为 4～20 之间的任意整数。最大为 20 时，可产生 300 MHz 的时钟频率。为了达到这个频率，外部参考时钟输入必须为 300 MHz/20＝15 MHz。当时钟是 300 MHz，频率合成器可以产生频率高达 150 MHz 的正弦波。

两个 12 位 DAC 可以同时产生正弦波和余弦波。使用 48 位的频率码字，频率的步长增量数可以达到 2^{48} 个。还有一个 17 位相位累加器，相移增量个数为 2^{17} 个。

该芯片中还有一个可以用于调制正弦波输出的电路，可实现 AM、FM、FSK、PM 和 BPSK。更先进的 DDS 芯片的 DAC 分辨率为 14 位，最大时钟输入为 1 GHz。

虽然存在单片 PLL 和 DDS 频率合成器芯片可供选择使用，但如今这些电路更有可能是更大规模的片上系统（SoC）芯片的一部分。

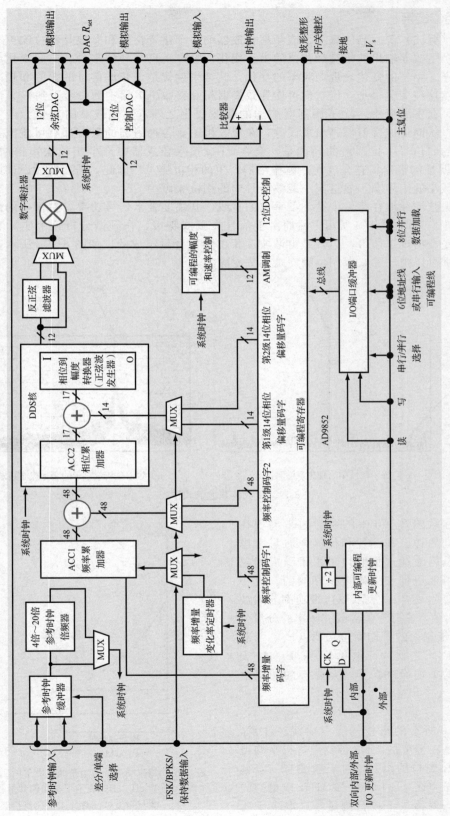

图 8-18　ADI 公司出品的 DDS 芯片 AD9852 内部结构

8.2.5 相位噪声

信号（载波）源、晶体振荡器或频率合成器的一个重要特性和参数是相位噪声。相位噪声是信号生成器输出的幅度和相位的微小变化。噪声来自半导体本身、电源变化或元器件的热噪声。相位的变化表现为频率的变化，其结果就像是正弦波信号的振幅和频率被调制了。虽然这些变化很小，但它们可能导致发射机和接收机电路中的信号受到影响。

例如，在发射机中，除了调制器施加的载波变化之外，其他载波的变化会产生"模糊"信号，从而造成发射信号出现误差。在接收机中，各种附加的噪声都有可能掩盖和干扰到接收的弱信号。更严重的问题是，会在 PLL 频率合成器中产生相位噪声倍增现象。PLL 本身就是倍频器，它会放大晶体振荡器产生的相位噪声。因此，需要通过设计或选择相位噪声最小的信号源，尽量减小载波信号中的相位噪声。

观察正弦波载波在频域中是一条垂直的直线，其幅度表示信号功率，在横轴的位置表示载频（f_c），如图 8-19a 所示。然而由于信号失真或噪声，在频谱分析仪上实际看到的是在载波左右出现了边带，边带是由谐波及相位噪声分量组成的，如图 8-19b 所示。严重的谐波失真可以被滤除，但相位噪声是无法滤除的。

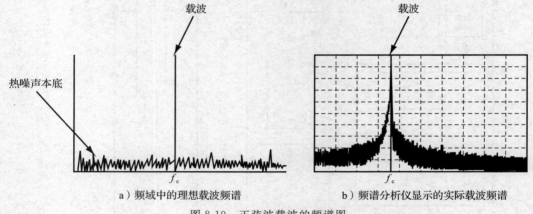

a）频域中的理想载波频谱　　　　b）频谱分析仪显示的实际载波频谱

图 8-19　正弦波载波的频谱图

需要注意图 8-19b 中的噪声边带出现在载波频率的两边。在测量相位噪声时只考虑上边带，是因为在这里假设了由于噪声的随机性，使得上边带和下边带是相同的。设相位噪声频谱为 $L(f)$，表示单边带功率与载波功率的相对值，它等于偏离载波频率的分量分布在 1 Hz 带宽内的平均噪声功率（P_n）与载波功率（P_c）之比，计量单位用 dB_c/Hz 表示，这里的平均噪声功率就是噪声的功率谱密度，

$$L(f)=P_n/P_c$$

图 8-20 所示的是相位噪声曲线。注意，噪声功率是在极窄的 1 Hz 带宽上进行平均得到的，1 Hz 窗口的位置相对于载波有一定偏移。相位噪声在从 1 kHz～10 MHz 或更高的频率的不同偏移量下进行测量，这取决于所

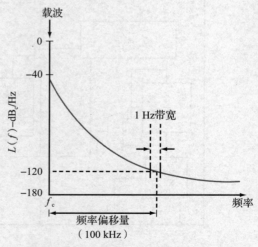

图 8-20　相位噪声的单边带曲线图 $L(f)$，单位为 dB_c/Hz，表示了频率偏移量和 1 Hz 测量带宽，注意并未按比例绘制

涉及的具体频率值、调制类型和具体的系统应用。载波的近相位噪声频率位于 1 kHz～10 kHz 范围内，而远相位噪声的频率相对于载波偏移 1 MHz 或更高频率。

常见的相位噪声值的范围为 $-40 \sim -170$ dB$_c$/Hz。该数值的绝对值越大，相位噪声就越小。噪声本底就是最小可能的噪声功率，可将电路的热噪声定义为噪声本底，该值可以低至 -180 dB$_c$/Hz。如图 8-20 所示，频率距载波的偏移量为 100 kHz 的相位噪声为 -120 dB$_c$/Hz。

8.3 功率放大器

发射机中使用的三种基本类型的功率放大器是线性、丙类和开关放大器。

线性放大器能完全不失真地放大输入信号，其输出与输入呈线性关系，因此输出信号与输入信号相比除了功率变大外，二者完全相同。大多数音频放大器都是线性的。线性射频放大器用于放大非恒定振幅的射频信号，如低电平 AM 或 SSB 信号。大多数现代数字调制技术，如扩频、QAM 和正交频分复用（OFDM），都需要线性放大来保证调制信号不会出现失真。线性放大器分为甲类、甲乙类或乙类，放大器的类型取决于它的偏置状态。

> **拓展知识**
> 大多数音频放大器都工作在线性状态，一般是甲类或甲乙类放大器。

甲类放大器通过偏置工作在连续导通状态。偏置是为了确保输入信号落在晶体管特性的线性区域内，去改变集电极（或漏极）电流。因此它的输出是输入的线性放大，也可这样说，甲类放大器在输入正弦波的整个周期内，即 360°范围内都是导通的。

乙类放大器偏置在截止区，因此若输入为 0，集电极电流为 0。当输入正弦波时，晶体管只在正半周期，即 180°范围内导通，这意味着它只放大半个周期的正弦波。通常将两个乙类放大器以推挽的方式连接，这样使得正负交替的输入信号都得到放大。

甲乙类线性放大器偏置电压设置靠近截止区，能保证部分集电极电流是连续的。放大器导通介于输入正弦波的 180°与 360°之间，主要也被用作推挽放大器，比乙类放大器拥有更好的线性度，但效率较低。

甲类放大器是线性的，但效率很低。因此这类功率放大器性能较差，主要被用作小信号电压放大器或低功率放大器。前面描述的缓冲放大器是甲类放大器。

乙类放大器的效率高于甲类放大器，因为只有输入信号的一部分电流流过放大器，所以它们的效率较高。然而由于信号的负半周被消掉了，所以信号产生了严重的失真，必须使用特殊的技术手段来消除或补偿失真。例如，用乙类放大器构成推挽电路可减小信号失真。

丙类放大器工作时，其导通时间甚至小于输入正弦波周期的一半，所以它的效率更高。放大器输出的信号是严重失真的电流脉冲，将其作为激励信号输入谐振回路，就可以产生连续的正弦波。丙类放大器不能用于放大那些振幅非恒定的信号，因为它会对 AM 或 SSB 信号产生削波现象，造成严重的失真。而 FM 信号的振幅是恒定的，可以用效率更高的非线性丙类放大器进行放大。丙类放大器也是很好的倍频器，因为在放大过程中会产生谐波分量。

开关放大器的作用类似于通断开关或数字开关，它们能高效地输出方波信号。虽然这种失真的信号输出可能是不满足要求的，但是可以对输出信号使用高 Q 值的谐振回路进行滤波，就可以轻易地滤除输出方波信号中的谐波。该电路的开/关工作状态的效率非常高，因为放大器只在输入信号的半个周期导通，有电流流过。而且在导通时晶体管上的电压降非常低，功耗很小。一般开关放大器是指丁类、戊类、己类和 S 类放大器。

8.3.1 线性放大器

线性放大器主要用于 AM 和 SSB 发射机，包括低功率放大和高功率放大两类应用。下面是应用实例。

甲类缓冲放大器。 如图 8-21 所示为简单的甲类缓冲放大器。这种放大器一般位于载波振荡器和末级功率放大器之间，用于隔离振荡器与功率放大器，避免功放负载引起振荡器频率的变化。它也能提供一定功率的放大，用于驱动末级功率放大器。这种电路的输出功率通常是毫瓦级的，很少能超过 1 W。载波振荡器信号被电容耦合到放大器输入端，R_1、R_2 和 R_3 提供直流偏置电压。发射极电阻 R_3 被旁路，能够获得最大交流增益。集电极输出通过 LC 谐振回路调谐在载波频率上。集电极输出信号通过电感或变压器耦合到次级回路，将功率传输至下一级电路。

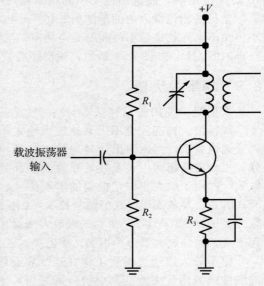

图 8-21　线性（甲类）RF 缓冲放大器

高功率线性放大器。 高功率甲类线性射频放大器如图 8-22 所示。电路中的功放器件也可以使用功率 MOSFET 管，只需要对电路进行一些修改。基极偏置由带温度补偿电路的恒流源提供。来自 50 Ω 阻抗的信号源的射频输入经过由 C_1、C_2 和 L_1 组成的阻抗匹配网络进入基极。集电极输出经过由 L_2、L_3、C_3 和 C_4 组成的阻抗匹配网络与 50 Ω 的负载匹配。将放大器加上适当的散热器，该晶体管可以输出高达 100 W 的功率，频率可达 400 MHz 左右。该放大器的工作频率由输入和输出谐振回路确定。甲类放大器的最大效率为 50%，因此只有 50% 的直流功率被转换为射频，剩下的 50% 在晶体管中被耗散掉了。对于 100 W 的射频输出功率，晶体管也会耗散 100 W 功率。一般情况下甲类放大器的效率都低于 50%。

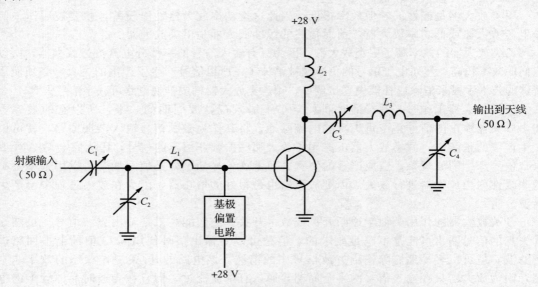

图 8-22　高功率甲类线性射频放大器

常用的射频功率晶体管的功率上限约为 1 kW。为了产生更大的功率，可以将两个或多个器件并联、推挽连接或使用其他某种组合连接方式。这样可以使得功率最高可达数千瓦。

射频砷化镓-异质结双极型晶体管功率放大器集成电路。 目前常用的集成电路射频功率放大器采用砷化镓异质结双极型晶体管。异质结是指两种不同类型的半导体材料构成的结，如砷化镓（GaAs）发射极和铝-镓-砷（AlGaAs）基极。有些异质结双极型晶体管（HBT）使用铟-镓-磷化物（InGaP）作为基极。用这类晶体管设计的甲乙类线性功率放大器的工作频率可高达约 6 GHz。图 8-23 所示为其典型电路，其中矩形框表示的是印制电路板（PCB）上的传输线，可以将其等效为电感。

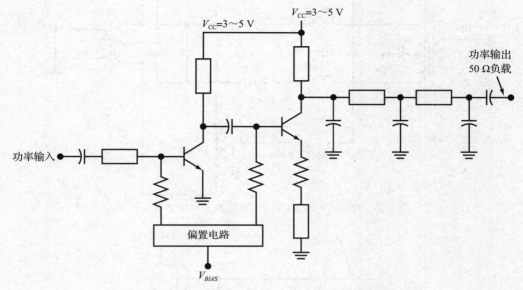

图 8-23　使用 HBT 的甲乙类射频功率放大器

图 8-24 所示为一种具有代表性的器件——思佳讯（Skyworks）公司的芯片 SKY77765，它工作在 800 MHz 的手机频段内。其大小只有 3 mm×3 mm，输出功率在 27～28 dBm(0.4～0.5 W) 范围内，功率附加效率（PAE）约为 50%。它的内部有一个两级甲乙类放大器，直流电源电压为 3.2～4.2 V。该芯片还含有针对晶体管的温度补偿偏置电路。绝大多数工作在各种频率下的手机都采纳了此类芯片。

图 8-24　Skyworks 公司的 SKY77765 芯片

图 8-25 为推挽式射频功率放大器。它使用两个功率 MOSFET，可以在 10～90 MHz 范围内产生高达 1 kW 的功率输出，功率增益为 12 dB。射频输入驱动功率需要达到 63 W，才能保证最大 1 kW 的输出功率。环形变压器 T_1 和 T_2 分别用于输入和输出电路实现阻抗匹配，以非调谐方式工作，其宽频带工作范围为 10～90 MHz。20 nH 扼流圈和 20 Ω 电阻形成中和电路，对输出到输入的反馈相位进行补偿，防止出现自激振荡。

8.3.2　丙类放大器

大多数调幅和调频发射机的核心电路是丙类放大器。这些放大器用作驱动器、倍频器和末级放大器。丙类放大器经过偏置后，其导通角小于 180°，通常为 90°～150°。流过放大器的电流是短脉冲，用谐振回路作为负载，实现完整信号的放大过程。

偏置方式。 图 8-26a 给出了一种丙类放大器的偏置方式。晶体管基极通过电阻接地，无外加的偏置电压，将待放大的射频信号直接施加到基极。晶体管在输入波的正半周导通，在负半周截止。虽然看起来是乙类放大电路，但实际上这里是双极晶体管的发射极-基极结，

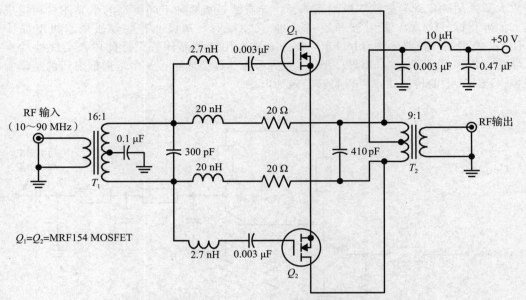

图 8-25　使用 MOSFET 的 1 kW 推挽式射频功率放大器

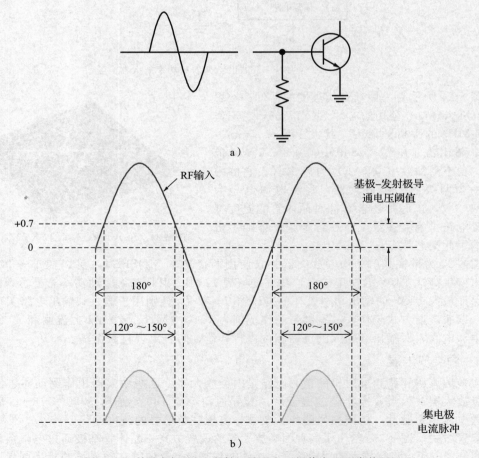

图 8-26　利用内部基极-发射极导通电压阈值实现丙类偏置

有约 0.7 V 的正向导通电压阈值。换句话说，只有基极电压比发射极电压高 0.7 V 以上，基极-发射极结才能真正导通，因此晶体管具有固有的内置反向偏置电压。当输入信号施加到基极时，只有当基极电压大于 0.7 V，才会产生集电极电流。如图 8-26b 所示，结果是，信号为正脉冲时，集电极有输出电流，脉冲的导通角小于交流信号正半周的完整 180°。

在很多低功率激励放大器和倍频器级中，只需要利用固有的基极-发射极结电压降即可，不需要另加专用的偏置电路。基极与地之间的电阻只是作为激励放大器电路的负载。在某些情况下，所要求的放大器的导通角可能比图 8-26a 中电路的更小，此时就需要外加偏置电路了。如图 8-27a 所示的是用 RC 网络构成的一种简单的偏置电路，需要放大的信号通过电容 C_1 施加。当输入信号为正电压，或正弦波的正半周时，发射极-基极结导通，C_1 充电到电容两端电压等于施加信号峰值电压减去发射极-基极结上的正向电压降。当输入信号为负电压，或正弦波的负半周时，发射极-基极结反向偏置，晶体管截止。此时电容器 C_1 通过 R_1 放电，在 R_1 上产生负电压，对晶体管形成反向偏置。通过适当调整 R_1 和 C_1 的时间常数，可以建立平均直流反向偏置电压，使得仅在电压峰值处晶体管导通。平均直流偏置电压越大，导通角就越小，集电极电流脉冲的持续时间就越短。这种方法被称为信号偏置。

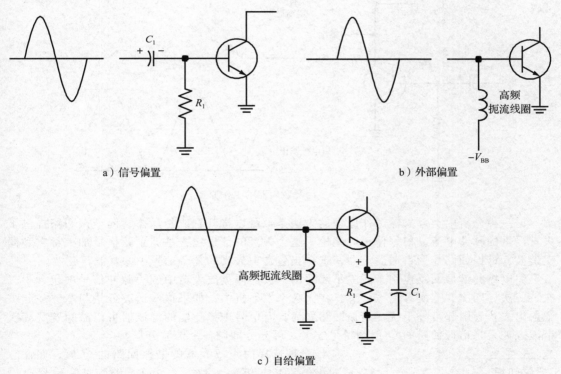

a）信号偏置　　　　　　　　　　　　　　　b）外部偏置

c）自给偏置

图 8-27　丙类放大器偏置方法

也可以使用固定的直流电源给丙类放大器提供反向偏置，如图 8-27b 所示。在建立了所需的导通角后，就可以确定反向偏置电压的值，并通过 RFC 施加到基极上。此时输入信号耦合到基极，使晶体管只在输入信号交替变化到正半周峰值电压时导通。这种偏置称为外部偏置，它需要提供单独的负直流源。

另一种偏置方式如图 8-27c 所示，与图 8-27a 所示的电路相似，这里的偏置来自信号源，这种方式称为自给偏置。当电流通过晶体管发射极在 R_1 上产生电压降，电容器 C_1 充电并保持恒定电压，此时发射极电平比基极要高，这与在基极上加负电压的效果相同。所以要想保证放大器能正常工作，需要施加电平较大的输入信号。这种偏置电路经常用于增强型的 MOSFET 管放大器。

输出谐振电路。 所有丙类放大器都要用谐振回路作为负载连接到集电极上，如图 8-28 所示。谐振回路的主要功能是通过滤波输出完整的交流正弦波。每当直流脉冲加到并联谐振回路上，就会在其谐振频率上产生谐振，即振荡。脉冲给电容充电，接着，电容又向电感放电。电感中的磁场增加，然后减小，会产生一个电压并对电容反向充电。能量在电感和电容之间的交换，称为飞轮效应。在谐振频率处产生衰减的正弦波。如果谐振电路每半个周期接收一个电流脉冲，则在谐振回路上形成恒定振幅的正弦波电压，该正弦波频率等于回路谐振频率。所以，即使电流以短脉冲的形式通过晶体管，丙类放大器也仍然能输出连续的正弦波。

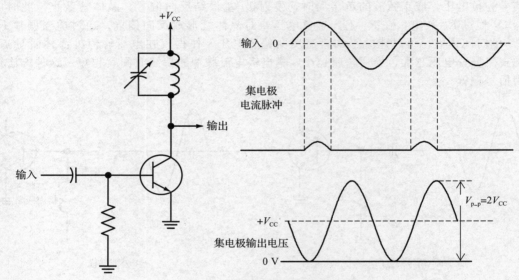

图 8-28　丙类放大器的工作原理

另一种分析丙类放大器工作原理的方法是，可以将其看成是晶体管向谐振回路提供了失真严重的脉冲电流。根据傅里叶理论，这个失真的信号包含基波正弦信号加上奇次和偶次谐波。谐振回路作为带通滤波器来选择出包含在失真的复合信号中的基波正弦波。

集电极的谐振回路也用于滤除不需要的谐波。丙类放大器中的短脉冲信号中包含了二次、三次、四次、五次等谐波分量。在大功率发射机中，如果这些谐波分量与基波一起被辐射出去，会引起带外干扰，谐振回路作为具有信号选择功能的滤波器可以滤除这些高次谐波。如果将谐振回路的 Q 值调得足够大，可充分抑制各个谐波分量。

拓展知识

丙类放大器中的谐振回路的 Q 值应该足够高，以充分滤除谐波分量。谐振回路也应该有足够的带宽来确保调制过程中产生的边带信号正常通过。

应该合理选择丙类放大器的谐振回路的 Q 值，保证它既能对谐波产生足够的衰减，又具有足够的带宽确保已调信号的边带能正常通过。谐振回路的带宽和 Q 值的关系如下：

$$\text{BW} = \frac{f_r}{Q} \qquad Q = \frac{f_r}{\text{BW}}$$

如果谐振回路的 Q 值过高，那么带宽将变得非常小，可能会滤除高频边带信号，导致边带频率被滤除而造成信号失真，使接收端某些信号可懂度下降，或造成原始信号的保真度损失。

丙类放大器比甲类和乙类放大器更适合进行射频功率放大的主要原因之一是它的效率很高。效率定义为输出信号功率与输入电源功率之比。如果将所有输入功率转换为输出功率，则效率为 100%。当然实际上这是做不到的，因为电路存在损耗。但在丙类放大器中，大部分的功率施加到了负载上。因为电流导通角小于交流输入周期的 180°，晶体管中的平均电流很低，即器件耗散的功率较小。可以将丙类放大器看作是晶体管开关，在一个正弦波周期内，其开关断开角度大于 180°，导通角在输入周期的 90°～150° 之间。导通时，发射极到集电极之间的导通电阻很小，因此即使峰值电流很高，总功耗也远低于甲类和乙类电路，所以它能将大部分的直流电源转换为射频能量，并输出至负载，这里的负载通常就是天线。大多数丙类放大器的效率为 60%～85%。

丙类放大器中的输入功率就是该电路所消耗的平均功率，等于电源电压与集电极平均电流的乘积，即：

$$P_{in} = V_{cc} I_c$$

例如，如果电源电压为 13.5 V，集电极平均直流电流为 0.7 A，则输入功率为 $P_{in} = 13.5 \text{ V} \times 0.7 \text{ A} = 9.45 \text{ W}$。

输出功率是实际传输到负载的功率，功率的大小取决于放大器的效率。输出功率可以用基本的功率表达式来计算：

$$P_{out} = \frac{V^2}{R_L}$$

式中，V 为放大器集电极输出的射频电压方均根值，R_L 为负载阻抗。通过设置丙类放大器处于适当的工作状态，射频输出峰峰值电压可达到电源电压的两倍，即 $V_{p-p} = 2V_{CC}$（见图 8-28）。

倍频器。 如果集电极中的谐振回路谐振在输入频率的整数倍频率上，则丙类放大器可作为倍频器使用。例如，只需将谐振频率等于输入频率的两倍的并联谐振回路作为丙类放大器集电极上的输出电路，就可以构成一个倍频器。当集电极输出电流脉冲激励该谐振回路时，就可以使谐振回路以两倍输入频率产生谐振。每隔一个输入周期，就流过一个电流脉冲。可以按同样的方式设计三倍频器电路，此时只是谐振回路的谐振频率要改为输入频率的三倍，每当一个电流脉冲流过回路时，可得到 3 个振荡周期的信号（见图 8-29）。

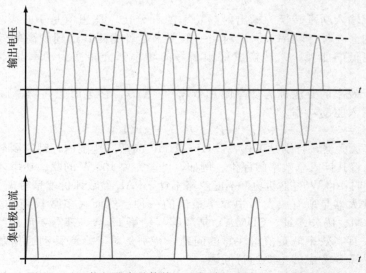

图 8-29　三倍频器中晶体管电流与谐振回路电压之间的关系

倍频器的系数作为输入频率增加倍数可以为任意整数，其最大值约为 10。但是随着倍频系数的增加，倍频器输出功率会减小。所以，大多数实际应用的倍频系数取 2 和 3 时可以得到最佳的结果。

> **拓展知识**
>
> 虽然倍频因子可以取不大于 10 的整数，将输入频率倍频到任意整数倍，但实际中的取值一般为 2 和 3，才能得到最佳的结果。

另一种分析丙类倍频器工作原理的方法是，因为非正弦电流脉冲含有丰富的谐波。脉冲产生时，同时产生二次、三次、四次、五次和更高次谐波。而在集电极的谐振回路可以作为滤波器来选择所需的谐波频率。

在很多应用中，可能需要大于单个倍频器所能实现的倍频系数，这时可以将两个或多个倍频器级联起来。如图 8-30 所示为倍频器级联的例子。第一种情况中，倍频因子为 2 和倍频因子为 3 的两个倍频器级联，构成了总倍频因子为 6 的倍频器。第二种情况中，三个倍频器级联，构成了总倍频因子为 30 的倍频器。总倍频因子是各级倍频因子的乘积。

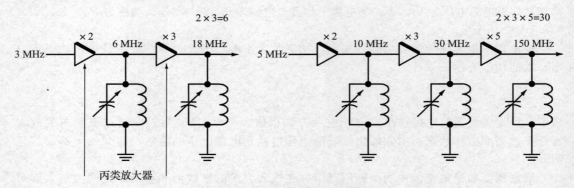

图 8-30　用丙类放大器作为倍频器

8.3.3　放大器的效率

射频功率放大器，尤其是线性功率放大器的关键指标之一是它们的效率。效率是放大器的输出功率（P_o）与总直流电源供给功率（P_{dc}）的比值，即：

$$\eta = (P_o / P_{dc}) \times 100\%$$

效率是直流输入功率转换为输出射频功率的百分比，理想值是 100%。当然，这实际上是无法实现的。在设计功率放大器时，一般要求尽可能使其达到较高的效率，因为更高的效率意味着更低的能耗。未转换成射频信号的功率都会转换为功率晶体管的散热而损失掉。

另一种衡量效率的方法称为功率附加效率（PAE），它考虑了高功率放大器能输出最大功率所需的输入驱动功率。

$$PAE = (P_o - P_{in}) / P_{dc} \times 100\%$$

一些高功率放大器，特别是工作在 VHF、UHF 或微波范围内，都需要较大的输入驱动功率，需要考虑将其计入总效率的评价。例如，可能需要 100 W 的驱动功率才能获得 1500 W 的输出功率，此时 100 W 的驱动功率不能忽略不计，PAE 参数评价就是考虑了这一点。

线性功率放大器是所有放大器中效率最低的一种。然而大多数较新的数字调制技术，如 OFDM、QAM、码分多址（CDMA）扩频等（见第 11 章）都需要使用线性放大器来保证调制信号不失真。效率低是值得注意的问题，特别是对于蜂窝移动通信基站，放大器冷却和电力成本是需要考虑的主要运行问题。

丙类和开关功率放大器是效率最高的射频功率放大器，用于允许使用非线性放大的场合，如某些 AM、FM 和 PM 系统。另外也出现了几种特殊技术用于提高线性功率放大器的效率。

表 8-1 总结了基本的功率放大器可获得的理论最大效率和实际效率范围。

在大多数情况下，实际效率取决于设计要求和输入功率大小。例如甲类和甲乙类放大器如果在不失真的情况下，输入最大功率，那么它的效率是最高的。如果输入功率很小，会使效率下降，转变成热量的损耗功率变大。

表 8-1 几种基本的功率放大器的效率

放大器类别	理论最大效率（%）	实际效率范围（%）
甲类	50	10～25
乙类	78.5	50～65
甲乙类	60	40～50
丙类	90	65～85

8.3.4 开关功率放大器

如前文所述，射频功率放大器的主要问题是效率低，功耗大。为了能将射频功率有效地传输到天线，放大器本身必须消耗很大一部分功率。例如甲类功率放大器中的晶体管是连续导通的，是线性放大器，其导通输出随信号线性变化。由于连续导通，甲类放大器产生的一大部分的功率并没有作用到负载上。放大器传输到负载上的有效功率不足总功率的 50%。由于耗散功率大，甲类放大器的输出功率通常受到限制，因此它只能用于发射机的小功率级电路。

为了获得更大的输出功率，可以使用乙类放大器。每个晶体管对载波信号的导通为 180°，用两个晶体管构成推挽式结构，可以放大完整周期的正弦载波。由于晶体管对载波的导通为 180°，其耗散功率显著降低了，效率可达 70%～75%。而丙类功率放大器效率更高，因为它们对载波信号的导通小于 180°，在晶体管截止时，它仍然可以通过极板或集电极的谐振回路向负载输出信号功率。导通角小于 180°，丙类放大器的耗散功率更小，故可将更多的功率输出到负载上，效率可以高达约 85%。因此当调制方式允许非线性功放时，丙类放大器是使用最广泛的射频功率放大器。

另一种提高功放效率的途径是使用开关放大器。开关放大器是一种用开关控制导通或截止的晶体管。双极型晶体管和增强型 MOSFET 两种器件在开关放大器中均得到了广泛使用。作为开关的双极型晶体管要么截止，要么饱和。截止时不耗散功率，当饱和时电流最大，但发射极-集电极之间的电压降极小，通常小于 1 V，因此功耗极低。

当使用增强型 MOSFET 时，也是有截止和导通两种状态。在截止状态下，电流为零，所以没有功耗。导通时，源极和漏极之间的电阻通常很低——同样不超过几欧姆，典型值远小于 1 Ω。因此即使有大电流通过，功耗也极低。

开关功率放大器的效率可以超过 90%。开关功率放大器中变化的电流是方波，会产生谐波。可以在功率放大器和天线之间加谐振回路和滤波器，比较容易滤除其中的谐波分量。

> **拓展知识**
> 丁类、戊类和 S 类放大器最初是用于大功率音频系统中，现在也在无线电发射机电路中使用。

三种基本类型的开关功率放大器是丁类、戊类和 S 类，最初是为大功率音频应用而设计开发的。随着高功率、高频开关晶体管的出现，目前它们被广泛应用于无线电发射机设计中。

丁类放大器。 丁类放大器使用一对晶体管在谐振回路中产生方波电流。图 8-31 所示为丁类放大器的基本结构。放大器中用两个开关将正负直流电压通过谐振回路施加到负载上。当开关 S_1 闭合时，S_2 断开；反之，当 S_2 闭合时，S_1 断开。当 S_1 闭合时，施加到负载上的直流电压为正。当 S_2 闭合时，施加到负载上的直流电压为负。因此在谐振回路和负载的输入端的信号为交流方波。

串联谐振电路谐振于载波频率，具有很高的 Q 值。输入波形是基波正弦波和奇次谐波分量组成的方波，由于高 Q 值的调谐电路滤除奇次谐波，在负载上留下基波正弦波。理想的开关在关断状态下无漏电流，导通时电阻为零，理论效率为 100%。

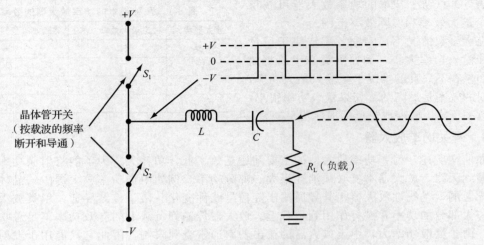

图 8-31   丁类放大器的基本结构

图 8-32 所示为用增强型 MOSFET 实现的丁类放大器。输入载波信号通过次级中间抽头接地的变压器，施加到两个增强型 MOSFET 栅极，信号相位差为 180°。当 Q_1 栅极的输入为正时，Q_2 栅极的输入为负，因此 Q_1 导通而 Q_2 截止。在输入信号的负周期中，Q_2 栅极输入为正而 Q_1 栅极输入为负，Q_2 导通，将负脉冲信号输入到谐振回路中。增强型 MOSFET 通常是不导通的，一旦栅极电压高于特定的阈值，MOSFET 才会导通，且导通电阻很低。所以在实际应用中，通过使用图 8-32 所示的电路可以实现高达 90% 的效率。

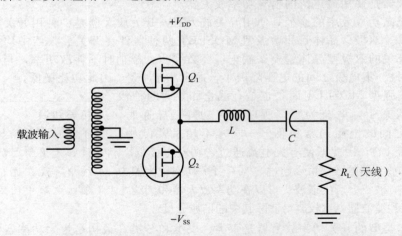

图 8-32   采用增强型 MOSFET 制造的丁类放大器，Q_1 是 N 型，Q_2 是 P 型

戊类和 S 类放大器。 在戊类放大器中只使用了一个晶体管。虽然 MOSFET 因驱动电压低，会优先考虑使用 MOSFET，实际上双极型和 MOSFET 均可使用。图 8-33 所示为典型的戊类射频放大器。载波初始波形为正弦波信号，经过整形电路转变成方波，载波通常是调频信号。然后方波载波信号施加到戊类双极型功率放大器的基极。其中 Q_1 是按载波频率的变化速率进行关断和导通的。集电极输出也是方波，经过由 C_1、C_2 和 L_1 组成的低通滤波器和调谐阻抗匹配电路滤波，奇次谐波分量被滤除，留下基波正弦信号输出至天线。该电路方案可以显著提高放大器效率。

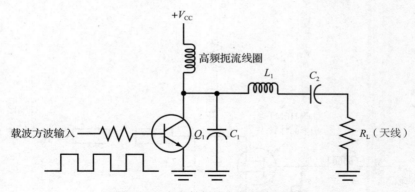

图 8-33　戊类射频放大器电路原理图

S 类放大器是戊类放大器的一种变化形式。它在集电极或漏极额外加了一个谐振网络，谐振网络是一个集总的 LC 电路，在微波频段，谐振网络甚至可以是谐振传输线，谐振频率是工作频率的二次或三次谐波频率。最后在集电极（或漏极）输出很接近方波的波形。波形越陡峭，晶体管开关速度越快，放大器效率越高。

8.3.5　射频功率晶体管

虽然在某些射频功率放大器（PA）设计中仍然使用双极型晶体管，但目前大多数新系统的设计方案中普遍改用了 FET。因为它们需要的驱动功率低，整体电路更简单。即便是工作频率在吉赫兹频段，这种较新型号放大器的输出功率也可达几百瓦。现代射频功放中使用最广泛的器件是 LDMOS、GaAs HBT 和 GaN HEMT。

LDMOS MOSFET。横向扩散 MOS（LDMOS）FET 是一种典型的 N 型增强型 MOSFET，需要额外的大尺寸的元件来处理高功率和高热量问题。该器件设计成的几何形状是为了减少漏极到栅极的寄生电容，提高高频工作范围，LDMOS FET 被广泛用于蜂窝基站的无线电发射机中。其他的射频应用有雷达、广播和双向无线电的大功率发射机。它们可以承受 50 V 的漏极供电电压，每个器件输出功率可达 600 W。LDMOS FET 工作频率可以高达约 4～6 GHz。

GaN HEMT。另一种分立的功率场效应管是由氮化镓（GaN）制成的。用这些半导体材料制成的场效应晶体管能够承受高达 100 V 的漏极电压，漏极电流可达数安培。GaN FET 是一种金属–半导体结型 FET，即 MESFET，它们被称为高电子迁移率晶体管（HEMT）。HEMT 的栅极结使用了异质结代替金属-半导体结。一种被称为伪形态高电子迁移率晶体管（pHEMT）的变体使用了不同半导体材料制作附加层，其中的材料包括铟（In）化合物。这些附加层经过优化，可以进一步加速电子迁移，制成性能良好的放大器，工作频率可升至 30～100 GHz 的毫米波范围，电源电压也可高达约 100 V。

GaN 射频功率 FET 是常开的耗尽型 pHEMT 类型，散热性能优于硅功率晶体管。典型的电路结构如图 8-34 所示。该放大电路与图 8-33 所示的电路类似，不同之处是后者使用的是晶体管组合。它们可以在 30 GHz 或更高的频率下输出数十瓦功率，主要用于雷达、卫星和蜂窝基站。

GaN HEMT 线性功率放大器。图 8-34 所示为一个简化的 GaN HEMT 线性功率放大器。漏极电源电压可达约 100 V，栅极所加的负电压是偏置电压。该偏置电压由一个经过稳压和温度补偿的电压源产生的。功率值取决于晶体管和它的散热器散热能力，功率上限可达数百瓦。频率范围为 400 MHz～10 GHz 以上。新出品和改进的晶体管在电压、功率和频率性能指标上也在不断提高。

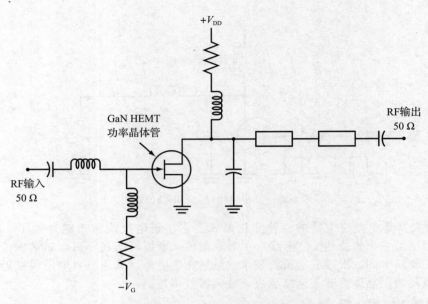

图 8-34　简化的 GaN HEMT 线性功率放大器

8.3.6　线性宽带功率放大器

　　本章到现在所描述的功率放大器都属于窄带放大器，它们在一个相对较小的频率范围内提供高功率输出，被放大信号的带宽取决于调制方式和调制信号的带宽。在很多实际应用中，总带宽值远小于载波频率值，这使得传统的 LC 谐振回路非常实用。前面也曾描述一种未调谐的推挽式功率放大器（见图 8-25）确实具有更宽的带宽，可高达数兆赫。然而当前某些新型无线系统则需要更宽的带宽。一个很好的例子是码分多址（CDMA）蜂窝移动电话标准。CDMA 系统使用一种称为扩频的调制/信道复用技术，正如它的名称，它可将信号扩展到一个非常宽的频谱上。在 4G 手机系统中，长期演进（LTE）蜂窝技术使用了一种称为正交频分多路复用（OFDM）的调制技术以及正交振幅调制（QAM）技术。常见的信号带宽是 5～20 MHz 或更大。这种复杂的调制方案要求放大器在宽频率范围内线性放大，才能确保没有幅度、频率或相位失真。目前已经开发了一些特殊的放大技术满足这一需求，下面讨论四种常见的技术。

　　前馈放大器。前馈放大器的概念是指，由功率放大器产生的失真被分离出来，然后从放大的信号中减去失真，最终产生一个几乎无失真的输出信号，其原理框图如图 8-35 所示。待放大的宽带信号先输入到功率分配器，在其中信号被分成两个等振幅的信号，典型的功率分配器可以是类似变压器的器件，甚至可以是电阻网络。功分器需要保持恒定的阻抗，通常是 50 Ω，当然它通常也会产生一定的衰减。其中一半信号由线性功率放大器放大，类似前面讨论的宽带甲乙类放大器。使用定向耦合器来获取放大信号的一小部分信号，该部分包含原始输入信息以及由于失真产生的谐波分量。定向耦合器作为一种简单的器件，是通过感应耦合获得一小部分信号的。它通常可能只是在 PCB 上与信号线相邻的一条短铜线。在微波频率下，定向耦合器也可能是具有同轴结构的复杂器件。定向耦合器输出的放大信号的样本会再经过电阻衰减器进一步降低信号电平。

　　信号功分器的下支路输出信号进入延迟线电路。延迟线可以是一个低通滤波器或是一段传输线，如同轴电缆，对信号引入一定的时间延迟。延迟时间可以是几纳秒到几微秒，取决于工作频率和功率放大器类型。该延迟用于匹配上支路功率放大器产生的延迟。下支路的延迟信号与放大器输出的衰减信号样本一起馈送给信号合并器（加法器）。信号合并器的两路输入信号都要对幅度和相位进行控制，保证二者的幅度和相位相同。合并器可以是电阻式的或类似变压器的器件，在任何情况下它都能有效地从放大的信号中减去原始信号，只留下谐波失真。

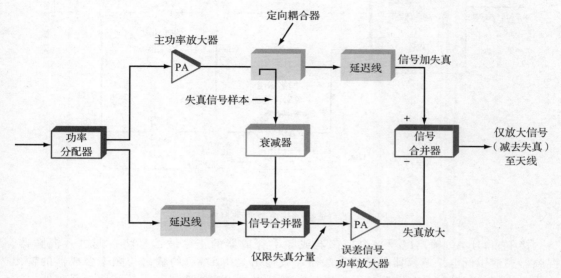

图 8-35　前馈线性功率放大器原理框图

谐波失真信号进入另一个功率放大器放大，其功率值与上支路的信号功率放大器的输出相等。上支路放大器输出信号通过定向耦合器进入延迟线，以补偿由下支路误差信号放大器引入的延迟。同样，通过控制幅度和相位，来调整上下支路信号的功率值相等。最后两路信号进入耦合器或信号合并器，耦合器或合并器与前面的输入功分器类似，通常就是一个变压器。在耦合器中，从已放大的复合信号中减去误差信号，最终得到了被放大的不失真的原始信号。

这种放大器的功率值从数瓦到数百瓦。但是，这种放大器的性能并不理想，因为如果振幅和相位不匹配，就会使信号相减或抵消的运算出现误差，造成系统性能下降。下支路的功率放大器产生的失真也会影响到整体输出结果。不过，通过仔细的调整，可以使这些误差最小化，从而显著提高放大器的线性特性。该系统效率也比较低，因为它需要两个功率放大器，但好处是它的工作带宽大，失真非常小。

数字预失真技术。放大电路引入称为数字预失真（DPD）的技术，就是使用数字信号处理（DSP）技术对信号进行预失真处理，在放大过程中，放大器的失真能抵消或消除预失真的特性，从而留下无失真的输出信号。可以对放大的输出信号进行连续监测，将结果反馈给 DSP 进行计算，动态调整预失真特性参数，获得与放大器的失真完全匹配的逆预失真值。

如图 8-36 所示为一个有代表性的系统。串行数字信号馈送至 DSP 中的数字校正算法进行处理。在 DSP 内，数字校正算法对信号进行预失真处理，使处理的结果匹配功率放大器产生的失真，算法修改后的信号恰好是放大器失真的逆函数。

基带数字信号经过预失真处理后，输入到调制器，转换成适于信道发送的射频信号形式。调制过程也是由 DSP 芯片本身来处理的，而不是由另外一个单独的调制器完成。已调信号输入到数模转换器（DAC），转换成待传输的模拟信号。

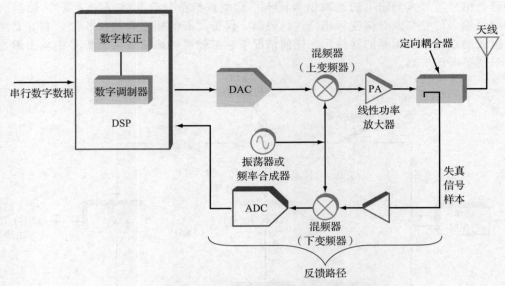

图 8-36　自适应预失真放大的基本概念

　　接下来，DAC 输出以及来自振荡器或频率合成器的正弦波信号将一起进入混频器。混频器类似于低电平调幅器或模拟乘法器，其输出是由 DAC 的输出与频率合成器的输出这两个信号的和频信号与差频信号组成。在本例中，滤波器选择其中的和频信号，所以这里的混频器就成了上变频器。通过选择频率合成器的输出频率可使混频器输出期望的工作频率。混频器输出的信号仍然是已调信号。

　　然后，预失真信号经过高线性度的甲乙类功率放大器（PA）放大后，馈送至天线辐射出去。需要注意，在图 8-36 中，输出信号在定向耦合器中被连续采样，放大后输入另一个混频器。频率合成器还为这个用作下变频器的混频器提供了第二个频率输入。由滤波器选择差频信号，将其发送到模数转换器（ADC）。由 ADC 得到的数字输出是被放大的信号并含有由 PA 产生的各种失真。DSP 使用这个数字输入来修改其算法，以正确地纠正实际的失真。通过数字校正算法对信号进行修改，以消除大部分失真。

　　虽然宽带放大的 DPD 方法很复杂，但它提供了几乎无失真的输出。只需要单个功率放大器就可以获得比前馈放大器更有效的结果。一些半导体制造商已经制造出了预失真电路满足这种功能需求。

　　包络跟踪技术。包络跟踪（ET）技术是一种能够使甲类、甲乙类和乙类放大器变得效率更高的技术。由于 4G 和 5G 蜂窝无线通信系统中使用了先进的调制技术，如 QAM 和 OFDM，所以必须使用线性放大器来放大信号。利用 ET 技术可以仍然采用现有的线性放大器进行线性放大的同时，还能提高放大器的效率，降低工作温度，减小功耗。

　　先进的调制方式的输出信号的摆幅范围往往很大，而且不允许出现失真，这种信号特性通常称为宽峰值平均功率比（PAPR）。这造成了类似甲类放大器的固有问题，信号电平最大时，效率最高，放大器输出接近饱和，信号电压会接近放大器的电源电压。当放大器输出接近发生峰值削波的饱和时，效率最高。对于最大的无失真信号电平，其效率可接近理论上的最大值 50%。然而在输入信号电平较小时，效率也会急剧下降，可能低于 10%，这意味着射频功率晶体管会以发热的形式将大部分直流电源的能量耗散掉。

　　ET 系统是通过跟踪射频信号的振幅或调制包络，来控制放大器的直流电源电压，相当于用信号幅度调制直流电源电压。其工作原理类似第 4 章中讨论的高电平调幅技术（参见图 4-12）。这样做可保证放大器输出信号始终处于接近最大效率的饱和压缩点附近。

　　图 8-37a 所示为发射机中常规的射频功率放大器级的工作原理，可以看到，射频信号输入到线性射频功率放大器进行放大。其中功率放大器的电源电压是固定值，直流电源电路通常是由 DC-DC 转换器/稳压器构成的。输出信号波形与电源电压一起显示在右侧，波形外的阴影区域所表示的就是以热的形式损失的功率。

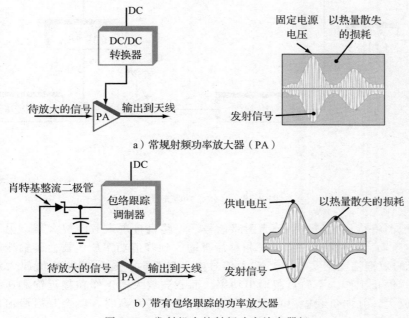

a）常规射频功率放大器（PA）

b）带有包络跟踪的功率放大器

图 8-37　发射机中的射频功率放大器级

　　图 8-37b 所示为 ET 的工作原理。已调射频信号输入到功率放大器，同时该已调模拟信号还经过上面的二极管整流和电容滤波，类似于调幅解调中的检波器，获得信号的包络，用于控制功率放大器的 ET 电源电压。因此直流电源电压跟踪调制信号的包络变化而变化，保证放大器输出始终接近放大器的输出饱和压缩点，一直保持效率最大。ET 电源本质上就是一个大带宽的 DC-DC 转换器，可有效跟踪射频信号振幅和频率的变化。常见的直流电源电压范围为 0.5~5 V。

　　ET 技术是通过专用的包络跟踪电路和直流调制电路实现的。这类电路可能是集成电路的形式，或是集成到另一个芯片中。ET 技术被广泛应用于蜂窝基站功率放大器以及使用 4G（LTE）和 5G 数字无线技术的手机中。实际效率可以高达 40%~50%，在基站中可以节约大量电能，减少散热，在手机中可延长电池续航，工作温度更低。ET 技术也被广泛与 DPD 技术相结合使用，提供更好的线性特性和更高的效率。

　　多尔蒂（Doherty）放大器。多尔蒂放大器是一种经过独特设计的电路，它使用了两个放大器一起工作，可以在保持线性放大的同时提高效率。该设计起源于 1938 年，其初衷是为了提高大功率真空管短波射频放大器的功率和效率。该设计思想目前已被广泛应用于工作在多频段、多模式的蜂窝无线通信基站的射频功率放大器中。

　　图 8-38 所示为多尔蒂功率放大器的基本结构。主载波放大器为线性甲乙类放大器电路，而峰值放大器通常为丙类放大器。两个放大器都向负载（天线）输出功率信号，形成了其阻抗随信号电平而变化，即所谓的负载牵引电路。输入信号电平较低时，仅由载波放大器向负载输出功率，当输入信号电平增大，峰值放大器切入输出电路，与载波功率放大器同时向负载输出功率。

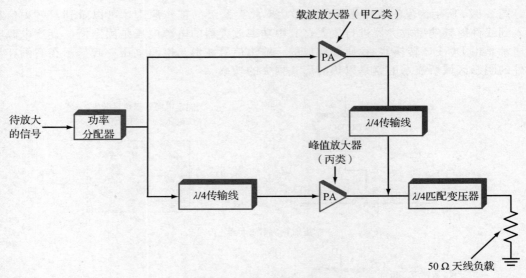

图 8-38　多尔蒂功率放大器

　　功率分配器将待放大信号平分为两路信号。一路直接进入载波放大器，另一路通过四分之一波长（λ/4）传输线，产生 90° 相移后再输入到峰值功率放大器。传输线通常是用刻蚀在 PCB 上的短铜箔图案实现。当输入信号电平较低时，通过控制峰值放大器的偏置电压将其关断，停止工作，不向负载输出功率。而载波放大器工作在接近饱和压缩点，可以保证高效率放大，并向负载输出功率。当输入信号电平变高时，就会开启峰值放大器，向负载提供更多功率。

　　该放大器用一条 λ/4 传输线作为阻抗转换器，用另一条 λ/4 传输线作为阻抗变压器，向负载输出功率。组合的传输线为放大器提供动态负载阻抗自适应能力，以提高效率。λ/4 传输线用于调制负载阻抗，确保放大器能以最佳效率提供最大输出功率（有关传输线的特点和工作原理参见第 13 章）。

　　由于 GaN HEMT FET 输出功率大，工作频率高，所以目前使用的多尔蒂放大器都是由 GaN HEMT FET 制成的，工作频率为 700 MHz～3 GHz，可将甲乙类线性放大器效率从 12%～20% 提高到 25%～40%。大部分多尔蒂放大器都是与前面描述的 DPD 线性化技术相结合来提高效率的。

8.4　阻抗匹配网络

　　匹配网络是发射机中非常重要的组成部分，用于连接前后两级电路。在典型的发射机电路中，由振荡器电路产生基本的载波信号，再经过多级电路放大处理后才能到达天线并辐射出去。这样做的目的是增加信号功率，因此级间耦合电路必须保证信号功率的有效传输。最后也必须使用专门的电路将末级功放与天线相连，其目的还是尽可能使发射功率最大化。用于连接前后两级的电路称为阻抗匹配网络。在大多数情况下，匹配网络可由 LC 电路、变压器或其电路组合构成。匹配网络的基本功能是通过阻抗匹配技术实现最优的功率传输，同时它还能实现滤波和频率选择。发射机一般设计工作在单一频率下或可选择的窄带频率范围，其中的不同类型的各级放大器产生的射频信号必须限定在这些频率范围内。在丙、丁和戊类放大器中，会产生大量的振幅较大的谐波信号分量，必须将其滤除，以防止发射机的杂散辐射。级间耦合的阻抗匹配网络就是为了实现这个功能。

　　基本的耦合问题的说明如图 8-39a 所示，驱动级电路相当于是一个内部阻抗为 Z_i 的信号源。驱动电路的下一级电路就相当于是接在该信号源上的负载，其阻抗为 Z_1。理想情况下，Z_i 和 Z_1 是纯电阻。在直流电路中，如果 Z_i 等于 Z_1，会产生最大功率传输。这个基本关系同样适用于射频电路，只是具体关系要复杂一些。在射频电路中，Z_i 和 Z_1 一般不会只是纯电阻，它们通常还会含有无功分量（电抗元件）。另外，也不总是一定需要在级间电路实现最大的功率传输，更主要的目标可能是向下一级电路传输足够的功率，保证下一级电路能够实现最大功率输出。

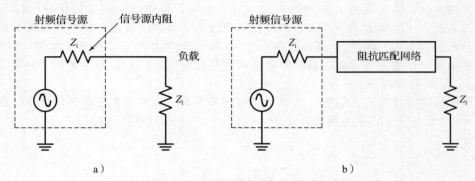

图 8-39 射频电路中的阻抗匹配

在多数情况下，所涉及的两级电路间的阻抗差异可能会很大，此时功率传输效率就会非常低。为了解决这个问题，需在两者之间引入阻抗匹配网络，如图 8-39b 所示。LC 阻抗匹配网络有三种基本类型：L 形网络、T 形网络和 π 形网络。

8.4.1 L 形网络

L 形网络由一个电感和一个电容组成，连接成各种 L 形的结构，如图 8-40 所示。图 8-40a 和 b 中的电路为低通滤波器，图 8-40c 和 d 中的电路为高通滤波器。通常首选低通网络，便于滤除谐波频率。

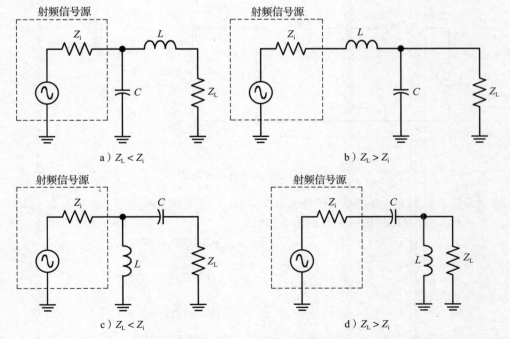

图 8-40 4 个 L 形阻抗匹配网络

L 形匹配网络可实现负载阻抗与源阻抗的匹配。例如，图 8-40a 中的网络可增大负载电阻，负载阻抗 Z_L 与 L 形网络的电感 L 串联，选择电感和电容谐振在发射机工作频率下。当电路谐振时，$X_L = X_C$。相对于信号源阻抗 Z_i，整个电路表现为并联谐振回路的特性。谐振时，电路的阻抗非常高，阻抗的实际值取决于电路的 L 和 C 值，以及 Q 值。Q 值越高，阻抗越大。该电路的 Q 值基本上由负载阻抗决定，通过适当地选择电路中的元器件值，只要 $Z_i > Z_L$，对于源内阻 Z_i 来说，负载阻抗可以是任何期望值。

使用图 8-40b 中所示的 L 形网络，可以减小阻抗，也就是使其等效值比实际值小得多。图 8-40b 中，电容 C 与负载 Z_L 并联，可等效为串联 RC 电路，它们在串联等效电路中的值分别换算为 C_{eq} 和 Z_{eq}。经过这样处理后，整个网络相当于串联谐振电路，是 C_{eq} 和 L 的谐振电路。回想一下，在谐振时串联谐振回路的阻抗很低，该阻抗实际上是等效负载阻抗 Z_{eq}，呈现纯阻性。

L 形网络的设计表达式如图 8-41 所示。假设信号源内阻和负载都是纯阻性的，$Z_i = R_i$ 和 $Z_L = R_L$。设图 8-41a 中的网络 $R_L < R_i$，而图 8-41b 中的网络 $R_i < R_L$。

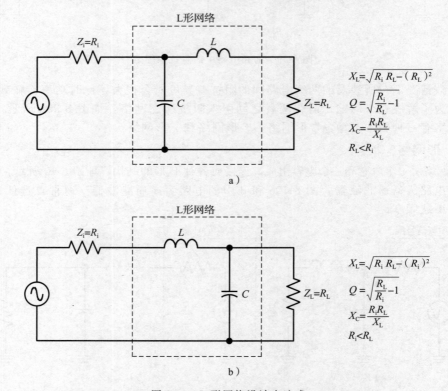

图 8-41 L 形网络设计表达式

假设希望将阻抗为 6 Ω 的晶体管放大器与 50 Ω 天线负载相匹配，工作频率为 155 MHz。此时，$R_i < R_L$，所以使用图 8-41b 中的表达式。

$$X_L = \sqrt{R_i R_L - (R_i)^2} = \sqrt{6 \times 50 - 6^2} = \sqrt{300 - 36} = \sqrt{264} = 16.25 (\Omega)$$

$$Q = \sqrt{\frac{R_L}{R_i} - 1} = \sqrt{\frac{50}{6} - 1} = 2.7$$

$$X_C = \frac{R_L R_i}{X_L} = \frac{50 \times 6}{16.25} = 18.46 (\Omega)$$

为了求出工作频率为 155 MHz 下的 L 和 C 的值，用重新排列的基本电抗表达式计算：

$$X_L = 2\pi f L$$

$$L = \frac{X_L}{2\pi f} = \frac{16.25}{6.28 \times 155 \times 10^6} = 16.7\,(\text{nH})$$

$$X_C = \frac{1}{2\pi f C}$$

$$C = \frac{1}{2\pi f X_C} = \frac{1}{6.28 \times 155 \times 10^6 \times 18.46} = 55.65\,(\text{pF})$$

在多数情况下，内部电抗和杂散电抗可能使内部阻抗和负载阻抗更加复杂，不再是纯阻。如图 8-42 所示的是使用上述匹配网络的例子，信号源内阻为 6 Ω，还有一个 8 nH 的电感 L_i。负载两端的杂散电容 C_L 为 8.65 pF。处理这些电抗的方法是只需要加上一个 L形网络即可。在上例中，计算得到电感为 16.7 nH。由于杂散电感与图 8-42 中的 L形网络电感是串联的，电感值应该相加，因此 L形网络电感等于从计算结果中减去信号源内杂散电感 8 nH，即 $L = 16.7\ \text{nH} - 8\ \text{nH} = 8.7\ \text{nH}$。如果 L形网络电感为 8.7 nH，那么加上杂散电感，总电感就是合适的。

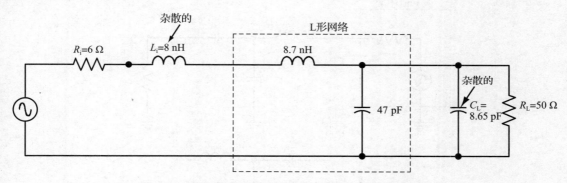

图 8-42　将内部电抗和杂散电抗合并到一个匹配网络中

电容也是类似的情况。通过计算，上述电路所需总电容为 55.65 pF，由于 L形网络电容和负载杂散电容并联，电容值应该相加。所以 L形网络电容应等于计算值减去杂散电容值，即 $C = 55.65\ \text{pF} - 8.65\ \text{pF} = 47\ \text{pF}$。当 L形网络电容为 47 pF，再加上杂散电容就得到了正确的总电容值。

8.4.2　T形和 π 形网络

设计 L形网络时，很少能对电路的 Q 值进行调整，使电路总能满足频率选择性的要求，这是因为 Q 值是由内部阻抗和负载阻抗的值决定的。可以使用三个电抗元件构成匹配网络来解决这个问题。三种最常用的由三个电抗元件构成的阻抗匹配网络如图 8-43 所示。图 8-43a 中的网络被称为 π 形网络，因为它的电路结构形状类似希腊字母 π。图 8-43b 中的电路被称为 T形网络，因为它的电路结构形状类似字母 T。图 8-43c 中的电路也是一个 T形网络，只是电路中有两个电容。它们都是低通滤波器，能实现最大的谐波衰减。π 形和 T形网络可以根据电路的要求设计成增大或减小阻抗。电路的电容通常是可变的，便于电路调谐到谐振状态和调整到最大输出功率。

其中应用最广泛的是图 8-43c 所示的 T形网络，通常称之为 LCC 网络，它可将低输出阻抗的晶体管功率放大器与高阻抗的另一个放大器或天线相匹配。设计过程及数学公式如图 8-44 所示。仍然假设源内阻 R_i 为 6 Ω 的信号源需要与 50 Ω 负载 R_L 相匹配，工作频率仍是 155 MHz，设 Q 值为 10（对于丙类放大，必须滤除大量谐波分量，实践证明，$Q = 10$ 是满足抑制谐波所需的最小值）。配置 LCC 网络，首先计算电感：

$$X_L = QR_i$$
$$X_L = 10 \times 6 = 60 (\Omega)$$
$$L = \frac{X_L}{2\pi f} = \frac{50}{6.28 \times 155 \times 10^6} = 51.4 (nH)$$

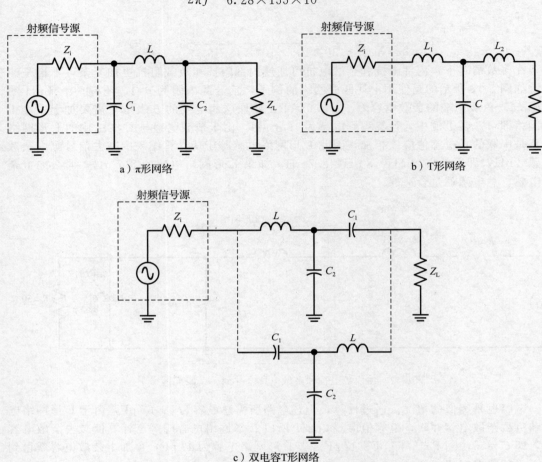

a）π形网络

b）T形网络

c）双电容T形网络

图 8-43　用三个电抗元件构成的阻抗匹配网络

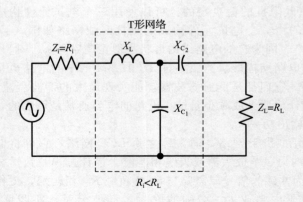

T形网络

$R_i < R_L$

设计步骤:

1. 确定电路Q值的期望值
2. 计算感抗$X_L = QR_i$
3. 计算容抗X_{C_1}:

$$X_{C_1} = R_L \sqrt{\frac{R_i (Q^2+1)}{R_L} - 1}$$

4. 计算容抗X_{C_2}:

$$X_{C_2} = \frac{R_i (Q^2+1)}{Q} \times \frac{1}{1 - \frac{X_{C_2}}{QR_L}}$$

5. 最后计算L和C的值:

$$L = \frac{X_L}{2\pi f}$$
$$C = \frac{1}{2\pi f X_C}$$

图 8-44　LCC-T 网络的设计公式

然后，计算 C_2：

$$X_{C_2} = 50\sqrt{\frac{6 \times 101}{50} - 1} = 50 \times 3.33 = 166.73(\Omega)$$

$$C_2 = \frac{1}{2\pi f X_C} = \frac{1}{6.28 \times 155 \times 10^6 \times 166.73} = 6.16 \times 10^{-12} = 6.16(\text{pF})$$

最后计算 C_1：

$$X_{C_1} = \frac{6 \times (10^2 + 1)}{10} \times \frac{1}{1 - 166.73/(10 \times 50)} = 60.6 \times 1.5 = 91(\Omega)$$

$$C_1 = \frac{1}{2\pi f X_C} = \frac{1}{6.28 \times 155 \times 10^6 \times 91} = 11.3(\text{pF})$$

8.4.3　变压器和巴伦变换器

变压器是最佳的阻抗匹配元件之一。较低的频率下通常使用铁芯变压器实现阻抗匹配。通过选择合适的变压器匝数比，可将负载阻抗调整到期望的值。此外，变压器可以以专门设计的巴伦变换器连接，达到匹配阻抗的目的。

变压器阻抗匹配。 如图 8-45 所示。变压器匝数比与输入和输出阻抗之间的关系为：

$$\frac{Z_i}{Z_L} = \left(\frac{N_P}{N_S}\right)^2 \quad \frac{N_P}{N_S} = \sqrt{\frac{Z_i}{Z_L}}$$

即输入阻抗 Z_i 与负载阻抗 Z_L 的比值与初级匝数 N_P 与次级匝数 N_S 的比值的平方相等。例如，为了将 6 Ω 的信号生成器阻抗与 50 Ω 的负载阻抗相匹配，匝数比应为：

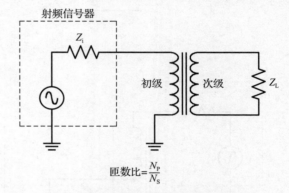

图 8-45　使用铁芯变压器的阻抗匹配

$$\frac{N_P}{N_S} = \sqrt{\frac{Z_i}{Z_L}} = \sqrt{\frac{6}{50}} = \sqrt{0.12} = 0.3464$$

$$\frac{N_S}{N_P} = \frac{1}{N_P/N_S} = \frac{1}{0.3464} = 2.887$$

这意味着次级线圈匝数是初级线圈匝数的 2.89 倍。

上述关系仅适用于铁芯变压器。如果使用空芯变压器，初级线圈和次级线圈之间的耦合不紧密，会造成阻抗比不符合上面的结果。虽然空芯变压器被广泛应用于射频电路，也用于阻抗匹配，但其效率低于铁心变压器。

使用最广泛的射频变压器是环形变压器。环形变压器是一种圆形的外形，圆环形的铁芯，铁芯通常由特殊的铁粉材料制成。铁氧体（磁性陶瓷）粉可以作为铁芯材料，在很高的频率下实现紧密耦合。铜线缠绕在环形铁芯上，以形成初级和次级绕组。典型的环形变压器的结构如图 8-46 所示。自耦变压器只有一个线圈，线圈带中间抽头，也常用于射频电路级间的阻抗匹配，图 8-47 所示的是自耦变压器用于减小阻抗和增大阻抗的电路结构。环形铁芯也经常用于制作自耦变压器。

> **拓展知识**
> 虽然空芯变压器也广泛用于射频系统，但与铁芯变压器相比，它的效率偏低。

与空芯变压器不同，环形变压器使初级线圈产生的磁场完全包含在铁芯内部。它有两个显著的优点。首先一个优点是，环形铁芯不会向外辐射 RF 信号能量，而空芯变压器线圈则会辐射，因为其初级线圈周围产生的磁场并未被包围在线圈内部。故使用空芯线圈的发射机和接收机电路通常要用带有磁屏蔽的外罩封住磁场，以防止其他电路受到它的辐射干扰。而环形铁芯封住了所有磁场，不需要外加屏蔽。第二个优点是，初级线圈产生的大部分磁场都穿过了次级线圈，因此标准低频变压器的基本匝数比、输入输出电压和阻抗公式都同样适用于高频环形变压器。

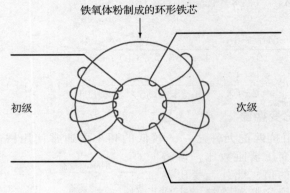

图 8-46   环形变压器结构示意图

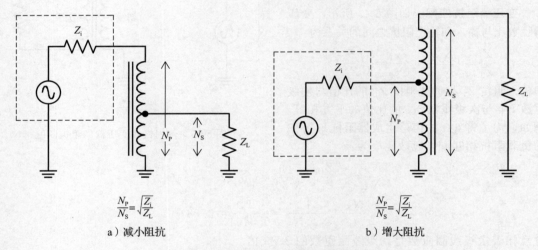

a）减小阻抗   b）增大阻抗

图 8-47   自耦变压器用于阻抗匹配

在大多数新的射频电路中，环形变压器主要用于各级电路之间的射频阻抗匹配。此外，初级线圈和次级线圈有时用作谐振回路的电感。也可以用于制作环形电感。铁氧体粉芯制成的环形电感在射频电路应用中比空芯电感有着明显优势，因为铁氧体芯的高导磁率使电感值很高。回想一下，每当将铁芯插入线圈，电感值就会急剧增加。对于射频应用，这意味着可以使用更少匝数的线圈制成所需的电感值，电感本身可以做得更小。并且线圈匝数越少电阻也越小，可获得比空芯线圈更高的 Q 值。

铁氧体粉环形铁芯电感的效率很高，所以在大多数现代发射机中，它们实际上已经取代了空芯电感，其直径从 2 cm 到数十厘米不等。一般说来，大多数应用中都是希望用最小的匝数制成所需的电感。

8.4.4   传输线变压器和巴伦变换器

传输线宽带变压器是一种独特的变压器，广泛应用于功率放大器中，用于电路级间耦合和阻抗匹配。这种变压器通常由环形铁芯上绕两根平行导线（或双绞线）构成，如图 8-48 所示。在最低的工作频率下，绕组的长度通常小于八分之一的波长。这种类型的变压器在低频率下用作 1∶1 变压器，而在最高工作频率时作为传输线。

变压器可以以独特的方式连接，在很宽的频率范围内提供固定的阻抗匹配特性。最广泛使用的配置之一如图 8-49 所示。变压器线圈通常缠绕在环形铁芯上，初级线圈匝数与次级匝数相等，变压器初次级匝数比和阻抗匹配比均为 1∶1。初级和次级线圈的圆点表示线圈的相位关系（同名端），在使用连接时需要注意。以这种方式连接的变压器通常被称为巴伦（平衡-不平衡）变换器，因为这种变压器通常用于连接平衡源与不平衡负载，反之亦然。在图 8-49a 中，平衡的信号源被连接到一个不平衡（一端接地）负载上。在图 8-49b 中，不平衡（一端接地）的信号源连接到平衡负载上。

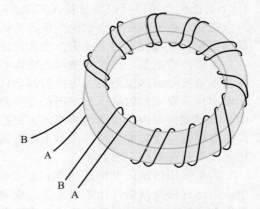

图 8-48　传输线变压器

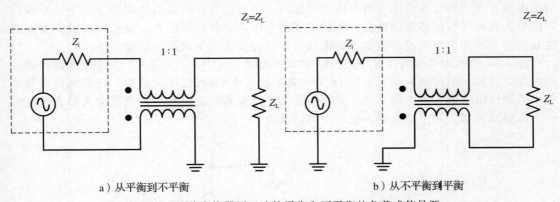

a）从平衡到不平衡　　　　　　b）从不平衡到平衡

图 8-49　巴伦变换器用于连接平衡和不平衡的负载或信号源

图 8-50 所示为两种匝数比为 1∶1 的巴伦变换器的阻抗匹配结构。在图 8-50a 所示的电路中，阻抗增大。负载阻抗值为信号源内阻 Z_i 的 4 倍，电路为负载阻抗值 $4Z_i$ 提供了与 Z_i 的正确匹配，巴伦变换器将 $4Z_i$ 的负载变换为 Z_i。而在图 8-50b 中，阻抗降低了，巴伦变换器将 $Z_i/4$ 的负载变换为 Z_i。

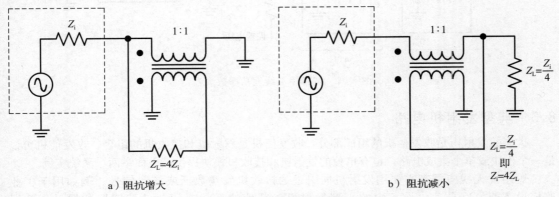

a）阻抗增大　　　　　　b）阻抗减小

图 8-50　使用巴伦变换器实现阻抗匹配

还有许多其他结构的巴伦变换器，可实现不同的阻抗变比。几个常见的阻抗转换比为1：1的巴伦变换器可以通过互连实现9：1和16：1的阻抗变比，也就是说巴伦变换器也可以级联，就是其中一个巴伦变换器的输出作为另一个巴伦变换器的输入，以此类推。级联的巴伦变换器能以很大的阻抗变比范围增大或减小阻抗值。

需要注意的是，巴伦变换器的线圈不会与电容谐振在特定的频率值上。线圈电感制作成线圈电抗是被匹配的最大阻抗的四倍以上。这种设计的目的是在很宽的频率范围内用变压器实现所要求的阻抗匹配。巴伦变换器的这种宽带特性可用于宽带射频功率放大器电路中，实现宽频带内所要求的功率放大增益。因此这种放大器特别适用于必须工作在多个频段的宽带通信设备中，可以作为不带谐振回路的宽带发射机使用，这样就不需要为每个工作频段单独配置一个发射机。

如果使用传统的调谐放大器，则必须使用切换电路正确将各个谐振回路切换到电路中。而这种切换网络往往非常复杂，成本较高。此外它们还带来了另外一些问题，特别是工作在高频时，为了保证电路能正常工作，切换开关的焊装位置必须尽量接近谐振回路，才能保证开关与电路的引线不会引入杂散电感和电容。克服切换问题的一种方法是使用宽带放大器，它不需要切换电路或谐振回路，宽带放大器具有信号放大和阻抗匹配功能。然而宽带放大器不能滤除谐波。解决这个问题的一种方法是在较低的功率值下产生期望频率的信号，允许谐振回路滤除谐波，然后用宽带末级功率放大器放大。宽带功率放大器是线性放大器，是作为甲类或乙类推挽式电路工作，能显著减少输出的谐波分量。

图 8-51 所示为典型的宽带甲类线性功率放大器。其中，两个 4：1 巴伦变换器在输入端级联，使输入阻抗增大到原来的 16 倍。输出使用 1：4 的巴伦变换器，将最终放大器的偏小的输出阻抗增大到 4 倍，等于天线负载阻抗。在某些发射机中，宽带放大器之后还有一个低通滤波器，用于滤除输出信号中的谐波分量。

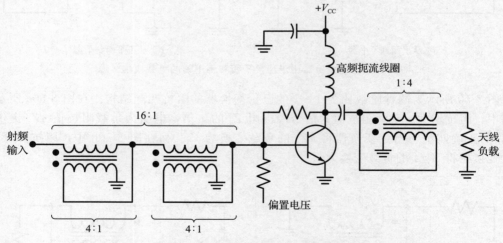

图 8-51　宽带甲类线性功率放大器

8.5　典型发射机电路

大多数发射机是收发信机的组成部分，收发信机是发射机和接收机的组合。收发信机可以是一个模块或单个集成电路，也有单独的发射机和接收机模块提供。下面举两个系统实例。

短距离无线应用都需要用发射机向附近的接收机发送数据或控制信号。例如用于工业监控设备或家庭自动化设备中的小型发射机。其他的系统应用包括传感器数据采集、报警、安保系统、抄表系统、楼宇自动化和医疗仪器的通信。这些无须频率使用许可的发射机发射信号的功率非常低,工作频率位于 FCC 规定的工业-科学-医疗(ISM)频段。使用这些频率无须许可,是 FCC 制定的规则和法规的第 15 部分中规定的预留的频率。最常见的频率是 315 MHz、433.92 MHz、868 MHz(欧洲)和 915 MHz。

图 8-52 所示为一个简单的发射机模块结构示意图,型号为 TX2,是 Radiometrix 公司的产品。发射机工作在 433.92 MHz 的 ISM 频率。信号由一个单级的考毕兹振荡器产生,振荡频率由声表面波(SAW)滤波器确定,SAW 的作用和晶体类似。振荡器输出信号进入缓冲放大器,放大后输出经过中心频率为 433.92 MHz 的带通滤波器,最后输出至天线。输出功率通常在 +6~+12 dBm,具体取决于直流电源电压,范围为 2~6 V,典型值为 5 V。

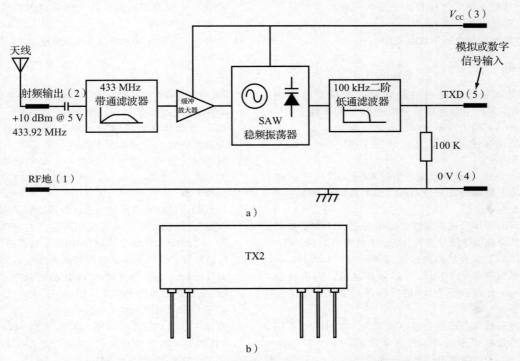

图 8-52 Radiometrix 公司的 TX2 发射机模块及金属外壳封装,尺寸为 32 mm×12 mm

振荡器用变容二极管调整频率。要传输的信号调制方式为 FSK,串行数据传输速率可达 160 kbit/s。基带信号首先进入低通滤波器进行脉冲整形,减小边带分量,使信号带宽最小。根据天线类型和无线信道特性的不同,最大通信距离可达 300 m。

与 TX2 模块配套的 RX2 接收模块详见第 9 章。

思考题

1. 无线电发射机通常包含哪些电路?

2. 哪种类型的发射机不使用丙类放大器?

3. 乙类放大器放大输入正弦信号的导通角是多少度?

4. 丙类放大器中,由输入 RC 网络产生的偏置电压的名称是什么?

5. 发射机中为什么要用晶体振荡器而不是 LC 振荡器来设置工作频率?

6. 改变晶体振荡器输出频率的最常见的方法是什么?

7. PLL 频率合成器的输出频率是如何变化的?

8. 什么是预分频器?为什么工作在 VHF 和 UHF 的频率合成器要使用预分频器?

9. 在 PLL 中,环路滤波器的作用是什么?

10. 在直接数字合成器(DDS)中,哪个电路产生了实际的输出波形?

11. 在 DDS 中,ROM 中存储了什么?

12. DDS 频率的输出是如何变化的?

13. 效率最高的射频功率放大器类型是什么?

14. 典型晶体管射频功率放大器的最大功率大约

15. 说出附加功率效率的定义。
16. 开关放大器的主要优点和缺点是什么？
17. 丁类和戊类放大器有什么区别？
18. 说明包络跟踪功率放大器的工作原理。
19. 说明前馈功率放大器是如何减少失真的。
20. 在预失真功率放大器中，反馈信号是什么？
21. 当信号源阻抗 Z_i 和负载阻抗 Z_L 之间存在什么关系时，会产生最大功率传输？
22. 什么是环形变压器，它是如何使用的？它由哪些组件组成？
23. 环形射频电感的优点是什么？

24. 除了阻抗匹配，LC 网络还具有什么重要功能？
25. 单个线圈构成的变压器的名称是什么？
26. 连接 1：1 匝数比以提供 1：4 或 4：1 阻抗匹配的射频变压器的名称是什么？给出一个常见的应用。
27. 为什么在功率放大器中要使用非调谐的射频变压器？
28. 在宽带线性射频放大器中如何处理阻抗匹配问题？
29. 用作巴伦变换器的传输线变压器的通用阻抗匹配比是多少？
30. 为什么 π 形和 T 形网络比 L 形网络应用更广泛？

习题

1. 某调频发射机内的晶体载波振荡器频率为 8.6 MHz，倍频因子分别为 2、3 和 4 对应的倍频器的输出频率分别是多少？◆
2. 晶体频率的精度为 0.003%，用 ppm 表示是多少？
3. 25 MHz 晶体的稳定性为 ±200 ppm。如果频率向上漂移到最大公差值，那么晶体的频率是多少？◆
4. PLL 频率合成器的参考频率为 25 kHz，分频器的分频因子被设置为 345，输出频率是多少？
5. PLL 频率合成器的输出频率为 162.7 MHz，参考频率源是 1 MHz 的晶体振荡器，后面接上一个分频因子为 10 的分频器，主分频因子是多少？◆
6. PLL 频率合成器的输出频率为 470 MHz，使用了分频因子为 10 的预分频器，参考频率为 10 kHz，频率步长增量是多少？
7. PLL 频率合成器的可变模值预分频器的 $M = 10/11$，计数器 A 和 N 的分频因子分别为 40 和 260，参考频率为 50 kHz，VCO 输出频率和最小频率步长增量是多少？◆
8. 在 DDS 中，ROM 包含 4096 个存储单元，其中存储了一个周期的正弦波采样值，相位步长增量是多少？

9. DDS 频率合成器的时钟为 200 MHz，常数值为 16。ROM 地址寄存器有 16 位。输出频率是多少？
10. PLL 倍频器发射机的输出频率为 915 MHz，分频因子为 64，晶体频率为多少？
11. 丙类放大器的电源电压为 36 V，集电极电流为 2.5 A，效率为 80%，则射频输出功率是多少？◆
12. 用 L 形网络将输出阻抗为 9 Ω 的晶体管功率放大器与阻抗为 75 Ω 的天线相匹配，工作频率为 122 MHz，计算 L 形网络中的 L 和 C 值。
13. L 形网络将信号源串联的内阻和内部电感分别为 4 Ω 和 9 nH，与并联的 72 Ω 的负载阻抗与 24 pF 的杂散电容相匹配，计算在 46 MHz 频率下 L 形网络中元件的值。
14. 设计一个 LCC-T 形网络，能够实现内阻为 5 Ω 的信号源与 52 Ω 负载的阻抗匹配，假设 Q 为 12，工作频率为 54 MHz。
15. 变压器初级线圈匝数为 6，次级线圈匝数为 18。如果信号源阻抗为 50 Ω，则负载阻抗应该是多少？
16. 用变压器实现 2500 Ω 的信号源与 50 Ω 的负载的阻抗匹配，其匝数比必须是多少？

标有"◆"标号的习题答案见书末"部分习题参考答案"。

深度思考题

1. 说出 PLL 频率合成器的五个主要组成部分，从存储电路开始绘制其电路组成框图，最后哪部分是末级输出电路？
2. 说明在 DDS 系统中，如何实现只使用 ROM 的四分之一的存储空间存储正弦值的查找表。
3. 设计一个如图 8-42 所示的 LCC 网络，将输出阻抗为 5.5 Ω，电感为 7 nH 的晶体管放大器与阻抗为 50 Ω，并联电容为 22 pF 的天线相匹配。
4. 为了将输出阻抗为 6 Ω 的放大器阻抗与 72 Ω 的天线负载相匹配，变压器的匝数比 N_p/N_s 必须是多少？
5. 为什么当前的大多数无线通信发射机都要求使用线性功率放大器？

第 9 章

通信接收机

在无线电通信系统中，射频信号经过长距离传输到达接收机时，信号电平会变得非常微弱。信号在自由空间传输过程中，与大量其他无线电信号、噪声共享传输介质，无线电接收机也会同时接收到这些噪声和非期望信号。因此无线电接收机必须具有足够的灵敏度和选择性，才能够完全恢复出原始消息信号。本章将首先回顾通信接收机的基本原理，然后主要讨论模拟超外差接收机和直接变频接收机的工作原理。

内容提要

学完本章，你将能够：

- 识别超外差接收机的组成及各部分功能。
- 用数学方法表示中频值、本地振荡频率和信号频率之间的关系，并在给定其中任意两个频率值的情况下求出第三个值。
- 说明双变频接收机提高选择性和消除镜像干扰的原理。
- 描述最常见混频器电路的工作原理。
- 说明直接变频无线电接收机的基本组成和工作原理。
- 列出外部噪声和内部噪声的主要类型，解释信号到达接收机前后受到每种噪声的干扰情况。
- 计算接收机的噪声因子、噪声指数和噪声温度。
- 描述接收机中 AGC 电路的工作原理与应用。

9.1 通信接收机的基本原理

通信接收机应该具有良好的选择性，即具有能从收到的大量存在着各种信号的频谱中，识别和选择出所期望信号的能力；还要能够对接收信号进行放大，提供足够的增益，来恢复出原始的调制信号，这就是接收机的灵敏度。具有良好选择性的接收机能够分离出射频频谱中的期望信号，抑制其他信号或至少对它们产生较大衰减。具有良好灵敏度的接收机必须具有较高的电路增益。

9.1.1 接收机的选择性

接收机中使用调谐电路或滤波器来获得选择性。先用 LC 谐振回路获得初步的选择性，在后级电路再使用滤波器进一步获得额外的选择性。

Q 值和带宽。 接收机的初始选择性通常用 LC 谐振电路实现。通过仔细调整谐振回路的品质因数 Q 值，可以设置期望的选择性。最佳带宽不仅要求有足够宽的频带，以保证期望信号及其边带可以顺利通过，而且还要求应该足够窄，以消除或极大衰减邻道上的其他信号。如图 9-1 所示，LC 谐振回路的频率选择性曲线衰减或滚降是缓慢的，并不

> **拓展知识**
> 若已知谐振电路的 Q 值和谐振频率 f_r，可用公式 $BW = f_r / Q$ 来计算带宽。

陡峭。虽然它可以衰减邻道信号，但是在某些情况下，并不一定能完全消除干扰。增加 Q 值可以进一步缩小带宽，使衰减更快，但这种缩小带宽的方式所能改善选择性的程度是有限的。因为电路的带宽可能变得过窄，以至于对期望信号的边带分量造成衰减，导致信息丢失。

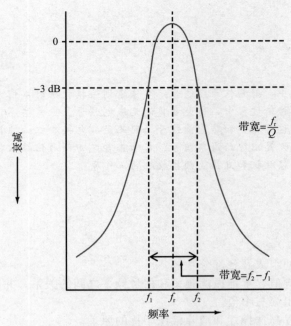

图 9-1　*LC* 谐振电路的频率选择性曲线

　　理想接收机的选择性曲线应该具有完全垂直的两边，如图 9-2a 所示，普通的谐振回路无法实现这种选择性曲线。提高选择性的可行方法是通过多级谐振电路级联，或者使用晶体、陶瓷或声表面波（SAW）滤波器来实现。如果信号频率不高，也可以使用数字信号处理（DSP）技术设计数字滤波器实现近乎理想的频率选择性响应曲线。所有这些提高选择性的方法均可用于通信接收机。需要认识到的是，接收机的选择性应与发射机中使用的调制方式和原始消息信号（模拟信号或数字信号）的特性相适应。

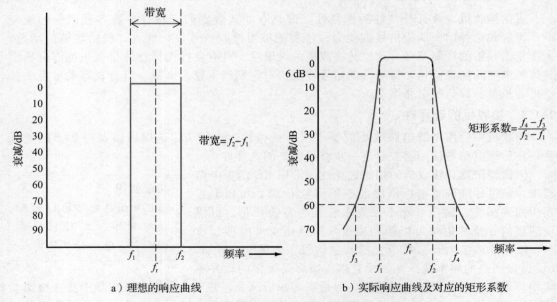

　　a）理想的响应曲线　　　　　　　　　　b）实际响应曲线及对应的矩形系数

图 9-2　接收机选择性响应曲线

　　矩形系数。谐振电路响应曲线的两侧曲线被称为边沿。将接收机的边沿陡峭度，即边沿选择性表示为矩形系数，如图 9-2b 所示。矩形系数的定义为：幅度下降 60 dB 的频带宽度与幅度下降 6 dB 的频带宽度之比。图中下降 60 dB 的频点带宽为 $f_4 - f_3$，下降 6 dB 的频点带宽为 $f_2 - f_1$。矩形系数等于 $(f_4 - f_3)/(f_2 - f_1)$。例如，假设 60 dB 带宽为 8 kHz，6 dB 带宽为 3 kHz，矩形系数为 8/3＝2.67，即 2.67：1。

矩形系数越小，边沿越陡，选择性越好。如图 9-2a 所示的理想值为 1，用 DSP 设计的数字滤波器可以达到矩形系数接近 1 的效果。

9.1.2 接收机的灵敏度

通信接收机的灵敏度是指接收机接收微弱信号的能力，灵敏度是接收总增益的函数，总增益是输出信号与输入信号的幅度或功率之比。总的来说，接收机的增益越大，灵敏度就越高，输出信号电平满足接收信号质量要求所需的输入信号电平就可以越小。一般情况下，需要用多级放大器级联才能实现接收机的高增益。

影响接收机灵敏度的另一个因素是信噪比（SNR 或 S/N）。噪声可以是来自外部信号源的较小的随机电压变化，也可能是由接收机内部电路产生的。噪声电平可能会很大，可达数微伏，会掩盖或淹没期望信号。图 9-3 所示为用频谱分析仪监测两个输入信号和背景噪声的结果。虽然噪声很小，但它的随机电压变化和频率分布占据的频带很宽。高电平的期望信号往往远高于噪声电平，因此很容易被接收识别、放大和解调，而小信号电平仅略大于噪声电平，接收机可能无法对其进行正常接收。

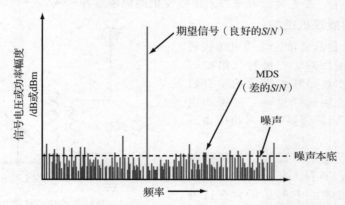

图 9-3　噪声、最小可识别信号（MDS）和接收机灵敏度

表示接收机灵敏度的一种方法是使用最小可识别信号（MDS）。MDS 是输入信号电平，大约等于内部噪声电平的平均值，这里的内部噪声值是接收机的噪声本底。MDS 是指输入信号的功率，经过接收机处理后，所产生的输出音频信号功率与噪声本底信号的功率相等，MDS 的单位通常用 dBm 表示。

另一种常用的衡量接收机灵敏度的方法是输入信号是多少微伏或者多少毫瓦，以 1 μV 和 1 mW（0 dBm）的分贝为参考换算成 dBm 表示。

接收机的天线输入阻抗通常为 50 Ω，所以电压方均根值为 1 μV 的信号在 50 Ω 阻抗上产生的功率 P 为

$$P = \frac{V^2}{R} = \frac{(1 \times 10^{-6})^2}{50} = 2 \times 10^{-14} \, (\text{W})$$

用 dBm 表示该值（参考值为 1 mW）

$$\text{dBm} = 10 \log \frac{P}{1 \, \text{mW}} = 10 \log \frac{2 \times 10^{-14}}{0.001} = -107 \, \text{dBm}$$

现在，如果接收机的声明灵敏度为 10 μV，用分贝表示为

$$dB = 20 \log 10 = 20 \text{ dB}$$

用 dBm（参考值为 1 mW）表示灵敏度为

$$dBm = 20 - 107 = -87 \text{ dBm}$$

输入灵敏度为 0.5 μV，用 dB 表示为

$$20 \log 0.5 = -6 \text{ dB}$$
$$-6 \text{ dBm} - 107 \text{ dBm} = -113 \text{ dBm}$$

定义灵敏度没有统一的方法。对于模拟信号，主要考虑的性能参数是输出信噪比；而对于数字信号传输，则重点考虑的性能参数是输出误码率（BER）。误码率是指串行数据在传输过程中出现的错误位数。例如，一种定义灵敏度的衡量方法是以 BER 为 10^{-10} 作为参考值，也就是每传输的 100 亿位数据中有 1 位发生了错误。

根据所使用的调制类型和其他因素，在一些通信标准中已经给出了几种定义和测量灵敏度的方法。

例如，高频通信接收机的灵敏度通常表示为能够使接收机输出信号比背景噪声高 10 dB 所对应的输入信号电压最小值。也有的规定为 20 dB 信噪比来定义，典型的灵敏度值为 1 μV 输入，这个数字越小，灵敏度就越高。较好的通信接收机的灵敏度值通常为 0.2～1 μV。民用消费类 AM 和 FM 收音机主要用来接收当地广播电台发射的强信号，不要求其具有很高的灵敏度。所以典型的 FM 收音机的灵敏度为 5～10 μV；AM 收音机的灵敏度值可以是 100 μV 或更大。常见的无线收发机的灵敏度在 -85～-140 dBm 范围内。

9.1.3　最简单的接收机结构

如图 9-4 所示是最简单的无线电接收机结构，它是由谐振回路、二极管（用矿石作为二极管）检波器和耳机组成的矿石收音机。谐振回路提供选择性，二极管和电容 C_2 一起构成 AM 检波器，在耳机中重现音频信号。

这种接收机只能用于接收信号很强的本地 AM 广播电台节目，并且需要一副很长的天线。AM 接收机中都必须含有这种基本的检波器电路。在设计接收机过程中，

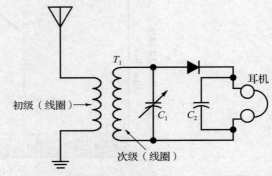

图 9-4　最简单的接收机结构——矿石收音机

所有其他电路元件的设计，都是为了提高灵敏度和选择性，使检波器能达到更好的性能。

9.2　超外差接收机

仅使用放大器、选择性滤波器和解调器就可以组成具有一定灵敏度和选择性的接收机，这种接收机称为调谐射频（TRF）接收机，早期的收音机就是采用了这种设计方案。然而这样的接收机通常无法满足现代通信系统中所期望的某些性能要求。能满足性能要求的一种可行方案是采用超外差接收机。超外差接收机将所有接收的信号转换为频率相对较低的中频（IF）信号，在中频频率下，使用放大器和滤波器实现的灵敏度和选择性参数指标相对是固定的。超外差接收机的主要增益和选择性都是在中频放大器中实现的。其中关键的电路之

拓展知识

超外差接收机的关键电路是混频器，其工作原理类似一个简单的振幅调制器，可以产生和频、差频信号。

一是混频器，它的原理与简单的振幅调制器类似，可以产生和频、差频信号。输入信号与本地振荡器信号进行混频，实现下变频到中频频率。图 9-5 所示为超外差接收机的系统组

成框图。在后续章节内容中，将介绍每个电路模块的基本工作原理和功能。需要强调的是，虽然后面将单独讨论各个电路，但实际上今天的接收机都已经完全将上述各电路集成在硅或其他半导体芯片上了，通常已经无法用肉眼看到电路的细节了，也无法对其进行修改或调整。

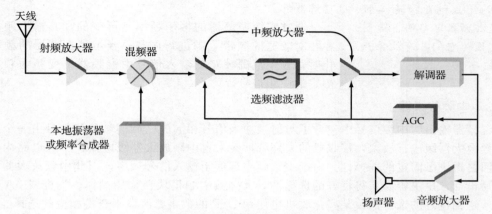

图 9-5　超外差接收机的系统组成框图

9.2.1　射频放大器

天线接收到微弱的射频信号，输入到射频放大器，也称为低噪声放大器（LNA）。射频放大器提供一定的初始增益和选择性。谐振电路用于选择期望信号或期望信号所在的频率范围。在固定调谐接收机中的谐振电路可以达到很高的 Q 值，从而获得极好的选择性。但是，如果在接收机中必须能够做到在很宽的频率范围内实现调谐，此时的选择性指标就很难满足。谐振电路必须在较宽的频率范围谐振，因此放大器的 Q 值、带宽和选择性指标就会随频率的变化而变化。

如果通信接收机没有前级射频放大器，则会把天线直接连接到谐振回路上，然后直接进入混频器的输入端，可获得所需的初始选择性。在实际应用中，这种方案适用于不需要额外信号增益的低频系统。因为接收机的大部分增益由中频放大器级提供即可，不需要额外的射频放大增益。如果接收的信号电平相对较强则更是如此。此外，省略射频放大器也可以减小由它所带来的噪声。然而在一般情况下，在接收机中还是应该使用射频放大器，它可以提高接收灵敏度，因为获得了更大的增益；还可以提高选择性，因为射频放大器本身是有调谐电路的；所以最终可以提高接收机的信噪比。此外，也可以有效抑制杂散信号，使混频过程中所产生的非期望信号影响最小。

射频放大器还能有效减小接收机本地振荡器的辐射。本地振荡器信号相对较强，可能会发生泄漏，本振信号会出现在混频器的射频信号输入端。如果混频器输入直接连接到接收天线上，则本振信号就有可能会通过接收天线辐射出去，可能对附近的其他接收机造成干扰。在混频器和天线之间加上射频放大器，可以将两者隔离开，能显著减少本地振荡器的泄露辐射。

由硅、砷化镓或 SiGe 制成的双极型晶体管和场效应晶体管均可以用作射频放大器。选择哪种器件要考虑的因素有工作频率、成本、是集成电路还是分立器件电路，以及期望达到的噪声性能。

9.2.2　混频器和本地振荡器

射频放大器的输出信号就是混频器的输入信号，混频器还要接收来自本地振荡器或频率合成器的输出信号。混频器输出信号中含有输入信号、本地振荡器信号，以及二者的和频、差频信号。对于接收机来说，通常用混频器输出端的谐振回路选择差频信号作为中频（IF）信号。在某些系统应用中，也可能选择和频作为中频。混频器电路可以由二极管、平衡调制器或晶体管实现。由于 MOSFET 和肖特基二极管具有低噪声特性，所以常用这两种器件作为混频器电路的首选器件。

通常本地振荡器的振荡频率是可变的，其输出频率可在相对较宽的频带范围进行调整。当本地振荡器的频率变化时，频率范围较宽的输入信号由混频器下变频为频率值固定的中频信号。

9.2.3　中频放大器

混频器输出的中频信号中包含了与射频输入信号相同的已调信号，该信号由一个或多个中频放大器级进行放大，接收机的大部分增益来自中频放大器级电路，中放电路内部的谐振回路提供了固定的选择性。由于中频频率远低于输入信号频率，因此中频放大器电路更容易设计，也更容易获得良好的选择性。大多数中频模块会采用晶体、陶瓷或 SAW 滤波器，达到良好的选择性。某些接收机也使用 DSP 的数字滤波器来获得相应的选择性。

9.2.4　解调器

中频信号经放大后最终输入至解调器，即检波器，就可以恢复出原始的调制消息信号。解调器可以是二极管检波器（用于 AM）、正交鉴频器（用于 FM）或乘积检波器（用于 SSB）。在现代数字超外差无线电接收机中，中频信号首先由模/数转换器（ADC）将模拟信号转换为数字信号，然后发送到数字信号处理器（DSP）中，通过软件算法进行解调。然后，将恢复出来的数字信号通过数模转换器（DAC）转换成模拟信号。解调器或DAC 的输出信号通常被馈送到电压和功率增益较大的音频放大器中进行放大，最后驱动扬声器输出声音。对于非语音信号，解调器输出会馈送至其他电路或输出器件中，如电视、平板电脑、手机屏幕、计算机或其他输出设备。

9.2.5　自动增益控制

解调器输出的是原始调制信号，其幅度与接收的射频信号电平成正比。解调恢复出来的信号一般都是交流信号，由称为自动增益控制（AGC）的电路对其进行整流、滤波，获得直流电压。该直流电压再反馈给中频放大器，也可能是反馈至前置射频放大器，以控制接收机的整体增益。当接收的射频输入信号电平在大范围内发生变化时，AGC 电路可以保证接收机输出信号电平保持相对稳定，同时还能扩大接收机接收信号的动态范围，即使接收信号电平过大也不会引起失真等性能下降的问题。几乎所有超外差接收机都使用了AGC 电路。

接收机天线处的射频信号的振幅值可以是从不到一微伏到数千微伏不等；输入信号的这种宽振幅范围称为动态范围。通常接收机具有非常高的增益，以便能够可靠地接收微弱信号。但是如果接收机输入了信号的幅度很大，就有可能会造成电路阻塞饱和，产生信号失真并降低最终输出的原始信号的可懂度。

使用 AGC 可以使得接收机的总增益根据输入信号电平进行自动调整。一般情况下，检波器输出信号的振幅与输入射频信号的振幅成正比；如果输入射频信号振幅很大，AGC电路输出的也是电压值相对较大的直流信号，控制中频放大器降低增益。这种增益的下降可以消除由于输入高电压信号可能产生的失真。当输入信号较弱时，检波器输出的电压也较低。此时 AGC 电路输出的是电压值相对较小的直流信号，控制中频放大器保持高增益放大，提供最强的放大能力。AGC 的功能通常可以由可调的或可编程的 IC 放大器实现。

9.3　变频与混频

　　由前面章节所讨论的内容可知，变频是将已调信号转换为更高或更低的频率，同时还要保留所有最初待传输消息内容的过程。无线电接收机中的高频无线电信号被有规律地转换为频率较低的中频信号，可以获得更好的增益和选择性，这个过程称为下变频。在卫星通信中，原始信号对较低的载波频率进行调制，发射机再将其转换为较高的频率发射出去。这被称为上变频。

9.3.1　混频原理

　　变频是由混频器电路或频率转换器电路实现的一种类似调幅或模拟乘法的过程。混频器实现的功能称为外差变频。

　　图 9-6 是混频器电路示意图。混频器有两个输入端，其中一个输入端的信号频率为 f_s，它就是需要变频的信号。另一个输入端的信号是本地振荡器输出的正弦波，频率为 f_o。需要变频的信号可以是简单的正弦波，也可以是包含边带分量的复杂已调信号。与调幅器一样，混频器本质上是根据第 2 章和第 3 章中讨论的相关工作原理，将两个输入信号相乘。振荡器输出的信号是载波，需要变频的信号是调制信号。当本地振荡载波与输入射频信号混频后，输出的结果中还包含载波信号和边带信号。因此，混频器输出信号的频率分量有 f_s、f_o、$f_o + f_s$，以及 $f_o - f_s$ 或 $f_s - f_o$。

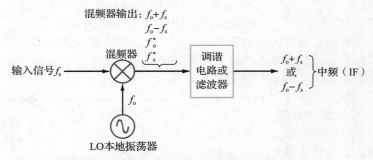

　　*这些频率是否出现在输出信号中取决于混频器的类型。

图 9-6　混频器的原理示意图

　　某些类型的混频器电路性能不理想，本地振荡器信号 f_o 通常也会像原始输入信号 f_s 一样，出现在混频器输出中。这些信号原本不应该出现在混频器的输出中，需要将其滤除，只留下所期望的和频信号或差频信号即可。例如，若对输入信号进行下变频，选择的期望信号是下边带，也就是差频信号 $f_o - f_s$。那么所选择的本振信号频率 f_o 应该等于原始消息信号频率 f_s 与较低的中频信号频率之和。如果进行上变频，就选择上边带，即和频信号 $f_o + f_s$。同样，本振频率 f_o 决定上变频产生的较高新频率值。为了选择期望信号，抑制其他信号，可在混频器的输出端加上谐振回路或滤波器。

　　举例说明，一台 FM 收音机将 107.1 MHz 的 FM 信号变频为 10.7 MHz 的中频信号，再进行放大和鉴频，本振频率可设为 96.4 MHz。混频器输出信号分别为 $f_s = 107.1\,\text{MHz}$，$f_o = 96.4\,\text{MHz}$，$f_o + f_s = 96.4\,\text{MHz} + 107.1\,\text{MHz} = 203.5\,\text{MHz}$ 和 $f_s - f_o = 107.1\,\text{MHz} - 96.4\,\text{MHz} = 10.7\,\text{MHz}$。然后用中频滤波器选择允许频率为 10.7 MHz 的中频信号（IF，即 f_{IF}）通过，抑制掉其他信号。

　　再举一个例子，假设输入信号的频率是 880 MHz，需要一个本振信号频率进行变频，得到频率为 70 MHz 的中频信号。由于中频是输入信号频率和本振频率之差，所以有两种可能：

$$f_\text{o}=f_\text{s}+f_\text{IF}=880\,\text{MHz}+70\,\text{MHz}=950\,\text{MHz}$$
$$f_\text{o}=f_\text{s}-f_\text{IF}=880\,\text{MHz}-70\,\text{MHz}=810\,\text{MHz}$$

本振频率值的选择并没有固定的规则标准，但传统上，在较低的频段，例如信号频率小于100 MHz，选取的本振频率一般应高于输入信号频率；而在较高的频段，即输入信号频率大于100 MHz，本振频率应低于输入信号频率。

需要注意的是，混频过程是发生在输入信号的整个频谱上的，无论是它只包含一个单频载波，还是多个载波，或者还含有复杂的边带分量。在上例中，10.7 MHz 输出信号包含了原始的调制信号频率，变频的结果就好像是输入信号的载波频率改变了，所有的边带频率也改变了相同的频率值。变频的过程就是根据需要，将信号频谱从频域的一个位置搬到另一个位置。

9.3.2 混频器和变频器电路

混频器电路使用的器件通常是二极管或晶体管，只是现代的混频器电路大都已经是复杂的集成电路形式了。本节介绍一些常用的混频器类型。

> **拓展知识**
>
> 理论上说，如果器件或电路的输出信号与输入信号的关系为非线性特性，都可以作为混频器使用。

二极管混频器。 为了实现混频，要求混频器电路的响应特性必须是非线性的。一般情况下，只要器件或电路的输出信号与输入信号之间表现为非线性变化特性，均可用作混频器。例如，最广泛使用的混频器类型之一是在第 3 章中讲述的二极管调制器，它简单并且易于使用。二极管混频器有时也用于微波通信应用系统中。

使用单个二极管的混频器电路如图 9-7 所示。来自射频放大器的输入信号，或在某些接收机中可能直接来自天线的输入信号，施加到变压器 T_1 的初级线圈，再耦合到次级线圈输出至二极管混频器，本振信号通过电容 C_1 耦合到二极管上。输入信号和本振信号以这种方式线性叠加并进入二极管，在二极管的非线性特性作用下，产生和频、差频信号分量。包含各种频率分量的输出信号经过谐振回路构成的带通滤波器，最终选择本振频率与输入信号的和频或差频信号，并且抑制其他信号。

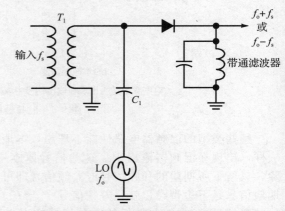

图 9-7　简单的二极管混频器电路原理图

双平衡混频器。 平衡调制器用作混频器的应用也非常广泛。由于它在输出信号中抑制了载波，使后续滤波更容易实现。在前面章节讨论过的各种平衡调制器均可作为混频器使用，二极管环形平衡调制器和集成差分放大平衡调制器就是非常好用的混频器。图 4-25 所示的就是一种二极管平衡调制器电路，在这里用作混频器，称之为双平衡混频器，如图 9-8 所示，这是一种最佳的单频混频器，特别适用于 VHF、UHF 和微波频段的电路中。电路中的变压器线圈需精密绕制，各个肖特基（也有称之为热载流子）二极管特性必须严格匹配，才能最大程度地抑制载波或本振信号。商用双平衡混频器产品对本振信号的衰减可达 50～60 dB 或更多。

FET 混频器。 FET 可以用作很好的混频器，因为它增益高，噪声低，有近乎理想的平方律响应特性。如图 9-9 所示的电路就是一种 JFET 混频器电路。经过偏置电压设置，FET 晶体管的静态工作点位于非线性区。输入信号施加到栅极，本振信号耦合到源极，漏极中的谐振回路选择差频输出。

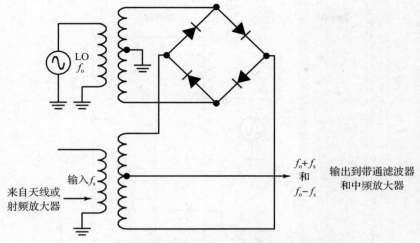

图 9-8　在高频系统中很常见的双平衡混频器电路图

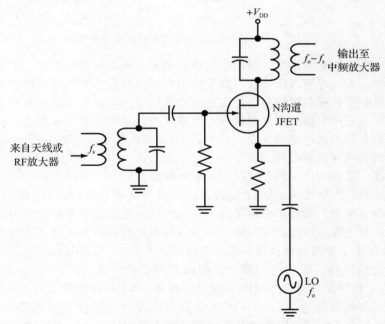

图 9-9　一种 JFET 混频器电路

　　另一种常见的 FET 混频器使用了双栅 MOSFET 晶体管，如图 9-10 所示。射频信号施加到其中一个栅极，本振信号则耦合到另一个栅极。双栅 MOSFET 用在混频电路中具有优越的性能，因为其漏极电流 I_D 与两个栅极电压的乘积成正比。在 VHF、UHF 和微波频段的接收机中结型 FET 和双栅 MOSFET 得到了广泛应用，因为用它们构成的混频器具有高增益和低噪声的优点。砷化镓 FET 的性能在高频时比硅 FET 更好，同样是因为它们具有低噪声和高增益的优点。而集成电路混频器则倾向于使用 MOSFET 实现。

　　FET 混频器的优点之一是漏极电流与栅极电压曲线是理想的平方律函数。回忆一下，在前面章节中讨论过的，用平方律公式如何表示上边带、下边带、和频、差频信号的产生过程。在理想的平方律混频器的输出信号中，除了产生和频、差频信号外，只产生了二次谐波。而其他类型的混频器，如二极管和双极型晶体管混频器，虽然近似于平方律函数，

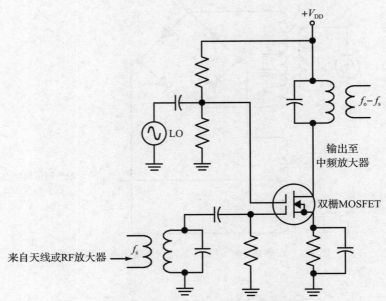

图 9-10   双栅 MOSFET 构成的混频器电路原理图

但是它们的非线性特性非常严重，因此会出现非期望的调幅和差拍现象。非线性特性还会产生三次、四次、五次等更高次谐波。需要使用带通滤波器滤除这些高次谐波，为中频放大器选择保留差频信号或和频信号。然而高次谐波分量的存在可能造成接收机中出现非期望的低电平信号，会产生如鸟叫的啁啾声，虽然这些信号的电平可能不高，但会干扰到来自天线或射频放大器的低电平输入信号。FET 构成的混频器不存在这个问题，所以 FET 是大多数接收机首选的混频器件。

  集成混频器。如图 9-11a 所示为一款典型的集成（IC）混频器芯片，芯片型号为 NE602。其改进的芯片型号为 SA612 混频器，性能与前者大致相同。NE602/SA612 也被称为吉尔伯特跨导单元，或吉尔伯特单元，它们内部的电路是双平衡混频器，由两个交叉连接的差分放大器组成。尽管如前所述，大多数双平衡混频器都使用了无源器件——二极管，但 NE602 使用了双极型晶体管。芯片上还有一个 NPN 晶体管，用它连接成稳定的振荡器电路和直流稳压器。器件的封装为 8 引脚双列直插形式（DIP），电源电压为 4.5～8 V。该电路的工作频率可达 500 MHz，使其在高频、VHF 和低频段的 UHF 系统中得到了广泛应用。工作频率高达 200 MHz 的振荡器在芯片内部连接到混频器的一个输入端。芯片还需要用外接的 LC 谐振回路或晶体滤波器来设置混频器电路的工作频率。

  图 9-11b 所示为混频器本身的电路细节。双极型晶体管 Q_1、Q_2 与电流源 Q_3 构成差分放大器，Q_4、Q_5 与电流源 Q_6 构成另一个差分放大器。这里的输入信号都是并联形式的。晶体管的集电极采用交叉连接方式，即 Q_1 的集电极连接到 Q_4 的集电极，而不是连接在 Q_3 上，它们也是并联的；同理，Q_2 的集电极连到 Q_3 的集电极上。这种连接就构成了类似于平衡调制器的电路，在混频输出信号中，内部振荡器信号和输入信号均被抑制掉，只留下和频、差频信号。根据需要，其输出可以是平衡形式的也可以是单端形式的。在混频器的输出端必须加上滤波器电路或调谐电路，用于选择和频信号或差频信号。

  使用 NE602/SA612 IC 混频器的典型电路如图 9-12 所示。电阻 R_1 和电容 C_1 用于去耦，谐振变压器 T_1 将 72 MHz 的输入信号耦合到混频器上。电容 C_2 与变压器次级线圈组成谐振回路，谐振在输入信号频率上；C_3 是交流旁路电容，将芯片引脚 2 交流接地。芯片外部元件电容 C_4 和电感 L_1 构成调谐电路，将振荡器频率设置为 82 MHz。电容 C_5 和

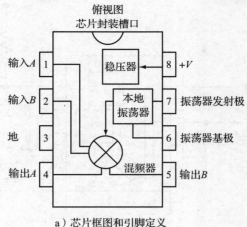

a）芯片框图和引脚定义

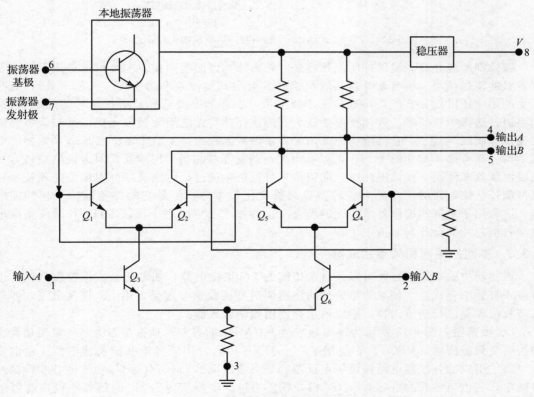

b）简化的内部电路示意图

图 9-11 IC 混频器芯片 NE602/SA612

C_6 形成电容式分压器电路，连接到芯片上的 NPN 晶体管上，构成考毕兹振荡器电路。电容 C_7 的作用是交流信号耦合，同时阻止直流通过。输出引脚为芯片的 5 脚，连接了陶瓷带通滤波器，用于选频。本图中的输出信号是差频信号，频率值为 82 MHz－72 MHz＝10 MHz，信号加到电阻 R_2 上。平衡混频器电路可抑制 82 MHz 振荡器信号，同时还滤除了 154 MHz 的和频信号。输出的中频信号携带了输入端的原已调信号的全部信息，输入到中频放大器，在解调之前进一步提高信号增益。

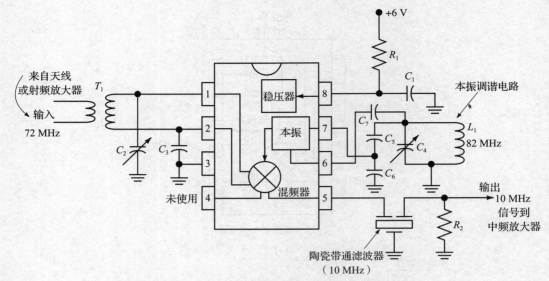

图 9-12　NE602/SA612 IC 混频器的典型应用电路示意图

镜像抑制混频器。镜像抑制混频器是一种特殊类型的混频器，主要目的是用于滤除不能容忍的镜像频率。所有超外差接收机都经常会受到镜像频率的干扰（见 9.4 节），有时产生的影响还可能非常严重，这与工作频率值、中频频率的选择及干扰信号的频率有关。如果通过选择中频频率，或调整前端放大器的选择性均无法消除镜像干扰，就应该考虑使用镜像抑制混频器了。它的结构中使用了吉尔伯特混频器，类似于相位型 SSB 调制器的电路结构。参考第 4 章和图 4-29，可以看出平衡调制器就相当于混频器，因为该电路很容易当成混频器来使用。在该电路中，期望信号可以正常通过，镜像频率可用相位处理技术将其抑制掉。该电路的缺点是对各种参数调整变化很敏感，但是它的抑制镜像干扰性能极佳，适合用于对抑制镜像要求苛刻的场合。这种技术已广泛用于现代 UHF 和微波集成电路接收机芯片的设计与制造中了。

9.3.3　本地振荡器和频率合成器

混频器中的本振信号既可以来自于传统的 LC 谐振电路，如考毕兹或克拉泼电路，也可以来自频率合成器。相对简单廉价的连续调谐型接收机一般会采用 LC 振荡电路，而如果接收机需要进行信道选择，则应该选择使用频率合成器。

LC 振荡器。图 9-13 所示为输出频率达 100 MHz 的典型本地振荡器电路。该振荡器也称为可变频振荡器（VFO），它使用了一个 JFET（Q_1）构成考毕兹振荡器电路。由电容 C_5 和 C_6 组成的分压器电路提供了正反馈。频率值由电感 L_1 与电容 C_1 组成的并联谐振回路确定，它也与串联的电容 C_2、C_3 相并联。通过改变可变电容 C_1 的值可粗调振荡器的中心频率到所需的工作频率范围中心；当然也可以使 L_1 可调整，即通过调整 L_1 的铁氧体铁心的进或出，可以改变电感值，同样可以确定谐振频率的大致范围。谐振频率的主调谐则是通过调整可变电容 C_3 完成的，C_3 连接在信道选择机械装置上，该选频装置预先经过频率校准。

谐振频率的主调谐也可以通过变容二极管来实现。例如，可以用反向偏置的变容二极管代替图 9-13 中的电容 C_3，再用电位器调节加在变容二极管上的反向直流偏置电压来改变电容值，达到改变频率的目的。

Q_1 源极引线与高频扼流圈（RFC）的连接点是振荡器输出信号的位置，再将信号施加到直接耦合的射极跟随器进行缓冲，射极跟随器将振荡器与可能改变其频率的负载隔离

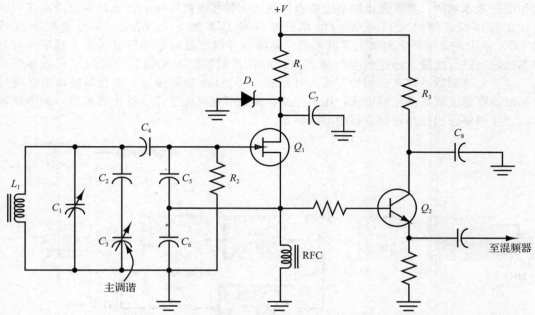

图 9-13　可变频振荡器（VFO）作为接收机的本振电路

开。另外射极跟随器缓冲器提供一个低阻抗连接到混频器电路。如果调谐到期望的电台频率，但是频率却发生变化，究其原因可能是由其他外部因素影响造成的，如温度、供电电源电压和负载变化，造成了信号频率的漂移，信号中心频率不再位于 IF 放大器的通频带中心。本振还有一个关键的性能指标就是频率稳定性，也就是抵抗频率变化漂移的能力。射极跟随器的使用基本上可以消除负载变化对前级的影响。齐纳二极管 D_1 作为稳压管对电源进行稳压，为电路提供直流电源电压，确保到 Q_1 的供电电压具有最大的稳定性。

　　大多数频率漂移的原因主要来自 LC 电路元件本身。即使是相对稳定的电感也会有轻微的正温度系数，电路中也非常有必要使用受温度变化影响较小的专用电容。通常可以选择具有负温度系数（NPO）的陶瓷电容来抵消电感的正温度系数变化，也可以使用云母电容。

　　频率合成器。在大多数新型接收机的设计中，本地振荡器都采用频率合成器，因为它与简单的可变频振荡器（VFO）相比具有明显的优势。首先，由于频率合成器通常是基于锁相环（PLL）电路设计的，输出频率被锁定到晶体振荡器输出的参考频率上，所以频率稳定度高。第二，调谐是通过改变 PLL 的分频因子实现的，频率按步长增量变化，而不是连续的频率变化。大多数通信系统都是按固定频率间隔划分信道的，即电台均在指定频率上工作，它们之间的信道频率间隔是固定的，将 PLL 步长增量频率设置为等于信道的固定频率间隔，可以简单方便地通过改变 PLL 环路中的分频因子来选择信道。在某些先进的数字接收机中，本地振荡器采用了直接数字合成器（DDS），实现了调谐电路的全数字化。

　　频率合成器原先的缺点是：成本高，电路复杂；不过，这两个缺点现在已被集成的低成本 PLL 频率合成器 IC 所克服，使本振电路的设计更简单，成本更低。大多数现代接收机，从 AM/FM 汽车收音机、立体声音响和电视机到军用通信接收机和商用收发机等，都普遍使用了频率合成器。

　　接收机中使用的各种频率合成器原理与第 8 章描述的

> **拓展知识**
> 大多数现代接收机，包括立体声音响、车载收音机，以及军用和商用接收机，都使用了 PLL 频率合成器或直接数字合成器（DDS）。

工作原理基本相同，但在技术细节上略有区别，例如接收机的频率合成器在反馈回路中需要使用混频器。如图 9-14 所示的电路就是一种基本的 PLL 结构，在可变频振荡器（VFO）输出和分频器之间加上了混频器。晶体参考振荡器向鉴相器输入参考频率，与分频器的输出进行比较。通过改变分频器电路的二进制数输入来调节分频因子完成频率调谐。这个二进制数可以来自切换开关、计数器、ROM 或微处理器。鉴相器输出信号通过环路滤波器滤波成直流控制电压，用来控制、调整可变频振荡器（压控振荡器）的本振频率，产生最终输出施加到接收机中的混频器。

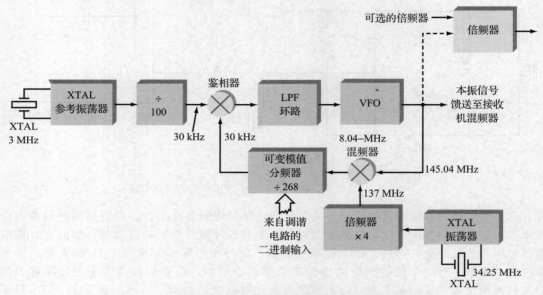

图 9-14　频率合成器用作接收机中的本地振荡器示意图

如前所述，工作在甚高频的 PLL 频率合成器有一个缺点，就是 VFO 输出频率往往高于可变模值分频器 IC 的工作频率上限。一种解决方案是，使用预分频器来降低 VFO 频率，再用可变模值分频器进行分频。另一种方案是使用混频器进行下变频，将 VFO 输出频率降低到较低的频率值，使该频率位于分频器的工作频率范围内，如图 9-14 所示。将 VFO 输出与另一个晶体振荡器的输出信号混频，选择差频信号作为输出。在某些 UHF 和微波频段接收机中，产生的本振信号频率较低，然后通过 PLL 倍频器将本振频率提高到期望值。这个可选的倍频器在电路中所处的位置如图 9-14 中的虚线连线所示。

例如，假设接收机必须调谐到 190.04 MHz 频率上，它的中频频率为 45 MHz。本振频率应该与输入频率相差 45 MHz。设该接收机使用低本振频率，则有 190.04 MHz－45 MHz＝145.04 MHz。当输入 190.04 MHz 信号与图 9-14 中的频率合成器产生的 145.04 MHz 信号混频时，其中频取差频 190.04 MHz－145.04 MHz＝45 MHz。

图 9-14 中的 VFO 输出频率为 145.04 MHz。晶体振荡器的频率为 34.25 MHz，施加到四倍频器进行倍频得到振荡器输出频率为 137 MHz，它与 VFO 的 145.04 MHz 的输出信号进行混频，取差频为 145.04 MHz－137 MHz＝8.04 MHz，该频率完全位于可编程分频模值的 IC 分频器的工作频率范围内。

分频器的分频因子设为 268，因此分频器的输出为 8 040 000 Hz/268＝30 000 Hz＝30 kHz。将其输入到鉴相器中，根据鉴相器的锁定条件可知，分频器的输出频率应等于鉴相器的另一个输入信号频率，鉴相器的参考输入来自 3 MHz 晶体振荡器，由分频因子为 100 的分频器得到 30 kHz 的参考频率值。这意味着频率合成器按 30 kHz 的步长增量输出频率。

假设分频因子由 268 变为 269 来调谐接收机频率，为了确保 PLL 保持锁定，必须改变 VFO 的输出频率。要使 269 分频器的输出仍然等于 30 kHz，分频器输入只能是 269×30 kHz=8070 kHz=8.07 MHz。8.07 MHz 的信号来自混频器，它的输入分别来自 VFO 和晶体振荡器的输出。而晶体振荡器的输出频率仍然保持 137 MHz 不变，因此 VFO 的输出频率必须超出混频器的输出频率（8.07 MHz）137 MHz，即为 137 MHz＋8.07 MHz＝145.07 MHz，才能满足要求。这个值就是接收机的 VFO 或本振的输出频率。电路中使用的中频放大器工作频率为固定频率值 45 MHz，现在要将接收机调谐到中频与本振频率之和，即 145.07 MHz＋45 MHz＝190.07 MHz 以接收信号。

由以上分析可以注意到，将分频因子加 1，从 268 变为 269，只是如期望的在频率增加了一个 30 kHz 的增量。在电路中新增的混频器并不会影响步长增量，步长增量仍然由参考输入频率确定。

9.4 中频与镜像频率

选择中频（IF）的过程通常是一种在电路设计过程中进行权衡的过程，其主要目的是获得良好的选择性。在低频段，最佳的窄带选择性是比较容易实现的，特别是可以使用传统的 LC 调谐电路。当 IF 为 500 kHz 或更低时，甚至可以使用有源 RC 滤波器。使用低 IF 值能够在设计上带来很多好处。在低频下，在获得更高增益的同时，电路也更稳定；在较高频率下，电路布局必须要考虑到杂散电感和电容的影响，如果要避免出现非期望的信号反馈路径，还需要考虑增加屏蔽等措施。在电路高增益条件下，可能会因为出现信号相位正反馈而引起振荡。而在低频率下就不存在这种振荡问题。但是，选择低 IF 值也会面临一些问题，尤其是需要接收信号的频率很高时，会出现镜像频率问题。镜像频率是一种潜在的射频干扰，它与期望输入信号频率的间隔是中频频率值的两倍，即

> **拓展知识**
> 射频频谱的拥挤增加了信号遭到镜像频率干扰的概率。为了解决这个问题，最好在混频器或射频放大器之前使用高 Q 值的谐振电路进行滤波。

$$f_i = f_s + 2f_{IF} \qquad f_i = f_s - 2f_{IF}$$

式中，f_i 是镜像频率，f_s 是期望信号频率，f_{IF} 是中频频率。

上式的频率位置关系如图 9-15 所示。需要注意，究竟是哪个镜像频率会产生干扰，取决于本振频率 f_o 是高于还是低于接收信号的频率 f_s。

9.4.1 镜像频率关系

如前所述，超外差接收机中的混频器会输出接收信号频率和本振频率的和频与差频信号，通常选择差频作为中频。本振

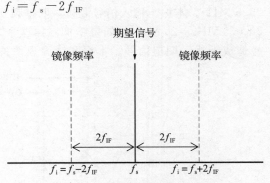

图 9-15 信号与镜像频率的关系

频率通常要高于中频放大器的输入信号频率。然而，本振频率也可以设计成低于输入信号频率，二者差值等于中频频率值。上述两种本振频率选择都能经过混频获得期望的差频信号。下面的例子将假设本振频率高于输入信号频率。

现在如果一个信号出现在混频器的输入端，其频率等于镜像频率，由于混频器不关心也不清楚输入信号是不是期望信号，它均会输出与本振信号的和频信号、差频信号。因此镜像信号进入混频器会再次输出取差频结果的中频信号。例如，假设期望的信号频率为 90 MHz，而本地振荡器频率为 100 MHz，中频取差值 100 MHz－90 MHz＝10 MHz，则

镜像频率为固定的 $f_i = f_s + 2f_{IF} = 90\,\text{MHz} + 2 \times 10\,\text{MHz} = 90\,\text{MHz} + 20\,\text{MHz} = 110\,\text{MHz}$。

如果非期望的镜像频率信号出现在混频器输入端，输出是差频为 $110\,\text{MHz} - 100\,\text{MHz} = 10\,\text{MHz}$ 的信号，同样可以进入中频放大器。如图 9-16 所示为信号、本振和镜像频率之间的关系。混频器输出的是本振频率与期望信号频率的差值，也输出本振频率与镜像频率的差值。这两个差频值对应的中频频率都是 10 MHz。这说明与期望信号间隔两倍中频的信号也可以被接收机接收并转换为中频信号。此时的镜像信号就会干扰到期望信号。在如今拥挤的射频频谱中，镜像频率信号出现的可能性很高，镜像干扰甚至会造成接收机无法正常接收期望信号。所以，必须在超外差接收机设计中找到解决镜像问题的方案。

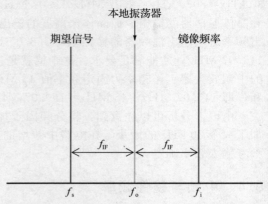

图 9-16　超外差中的信号、本振和镜像频率之间的位置关系

9.4.2　镜像问题的解决方案

镜像信号只有出现在混频器输入端时，才会产生镜像干扰。这就是在混频器前使用高 Q 值调谐电路或具有较高选择性射频放大器的原因。如果射频放大器和调谐电路的选择性足够好，就可以抑制镜像干扰。在接收特定频率的定值接收机中，通过优化接收机前端的选择性来消除镜像是可行的。但是许多接收机所接收的信号频率并不是固定的，需要在指定的频带内接收多个频率的信号，所以有的接收机前端是宽带射频放大器，而另一些接收机的前端则必须在一个宽频范围内实现调谐。此时，频率选择性就是一个需要认真考虑的问题。

例如，设接收机接收 25 MHz 的信号，中频频率为 500 kHz，即 0.5 MHz，使用高本振，即本振频率大于输入信号频率，等于输入频率加上中频，即 $25\,\text{MHz} + 0.5\,\text{MHz} = 25.5\,\text{MHz}$。本振与输入信号混频，取差频 0.5 MHz。镜像频率为 $f_i = f_s + 2f_{IF} = 25\,\text{MHz} + 2 \times 0.5\,\text{MHz} = 26\,\text{MHz}$，如果不抑制掉这个 26 MHz 的镜像频率，它就会对 25 MHz 期望信号造成干扰。期望信号、本振和镜像频率关系如图 9-17 所示。

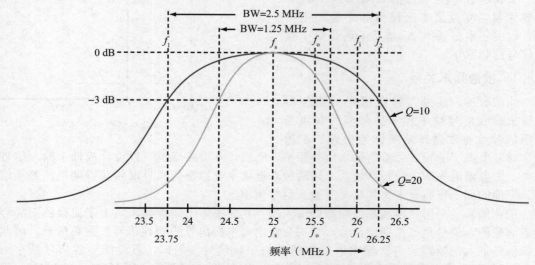

图 9-17　若低中频与信号频率相接近，低 Q 值的调谐电路会使镜像频率通过并产生干扰

现假设在混频器前面是一个 $Q=10$ 的谐振电路,谐振频率等于信号频率 25 MHz,可计算谐振电路的带宽为 $BW=f_s/Q=25/10=2.5\,MHz$。谐振电路的频率响应特性曲线如图 9-17 所示,其中心频率等于 25 MHz,带宽相对较宽。截止频率上限为 $f_2=26.25\,MHz$,截止频率下限为 $f_1=23.75\,MHz$,带宽为 $BW=f_2-f_1=26.25\,MHz-23.75\,MHz=2.5\,MHz$。其中,带宽是按照谐振电路频率响应曲线上下降 3 dB 所对应的频率值求得的。

截止频率上限比 26 MHz 的镜像频率高,说明镜像频率也会出现在通带内;它能够通过谐振电路,几乎没有衰减,所以会造成干扰。

很明显,如果采用多级谐振回路级联,使它们总的等效电路具有更高的 Q 值,就可以解决这个问题。例如,假设 Q 为 20,而不是之前给定的 10,在中心频率为 25 MHz 时的带宽则为 $f_s/Q=25\,MHz/20=1.25\,MHz$。

所得到的响应曲线如图 9-17 所示的 $Q=20$ 的曲线,此时镜像频率位于通频带外,可以被滤波器衰减掉。当然,使用 Q 值为 20 的电路并不能完全解决镜像问题,但使用更高的 Q 值一定会进一步缩小带宽,从而对镜像频率产生衰减。

然而更高 Q 值的谐振电路本身是很难实现的,而且还要同时满足接收机宽频率范围的调谐要求,电路的设计复杂度很高。解决这个问题的通常方案是选择更高的 IF。例如,中频为 9 MHz 的中频放大器(Q 值仍然是 10),现在的镜像频率为 $f_i=25\,MHz+2\times9\,MHz=43\,MHz$,如果频率为 43 MHz 的信号能够进入混频器,那么它就会干扰到 25 MHz 的期望信号。但 43 MHz 远远超出了谐振电路通频带,相对较低的 Q 值为 10 的电路就足以充分抑制掉镜像频率。当然,如前所述,选择高中频会在电路设计上带来一定难度。

综上所述,中频要尽量高,可以有效地消除镜像问题,但同时也希望中频要尽量低,以避免电路设计难度大的问题。在大多数接收机中,在所覆盖的工作频率范围内,中频值最好是线性变化的。工作频率为低频段,接收机可以使用低中频。455 kHz 的中频值适用于调幅广播收音机及其他工作在相同频段的接收机系统。当接收信号频率提高到约 30 MHz 时,常见的中频就变成 3385 kHz 和 9 MHz。在接收频率位于 88~108 MHz 的调频收音机中,标准中频值为 10.7 MHz。在电视机中,常见的中频值位于 40~50 MHz 的范围内。在微波频段,雷达接收机的中频通常位于 60 MHz 附近,而卫星通信设备使用 70~140 MHz 的中频值。

9.4.3 双变频接收机

双变频超外差接收机是另一种接收机方案,它在消除镜像的同时还具有良好的选择性,如图 9-18 所示。接收机使用了两个混频器和两个本振,因此它有两个中频。第一混

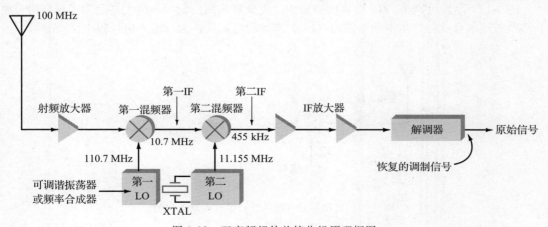

图 9-18 双变频超外差接收机原理框图

频器将输入信号变换为相对较高的中频频率，以消除镜像干扰；第二混频器再将高中频变换为低得多的中频频率，所以更容易获得良好的选择性。

拓展知识

对于双变频超外差接收机，如果输入信号频率为 f_s，两个本振频率分别为 f_{LO_1} 和 f_{LO_2}，就可以计算出两个中频（IF）值。首先，计算输入频率与第一本振之差：$f_s - f_{LO_1} =$ IF_1。现在 IF_1 值就是第二个混频器的输入信号。再计算第二中频，就是求第一中频和第二本振之差：$IF_1 - f_{LO_2} = IF_2$。

图 9-18 给出了各级电路输出信号的不同频率值。每个混频器产生一个差频的中频。第一本振频率是可变的，为接收机提供调谐频率。第二本振频率则是固定的，因为它只需要将固定的第一中频变换为较低的中频，它的频率值没有必要是可变的。在多数情况下，第二中频值由石英晶体产生。在有的接收机中，其第一混频器的本振频率固定，而第二本振是可变，从而实现接收频率调谐。双变频接收机是很常见的。大多数短波收音机和很多工作在 VHF、UHF 和微波频段的接收机都使用了双变频技术。例如，在 27 MHz 范围内工作的民用频段（CB）接收机通常使用第一中频 10.7 MHz 和第二中频 455 kHz。某些要求苛刻的应用系统中，甚至使用三变频接收机来进一步减少镜像干扰，虽然这种情况并不常见。这种三变频接收机要使用三个混频器和三个不同的中频值。

例 9-1 某超外差接收机必须能够接收频率范围为 220～224 MHz 的信号，第一中频为 10.7 MHz，第二中频为 1.5 MHz。计算：a. 本振调谐范围；b. 第二本振频率；c. 第一中频镜像频率范围（假设接收机取高本振，即本振频率比输入信号频率高一个中频值）。

a. 220 MHz＋10.7 MHz＝230.7 MHz

   224 MHz＋10.7 MHz＝234.7 MHz

本振调谐范围为 230.7～234.7 MHz。

b. 第二本振频率比第一中频高 1.5 MHz：10.7 MHz＋1.5 MHz＝12.2 MHz。

c. 第一中频镜像范围为 241.4 MHz～245.4 MHz。

230.7 MHz＋10.7 MHz＝241.4 MHz

234.7 MHz＋10.7 MHz＝245.4 MHz ◀

9.4.4 零中频接收机

超外差接收机的一个特殊方案就是所谓的直接变频（DC）接收机，即零中频（ZIF）接收机。零中频接收机并不是像上述的接收机那样将输入信号频率变换为较低的中频频率，而是将输入信号直接变换为基带信号。换句话说，相当于在变频过程中直接完成了解调。

图 9-19 所示为基本的 ZIF 接收机的架构。混频器前面的低噪声放大器是为了提高信号电平。PLL 频率合成器产生本地振荡器（LO）频率 f_{LO}，设置为与输入信号频率 f_s 相等。

$$f_{LO} = f_s$$

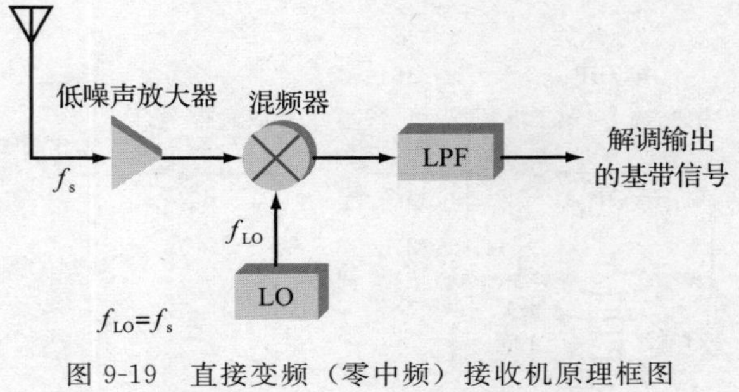

图 9-19 直接变频（零中频）接收机原理框图

混频后产生的差频、和频结果分别为：

$$f_{LO} - f_s = 0$$
$$f_{LO} + f_s = 2f_{LO} = 2f_s$$

差频为零，如果没有调制，则输出为 0。使用 AM 调制，边带与本振混频，可重现原始调制基带信号。此时，混频器同时也是解调器。而和频值等于本振频率的两倍，可由低通滤波器（LPF）滤除。

设 300～3000 Hz 的语音调制信号对 21 MHz 的载波进行调幅，已调信号边带频率范围为 20 997 000～21 003 000 Hz。接收机的本振频率设为 21 MHz。混频器输出的频率分量有

$$21\ 000\ 000\ Hz - 20\ 997\ 000\ Hz = 3000\ Hz$$
$$21\ 003\ 000\ Hz - 21\ 000\ 000\ Hz = 3000\ Hz$$
$$21\ 000\ 000\ Hz + 21\ 003\ 000\ Hz = 42\ 003\ 000\ Hz$$
$$21\ 000\ 000\ Hz + 20\ 997\ 000\ Hz = 41\ 997\ 000\ Hz$$

混频器输出端有一个低通滤波器，其截止频率为 3 kHz，很容易滤除 42 MHz 的分量。

零中频接收机有几个显著优点。首先，不需要单独的中频滤波器。中频滤波器通常需要使用晶体、陶瓷或声表面波滤波器，成本较高，在小型化的紧凑型电路设计中可能会占用宝贵的印制电路板空间和面积。而且在混频器输出端使用低成本的 RC、LC 或有源低通滤波器即可达到所需的选择性。第二，不需要单独的解调（检波）器电路，虽然解调电路曾是接收机的必备环节。第三，在使用半双工系统的收发机中，若发射、接收频率相同，只需要一个 PLL 频率合成器与压控振荡器进行频率合成即可。所有这些优点都使得这种接收机的结构简单，成本更低。第四，它也彻底解决了镜像问题。

> **拓展知识**
>
> 直接变频接收机可以节省电路板空间，不需要单独的解调器电路。然而，在这个电路中，LO 信号有时会通过混频器向外泄漏辐射。

零中频接收机也存在几个不易察觉的缺点。首先，如果电路中没有射频放大器（LNA），本振信号可能通过混频器泄漏到天线上并辐射出去。使用 LNA 可以降低这种可能性，但是即便如此，也需要谨慎设计以尽量减少泄漏辐射。其次，在输出信号中可能会出现一个非期望的直流偏移量。除非所有电路都是完全平衡的，否则直流偏移可能会破坏后续偏置电路的正常工作状态，导致电路饱和，失去了放大和其他功能。最后，ZIF 接收机只能用于连续波调制（CW）、AM、SSB 或 DSB，它不能解调相位调制或频率调制信号。

如果想使用零中频接收机接收 FM、FSK、PM 或 PSK 信号，或接收数字调制信号，就需要两个混频器和两个正交本振的结构。这种接收电路已经广泛用于大多数手机和其他无线接收机中。参见第 12 章。

9.4.5　低中频接收机

零中频接收机的替代方案是低中频接收机。这种电路设计的主要目的是减小或消除本振泄漏和直流偏移量输出问题。这种接收机仍然属于超外差接收机，但使用低频率的 IF 可以获得其他好处，比如滤波器电路更简单。

低中频取决于接收机的工作频率。早期的手机设计使用了 125 kHz 附近的中频，使得采用简单的片上 RC 滤波器成为可能。在其他系统电路设计中，如果工作频率高于 1 GHz，则低中频可能低至 1 MHz 或 2 MHz 附近。

9.5　噪声

噪声也是一种电信号，它是由许多振幅不同的多个随机频率的信号混合形成的产物，在信号传输或处理过程中，噪声会叠加到射频或原始消息信号中。噪声与来自其他系统的消息信号干扰有所不同。

打开调幅、调频或短波收音机，将其接收频率调谐到电台之间的某个频率空闲位置时，在扬声器中听到的嘶嘶声或静态声音就是噪声。黑白电视屏幕上的噪声表现为雪花状图像，在彩色电视屏幕上则更像是五彩纸屑。如果噪声电平足够高，期望信号极其微弱，前者有可能完全淹没掉后者。在数字数据通信系统中，噪声则会导致误码，可能造成信息乱码或丢失。

系统中的噪声电平与温度、带宽、元器件中流过的电流量、电路的增益、电路的电阻值大小成正比。这些参数变大都会引起噪声增大。因此，通过使用低增益电路、低直流电流、低阻值电阻和窄带宽等措施，可以获得良好的低噪声特性。保持较低的工作温度也是很有帮助的。

在通信系统中，当接收信号的幅度很小时，噪声问题就会凸显。而如果传输距离短或发射机输出功率大，噪声可能就不是问题。但大多数通信系统中，接收弱信号的工作状态才是常态，所以在设计阶段就要充分考虑到噪声问题。在接收机中，噪声对接收质量造成的影响最大，因为接收机必须将收到的弱信号放大，并从信号中可靠地恢复出原始信息。

噪声可以来自接收机的外部，也可以来自接收机内部的电路本身。这两种噪声均普遍存在于接收机输出信号中，最终会影响到输出信噪比。

9.5.1　信噪比

信噪比（S/N），也可以表示为 SNR，定义了通信系统中信号相对噪声的强度。信号越强，噪声越弱，信噪比就越高；反之，如果信号弱，噪声强，信噪比就低，接收系统的可靠性就下降了。通信设备的设计就是为了获得可接受的尽量大的信噪比。

信号可以用电压或功率表示，信噪比也可以采用电压或功率值计算：

$$\frac{S}{N}=\frac{V_s}{V_n} \qquad \frac{S}{N}=\frac{P_s}{P_n}$$

式中，V_s 是信号电压，V_n 是噪声电压；P_s 是信号功率，P_n 是噪声功率。

例如，设信号电压为 $1.2\ \mu V$，噪声为 $0.3\ \mu V$，信噪比为 $1.2/0.3=4$。一般情况下，习惯上都是用功率比值而不是用电压比值来计算信噪比。如果信号功率为 $5\ \mu W$，噪声功率为 $125\ nW$，则信噪比为 $5\times10^{-6}/125\times10^{-9}=40$。

上述信噪比值通常可以换算为用分贝表示，转换表达式如下：

对于电压：dB＝20 log (S/N)＝20 log 4＝20×0.602＝12 （dB）

对于功率：dB＝10 log (S/N)＝10 log 40＝10×1.602＝16 （dB）

当信噪比小于 1 时，换算为 dB 的取值为负值，这说明噪声功率比信号功率大。

9.5.2　外部噪声

外部噪声主要来自工业、大气或太空，这些噪声源一般被认为是很难控制或不可控的。无论来自哪里，噪声均表现为随机的交流电压，可以用示波器对其进行观测。它的振幅和频率的变化范围很大。可以说噪声会分布在所有的频率上，它们是随机变量，通常称之为白噪声。

大气噪声和太空噪声在生活中司空见惯，根本无法彻底消除。一些工业噪声可以从源头进行控制，但这种噪声源几乎无所不在，也根本没有办法完全消除。因此，可靠通信的关键是能尽量产生足够大的信号以克服外部噪声的影响。在某些情况下，用金属外罩来屏蔽敏感电路也可以达到控制噪声的目的。

工业噪声。 工业噪声一般是由人为制造的设备产生的，如汽车点火系统、电动机和发电机。凡是能引起高电压或大电流切换的电气设备都会产生噪声的瞬态现象。当打开或关闭电机或其他电抗呈感性特性的设备时，就会产生大幅度的脉冲噪声，其瞬态会产生丰富的随机谐波分量且幅度都非常大。荧光灯和其他形式的充气电灯也是工业噪声的常见来源。

大气噪声。 地球大气层中自然发生的电干扰是另一个噪声来源，大气噪声通常被称为静电噪声。静电通常来自闪电，即发生在云层之间或地面与云层之间的放电。巨大的静电荷在云上积聚，当电势差足够大，就会产生电弧放电，在空气中形成巨大的电流。闪电非常像冬天干燥时产生的静电荷。不过闪电所产生的电压要大得多，能产生兆瓦级功率的瞬态电信号，产生的谐波能量可以传播很远的距离。

与工业噪声一样，大气噪声主要表现为信号幅度的变化，叠加到信号幅度中并产生干扰。大气噪声对频率低于 30 MHz 的信号所产生的影响最大。

地外噪声。 地外噪声主要是太阳噪声和宇宙噪声，噪声来源都在太空中。地外噪声的主要来源之一是太阳，太阳辐射噪声的频谱极宽。太阳产生的噪声强度是随时间变化的。实际上，太阳有一个 11 年的噪声周期。在周期的峰值期，太阳会产生大量噪声，造成严重的无线电干扰，使许多通信频率无法正常使用。而在其他年份，其噪声强度则相对较弱。

由太阳系外的恒星产生的噪声通常被称为宇宙噪声。由于这些恒星与地球之间的距离远大于太阳与地球的距离，所以宇宙噪声的强度没有太阳噪声大，但是它仍然是必须考虑的重要噪声来源。宇宙噪声的频率主要分布于 10 MHz～1.5 GHz 的范围内，其中在 15～150 MHz 范围内造成的干扰最为严重。

9.5.3 内部噪声

接收机电路中的电阻、二极管和晶体管等电子元器件是内部噪声的主要来源。内部噪声虽然电平不高，但有时也能大到足以干扰到微弱信号。接收机内部噪声的主要来源是热噪声、半导体噪声和电路中的互调失真。由于内部噪声源都是为人所熟知的噪声源，所以对这类噪声有很多针对性的控制措施。

热噪声。 大多数内部噪声是由电子的热运动现象引起的，即由热引起的导体中自由电子的随机运动。温度升高会导致原子运动更剧烈。由于电子元器件都是导体，电子运动形成电流，在元器件上会产生很小的电压降。当电流流动时，穿过导体的电子在移动过程中，会遇到移动路径上热运动的原子，电子会被原子短暂阻挡，这会造成导体的表观电阻值出现波动，产生了由热导致的电压随机变化，称之为噪声。

只需用高增益的示波器连接到一支大电阻（阻值为兆欧级）上，就可以观测到热噪声。电阻在室温下，电子的运动就会产生噪声电压，电压的变化是完全随机的，且电平非常低。电阻上产生的噪声与它所处的环境温度成正比。

热运动通常被称为白噪声或约翰逊噪声，这是因为白噪声是由约翰逊于 1928 年所发现而得名。正如白光包含所有的光频率一样，白噪声也包含了各种以随机振幅出现的频率分量。因此，在理论上白噪声信号的带宽无限大。经过滤波后的带限噪声称为粉红色噪声（有色噪声）。

将阻值相对较大的电阻放到室温或更高温度的环境中，在电阻两端产生的噪声电压可高达数微伏。该值等于或大于很多微弱射频信号电平的数量级，振幅较弱的信号可能

拓展知识

白噪声或约翰逊噪声包含各种频率和振幅。

完全被该噪声所淹没。

由于噪声的频谱非常宽，它的频谱覆盖了很大的随机频率范围，所以，在电路中可以通过限制带宽来降低噪声水平。如果噪声被输入到有良好选择性的谐振电路，许多噪声频率会被滤除，整体噪声水平会有所下降。噪声功率与它所在的电路带宽成正比。滤波可以降低噪声水平，但无法完全消除。

电阻或接收机的输入阻抗上出现的开路噪声电压的值可以根据约翰逊公式计算：

$$v_n = \sqrt{4kTBR}$$

式中，v_n 为方均根噪声电压；k 为玻耳兹曼常数（1.38×10^{-23} J/K）；T 为绝对温度，单位 K；B 为带宽，单位 Hz；R 为电阻值，单位 Ω。

可以将其中的电阻看成是电压源，其内阻等于电阻值，如图 9-20 所示。如果将负载跨接到该电压源上，负载上的电压由于分压作用会有所下降。

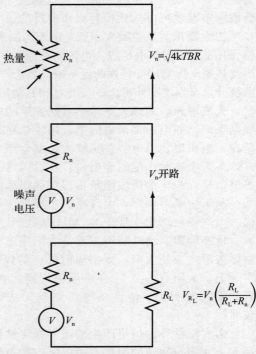

图 9-20　电阻等效为微小的噪声电压源的示意图

例 9-2 在室温（25 ℃）环境中，工作频率位于直流 0 Hz～20 kHz 的频率范围内，100 kΩ 电阻的开路噪声电压是多少？

$$v_n = \sqrt{4kTBR}$$
$$= \sqrt{4 \times (1.38 \times 10^{-23}) \times (25 + 273) \times (20 \times 10^3) \times (100 \times 10^3)}$$
$$v_n = 5.74 \ \mu V$$ ◀

例 9-3 接收机的输入电阻为 75 Ω，工作带宽为 6 MHz，工作温度为 29 ℃。输入的热噪声电压是多少？

$$T = 29 + 273 = 302 \ K$$
$$v_n = \sqrt{4kTBR}$$
$$v_n = \sqrt{4 \times (1.38 \times 10^{-23}) \times 302 \times (6 \times 10^6) \times 75} = 2.74 (\mu V)$$ ◀

温度标度单位和转换

温度有三种常用的标度单位：华氏，以华氏度（℉）表示；摄氏（以前称为摄氏度），以摄氏度（℃）表示；开尔文，以开尔文（K）表示。科研人员更常用的温度单位是开尔文，也被称为绝对温标单位。当温度为 0 K（-273.15 ℃和-459.69 ℉），即绝对零度时，分子将停止运动。

在计算噪声值时，经常需要将其中一个温度标度单位转换为另一个温度标度单位。下面给出的是常见的换算公式。

$$T_C = 5(T_F - 32)/9 \quad T_C = T_K - 273$$
$$T_F = \frac{9T_C}{5} + 32$$
$$T_K = T_C + 273$$

由于噪声电压与电阻值、温度和带宽成正比，所以，可以通过降低电阻、温度和带宽至最小的可接受值，来降低噪声电压。当然，很多情况下电阻和带宽都是不能改变的。而温度则是可控的，所以可以通过冷却电路来降低噪声。散热器、冷却风扇和良好的通风均有助于降低噪声。来自航天器的信号和射电望远镜接收到的信号都是微弱的微波信号，所使用的低噪声接收机都需要采取超强的制冷措施，通常使用液氮或液氦来冷却，使温度降到极低的（超低温）水平。

热噪声也可以用功率水平计算。约翰逊公式是：

$$P_n = kTB$$

式中，P_n 为平均噪声功率，单位为 W。

从上式可以注意到，用功率计算时，式中不包含电阻值。

例 9-4 在温度为 90 ℉环境下，带宽为 30 kHz 的器件的平均噪声功率是多少？

$$T_C = 5 \times (T_F - 32)/9 = 5 \times (90-32)/9 = 5 \times 58/9 = 290/9 = 32.2(℃)$$
$$T_K = T_C + 273 = 32.2 + 273 = 305.2(K)$$
$$P_n = (1.38 \times 10^{-23}) \times 305.2 \times (30 \times 10^3) = 1.26 \times 10^{-16}(W)$$ ◀

半导体噪声。 半导体二极管和晶体管等电子元件也是噪声的主要贡献者。除了热噪声，半导体还会产生散粒噪声、渡越时间噪声和闪烁噪声。

最常见的半导体噪声类型是散粒噪声。任何电子设备中的电流流动都不是直流和线性的。作为载流子的电子或空穴从源到目的地的移动路径是随机的，无论目的地的输出元件是电子管极板，还是晶体管中的集电极或漏极。正是这种随机运动会产生散粒噪声，电子或空穴在 PN 结上的随机运动也会产生散粒噪声。即使电流流动是由外部偏置电压建立起来的，由于器件内部材料的不连续性，也会出现部分电子或空穴的随机运动。例如，器件的铜引线和半导体材料之间的连接面就是不连续的，会造成载流子的随机运动。

散粒噪声也是白噪声，因为它包含的频率和振幅分布在非常宽的范围内。噪声的电压幅度是不可预测的，但它服从高斯函数分布曲线，即幅度的概率密度分布曲线是高斯的。散粒噪声电平与在器件中流过的直流偏置电流成比例。器件或电路的带宽对散粒噪声也有影响，可用以下公式计算元器件中的噪声电流的方均根值 I_n：

$$I_n = \sqrt{2qIB}$$

式中，q 为电子上的电荷量，等于 1.6×10^{-19}C；I 为直流偏置电流，单位为 A；B 为带宽，单位为 Hz。

例如，设直流偏置电流为 0.1 mA，带宽为 12.5 kHz。可计算出噪声电流为：

$$I_n = \sqrt{2 \times (1.6 \times 10^{-19}) \times 0.0001 \times 12\,500} = \sqrt{4 \times 10^{-19}} = 0.632 \times 10^{-9}(A)$$
$$I_n = 0.632 \text{ nA}$$

现假设电流流过双极型晶体管的发射极-基极结。该结的动态电阻 r_e' 可以用表达式 $r_e' = 0.025/I_e$ 来计算，其中 I_e 为发射极电流。设发射极电流等于 1 mA，则有 $r_e' = 0.025/0.001 = 25\ \Omega$。结两端的噪声电压由欧姆定律求出：

$$v_n = I_n r_e' = 0.632 \times 10^{-9} \times 25 = 15.8 \times 10^{-9}(V) = 15.8(nV)$$

这个数量级的噪声电压似乎可以忽略不计，但需要注意的是，晶体管是有增益的，这个噪声电压虽小，但是它在电路传输处理过程中会被放大。可以通过降低晶体管内电流值来降低散粒噪声，因为噪声电流与实际电流成比例。但在 MOSFET 中的散粒噪声情况并非如此，其散粒噪声相对恒定，与电流无关。

另一种出现在晶体管中的噪声称为渡越时间噪声。所谓"渡越时间"指的是空穴或电子等载流子从器件输入端运动到输出端所需的时间。器件本身的尺寸非常小，所以对应的移动距离极短，但载流子即使移动一段极短的距离也是需要有限的时间的。如果工作频率较低，该渡越时间可以忽略不计；但是，如果工作频率较高，且正处理的信号周期与渡越时间具有相同的数量级，就可能会出现问题。渡越时间噪声表现为器件内载流子运动的随机性变化，发生在截止频率上限附近。渡越时间噪声与工作频率成正比。在大多数电路中，晶体管的工作频率远低于其截止频率上限，因此渡越时间噪声产生的影响不大。

第三种类型的半导体噪声是闪烁噪声或过剩噪声，也会在电阻和导体中出现。这种干扰是半导体材料中电阻的微小随机变化的结果。它与电流和温度成正比，与频率成反比，因此有时被称为 $1/f$ 噪声。闪烁噪声在低频处的分布较大，因此它不是纯正的白噪声。由于其高频分量少，所以 $1/f$ 噪声也被称为粉红色噪声，即有色噪声。

在某些低频下，闪烁噪声会超过热噪声和散粒噪声。在有些晶体管中，这种转变对应的频率可低至数百赫兹；而在有些晶体管中，闪烁噪声可能在频率达到 100 kHz 时才开始变大。通常这些特性参数信息会被列在晶体管数据表中，该表是最好的噪声数据参考依据。

电阻中存在的闪烁噪声大小取决于电阻的类型。图 9-21 所示为各种常用的电阻类型所产生的噪声电压范围。其中假设条件是电阻值、温度和信号带宽均相同。由于碳芯电阻会表现出较大的闪烁噪声，比其他类型的电阻要高出一个数量级，因此在低噪声放大器和其他电路中应该慎用这种电阻。碳膜和金属膜电阻要好得多，当然，金属膜电阻成本会高一些。线绕电阻的闪烁噪声最小，但

电阻类型	噪声电压范围，μV
碳芯电阻	0.1～3.0
碳膜电阻	0.05～0.3
金属膜电阻	0.02～0.2
线绕电阻	0.01～0.2

图 9-21　几种电阻中的闪烁噪声

很少使用，因为它在电路中的电感量很大，无法将其用在射频电路中。

图 9-22 所示为晶体管中的总噪声电压随频率变化的分布情况示意图，它是各种类型噪声源的组合。在低频时，$1/f$ 噪声的电压较高。在很高的频率下，噪声上升的原因是器件在截止频率上限附近的渡越时间效应造成的。大多数器件工作的中频区域噪声相对较小，在此范围内的噪声类型主要是热噪声和散粒噪声，散粒噪声有时会超过热噪声的影响。

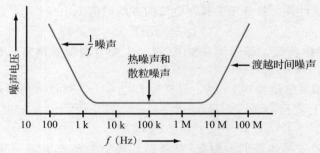

图 9-22　晶体管中不同频率下的噪声分布情况

互调失真。互调失真是由于电路存在非线性而产生新的信号和谐波分量造成的。如前所述，电路不可能表现为完全理想的线性特性，如果放大器的偏置电压不正确，或者被放大到出现信号被削波，那么电路很可能比预期的非线性结果还要差。

非线性会产生调制或外差效应。电路中的多个频率互相混频，形成和频、差频分量。当出现多个频率分量，或脉冲，或矩形波，大量的谐波会产生更多的和频、差频信号。

当两个信号频率相近时，由于非线性会产生新的和频、差频分量，新的信号有可能落入放大器的通频带范围内。这些信号在多数情况下是无法滤除的，它们就会成为要放大的期望信号的干扰，也属于一种噪声。

图 9-23 说明了这一点。信号 f_1 和 f_2 出现在放大器的带宽范围内。非线性会产生新

的信号分量 f_1-f_2 和 f_1+f_2。此外，这些新信号再与由非线性产生的谐波（$2f_1$、$2f_2$、$3f_1$、$3f_2$ 等）进行混频。其中可能会有部分新信号产物落在放大器通频带内，会造成严重干扰的新信号是所谓的三阶信号，特别是 $2f_1\pm f_2$ 和 $2f_2\pm f_1$，如图 9-23 所示。其中最有可能出现在放大器通频带内的是 $2f_1-f_2$ 和 $2f_2-f_1$。它们都是三阶非线性产物。将无关的互调信号降低为最小值的关键措施是设置正确的偏置电压，并尽量注意控制输入信号电平，以尽量保证放大器具有良好的线性度。

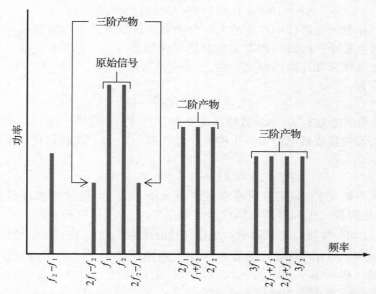

图 9-23　两个输入信号 f_1 和 f_2 由于放大器非线性产生的互调失真产物示意图

　　由此得到的互调失真信号的幅度并不大，但其幅度值大小变化是一种扰动，足可以将其视为一种噪声。这种噪声既不是白噪声也不是有色噪声，是可以对它们进行预测的，因为参与产生互调产物的各个频率值是已知的。由于已知频率与噪声之间存在可预测的相关性，故互调失真也称为相关噪声。只有当信号出现时，才会产生相关噪声。前面讨论的噪声类型有时称为非相关噪声。相关噪声表现为低电平信号，被称为"啁啾（birdies）"噪声，也就是"差拍"。可以通过优化电路设计来尽量减小这种噪声的影响。

9.5.4　噪声电平的表示方法

　　接收机的噪声特性可以用噪声指数、噪声系数、噪声温度和信纳比（SINAD）来表示。

　　噪声系数和噪声指数。噪声系数是指输入端的信噪比与输出端的信噪比的比值。所考虑的设备可以是整个接收机，也可以是单级放大器。噪声系数或噪声比（NR）的表达式为：

$$NR=\frac{输入信噪比}{输出信噪比}$$

用分贝表示时，它被称为噪声指数（NF）：

$$NF=10\ \log NR(dB)$$

　　放大器和接收机的输出端噪声总会比输入端噪声更大，这是因为内部电路的噪声叠加到了输出信号中。并且信号在这个过程中被放大，产生的内部噪声同时也会被放大。所以输出信噪比小于输入信噪比，噪声系数始终大于 1。信号中没有叠加噪声的接收机噪声系数为 1，即 0 dB，这在实

> **拓展知识**
> 噪声系数（NR）用分贝表示时，则称之为噪声指数（NF）。

际电路中是无法实现的。通信接收机中的晶体管放大器的噪声指数通常为数分贝。噪声指数越小，放大器或接收机的噪声性能就越好，小于 2 dB 的噪声指数是非常好的。

例 9-5 射频放大器的输入端的信噪比为 8，输出端的信噪比为 6。噪声系数和噪声指数各是多少？

$$\mathrm{NR} = \frac{8}{6} = 1.333$$

$$\mathrm{NF} = 10 \log 1.333 = 10 \times 0.125 = 1.25 \text{ dB} \quad \blacktriangleleft$$

噪声温度。 在电子元器件中产生的大部分噪声是热噪声，它与温度成正比。因此表示放大器或接收机中的噪声的另一种方法就是用噪声温度 T_N。噪声温度单位是开尔文。需要记住，开尔文温度标度与摄氏温度标度之间的关系是 $T_K = T_C + 273$。噪声温度与噪声系数之间的关系为：

$$T_N = 290 \times (\mathrm{NR} - 1)$$

例如，如果噪声比为 1.5，则等效噪声温度为 $T_N = 290 \times (1.5 - 1) = 290 \times 0.5 = 145(\text{K})$。显然，如果放大器或接收机电路不产生噪声，那么有 $\mathrm{NR} = 1$，将该值代入上式，可得到等效噪声温度为 0 K：

$$T_N = 290 \times (1 - 1) = 290 \times 0 = 0(\text{K})$$

如果噪声比 NR 大于 1，则等效噪声温度会大于 0 K。等效噪声温度是指阻值等于该器件阻抗 Z_o 的电阻要产生与器件相同的噪声电压 V_n，必须达到的温度。

例 9-6 输入电阻为 75 Ω 的接收机，工作环境温度为 31 ℃。接收的信号频率为 89 MHz，带宽为 6 MHz。将 8.3 μV 的接收信号电压输入到噪声指数为 2.8 dB 的放大器中进行放大。计算：a. 输入噪声功率；b. 输入信号功率；c. 信噪比，用分贝表示；d. 放大器的噪声系数和信噪比；e. 放大器的噪声温度。

a. $T_C = 273 + 31 = 304 \text{ K}$

　$v_n = \sqrt{4\mathrm{k}TBR}$

　$v_n = \sqrt{4 \times 1.38 \times 10^{-23} \times 304 \times 6 \times 10^6 \times 75} = 2.75(\mu\text{V})$

　$P_n = \frac{(v_n)^2}{R} = \frac{(2.75 \times 10^{-6})^2}{75} = 0.1(\text{pW})$

b. $P_s = \frac{(v_s)^2}{R} = \frac{(8.3 \times 10^{-6})^2}{75} = 0.918(\text{pW})$

c. $S/N = \frac{P_s}{P_n} = \frac{0.918}{0.1} = 9.18$

　$\text{dB} = 10 \log S/N = 10 \log 9.18$

　$S/N = 9.63 \text{ dB}$

d. $\mathrm{NF} = 10 \log \mathrm{NR}$

　$\mathrm{NR} = 10^{\mathrm{NF}/10}$

　$\mathrm{NF} = 2.8 \text{ dB}$

　$\mathrm{NR} = 10^{2.8/10} = 10^{0.28} = 1.9$

　$\mathrm{NR} = \dfrac{\text{输入 } S/N}{\text{输出 } S/N}$

　$\text{输出 } S/N = \dfrac{\text{输入 } S/N}{\mathrm{NR}} = \dfrac{9.18}{1.9} = 4.83$

　输出 $S/N = $ 放大器 S/N

e. $T_N = 290 \times (\mathrm{NR} - 1) = 290 \times (1.9 - 1) = 290 \times 0.9 = 261(\text{K})$ $\quad \blacktriangleleft$

噪声温度仅用于工作在 VHF、UHF 或微波频段下的电路或设备中。噪声系数或噪声指数则用于低频段。性能良好的低噪声晶体管或放大器级通常应该有 100 K 以下的相对较低的噪声温度。噪声温度越低，器件的噪声性能越好。通常可以到数据表中查找晶体管的噪声温度。

信纳比（SINAD）。另一种表示通信接收机的通信质量和灵敏度的参数是信纳比（SINAD）——信号＋噪声＋失真构成的复合信号除以由接收机产生的噪声和失真，用符号表示为：

$$SINAD = \frac{S+N+D（复合信号）}{N+D（接收机）}$$

失真是指在信号中出现的由于电路非线性所产生的谐波分量。

SINAD 值也可以用来表示接收机的灵敏度。需要注意的是，SINAD 值并没有试图区分或分离噪声和失真信号。

为了获得 SINAD 值，将由音频信号（通常为 400 Hz 或 1 kHz）调制到 RF 频率上，施加到放大器或接收机输入端，测量复合输出 $S+N+D$ 的大小，然后用选择性能良好的陷波（带阻）滤波器滤除输出信号中的调制音频信号，留下噪声和失真 $N+D$。

SINAD 是功率比值，用分贝表示：

$$SINAD = 10 \log \frac{S+N+D}{N+D}（dB）$$

在调频双向对讲机通信系统中，SINAD 常用于度量接收机的灵敏度。它也可以用于调幅收音机和 SSB 收音机。灵敏度是微伏级的电平值，可达到 12 dB 的 SINAD。可以确定的是，若语音在 SINAD 值为 12 dB 的接收机中恢复出来，可以达到可懂的语音质量。对于数值为 12 dB 的 SINAD，典型的灵敏度额定值可能为 0.35 μV。

9.5.5　微波频段噪声

噪声在所有通信频率上都是必须考虑的重要因素，在微波频段尤其重要，因为噪声随带宽的增加而增加，对高频信号的影响要比低频信号大得多。对于大多数微波通信系统，如卫星、雷达和射电天文望远镜，其限制因素主要是内部噪声。如前所述，在一些特殊的微波接收机中，通过冷却接收机的输入级电路来降低噪声水平。这种技术就是超低温运行，所谓超低温指的是控制温度接近绝对零度，温度极低。

9.5.6　多级电路级联噪声

噪声在接收机输入端对通信质量的影响最大，因为这里的信号电平最小。接收机的噪声性能基本上由接收机的最前级电路决定，通常就是射频放大器级或混频器级电路。这些电路的设计必须确保尽量使用噪声温度极低的元件，并要认真考虑电路中的电流、电阻、带宽和增益值。除了第一级和第二级电路外，其他电路的噪声问题基本上就不用再考虑了。

> **拓展知识**
> 低温学是研究物质在极低温度或接近绝对零度的温度下的性能表现的科学。

用于计算接收机或多级射频放大的整体噪声性能的公式，称为弗里斯（Friis）公式：

$$NR = NR_1 + \frac{NR_2 - 1}{A_1} + \frac{NR_3 - 1}{A_1 A_2} + \cdots + \frac{NR_n - 1}{A_1, A_2, \cdots, A_{n-1}}$$

式中，NR＝噪声系数；

　　NR_1＝接收信号的输入端或第一级放大器的噪声系数；

　　NR_2＝第二级放大器的噪声系数；

　　NR_3＝第三级放大器的噪声系数，以此类推；

A_1＝第一级放大器的功率增益；

A_2＝第二级放大器的功率增益；

A_3＝第三级放大器的功率增益，以此类推。

需要注意的是，上式中使用的是噪声系数，而不是用分贝表示的噪声指数，所以增益是等于功率的比值而不是用分贝表示的。

以图 9-24 所示的电路为例，对图中的组合电路的总体噪声系数计算如下：

$$NR = 1.6 + \frac{4-1}{7} + \frac{8.5-1}{7 \times 12} = 1.6 + 0.4286 + 0.0893 = 2.12$$

噪声指数为：

$$NF = 10 \log NR = 10 \log 2.12 = 10 \times 0.326 = 3.26 \text{ dB}$$

从这个计算过程显然可知，即使第一级的 NR 最小，整个放大器链的噪声性能也是由第一级决定的，因为在第一级之后，信号电平大到足以压过噪声。这一结论适用于几乎所有的接收机和其他含有多级放大器的设备。

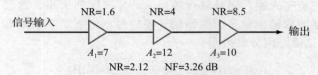

图 9-24　级联放大器电路各级中的噪声

加性高斯白噪声

加性高斯白噪声（AWGN）是讨论接收机或通信系统的性能时常用的噪声模型。AWGN 并不是真正的噪声，引入它的目的是测试和比较各种不同的接收机之间及其他通信设备之间的噪声性能。它常用于对数字系统的测试，其中系统恢复或重现接收信号质量的度量是误码率（BER）。误码率是误码位个数与传输的总位数的比值。例如，传输了 1 000 000 位，发生了一位错误，则误码率为 $1/1\,000\,000 = 10^{-6}$。

AWGN 是一种频率范围很宽的统计学随机噪声的模型。它是在高斯噪声中加入一个平坦的白噪声或热噪声，而高斯噪声是一种从统计上看其幅度的概率密度是按照高斯或标准钟形曲线分布的噪声。AWGN 可广泛用于软件建模或软件仿真接收机或通信设备，如数学算法建模的调制解调器。AWGN 噪声是由软件生成的，AWGN 也可以由硬件测试设备产生出真实的噪声波形用于系统测试。使用 AWGN 这种标准一致的噪声模型进行测试，便于工程师对系统进行比较，可以确定哪些接收机、电路或设备具有更好的误码率特性。

接收机灵敏度

接收机的灵敏度基本上是由存在于接收机中的噪声电平决定的。噪声可能来自外部引入，也可能来自接收机内部元件，如晶体管和电阻等。如前所述，接收机前端的射频放大器决定了整个系统的噪声电平。因此，射频前端必须使用低噪声放大器（LNA）。

接收机灵敏度的度量可以用信噪比（SNR）、噪声系数（NF）或信纳比（SINAD）来表示，它也可以用输入信号的微伏级电平值表示。在任何情况下，都应该声明所采用的具体计算参数的计量单位标准，以确保得到的灵敏度参数具有通用性。对于调频收音机，12 dB 的信纳比（SINAD）度量值就是一个例子，它也可以是特定的信噪比值。在数字无线通信系统中，误码率（BER）是一种常用的度量参数指标。灵敏度是指接收信号的最低功率水平，在输出端才能获得规定的误码率值来定义的。例如，接收机的灵敏度可能至少要达到 -94 dBm，对应的最差的 BER 为 10^{-5}。

灵敏度的计算使用如下表达式：

$$dBm = -174 + 10\log(B) + NF(dB) + SNR(dB)$$

−174 dB 这个数值就是所谓的接收机的本底噪声。本底噪声是在 290 K（17 ℃）的室温下，带宽为 1 Hz 时的最小噪声功率，用下式计算：

$$P = kTB$$

k 是玻耳兹曼常数 1.38×10^{-23} J/K，$T = 290$ K 是温度，$B = 1$ Hz 是带宽，P 的单位是 W。

$$P = (1.38 \times 10^{-23}) \times 290 \times 1 = 4 \times 10^{-21}$$

$$dBm = 10\log(4 \times 10^{-21}/0.001) = -174$$

现在假设一个带宽为 5 MHz 的接收机需要至少 10 dB 的信噪比才能获得指定的误码率，接收机噪声指数为 6 dB，要求接收机灵敏度的最小值为：

$$dBm = -174 + 10\log(B) + NF(dB) + SNR(dB) = -174 + 10\log(5\,000\,000) + 6 +$$
$$10\ dBm = -174 + 67 + 6 + 10 = -91$$

要求灵敏度的最小值为 −91 dBm。

显然负数绝对值越大，灵敏度越高，−108 dBm 的灵敏度优于 −91 dBm 的灵敏度。灵敏度越高，对于给定的发射机输出功率，发射机和接收机之间的通信距离就越大。

9.6　典型接收机电路

本节重点介绍射频和中频放大器、自动增益控制（AGC）和自动频率控制（AFC）电路，以及在接收机中的其他专用电路。

大多数现代接收机的各级放大电路均使用了集成电路（IC）放大器芯片，在没有找到符合指标要求的 IC 放大器的情况下，偶尔也会使用由 BJT、MOSFET 或 MESFET 的分立器件构成的放大器电路。有很多供应商可以提供各种型号的 IC 放大器，包括用于射频输入级的固定增益 LNA，用于中频级的可变增益放大器（VGA），以及增益随直流电压或数字（二进制）输入而变化的自动增益控制（AGC）放大器。上述放大器在几乎所有的频率范围内和增益值下的各种电路均可找到。

9.6.1　射频前端放大器

在通信接收机中，最关键的部分是其前端电路，它通常由射频放大器、混频器和相关的调谐电路组成，有时也被简称为调谐器。射频放大器，也被称为低噪声放大器（LNA），用于处理非常微弱的输入信号，在进行混频之前放大信号幅度。在 LNA 中，必须使用低噪声温度的元器件，以确保信噪比足够高。此外，接收机的选择性应该能有效抑制镜像频率干扰。

大多数 LNA 使用单个晶体管，可实现 10～30 dB 的电压增益。在较低频段通常选用双极型晶体管，而在 VHF、UHF 和微波频段则首选 FET。

射频放大器电路通常是用简单的甲类放大器实现。典型的 FET 电路如图 9-25 所示。FET 电路的性能非常好，因为它们具有较高的输入阻

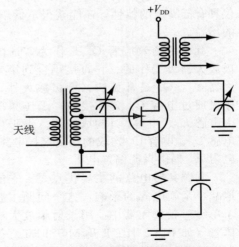

图 9-25　用于接收机前端的典型射频放大器电路原理图

抗，能最大限度地减少本级电路对前级调谐电路的影响，可以保证调谐电路的 Q 值更高，频率选择性更好。大多数 FET 的噪声指数值也比双极型晶体管要低得多。

拓展知识

MESFET 能在高频下提供高增益放大，因为电子通过砷化镓材料的速度比通过硅材料的更快。MESFET 也是可用的噪声最小的晶体管。

在微波频率（1 GHz 以上）下，通常使用的放大器件是金属半导体 FET，即 MESFET。该器件也称为 GASFET，是由砷化镓（GaAs）材料制成的结型场效应晶体管。典型的 MESFET 的横截面如图 9-26 所示。栅极结是一个金属与半导体的接触面，因为它是一个肖特基或热载流子二极管结构。与其他结型 FET 电路一样，栅极到源极是反向偏置的，源极和栅极之间的电压控制着源极和漏极之间的电流。电子通过砷化镓材料的渡越时间远小于通过硅材料的渡越时间，使 MESFET 能够工作在非常高的频率下，提供很高的增益。MESFET 还具有极低的噪声指数，通常是 2 dB 或更小。大多数 MESFET 的噪声温度低于 200 K。

随着半导体加工工艺的不断进步，晶体管的尺寸越来越小，广泛使用的双极型和 CMOS 低噪声放大器（LNA）的工作频率可达 10 GHz。硅锗（SiGe）材料被广泛用于制造双极型 LNA，用硅材料制造的 BiCMOS（一种双极型和 CMOS 电路的混合电路）电路也很常见。硅是半导体器件的首选材料，因为它不像砷化镓（GaAs）和硅锗（SiGe）材料那样需要进行特殊的处理。

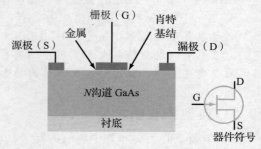

图 9-26 MESFET 的结构配置和器件符号

虽然在电路中使用单级射频放大器是一种常见的设计，但对于一些接收小信号的应用系统来说，还是需要信号在进入混频器之前能获得更大的增益。对于这种需求，可以通过共源共栅放大器实现，如图 9-27 所示。图中的 LNA 使用了两个半导体场效应管，不仅具有低噪声的特性，还能获得不低于 40 dB 的增益。

其中的场效应管 Q_1 是作为普通的共源极放大器级工作的。它直接耦合到第二级放大器 Q_2，Q_2 是常见的共栅极放大器，它的栅极通过电容 C_3 交流接地。工作频率范围由电感 L_2、电容 C_1 构成的输入谐振电路和电感 L_3、电容 C_5 构成的输出谐振电路确定。电阻 R_1 提供直流偏置电压。

共源共栅电路的主要优点是，它能有效地减小米勒电容的影响，这个问题主要存在于单级射频放大器中。用于射频放大器的晶体管（如 BJT、JFET 及 MOSFET）往往会存在某些形式的极间电容，BJT 的极间电容 C_{cb} 出现在集电极与基极之间，而 FET 的极

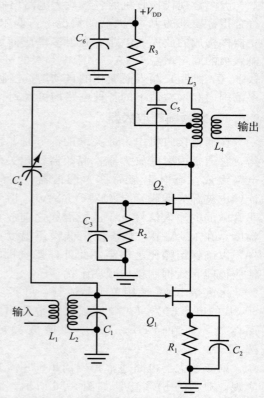

图 9-27 共源共栅低噪声放大器电路原理图

间电容 C_{dg} 则出现在漏极与栅极之间。这种电容的存在会引入正反馈，造成的后果看起来像是在基极（或栅极）到信号地之间跨接了一个很大的等效电容，称为米勒电容。等效米勒电容 C_m 等于极间电容乘以放大器增益 A 减 1，如下式所示：

$$C_m = C_{dg}(A-1) \quad C_m = C_{cb}(A-1)$$

该电容与放大器输入端的激励电路输出阻抗形成了低通滤波器，使放大器的工作频率上限变小。

图 9-27 所示的共源共栅电路可以有效地解决这个问题，因为 Q_2 漏极的输出信号无法反馈到 Q_1 的栅极，从而消除了米勒电容的影响。因此共源共栅放大器具有更高的工作频率上限。

射频放大器有时可能会变得不稳定，特别是在 VHF、UHF 和微波频段下，因为在晶体管极间电容会发生正反馈，引起振荡。为了解决这个问题，通常使用某种中和方法，类似射频功放所采取的措施。在图 9-27 中，部分输出信号通过中和电容 C_4 反馈回输入端，这种负反馈抵消了正反馈，提高了放大器的稳定性。

集成电路（IC）射频放大器的实例如图 9-28 所示。该低噪声放大器（LNA）用于 GPS/GNSS 接收机的前端。全球定位系统的卫星绕地球运行，距地面高度 20 000 km 左右，因此卫星信号到达地面已经非常微弱，需要接收机有很高的初始增益才能正常接收导航信息。如图所示，该 LNA 共有两级放大电路，工作频率为 1575 MHz。第一级放大器通过一个串联谐振电路接收来自天线的输入信号。该放大器的固定增益为 14～20 dB 左右，典型值为 15 dB，噪声指数非常小，为 0.9 dB。

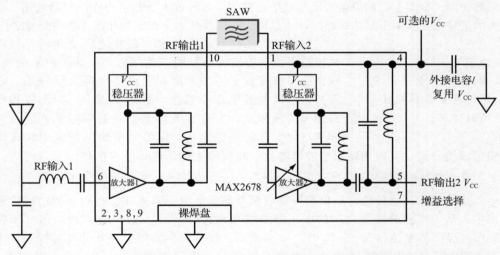

图 9-28　Maxim 公司的集成 LNA MAX2678 提供两级放大器增益，芯片预留了为提高选择性的外接 SAW 滤波器的引脚

第二级放大器是可变增益放大器，最大增益为 20 dB，噪声指数为 1.8 dB。两个放大器的组合最大增益为 15 dB＋20 dB＝35 dB。需要注意，图中 IC 上的引脚 1、10 可以连接一个声表面波（SAW）滤波器，位于两级放大器之间，用来提高系统的选择性。对放大器 2 的可变增益调整可通过向增益选择引脚 7 施加直流电压实现，增益变化步长为 3.4 dB。放大器输出信号进入混频器，输出阻抗为 50 Ω。IC 的直流电源电压范围为 3～5.25 V，封装形式为表面贴装，尺寸大小为 3 mm×3 mm。

9.6.2　中频放大器

如前所述，超外差接收机的大部分增益和选择性都是在中频放大器中获得的，而选择正确的中频值对提高接收机的性能至关重要。然而，今天大多数接收机是零中频型的 I 和 Q 混频器，不存在中频级电路了，不过一些传统的超外差接收机仍在不少系统中使用。

传统的中频放大器电路。中频放大器与射频放大器一样，是调谐甲类放大器，增益为 10～30 dB 左右。接收机中通常用两个或多个中频放大器级联来获得足够的总增益。图 9-29 所示为两级中频放大器级联的电路。大多数中频放大器都是集成电路差分放大器，通常是双极型或 MOSFET 的。

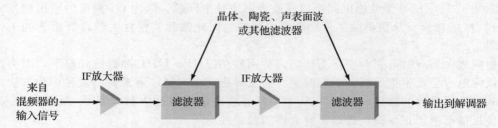

图 9-29　两级中频放大器，其中使用了固定调谐晶体滤波器、陶瓷滤波器、声表面波滤波器或其他选择性好的滤波器

中频放大器使用晶体、陶瓷或声表面波滤波器获得选择性，它们的尺寸一般很小，不需要调谐或调整。

限幅器。在调频接收机中，会使用一个或多个中频放大级作为限幅器，目的是在信号进入解调器之前，消除调频信号上可能存在的振幅变化。通常传统的甲类放大器就可以作为限幅器使用。事实上，如果输入信号电平足够大，各种放大器都可当作限幅器使用。当幅度过大的信号施加到单个晶体管级时，该晶体管的工作状态会在饱和和截止之间交替变化。

> **拓展知识**
> 如果输入信号电平足够大，任何放大器都可以当作限幅器使用。

当晶体管工作状态在饱和、截止之间变化时，可以有效地拉平或消去输入信号的正负峰值，消除振幅上的变化，输出信号就变成了方波。限幅器设计中最关键的是一定要将初始基极偏置电压设置在对称削波点上，即正峰和负峰有相等的限幅值。差分放大器是首选的限幅器，因为它们容易产生对称的限幅电压。限幅后输出的方波中含有许多非期望的谐波分量，可以用输出滤波器滤除，恢复原来的基波正弦波信号。

9.6.3　自动增益控制电路

通信接收机的总增益通常要根据待接收信号的最低电平来确定。在大多数的现代通信接收机中，从天线到解调器之间的电压增益往往超过 100 dB。射频放大器的增益通常为 5～15 dB。混频器增益约为 2～10 dB，如果使用二极管混频器则会有几分贝的损失。中频放大器具有 20～30 dB 的单级增益。无源二极管检波器可能会产生－2～－5 dB 的损耗。音频放大器级的增益为 20～40 dB。假设电路的各级增益如下：

射频放大器	10 dB
混频器	－2 dB
中频放大器（共三级）	27 dB（总共 3×27＝81）
解调器	－3 dB
音频放大器	32 dB

总增益将各级增益相加即可，即 10－2＋27＋27＋27－3＋32＝118（dB）。

在许多情况下，增益远大于有效接收信号所必需的增益。过大的增益通常可能会造成接收信号的失真，恢复的原始信息可懂度变差。这个问题的解决方案之一是在接收机中加上增益控制措施。例如，可以将电位器加到射频或中频放大器级的某个点上，手动调整射频增益。所以，收音机都会在音频电路中加上音量控制器。

使用上述的增益控制措施实际上只能在某种程度上干预到整个接收机处理大信号的能力。而处理大信号输入的一种更有效的方法是引入 AGC 电路。如前所述，AGC 电路的使用可以为接收机提供非常大的动态范围，接收机的动态范围等于经过处理后，输出信号不失真的最大输入信号与最小输入信号以分贝表示的比值。使用了 AGC 的典型通信接收机的动态范围通常可达 60～100 dB。

中频放大器使用更多的是集成电路差分放大器。差分放大器的增益与发射极电流成正比，因此，可以很方便地将 AGC 电压施加到差分放大器中的恒流源晶体管上。典型电路如图 9-30 所示。恒流源 Q_3 上的偏置电压由电阻 R_1、R_2 和 R_3 确定，向差分晶体管 Q_1 和 Q_2 提供恒定的发射极电流 I_E。通常在固定增益级的发射极电流是定值，电流在 Q_1 和 Q_2 上进行分流。改变 Q_3 上的偏置电压，很容易实现增益控制。在所示的电路中，增加 AGC 电压就会增加发射极电流，增益变大。反之，降低 AGC 电压，增益变小。通常 AGC 电路会与其他相关电路一起集成到单个 IC 芯片内。

如图 9-31 所示为另一种控制放大器增益的方法。其中晶体管 Q_1 是一个双栅极耗尽型 MOSFET，作为甲类放大器连接。它可以是射频放大器也可以是中频放大器。电路中的双栅极 MOSFET 实际上形成了共源共栅的电路结构，这在射频放大器中很常见。正常的偏置电压通过电阻 R_1 加到下面的栅极，附加的偏置电压来自源极的电阻 R_2。输入信号通过电容 C_1 耦合到下栅极。信号经放大后由漏极输出，通过电容 C_2 耦合到下一级电路。如果该电路是作为放在混频器之前的射频放大器，则应该在其输入和输出端使用 LC 谐振回路进行滤波，以获得一些初始的选择性和阻抗匹配。如果用作中频放大器，可以将该放大器级联成多级放大器，以获得最后输出级期望的增益，同时还要使用单级晶体、陶瓷、SAW 或机械滤波器保证接收机的选择性。

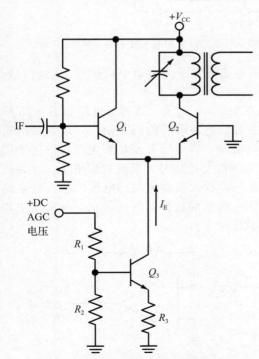

图 9-30　带有 AGC 的中频差分放大器
　　　　电路原理图

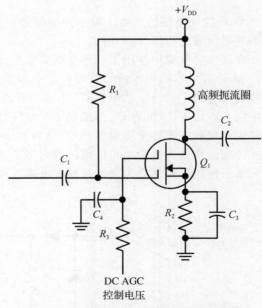

图 9-31　双栅极 MOSFET 的增益可以通过
　　　　第二栅极上的直流电压来控制

　　直流 AGC 控制电压通过电阻 R_3 施加到第二栅极，C_4 是滤波去耦电容。由于两个栅极都可以控制漏极电流，所以 AGC 电压可以使漏极电流发生变化，进而控制晶体管放大器的增益。

　　在大多数现代接收机中，通常是将 AGC 电路与 IF 放大器级一起集成到 IC 芯片内部。AGC 所需的控制电压由外部电路提供。

　　图 9-32 所示为可变增益 IC 中频放大器芯片 AD8338。芯片的工作频率范围为 0～18 MHz。增益范围为 0～80 dB。将 0.1～1.1 V 的直流电压施加到增益（GAIN）引脚上即可实现增益控制。内部的放大器类型是差分放大器，电源电压为 3～5 V，封装尺寸为 3 mm × 3 mm。

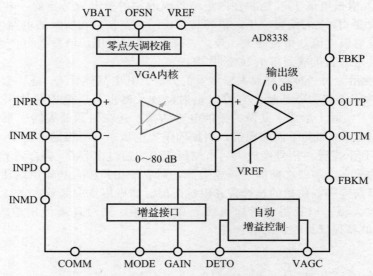

图 9-32　模拟元件 AD8338 是具有可变增益 AGC 的中频放大器，封装尺寸只有 3 mm×3 mm

　　AGC 控制电压的产生。 用于控制增益的直流电压通常是通过对中频信号或解调后恢复的基带信号进行整流得到的。

　　在许多接收机中使用了一种专用整流电路来获得 AGC 电压，其典型电路如图 9-33 所示。AGC 放大器的输入信号既可以是中频信号也可以是解调后的基带信号。放大后的输出经过二极管 D_1、D_2 和电容 C_1 组成的升压整流电路，将电压升至足够大以后再用于增益控制。电阻 R_1、电容 C_2 组成的 RC 滤波器可以滤除交流信号，获得直流电压。在某些电路中，可能还需要使用简单的 IC 运算放大器进一步放大该直流控制电压。整流器电路的连接和运算放大器中的相位翻转都可以决定 AGC 电压的极性，可正可负，取决于中频放大器所使用的晶体管类型及其偏置电路连接形式。

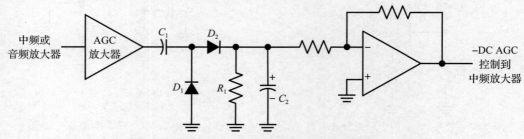

图 9-33　AGC 整流器和放大器电路原理图

9.6.4 静噪电路

在某些通信接收机中还有一种静噪电路，也被称为静音电路。静噪电路的作用是，如果没有射频信号输入，接收机的静噪电路就会保持音频输出处于关闭状态。绝大多数双向语音通信都是短暂、不连续的对话过程。在多数情况下，接收机是正常开启的，这样可以保证用户始终能收听到所有的呼叫。当接收机没有输入射频信号时，音频输出只有背景噪声。接收机的 AGC 电路会在没有输入信号的情况下，将接收机的增益调整为最大值，结果会把背景噪声放大到很高的电平。在 AM 系统，如民用频段（CB）无线电中，被放大的噪声电平相对较高，会令人感到不适。调频系统的噪声电平也会很高，在某些情况下，收听者可以通过降低音量避免听到噪声，但是这样做却有可能错过期望的音频信号。采用静噪电路可以在接收机只收到背景噪声时，关闭音频放大器，而一旦射频信号重新出现在输入端，立刻开启音频放大器。

> **拓展知识**
> 在民用频段（CB）无线电等系统中使用静噪电路或静音电路，可使接收机未收到射频信号时，音频放大器处于关闭状态。

噪声衍生的静噪电路。 噪声衍生的静噪电路通常用于调频接收机，当没有期望的射频信号输入时，放大器放大的是高频背景噪声，静噪电路工作就会保持关闭音频的输出。当接收机收到信号时，噪声抑制电路不再作用，使音频放大器打开，正常输出声音信号。

连续音调控制静噪系统。 在某些系统中使用的一种更复杂的静音技术，称为连续音调编码静噪系统（CTCSS）。该系统是由低频音调信号（亚音信号）激活的，亚音信号是随音频一起传输的。使用 CTCSS 的目的是在特定的信道上提供一定程度的通信隐私。当没有接收到输入信号时，其他普通类型的静噪电路起作用，保持扬声器静音；然而，在特定频率信道极其繁忙的通信系统中，可能希望只在接收到所期望的信号时才激活静噪电路。这是通过让使用了 CTCSS 的发射机在发射音频信号的同时，还在调制器之前在音频信号上线性叠加一个非常低频的亚音正弦波来实现的，亚音频率通常在 $60 \sim 254$ Hz 范围内，小于 300 Hz。当接收机解调器的输出端出现亚音信号时，静噪电路可以被激活，但通常在扬声器中听不到亚音信号，因为大多数通信系统的音频响应频率从大约 300 Hz 开始滚降。

使用连续音调编码静噪系统（CTCSS）的大多数现代发射机可以选择多个亚音频率，因此不同的远程接收机可以独立地用亚音频率寻址或加密钥，提供一个几乎私密的通信信道。52 个常用的亚音音调频率如下（单位为 Hz）：

60.0	79.7	97.4	118.8	141.3	165.5	183.5	203.5	233.6
67.0	82.5	100.0	120.0	146.2	167.9	186.2	206.5	241.8
69.3	85.4	103.5	123.0	151.4	171.3	189.9	210.7	250.3
71.9	88.5	107.2	127.0	156.7	173.8	192.8	218.1	254.1
74.4	91.5	110.9	131.8	159.8	177.3	196.6	225.7	
77.0	94.8	114.8	136.5	162.2	179.9	199.5	229.1	

在接收机中，用调谐到期望音调频率的选择性很强的带通滤波器从解调器输出端选择出期望的亚音，并进行整流和 RC 滤波，产生操控静噪电路工作的直流电压。

如果发射的音频信号中没有传输期望的亚音信号，将不会触发静噪电路。当期望的亚音频信号出现时，亚音信号经过解调接收并转换为直流电压，操控静噪电路，开启接收机音频信号输出。

数字控制的静噪系统。 数字控制的静噪系统，被称为数字编码静噪系统（DCS），常用于某些现代接收机中。它将串行二进制码叠加到音频上一起传输，共有 106 种不同的代码。在接收机中，代码移位进入移位寄存器中译码，如果译码与门电路识别出了该代码，则静噪门启用并传递音频信号输出。

9.6.5　SSB 和连续波信号的接收

用于接收 SSB 或连续波信号的通信接收机内置了一个振荡器，用于恢复所传输的信息。这个电路称为拍频振荡器（BFO），其工作频率与中频频率相近，与包含调制信息的中频信号一起施加到解调器中。

前面讨论过，最基本的解调器就是平衡调制器，如图 9-34 所示。平衡调制器有两个输入端，其中一个输入的是中频的 SSB 信号，另一个输入的是载波，它与输入信号混频产生和频、差频信号，其中差频就是原始音频信号。BFO 将中频的载波信号提供给平衡调制器。所谓拍频（beat）指的是输出差频分量。BFO 输出频率设置为高于或低于 SSB 中频信号频率，其差值等于调制信号的频率。BFO 的频率通常是可变的，以便通过调整其频率可获得最佳的接收效果。可以在很窄的频率范围内改变 BFO，可实现接收的音频频率从低到高变化。实际上通常会根据大多数自然的声音进行调整。BFO 也可用于接收连续波（CW）电报码，当传输"点"和"划"信号

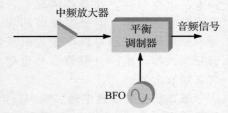

图 9-34　使用 BFO 的电路原理图

时，载波通断的时间长短发生变化。载波的振幅和频率都不变；然而，载波的通断过程在本质上是一种振幅调制形式。

如果将 CW 已调信号施加到二极管检波器或其他解调器上进行检波，二极管检波器输出的是代表"点"和"划"的直流电压脉冲。将其输入到音频放大器，这些"点"和"划"会消除掉噪声，但是无法听到声音。为了可以听到"点"和"划"，中频信号与来自拍频振荡器（BFO）的信号混频。BFO 信号通常直接输入到平衡调制器中，如图 9-34 所示，其中中频信号处的 CW 信号与 BFO 信号混频或外差。由于 BFO 频率可变，差频可以调整到所期望的音频频率，通常取音频频率的 400～900 Hz 之间。这样，"点"和"划"就可以音频音调的形式输出，放大后可在扬声器或耳机中听到声音。当然，接收标准 AM 信号时，需要将 BFO 关闭。

9.7　典型的接收机与收发信机

9.7.1　VHF 航空通信电路

大部分现代接收机都已经是集成电路形式的。几乎所有的电路都可以集成在一个芯片中。虽然仍然需要一些外部分立元件，但数量很少。这些分立元件可能包括电感、旁路电容和调谐电容、天线、晶体、滤波器，如果是音频通信，还包括音频功率放大器和扬声器或耳机。

下面给出的应用实例是用于航空无线电通信的 VHF 接收机，其中存在使用分立元件的情况，它是理解整体接收机架构的很好应用实例，也是对接收机的电路和工作原理的很好总结。

图 9-35 所示为典型 VHF 接收机电路，用于接收飞机和机场调度员之间的双向语音通信，它的工作频率位于 118～135 MHz 的 VHF 频段内，使用的是振幅调制。像大多数现代接收机一样，该电路是由分立元件和集成电路共同构成的。

信号由天线接收，通过传输线馈送给输入插孔 J_1。信号再通过电容 C_1 耦合到由电感 L_1～L_5 和电容 C_2～C_6 组成的串联和并联调谐电路构成的滤波器上。这个带通滤波器的通频带较宽，需要覆盖整个 118～135 MHz 的频率范围。

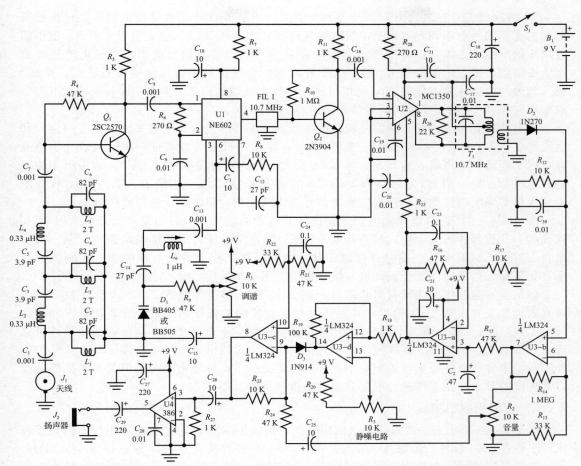

图 9-35　航空通信接收机用四片 IC 作为核心器件构成的超外差接收机单元，设计用于接收 118 MHz～135 MHz 频率范围内的调幅信号（Popular Electronics，1991 年 1 月，Gernsback Publications 出版公司）

　　滤波器的输出通过电容 C_7 连接到前端射频放大器，射频放大器由晶体管 Q_1 及其偏置电阻 R_4 和集电极负载 R_5 组成。然后信号输入至集成电路 U1（芯片型号为 NE602）、电容 C_8，U1 内包含了平衡混频器和本振电路。本振频率由电感 L_6 及相关元件组成的电路确定，即 C_{14} 与变容二极管 D_1 并联后再和 L_6 构成谐振电路，确定本振频率。振荡器的频率调谐是通过改变 D_1 上的直流偏置电压实现的。电位器 R_1 用于调整反向偏置电压，改变电容值，调谐振荡器的谐振频率。

　　超外差接收机通过改变本地振荡器频率来实现调谐，获得选频特性，本振频率设置为高本振，等于中频频率加上接收的信号频率。在这种接收机中，中频值等于 10.7 MHz，这是很多 VHF 接收机的标准中频频率值。为了接收整个 118～135 MHz 的频率范围，本地振荡器要能够在 128.7～145.7 MHz 的频率范围内调谐变化。

　　混频器的输出接在 NE602 的引脚 4 上，其输出频率是输入信号频率和本振频率之差，并馈送至设置为中频频率 10.7 MHz 的陶瓷带通滤波器完成滤波。接收机的频率选择性主要依靠该陶瓷滤波器实现。滤波器的插入损耗由放大器 Q_2 进行补偿，其偏置电阻是 R_{10}，集电极负载是电阻 R_{11}。该放大器的输出信号通过 C_{16} 驱动集成电路 U2，型号为 MC1350。作为集成中频放大器，U2 进一步提高了增益和频率选择性。选择性来自由中频变压器 T_1 组成的调谐电路。MC1350 内还集成了完整的 AGC 电路。

T_1 的次级信号输入到由 D_2、R_{12} 和 C_{30} 组成的简单 AM 二极管检波器。经过检波器解调的音频信号电压加到 R_{12} 上，然后输入到运算放大器 U3-b，它是由 R_{13} 和 R_{14} 提供偏置电压的同相放大器，对检波器解调出的音频信号和检波器输出的平均直流电流进行放大，提高信号增益。电位器 R_2 用于这个放大器的音量控制。音频信号再通过 C_{25} 和 R_{24} 输入到另一个运算放大器 U3-c，将信号进一步放大并馈送到型号为 386 的音频功放 ICU4，这个电路驱动 J_2 插孔连接的扬声器发出声音。

来自二极管检波器的音频信号包含由检波（整流）产生的直流电平。交流音频信号和直流都进入 U3-b 放大，输出再经过 R_{15} 和 C_{22} 组成的低通滤波器进一步滤波成几乎纯直流，这个直流信号再输入运算放大器 U3-a 放大，得到直流控制电压。U3-a 的引脚 1 输出的直流电信号反馈到 U2 芯片型号 MC1350 的引脚 5，用于实现系统的 AGC 控制，保证不论输入信号强度如何变化，输出的音频信号总维持在相对稳定、舒适的收听音量上。

来自 U3-a 的 AGC 电压同时馈送到比较器电路的输入，比较器是由运算放大器 U3-d 构成的。比较器的另一个输入是来自电位器 R_3 的直流电压，用于静噪电路的控制。因为来自 U3-a 的 AGC 电压与信号强度成正比，所以可将其作为静噪电路的静音控制阈值电平，如果输入信号强度低于该阈值，接收机会关闭音频输出。

如果信号强度很低或没有射频信号，则 AGC 电压将很低或等于 0，这使得 D_3 导通，可有效地禁止放大器 U3-c 输出，并阻止来自音量控制的音频信号进入音频功放。如果强信号出现，D_3 反偏，不会干预放大器 U3-c 正常工作，来自音量控制电位器的信号就可以进入功放放大，驱动扬声器播放语音。这种现代航空无线电通信设备通常是由一至两片 IC 外加若干个分立器件组成，体积更小，可靠性也更高了，只是电路的细节是不可见的，难以像传统的分立电路那样进行电路测量、分析和维修。

9.7.2　调频接收机模块

如图 9-36a 所示为一款短距离通信接收机，型号为 RX2，它是双变频超外差调频接收机，工作在 ISM 频段，频率为 433.92 MHz。SAW 器件决定第一本振频率为 418 MHz。第一混频器将信号下变频为 433.92 MHz－418 MHz＝15.92 MHz。第二变频级的本振为 15.82 MHz，再次混频，将频率下变频为 15.92 MHz－15.82 MHz＝0.1 MHz＝100 kHz。最后用 FM 鉴频器恢复出基带信号，后面的截止频率为 91 kHz 的低通滤波器确定了输出信号的带宽。该接收机可用于接收模拟基带信号或最大数据传输速率为 160 kbit/s 的 OOK 数字信号。在误码率为 1 ppm 的条件下，数据传输速率为 14 kbit/s 时，接收机灵敏度为 －107 dBm；在最大数据传输速率 160 kbit/s 时，接收机灵敏度下降为 －96 dBm。

接收机模块封装在金属壳内，如图 9-36b 所示。再用配套的发射机 TX2 就可以实现双向通信。当发射机功率为 9 dBm 时，通信距离为 75～300 m，实际距离取决于所使用的天线和无线信道特性。

9.7.3　收发信机

过去的通信设备是根据具体实现的功能，单独封装成具有特定功能的电路单元。因此发射机和接收机几乎总是单独分开封装的单元模块。如今大多数双向无线电通信设备都封装在了一起，使得发射机和接收机都在同一个称为收发信机的单元模块中。收发信机的体积大小不一，从大型高功率的台式单元到小型的便携手持单元都有。手机是收发机，微型计算机内的无线局域网单元模块一样，也都是无线电收发信机。

这种收发机有许多优点。除了共用同一个机壳和电源外，发射机和接收机可以共用部分电路功能，这样做可以有效减小体积，降低成本。很多功能电路和器件可在发射机、接收机中实现共用，如天线、振荡器、频率合成器、电源、调谐电路、滤波器和各种放大器。得益于现代半导体技术的发展，很多收发信机都可以集成为单片的硅芯片。

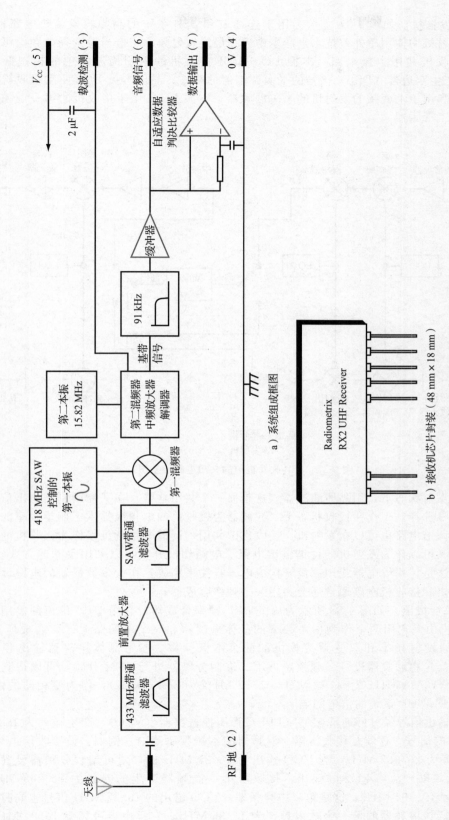

a）系统组成框图

b）接收机芯片封装（48 mm×18 mm）

图 9-36 Radiometrix 公司的 RX2 双变频 FM/FSK 接收机

SSB 收发信机。 如图 9-37 所示为用于连续波和 SSB 系统的高频收发信机电路框图。接收机和发射机均使用超外差技术来产生中频和最终发射频率，恰当地选择中频值可实现发射机和接收机共用本振电路。本振 LO 1 用于接收机的乘积检波器中的拍频振荡器（BFO）和产生双边带（DSB）信号的平衡调制器的载波；晶体本振 LO2 驱动接收机中的第二混频器和用于上变频的发射机的第一混频器；本振 LO 3 用于接收机的第一混频器和发射机的第二混频器。

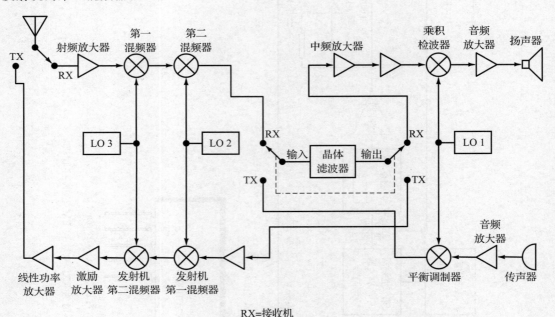

RX=接收机
TX=发射机

图 9-37　SSB 收发机中的共用电路示意图

　　工作在发射状态下，用晶体滤波器（这是另一个共用电路）在平衡调制器输出信号中进行边带信号选择。工作在接收状态下，滤波器为接收机的中频级提供了期望频率的选择性，其中的调谐电路也可以在发射机、接收机中共用，调谐电路既可以作为接收机的调谐输入电路，又可以作为发射机的调谐输出电路。电路切换开关可以采用手动的方式实现，但通常的做法是，用继电器或用二极管构成电子开关来完成。在大多数最新的电路设计方案中，发射机和接收机电路通常还会共用一个频率合成器。

　　CB 频率合成器。 如图 9-38 所示为一个 PLL 频率合成器，它用于 40 信道的民用频段（CB）收发机中。它用两个作为参考频率的晶体振荡器和一个单回路 PLL，合成所有 40 个 CB 信道的发射频率和双变频接收机的两个本振频率。参考晶体振荡器输出频率为 10.24 MHz，先用触发器进行二分频，再用二进制分频器进行 1024 分频，可以得到参考频率 5 kHz（10.24 MHz/2＝5.12 MHz，5.12 MHz/1024＝5 kHz），作为鉴相器的输入。因此 5 kHz 就是 CB 系统的信道间隔。

　　鉴相器输出信号经过低通滤波器（LPF）和压控振荡器（VCO），产生频率为 16.27～16.71 MHz 的信号。这就是接收机第一混频器的本振频率范围。例如，设接收信道为 CB 信道 1，频率为 26.965 MHz。当 VCO 输出为 16.27 MHz 时，对可编程分频器设置正确的分频因子，以产生 5 kHz 的输出。接收机第一混频器产生的差频为 26.965 MHz－16.27 MHz＝10.695 MHz，这是第一中频频率。VCO 输出的 16.27 MHz 信号也同时施加到混频器 A，该混频器的另一个输入频率为 15.36 MHz，它是由参考频率 10.24 MHz 二

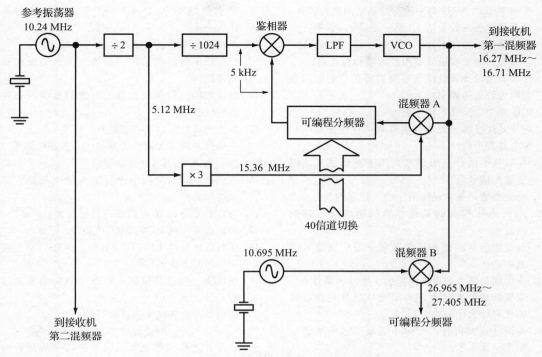

图 9-38　CB 收发机中的频率合成器

分频后，再经过三倍频得到的。混频器 A 的输出进入可编程分频器完成分频，作为鉴相器的输入。10.24 MHz 的参考输出也用作接收机第二混频器的本振信号。第一中频为 10.695 MHz，第二中频取差频，即 10.695 MHz－10.24 MHz＝0.455 MHz＝455 kHz。

　　VCO 输出还与来自第二晶体振荡器的 10.695 MHz 信号一起进入混频器 B 进行混频，取其中的和频分量作为输出，产生发射频率为 10.695 MHz＋16.27 MHz＝26.965 MHz 的信号，再输入到丙类放大驱动电路和射频功率放大器。

　　信道选择可以通过改变可编程分频器的分频因子来实现，通常可以用一个机械旋转开关实现，或者用微处理器的数字键盘进行控制，频率合成器电路通常被集成到单个 IC 芯片上。

9.7.4　最后一个需要重点考虑的问题

　　必须强调的是，现代通信设备中的电路基本上都是用集成电路实现的，就像上面所讨论的那样。通常能看到的最详细的细节也就是原理框图和一组特性参数。永远不会看到电路真实确切的细节，在大多数情况下它是制造商所拥有的知识产权。虽然本章和其他章节给出了一些电路的分立器件原理图，但它们主要是用于作为学习的例子和一般背景知识介绍，并不是说它们就是 IC 中使用的真实电路。所以，在使用 IC 芯片时，应该把精力集中在其功能和性能参数上，而不是其内部具体的电路工作原理或其他内部电路的细节。不论是设计工程师还是维护技术人员，应该关注的是芯片的功能和性能参数，而不是芯片的内部电路。通常需要注意的细节问题是输入和输出信号电平以及直流电源电压值。

思考题

1. 降低谐振电路的 *Q* 值对其带宽会有怎样的影响？
2. 描述一个最简单的接收机组成原理。
3. 如果调谐电路的选择性太尖锐，已调信号会出现什么问题？
4. 接收机的选择性是由什么决定的？

5. 在两个 10.7 MHz 的中频滤波器之间进行选择，一个的矩形系数为 2.3，另一个是 1.8，哪一个滤波器的选择性更好？

6. 什么类型的接收机只使用放大器和检波器？

7. 什么类型的接收机使用混频器将接收到的信号变换为较低的频率？

8. 用哪两个电路来产生中频？

9. 超外差接收机的大部分增益和选择性是在哪一级电路获得的？

10. 接收机中的什么电路可以用于补偿很大范围的输入信号电平？

11. 混频器输出通常是哪两个输入频率的差？

12. AGC 电压控制的是接收机的哪两级电路的增益？

13. 与期望信号相差两倍中频频率的干扰信号的名称是什么？

14. 在混频器输入中出现镜像的主要原因是什么？

15. 双变频超外差接收机与单变频超外差接收机相比有什么优势？

16. 在设计接收机时，如何才能最好地解决镜像频率干扰问题？

17. 给出输入频率为 f_1 和 f_2 的混频器的输出频率分量的表达式。

18. 说出最佳无源混频器的类型。

19. 说出最佳晶体管混频器的类型。

20. 混频的过程类似于哪种调制方式？

21. 什么是镜像抑制混频器？

22. VFO 用于本地振荡器时，其主要参数是什么？

23. 大多数现代接收机一般都使用什么类型的本地振荡器？

24. 如图 9-14 所示，为什么混频器有时用于频率合成器？

25. 说出外部噪声的三个主要来源。

26. 什么是直接变频接收机？它的主要优点是什么？

27. 判断正误：SDR 也是数字射频设备。

28. 接收机使用哪种电路可以接收连续波（CW）信号？

29. 说出接收机中内部噪声的五种主要类型。

30. 大气噪声的主要来源是什么？

31. 列出四种常见的工业噪声来源。

32. 接收机内部噪声的主要来源是什么？

33. 信噪比（S/N）通常用什么单位表示？

34. 提高元器件的温度将会如何影响其噪声功率？

35. 减小电路的带宽如何影响噪声电平？

36. 说出半导体器件中存在的三种噪声类型。

37. 判断正误：接收机输出端的噪声小于输入端的噪声。

38. 构成信纳比（SINAD）的三个参数分别是什么？

39. 接收机的哪一级电路产生的噪声最大？

40. 在接收机的前端使用射频放大器的优点和缺点是什么？

41. 微波频段的射频放大器中首选的低噪声晶体管是什么名称？

42. 什么类型的混频器有损耗？

43. 在现代中频放大器中通常如何获得选择性？

44. 什么是 AWGN（加性高斯白噪声）？

45. 对信号的正、负峰值进行削波的中频放大器电路的名称是什么？

46. 为什么允许在 IF 电路级进行削波？

47. 用什么类型的 IC 实现 AGC 功能？

48. 接收机的整体 RF—IF（射频—中频）增益范围一般是多少？

49. 使用输入信号的振幅来控制接收机增益的过程是什么？

50. 如何调谐收音机来选择收听的电台？

51. 差分放大器的增益如何变化才能实现 AGC？

52. 在没有接收到信号时关闭音频信号的两种电路的名称是什么？

53. 如何确定直接变频接收机中的本振频率？

54. 描述 CTCSS 在接收机中的用途和工作原理。

55. BFO 通常用来接收哪两种类型的信号？

56. 哪两种集成电路使数字无线电通信成为可能？

57. 说出使用集成电路实现的接收机选择性的三个主要途径。

58. 在单芯片收发信机中，如何改变工作频率？

59. 在收发信机中，接收机和发射机可以共用哪些电路？

60. 在 SSB 收发信机中，发射机和接收机共用的电路是哪些？

61. 锁相环经常与什么电路结合，可在收发信机中产生多个频率？

62. 收发信机中的频率合成器通常产生什么频率？

以下问题参考图 9-35 中的接收机回答。

63. 哪些元器件或电路决定了接收机的带宽？

64. 随着电位器 R_1 的变化，其滑动臂上的电压向 +9 V 增加，本地振荡器的频率如何变化？

65. 哪个元件提供了该接收机的大部分增益？

66. 静噪电路控制是来自静音信号还是噪声电压？

67. 该接收机中是否包含 BFO？

68. 该电路能否接收连续波（CW）或 SSB 信号？

69. 如果 U2 的引脚 5 上的直流 AGC 电压下降，那么 U2 的增益会如何变化？

70. 在哪里输入音频信号可以测试该接收机的完整音频电路？

71. 什么频率的信号可以被用来测试该接收机的中频级，应该将它加到哪个位置？

72. 如果电容 C_{31} 发生短路，哪个元件将无法正常工作？

习题

1. 调谐电路的谐振频率为 480 kHz，Q 值为 80，求其带宽。◆

2. 并联 LC 调谐电路的电感线圈为 4 μH，电容为 68 pF，线圈电阻为 9 Ω，求电路的带宽。

3. 调谐电路的谐振频率为 18 MHz，带宽为 120 kHz，截止频率的上限和下限是多少？◆

4. 在 3.6 MHz 下实现 4 kHz 的带宽需要的 Q 值是多少？

5. 滤波器的 6 dB 带宽为 3500 Hz，60 dB 带宽为 8400 Hz，它的矩形系数是多少？◆

6. 超外差接收机的输入信号频率为 14.5 MHz，本振调谐到 19 MHz，中频频率是多少？

7. 频率为 29 MHz 的期望信号与频率为 37.5 MHz 的本振信号进行混频，镜像频率是多少？◆

8. 双变频超外差接收机的输入频率为 62 MHz，本振频率分别为 71 MHz 和 8.6 MHz。两个中频值是多少？

9. 混频器的输入频率分别为 162 MHz 和 189 MHz，输出频率是多少？◆

10. 对于输入为 162 MHz 和 189 MHz 的混频器，最可能的中频频率是多少？

11. 如图 9-14 所示的频率合成器的参考频率为 100 kHz，晶振和倍频器向混频器提供 240 MHz 的信号，分频器的分频因子设为 1500，VCO 的输出频率是多少？

12. 频率合成器的鉴相器输入参考频率为 12.5 kHz，分频器的分频因子是 295，输出频率和频率变化增量是多少？

13. 接收机接收到的信号输入功率为 6.2 nW，噪声功率为 1.8 nW，信噪比是多少？用分贝表示的信噪比又是多少分贝？

14. 在温度为 25℃、带宽为 2.5 MHz 时，在 50 Ω 输入电阻上产生的噪声电压是多少？

15. 在什么频率下，可以用噪声温度来表示通信系统中的噪声？

16. 放大器的噪声比是 1.8，它的开尔文噪声温度是多少？

17. 接收机有两个灵敏度等级，−87 dBm 或 −126 dBm，哪个接收机灵敏度高？

18. 对于噪声指数为 5 dB、信噪比为 11 dB、带宽为 10 MHz 的数字接收机，达到 10^{-5} 误码率，所需的最低灵敏度是多少？

标有"◆"标号的习题答案见书末"部分习题参考答案"。

深度思考题

1. 为什么 155 K 的噪声温度比 210 K 的噪声温度更好？

2. 调频收发机的工作频率为 470.6 MHz，第一中频是 45 MHz，第二中频是 500 kHz，发射机具有 $2×2×3$ 的倍频级联电路，频率合成器必须向发射机和接收机中的两个混频器提供三个频率，这三个频率值是多少？

3. 解释图 9-35 中的数字计数器如何连接到接收机上，以便它能够读取调谐到的信号频率。

4. 超外差接收机中的电路具有以下增益：射频放大器，8 dB；混频器，−2.5 dB；中频放大器，80 dB；解调器，−0.8 dB；音频放大器，23 dB。求总增益。

5. 超外差接收机收到频率为 10.8 MHz 的信号，它由 700 Hz 的音频信号进行振幅调制，本振频率设置为等于信号频率，中频频率值是多少？二极管检波器的输出频率又是多少？

第10章
数字信号传输技术

目前绝大多数通信系统通过信道传输的都是数字信号。这就促进了与数字信号的高效发送、转换和接收相关的先进技术的发展。与模拟信号一样，可传输的数字信息总量与通信信道的带宽和传输时间成正比。本章将进一步研究数字信号传输中使用的一些基本概念与设备，包括一些适用于提高传输效率的数学原理，并讨论数字调制、技术标准、误码检测和纠正方法以及相关技术的发展。

内容提要

学完本章，你将能够：

■ 解释异步和同步信号传输的区别。

■ 说明通信信道带宽和数据传输速率之间的关系，单位为 bit/s。

■ 说出串行数据传输中使用的四种基本编码类型。

■ 描述 FSK、PSK、QAM 和 OFDM 这几种技术的原理与实现过程。

■ 解释扩频和 OFDM 系统的工作原理和优点。

■ 列举三种数字调制解调器并解释其工作原理。

■ 说明相关的通信协议的具体需求和类型。

■ 比较和对比冗余、奇偶校验、分组码校验序列、循环冗余校验和前向纠错的区别。

10.1 数字编码

今天所传输的大多数信号都用数字形式代替了原来的模拟信号形式。它可以是语音、视频、传感器读数或数据库文件。然而，无论信号的类型和内容是什么，它都要有各种各样的格式定义，并且需要用不同的方式进行传输。本章探讨数字信号的基本格式和传输方式。

10.1.1 早期的数字编码

最早的数字编码是由电报的发明人塞缪尔·莫尔斯（Samuel Morse）提出的。莫尔斯码最早用于电报通信，后来用于无线电通信。它是由一系列的"点"和"划"组成的，用来代表字母表中的字母、数字和标点符号，如图10-1所示。其中，"点"是持续时间较短的射频能量的突发脉冲，"划"的射频能量突发脉冲持续时间是"点"的三倍。"点""划"之间由一段等于点的时长的空白分隔开，这里的空白就是指不发射信号。经过专门的训练，一般通过人工可以轻松地以每分钟15~20个码字的速度发送电报信息和以每分钟70~80个码字的速度接收电报信息。

最早的无线电通信就是通过使用"点"和"划"的莫尔斯码来发送消息。用手动电报机按键可以连通、断开发射机的载波，产生"点"和"划"两种信号。这些消息经过接收机检波，再由电报操作员将其翻译为组成消息的字母和数字。这种无线电报通信方式被称为连续波（CW）通信传输。

另一种早期的二进制数据编码是早期电传打字机中使用的博多码（Baudot code）。电传打字机是一种通过通信链路发送和接收编码信号的设备。有了电传打字机，操作员不再

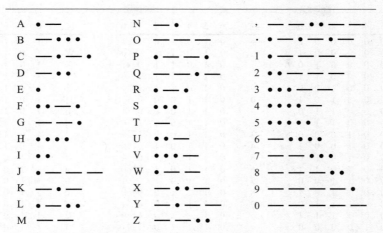

图 10-1　莫尔斯电码。"点"（·）按键时间短；"划"（—）按键时间长

需要学习莫尔斯电码了。每当按下打字机键盘上的一个按键时，就会生成唯一的代码并经由信道传输到接收机，接收机会识别并打印出相应的字母、数字或符号。博多码使用 5 位二进制数来表示字母、数字和符号。

博多码今天已不再使用了，它已经被能代表更多字符和符号的编码所取代。

10.1.2　现代二进制码

在现代数字通信中，待发送的信息需要通过通信系统进行传输。在通信系统中，首先要对待传输的数字和字母进行编码，这个过程通常使用键盘来完成，而表示字符的二进制码字则存储在计算机的存储器中。下面列出的是一些广泛用于传输数字信号的编码方法。

美国信息交换标准代码。美国信息交换标准代码是使用最广泛的数据通信编码，每个码字是由 7 位二进制数组成的，称为美国信息交换标准代码（缩写为 ASCII），它可以表示 128 个数字、字母、标点符号和其他符号，如图 10-2 所示。有了 ASCII 码，就可以提供足够数量的代码组合来表示字母表中的大小写字母和数字等符号了。

图 10-2 中，第一列 ASCII 码代表的是两个或三个字母的名称。这些代码用于初始化操作或为查询提供响应。比如，BEL（0000111）用于表示电话振铃；CR 代表回车符；SP 代表空格，用来加在英文句子中的两个单词之间；ACK 代表"确认传输信息已收到"；STX 和 ETX 分别代表一段报文的开始和结束；SYN 是同步码字，它来同步信息的发送和接收。所有这些字母代码的含义都在表的底部给出来了。

十六进制数值。二进制码通常通过使用十六进制数值而不是十进制数值来表示。要将二进制码转换成十六进制等效码，是将二进制码从右到左每 4 位分为一组（假设每个码字的最高有效位都为 0）。

> **拓展知识**
> 车库开门器中使用的发射机用的就是二进制脉冲编码调制。

ASCII 码到十六进制转换的两个例子如下：

（1）ASCII 码中代表数字 4 的是 0110100。在最高位前加一个二进制数字"0"，将它变成 8 位二进制码，然后将它每 4 位分为一组：0011 0100 = 0011 0100 = 十六进制 34。

（2）字母"w"的 ASCII 码是 1110111。在最高位前面加一个 0 得到 01110111；则 01110111 = 0111 0111 = 十六进制 77。

位:	6	5	4	3	2	1	0	位:	6	5	4	3	2	1	0	位:	6	5	4	3	2	1	0
NUL	0	0	0	0	0	0	0	+	0	1	0	1	0	1	1	V	1	0	1	0	1	1	0
SOH	0	0	0	0	0	0	1	,	0	1	0	1	1	0	0	W	1	0	1	0	1	1	1
STX	0	0	0	0	0	1	0	–	0	1	0	1	1	0	1	X	1	0	1	1	0	0	0
ETX	0	0	0	0	0	1	1	.	0	1	0	1	1	1	0	Y	1	0	1	1	0	0	1
EOT	0	0	0	0	1	0	0	/	0	1	0	1	1	1	1	Z	1	0	1	1	0	1	0
ENQ	0	0	0	0	1	0	1	0	0	1	1	0	0	0	0	[	1	0	1	1	0	1	1
ACK	0	0	0	0	1	1	0	1	0	1	1	0	0	0	1	E	1	0	1	1	1	0	0
BEL	0	0	0	0	1	1	1	2	0	1	1	0	0	1	0	]	1	0	1	1	1	0	1
BS	0	0	0	1	0	0	0	3	0	1	1	0	0	1	1	^	1	0	1	1	1	1	0
HT	0	0	0	1	0	0	1	4	0	1	1	0	1	0	0	–	1	0	1	1	1	1	1
NL	0	0	0	1	0	1	0	5	0	1	1	0	1	0	1	¡	1	1	0	0	0	0	0
VT	0	0	0	1	0	1	1	6	0	1	1	0	1	1	0	a	1	1	0	0	0	0	1
FF	0	0	0	1	1	0	0	7	0	1	1	0	1	1	1	b	1	1	0	0	0	1	0
CR	0	0	0	1	1	0	1	8	0	1	1	1	0	0	0	c	1	1	0	0	0	1	1
SO	0	0	0	1	1	1	0	9	0	1	1	1	0	0	1	d	1	1	0	0	1	0	0
SI	0	0	0	1	1	1	1	:	0	1	1	1	0	1	0	e	1	1	0	0	1	0	1
DLE	0	0	1	0	0	0	0	;	0	1	1	1	0	1	1	f	1	1	0	0	1	1	0
DC1	0	0	1	0	0	0	1	<	0	1	1	1	1	0	0	g	1	1	0	0	1	1	1
DC2	0	0	1	0	0	1	0	=	0	1	1	1	1	0	1	h	1	1	0	1	0	0	0
DC3	0	0	1	0	0	1	1	>	0	1	1	1	1	1	0	i	1	1	0	1	0	0	1
DC4	0	0	1	0	1	0	0	?	0	1	1	1	1	1	1	j	1	1	0	1	0	1	0
NAK	0	0	1	0	1	0	1	@	1	0	0	0	0	0	0	k	1	1	0	1	0	1	1
SYN	0	0	1	0	1	1	0	A	1	0	0	0	0	0	1	l	1	1	0	1	1	0	0
ETB	0	0	1	0	1	1	1	B	1	0	0	0	0	1	0	m	1	1	0	1	1	0	1
CAN	0	0	1	1	0	0	0	C	1	0	0	0	0	1	1	n	1	1	0	1	1	1	0
EM	0	0	1	1	0	0	1	D	1	0	0	0	1	0	0	o	1	1	0	1	1	1	1
SUB	0	0	1	1	0	1	0	E	1	0	0	0	1	0	1	p	1	1	1	0	0	0	0
ESC	0	0	1	1	0	1	1	F	1	0	0	0	1	1	0	q	1	1	1	0	0	0	1
FS	0	0	1	1	1	0	0	G	1	0	0	0	1	1	1	r	1	1	1	0	0	1	0
GS	0	0	1	1	1	0	1	H	1	0	0	1	0	0	0	s	1	1	1	0	0	1	1
RS	0	0	1	1	1	1	0	I	1	0	0	1	0	0	1	t	1	1	1	0	1	0	0
US	0	0	1	1	1	1	1	J	1	0	0	1	0	1	0	u	1	1	1	0	1	0	1
SP	0	1	0	0	0	0	0	K	1	0	0	1	0	1	1	v	1	1	1	0	1	1	0
!	0	1	0	0	0	0	1	L	1	0	0	1	1	0	0	w	1	1	1	0	1	1	1
"	0	1	0	0	0	1	0	M	1	0	0	1	1	0	1	x	1	1	1	1	0	0	0
#	0	1	0	0	0	1	1	N	1	0	0	1	1	1	0	y	1	1	1	1	0	0	1
$	0	1	0	0	1	0	0	O	1	0	0	1	1	1	1	z	1	1	1	1	0	1	0
%	0	1	0	0	1	0	1	P	1	0	1	0	0	0	0	{	1	1	1	1	0	1	1
&	0	1	0	0	1	1	0	Q	1	0	1	0	0	0	1	;	1	1	1	1	1	0	0
'	0	1	0	0	1	1	1	R	1	0	1	0	0	1	0	}	1	1	1	1	1	0	1
(	0	1	0	1	0	0	0	S	1	0	1	0	0	1	1		1	1	1	1	1	1	0
)	0	1	0	1	0	0	1	T	1	0	1	0	1	0	0	.DEL	1	1	1	1	1	1	1
*	0	1	0	1	0	1	0	U	1	0	1	0	1	0	1								

NUL=空字符	HT=水平制表符	DC2=设备控制2	FS=文件分隔符
SOH=标题开始	NL=换行符	DC3=设备控制3	GS=分组符
STX=正文开始	VT=垂直制表符	DC4=设备控制4	RS=记录分隔符
ETX=正文结束	FF=换页	NAK=否定响应	US=单元分隔符
EOT=传输结束	CR=回车	SYN=同步码字	SP=空格
ENQ=请求	SO=移出	ETB=传输分组结束	DEL=删除
ACK=确认传输信息已收到	SI=移入	CAN=取消	
BEL=振铃	DLE=数据链路转义	SUB=替换	
BS=退格	DC1=设备控制1	ESC=取消	

图 10-2 应用非常广泛的 ASCII 码列表

10.2 数字传输的基本原理

如第 7 章所述，数字信号的传输可以用串行和并行两种方式实现。

10.2.1 串行数据传输

串行数据传输方式一般用于长距离通信系统中，因为并行数据传输方式不适合长距离通信。在串行传输方式中，字符的每个比特是依次传输的，如图 10-3 所示。图 10-3 中的字母"M"的 ASCII 码为 1001101，一次传输 1 bit。首先传输最低有效位（LSB），最后传输最高有效位（MSB）。MSB 在最右边，这说明它是最后被传输的。每个固定时间间隔 t 发送 1 bit。表示每个比特电平依次出现在数据线上，直到整个码字传输完毕。例如，传输 1 bit 时间是 10 μs，这就意味着每个比特的电平持续时间是 10 μs。则传输一个 7 位的 ASCII 码字需要的时长为 70 μs。

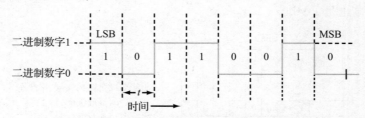

图 10-3　字母"M"的 ASCII 码的串行发送

串行数据传输速率。数据传输速率通常以每秒传输的比特数（单位为 bit/s）来表示。有的数据传输速率相对较慢，可能在 1 s 内只能传输数百或者数千比特。而在有些数据通信系统中，比如互联网或局域网中，传输速率甚至可能高达每秒数千亿比特。

当然，串行传输速率与串行数据的比特时间有关。传输数据的速率以 bit/s 表示时，它是单个比特时间 t 的倒数，即 bit/s = 1/t。例如，1 bit 的传输时间为 104.17 μs。换算成速率为 $1/(104.17 \times 10^{-6}) = 9600$ bit/s。

如果串行传输速率已知，那么单个比特时间就可以计算出来：$t = 1/(\text{bit/s})$。例如，230.4 kbit/s 的比特时间为 $t = 1/230\,400 = 4.34 \times 10^{-6} = 4.34$ μs。

符号与波特率。在数字通信系统中，另一种表示数据传输速率的术语是波特率。波特率是指在给定的单位时间（如 1 s）内传输信号元素或符号的数量。信号元素是指所传输信号中的某种形式的变化。在多数情况下，它就是二进制逻辑电平的变化，或"0"或"1"，此时的波特率等于以 bit/s 为单位的数据传输速率。综上所述，波特率是最小符号时间间隔的倒数。

$$比特率 = 波特率 \times 每个符号的比特数$$
$$比特率 = 波特率 \times \log_2 S$$

式中，S 为每个符号的状态数。

符号或者信号元素也可以用某个离散信号的幅度、频率或相位来表示，每个量代表两个或多个数据比特。在已有的几种特定调制方式中，每个符号或波特可以代表多个比特。每单位时间内的符号变化次数不高于其二进制比特率，但单位时间传输的比特数会更多。可以将多种符号的变化结合起来，进一步提高传输速率。例如，常见的正交振幅调制（QAM）就是将多个信号幅度电平和相位结合起来，这样每个波特就可以携带更多的比特。有关 QAM 的基本原理将会在后续章节中讨论。每个符号都由唯一的幅度电平和唯一的相位组合起来表示，使用一组二进制数来表示这种组合值。在 FSK 中多个幅度电平也可以与频率相结合，以产生更高的比特率。因此，可以在电话线或带宽严重受限的通信信道中传输更高的比特率，而这些信道带宽问题往往无法用常规方法来解决。下面讨论其中的几种调制方式。

例如，假设系统中的不同电平用 2bit 的数据表示。那么会有 $2^2 = 4$ 种可能的电平，每个电平代表一个离散的电压。

00　　0 V
01　　1 V

  10 2 V

  11 3 V

该系统有时也称为脉冲振幅调制（PAM），在本例中是 PAM4，即四个符号中的每个符号表示四个电平中的一个电平。每个电平都是用 2 bit 表示的一个符号。假设希望传输十进制数字 201，它的二进制数字为 11001001。该数字可以作为通或断的等间隔脉冲序列进行串行传输，如图 10-4a 所示。如果每比特间隔是 1 μs，则比特率为 $1/(1 \times 10^{-6}) = 1\ 000\ 000$ bit/s＝1 Mbit/s。波特率也是 1 Mbit/s。

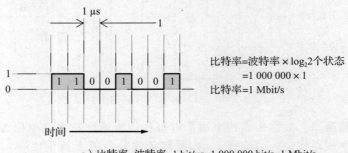

比特率=波特率×$\log_2$2个状态

　　　　=1 000 000×1

比特率=1 Mbit/s

a）比特率=波特率=1 bit/μs=1 000 000 bit/s=1 Mbit/s

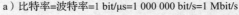

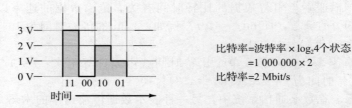

比特率=波特率×$\log_2$4个状态

　　　　=1 000 000×2

比特率=2 Mbit/s

b）波特率=1符号/μs=1 000 000 bit/s；比特率=2波特率=2 000 000 bit/s

图 10-4　若每个符号代表 2 bit 或多个比特，则比特率大于波特率

  对于使用四电平传输系统，可以将要传输的码字每 2 bit 分为一组，然后传输每组数据所代表的电平。例如，要传输的十进制数字 201，换算为二进制数字为 11001001，被分为以下几组：11 00 10 01。则对应传输信号的电平为 3 V，0 V，2 V 和 1 V，每个电平都将以固定的时间间隔出现，如图 10-4b 所示等于 1 μs。因为每个时间间隔内（1 μs）只有一个符号或者电平值，故波特率仍然是 10^6。但是，比特率会变为波特率的两倍，即 2 Mbit/s，因为每个符号等于 2 bit。每个波特携带了 2 bit 信息。有时会将其表示为比特每赫兹或者 bit/Hz，总传输时间会变短。传输 8 位二进制码字要 8 μs，而改为传输四电平信号则只需要 4 μs。可见使用多电平传输的比特率是大于波特率的。

  如图 10-4b 所示，PAM4 信号可以通过电缆传输。在无线传输中，在发射信号前，需要将原始信号调制到载波上。可以使用的调制方式有很多种类型，其中最常用的是相移键控（PSK）方式。

  美国的数字高清电视（HDTV）系统是现代系统中应用 PAM 方式的典型实例。在该系统中，首先将待传输的音视频数字信号形成串行数字信号的格式，然后将其转换为 8 级电平 PAM。每级电平表示 000～111 的 8 个 3 位数值中的一个。如图 10-5 所示。若符号出现的速率为每秒 10 800 000 个，那么其比特率为 10 800 000×3＝32.4 Mbit/s。然后使用 PAM 信号对发射机载波进行振幅调制。还要将已调信号中的下边带的部分分量抑制掉，以节省频谱资源。这种调制方式被称为 8 VSB，即 8 级残留边带调制。可以通过标准的 6 MHz 带宽电视频道传输该信号。

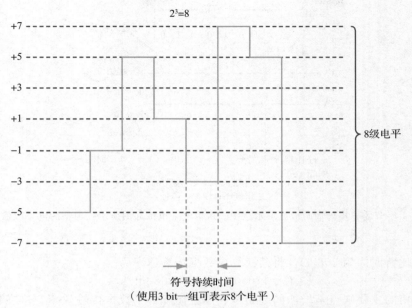

图 10-5　8 级残留边带（8 VSB）信号时域波形

由于串行数据传输具有按顺序传输的特性，以这种方式发送数据自然要比并行方式消耗更长的时间。然而，对于高速数字逻辑电路来说，串行数据传输仍然可以达到很高的传输速率。目前，铜线电缆的数据传输速率可高达 10 Gbit/s，而光纤的数据传输速率可高达 400 Gbit/s。因此，尽管串行数据传输看起来比并行传输方式慢，但对于大多数通信应用场景来说，串行传输速率足够用了，且串行传输方式只需要一条电缆对或单根光纤信道即可。

> **拓展知识**
>
> 如果使用高速逻辑电路传输串行数据，也可以达到非常高的传输速率。铜线电缆上的数据可以以 10 Gbit/s 的速率传输，而光纤中的传输速率可高达 400 Gbit/s。

10.2.2　异步数据传输

在异步传输方式中，每个数据码字都伴随有表示码字传输开始和结束的起始位和停止位。ASCII 字符的异步传输过程如图 10-6 所示。若没有信息在传输，通信线路电平值为负，或二进制数字"1"。在数据通信用语中，这被称为传号。如图 10-6 所示，传输一个二进制数字"0"或者空号代表着传输码字的起始位。起始位与数据码字中的所有其他位的持续时间相同。从传号到空号的传输标志着码字传输的开始，这是为了通知接收电路为接收后续位做好准备。

在起始位之后，码字的每一位依次被发送出去。码字的长度可以是 5～8 位。需要注意，先传输的是最低有效位（LSB）。当最后一个码字位传输完毕，紧跟着就要传输停止位。停止位通常与所有其他位的持续时间相同，是用一位二进制数字"1"，即传号表示。在某些系统中会依次传输两个停止位，代表码字发送的结束。在某些系统中，码字的最后一位或第八位也可以用作奇偶校验，用于误码检测。

大多数低速率的数据传输（1200～57 600 bit/s 范围内）都使用异步传输方式。这种技术非常可靠，起始位和停止位能确保发送电路和接收电路彼此保持一致。字符码字之间最小的间隔是 1 位停止位加 1 位起始位。在字符或字符组之间也可能有时间间隔，如图 10-6 所示，因此停止"位"的长度也可以是不确定的。

需要记住，比特流（R）的数据传输速率或者频率是与比特时间 t 相关的。

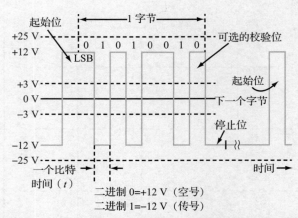

图 10-6　1 字节的异步传输时域波形示意图。逻辑电平范围如图所示，典型的电平取值为 ±5 V

$$R = 1/t$$

例如，比特时间为 208 μs，将其换算成数据传输速率为

$$R = 1/0.000\ 208 = 4808\ \text{bit/s}$$

异步通信的主要缺点是增加的起始位和停止位降低了数据传输效率。这在低速应用中不是问题，比如应用于某些打印机和绘图仪上是可以的。但是，当待传输信息量很大时，起始位和停止位会占据传输位中的较大比例。称这个比例为传输开销。一个 7 位的 ASCII 字符加上起始位和停止位是 9 位。在这 9 位中，有 2 位不是数据。这表示有 2/9=0.222＝22.2％的无效传输或开销。删除起始位和停止位，然后将 ASCII 字符首尾相连来传输，可以显著提高数据传输速率。

10.2.3　同步数据传输

将数据以多个码字分组的形式发送的技术称为同步数据传输。同步数据传输不需要使用起始位和停止位。为了保证发射机和接收机之间的同步，需要在数据分组的开始和结尾加上一组同步位。这里称该比特序列为分组，也会称为帧或数据包。如图 10-7 所示为这种数据分组结构。每个数据分组可以包含数百个甚至数千个 1 字节的字符。在每个数据分组的开头是一串唯一的比特序列，它们用于标识分组的起始。在图 10-7 中，有两个 8 位同步（SYN）码作为传输的起始信号。接收设备只要接收到这些字符，它就开始连续接收后续的 8 位码字符或字节分组了。在数据分组的结尾，用另一个特殊的 ASCII 码字符"ETX"表示本次传输结束。接收设备在接收时会查找 ETX 码；ETX 是接收电路识别传输结束的标志。通常还会有一个误码检测码出现在传输码字的结尾。

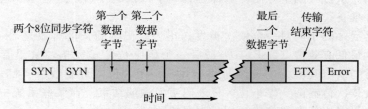

图 10-7　同步数据传输帧格式示意图

在数据分组的起始和结尾处均有专用的同步码，它们在待传输的总比特数中所占的比例很小，特别是与使用起始位和停止位的异步传输相比更是如此。因此，同步传输的开销比较低，与异步传输相比，数据传输速率要快得多。

在同步传输中，需要考虑的重要因素是接收端如何持续跟踪单个的比特和字节，特别是当信号有噪声干扰时，因为很难将信号与噪声区分开来。这是通过以固定的、已知的、精确的时钟速率来传输数据实现的。然后，可以计数比特数，以跟踪传输的字节或字符数。每计数 8 bit，就是接收 1 B（Byte）。当然也同时要计数接收到的字节数。

同步传输会假设接收机已知或其时钟具有与发射机时钟相同的时钟频率。通常，接收机的时钟是从接收到的信号中提取的，因此它与发射机时钟频率完全相同，并与之保持同步。

例 10-1　256 个连续的码字的数据分组，其中，每个码字是由 12 位二进制数组成的，用串行方式传输该数据分组用时为 0.016 s。计算：a. 传输一个码字的时间；b. 传输 1 bit 的时间；c. 数据传输速率，单位为 bit/s。

a. $t_{码字} = \dfrac{0.016}{256} = 0.000\ 625 = 625\ \mu s$

b. $t_{bit} = \dfrac{625\ \mu s}{12\ bit} = 52.0833\ \mu s$

c. 数据传输速率 $= \dfrac{1}{t} = \dfrac{1}{52.0833} \times 10^{-6} = 19\ 200\ bit/s = 19.2\ kbit/s$ ◀

10.2.4　编码方法

不论用基带还是用宽频带方式传输数字信号（见 1.4 节），在数据进入传输介质之前，通常要以某种方式对其进行编码，使信号形式与信道介质的传输特性相适应，或为了便于在传输的同时还要完成相关的其他操作。下面介绍数据通信中常用的主要编码方法。

非归零码。 在非归零码（NRZ）编码方法中，二进制信号电平在整个比特时间内保持不变。图 10-8a 所示为单极性 NRZ 码，与图 10-4 所示的波形略有不同。逻辑电平为 0 V 和 +5 V。当传输二进制数字"1"时，信号在整个比特间隔内保持为 +5 V。当发送二进制数字"0"时，信号在整个比特时间内保持为 0 V。换句话说，在二进制数字"1"的间隔内，电压不会返回到零。

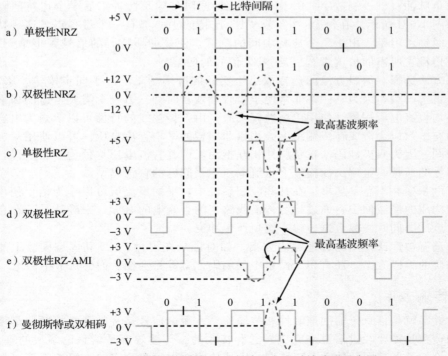

图 10-8　几种常用的串行二进制编码方法时域波形示意图

在单极性 NRZ 中，信号只有正极性。而双极性 NRZ 信号有正、负两个极性，如图 10-8b 所示。电平分别为＋12 V 和－12 V。常用的 RS-232 串行通信计算机接口使用的就是双极性 NZR 编码，其中二进制数字"1"是－3～－25 V 之间的负极性电压，二进制数字"0"则是＋3～＋25 V 之间的电压。

在异步传输系统中，NRZ 方法通常在计算机内部以较低的速率生成。它不适合同步传输，因为如果出现长串连续的二进制数字"1"或"0"时，信号电平是没有变化的。此时接收机很难确定当前比特的结束和下个比特的开始。而且，在同步传输系统中，如果想从接收的信号中恢复时钟，信号必须有频繁的极性变化，最好是每比特极性变化一次。所以通常要将 NRZ 转换为另一种编码格式，如归零码（RZ）或曼彻斯特码，以便用于同步传输方式。

归零码。 归零码（RZ）编码如图 10-8c 和 d 所示，分配给二进制数字"1"的电平在比特时间间隔未结束就变为 0 电压。单极性 RZ 如图 10-8c 所示。二进制数字"1"的电平出现在比特间隔的前半个周期，在比特间隔的后半个周期信号电平为零，且它只有一个电压极性。只有传输二进制数字"1"时，才会出现脉冲；二进制数字"0"没有脉冲，电平为 0。

双极性 RZ 码的波形如图 10-8d 所示。在二进制数字"1"期间，在其前半个比特间隔传输为＋3V 脉冲，后半个比特间隔为 0。在二进制数字"0"的比特间隔内，前半个传输电平为－3V 脉冲，后半个比特间隔电平为 0。因为每个比特均有一个清晰可识别的脉冲跳变，所以接收端非常容易从接收的数据中提取时钟信息。因此，双极性 RZ 比单极性 RZ 更受青睐。

双极性 RZ 的一种常用的变化形式称为传号交替反转码（AMI），如图 10-8e 所示。在比特间隔内，二进制数字"0"无脉冲，二进制数字"1"，也称为传号，传输极性交替的正、负脉冲。如果二进制数字"1"用正脉冲发送，则其下一个二进制数字"1"就改为用负脉冲发送，再下一个"1"又改为用正脉冲发送，以此类推。

曼彻斯特码。 曼彻斯特码也称为双相码，它可以是单极性或双极性的。广泛应用于局域网中。曼彻斯特码系统中的二进制数字"1"前半个比特间隔传输正脉冲，后半个比特间隔传输负脉冲。二进制数字"0"前半个比特间隔传输负脉冲，后半个比特间隔传输正脉冲，如图 10-8f 所示。在每个"0"或"1"比特的中心都有一个过零点，这一特点非常便于恢复时钟。但是，由于每个比特中间的跳变，使曼彻斯特码的信号频率是 NRZ 信号的两倍，传输它所需的信道带宽也是 NRZ 信号的两倍。

编码方法选择。 编码方法的选择取决于实际的应用场景。对于同步传输，RZ 和曼彻斯特码是首选码型，因为它们都非常便于接收端恢复时钟。另一个需要考虑的因素是传输线上的平均直流电压积累。使用单极性模式时，由于传输线的特性可以等效为电容，该等效电容的充电效应会造成在传输线上会积累非期望的平均直流电压。可以使用双极性码解决这个问题，因为双极性码的正负脉冲相互抵消，使其直流电压均值为零。所以，双极性归零码和曼彻斯特码是解决传输线上直流电压积聚问题的首选码型。

直流电积聚并不总是坏事。在某些应用系统中，平均直流值可以作为信令使用。比如在以太网构成的局域网中，通过检测传输线路上的直流电的有无，来确认是否存在两个或者多个站点试图同时发起数据传输，避免产生冲突。

另外还有被广泛使用的其他编码方案。如对记录在硬盘、CD 和固态硬盘上的串行数据进行编码的编码方案。还有用于网络中的编码方案等将会在后面的章节中讨论。

10.3 传输效率

传输效率就是信息传输的准确性和传输速率。无论信号是音频还是视频，是模拟的还是数字的，都是需要经过信道来完成发送和接收的。传输效率是信息论领域的基本主题。研究信息论的学者试图从数学上定义在给定待传输数据量和给定的一组条件下（如传输介质特性、带宽、传输速率、噪声和失真），可以准确传输数据的概率。

10.3.1 哈特莱定律

在给定的传输中可以发送的信息量取决于通信信道带宽和传输时长。传输语音只需要大约 3 kHz 的带宽即可保证语音的可懂度和辨识率。然而，音乐中由于乐器产生的高频声波和谐波分量，需要 15～20 kHz 的带宽才能保证传输音乐完全保真。音乐本质上要比语音包含更多的信息，因此需要的传输带宽更大。图像信号比语音或音乐包含的信息量更大，因此需要的传输带宽也更大。典型的视频信号同时包含声音和图像，因此传输视频信号需要分配 6 MHz 的带宽。

用数学方法表示，哈特莱定律为

$$C = 2B$$

式中，C 是信道容量，单位 bit/s；B 是信道带宽，单位 Hz。这里假设噪声为零。若噪声不能忽略，则哈特莱定律表示为

$$C = B \log_2 \left(1 + \frac{S}{N}\right)$$

式中，S/N 是信号与噪声的功率之比。这些概念将在后续章节中展开讨论。

在给定时间内，信道带宽越大，所能传输的信息量也就越大。在窄带信道上也可以传输信息量相同的信息，只是需要耗费更长的时间。这个一般概念被称为哈特莱定律，哈特莱定律也适用于二进制数据的传输。在给定的时间内传输的比特数越多，所传输的信息量就越大。但是比特率越高，保证信号不失真所需的信道带宽也越大。缩小信道带宽会造成二进制脉冲中的谐波被滤除，降低信号的传输质量，使无误差传输变得更加困难。

> **拓展知识**
>
> 如果同轴电缆弯曲过大，可能会造成绝缘层断裂。这会使接地屏蔽层与铜芯导线短路，造成信号丢失。

10.3.2 传输介质和带宽

在数据通信中最常用的两种介质类型是有线电缆和无线电。常用的两种类型的有线电缆为同轴电缆和双绞线，如图 10-9 所示。图 10-9a 所示为同轴电缆，中心有一根导线，导线包裹着绝缘层，绝缘层外面还有一层薄的网状导体屏蔽层。最后在整个电缆最外层包裹着塑料绝缘外套。

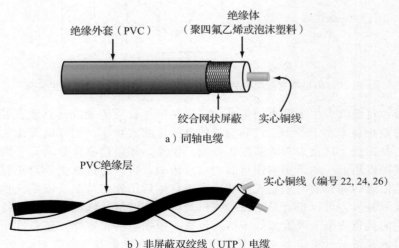

a）同轴电缆

b）非屏蔽双绞线（UTP）电缆

图 10-9　用于数字信号传输的两种电缆结构示意图

双绞线是两根彼此绝缘的导线拧在一起。图 10-9b 所示为一种非屏蔽双绞线（UTP）电缆，当然也有屏蔽型双绞线。同轴电缆和屏蔽双绞线电缆通常是首选，因为它们既可以屏蔽噪声，又能防止串扰。所谓"串扰"是指在非屏蔽电缆之间通过感应耦合效应，所产生的非期望信号传输的现象，它是由分布电感或电容耦合造成的。

电缆的传输带宽是由其物理特性决定的。电缆中的导线一般都具有低通滤波特性，因为导线具有分布电感和电容以及导体电阻。电缆的截止频率上限取决于电缆类型，这与单位长度上的电感和电容、长度、导线的粗细，以及绝缘材料的类型有关。

同轴电缆的传输带宽较大，电缆带宽相对较小的值为 200～300 MHz，相对较大的值为 500 MHz～50 GHz，带宽随电缆长度的增加而急剧减小。双绞线的带宽更小，从数千赫兹到 800 MHz 左右。同样，实际带宽取决于其长度和其他物理特性。通过特殊的处理技术已经可以在短距离内（＜100 m）将电缆的传输带宽扩展到 100 GHz。

> **拓展知识**
>
> 应尽量保持二进制数据方波的形状。虽然说波形退化为正弦波也可以恢复，但是如果能保持其方波波形，恢复信号的可靠性会更高。

无线电频道的带宽取决于通信主管部门根据实际应用对空闲频谱资源的分配情况。在低频段，频带资源有限，通常只有几千赫兹。在更高频段，可供分配的带宽也更大，通常从几百千赫兹到数兆赫兹。

如第 2 章所述，二进制脉冲是由基波正弦波和许多谐波叠加形成的方波。信道带宽必须足够宽，以保证所有的谐波都可以通过，才能使波形不失真。大多数信道或介质都具有低通滤波特性。例如，语音级电话线的截止频率上限约为 3000 Hz，频率高于截止频率的高次谐波将会被滤除，导致信号失真。谐波的消除会使波形圆滑，从轻微到严重对应的时域波形如图 10-10 所示。

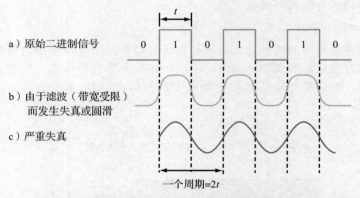

图 10-10　信道带宽受限会滤除二进制信号中的高次谐波，产生失真

如果信号经过滤波产生了严重的失真，二进制信号就可能变成其基波正弦波。若电缆或无线信道的截止频率小于等于二进制信号的基波正弦波频率，则在电缆或无线信道接收端的信号将会是出现了严重衰减的基波正弦波。但是，如果信噪比足够高，则数据信息不会丢失。仍然可以用最小的带宽实现可靠的信息传输。可以通过放大器对正弦波信号进行放大，以补偿信道传输介质对基波正弦波的衰减，然后用施密特触发器或其他电路对其进行时域脉冲波形整形，可以很容易地在接收机处将正弦波信号恢复成方波信号。

通信介质的截止频率上限近似等于信道带宽。根据哈特莱定律，正是这个带宽决定了信道容量。信道容量 C（单位 bit/s）在数值上等于信道带宽 B（单位 Hz）的 2 倍：

$$C = 2B$$

带宽 B 通常与信道截止频率上限（即信号下降 3 dB 处）相同。在无噪条件下这就是信道容量的最大理论极限。

例如，10 kHz 带宽信道的最大理论容量为 $C=2B=2\times10\ 000=20\ 000$ bit/s。

可以通过对比比特时间宽度与基波正弦波的周期得出这个结论。比特率为 20 000 bit/s（20 kbit/s）的二进制信号的比特周期为 $t=1/20\ 000=50\times10^{-6}=50\ \mu s$。

表示一个完整的正弦波周期需要用两个比特间隔，一个为二进制数字"1"，另一个为"0"，1 代表正弦波正半周，0 代表负半周，如图 10-10 所示。两个比特间隔的和为正弦波的周期，即 $50\ \mu s+50\ \mu s=100\ \mu s$。正弦波的周期换算为正弦波的频率为 $f=1/t=1/100\ \mu s=1/100\times10^{-6}=10\ 000$ Hz $=10$ kHz，这就是信道截止频率即带宽。

如果信道条件允许，还是应当尽量保持二进制数据波形的形状。虽然说波形退化为正弦波也可以恢复，但是如果能保持其方波波形，恢复信号的可靠性会更高。这意味着信道必须能够传输信号中的部分低次谐波。按照经验估计，如果带宽等于数据传输速率的 5～10 倍左右，二进制信号的失真会很小。例如，传输 230.4 kbit/s 的串行数据信号，所需带宽的范围至少为 1.152～2.304 MHz。

信号所使用的编码方式也会影响到信号传输所需的带宽。比如使用 NRZ 编码，所需带宽就等于上面的结论。然而使用 RZ 编码所需带宽则是 NRZ 的两倍，这是因为，在不考虑占空比的情况下，包含在矩形波中的基波频率是最高频率脉冲的一个周期持续时间的倒数。图 10-8 中的虚线显示了 NRZ、RZ、RZ-AMI 和曼彻斯特码的最高基波频率。AMI 码的基波频率小于 RZ 的基波频率，而曼彻斯特码的速率是 NRZ 和 AMI 的速率的两倍。

例如，设 NRZ 比特间隔为 100 ns，则以比特每秒表示的数据速率为 $1/t=1/100$ ns $=1/100\times10^{-9}=10$ Mbit/s。

交替的二进制数字"1"和"0"产生的基波正弦波周期是比特时间的两倍，也就是 200 ns，其带宽为 $1/t=1/200\times10^{-9}=5$ MHz。这与用公式计算的结果相同：

$$B=\frac{C}{2}=\frac{10\text{Mbit/s}}{2}=5\text{ MHz}$$

通过图 10-8 可以看出，RZ 和曼彻斯特码的脉冲速率更快，周期时间为 100 ns。二进制数据采用 RZ 和曼彻斯特码后，比特时间是脉冲周期的一半，即 50 ns。比特率或信道容量与这个比特时间相关，为 $1/50$ ns $=1/(50\times10^{-9})=20$ Mbit/s。该比特率对应的带宽为 $C/2=(20\text{ Mbit/s})/2=10$ MHz。

因此，归零码（RZ）和曼彻斯特码编码方案需要两倍的传输带宽。带宽增加是可以带来某些好处的，比如从信号中提取时钟更方便，这在某些系统应用中是非常可取的。

10.3.3　多进制编码

增加信道容量可以使用多进制编码来达到目的，因为多进制编码可以在单个符号内传输更多的比特，也就是可以使用携带超过 1 bit 的符号来传输数据。如图 10-4b 所示的符号可以使用多个电平表示它。还可以使用其他方案，如使用多个不同的相位表示单个符号。此时的信道容量公式为：

$$C=2B\log_2 N$$

式中，N 为每个符号时间间隔内编码的多进制数。由上式可知，对于给定的带宽，如果每个时间间隔使用多进制编码，即 $N>2$，则信道容量（以 bit/s 为单位）会增大。

参见图 10-4，传输二进制信号使用两个电平或符号：0 或 1。比特或符号时间为 1 μs。传输 1 000 000 bit/s 的信号所需带宽用 $C=2B$ 计算，即 $B=C/2$，因此可得最小带宽为 $(1\ 000\ 000\text{ bit/s})/2=500\ 000$ Hz $=500$ kHz。

用新的表达式也可得到相同结果，由 $C=2B\log_2 N$，得到 $B=C/(2\log_2 N)$。

以 2 为底的对数可以用下式计算：

$$\log_2 N = \frac{\log_{10} N}{\log_{10} 2} = \frac{\log_{10} N}{0.301}$$
$$\log_2 N = 3.32 \log_{10} N$$

式中，N 是要计算求出的反对数。以 10 为底或以 e 为底的对数可以用科学计算器计算出来。对于二进制编码（"0" 和 "1" 电平），其带宽为：

$$B = \frac{C}{2 \log_2 N} = \frac{1\,000\,000}{2 \times 1} = 500\,000\,(\text{Hz})$$

对于二进制信号，$N=2$。

继续用 $C = 2B \log_2 N$ 来计算，又因为 $\log_2 N = \log_2 2 = 1$，所以

$$C = 2B \times (1) = 2B$$

对于多进制编码方案，同样可以从 $B = C/(2 \log_2 N)$ 开始计算带宽。信道容量为 2 000 000 bit/s，如图 10-4b 所示，每个符号间隔为 1 μs，这里的多进制数 $N=4$，因此每个符号传输 2 比特信息。则带宽为 2 000 000 bit/s/$(2 \log_2 4)$，因为 $\log_2 4 = 2$，所以

$$B = \frac{2\,000\,000}{2 \times 2} = \frac{2\,000\,000}{4} = 500\,000\ \text{Hz} = 500\ \text{kHz}$$

显然，使用四进制编码方案，可以在相同的带宽下以两倍速率进行数据传输。在带宽为 500 kHz 下，用四进制编码，数据传输速率为 2 Mbit/s，而用二进制编码传输的数据传输速率只有 1 Mbit/s。

为了在给定带宽内使传输数据的速率更高，可以使用更多电平表示符号，每个电平可表示 3 bit、4 bit 或者更多比特的信息。多电平符号不仅可以用电压变化表示；还可以用频率变化和相位变化表示。甚至可以用电压与相位或频率变化的组合，可以实现更高的传输数据速率。

10.3.4　信道噪声的影响

信息论的另一个重要研究方向是噪声对信号的影响。正如前面几章所讨论的，增加带宽可以提高传输速率，但也会引入更多的噪声，因此在对带宽进行选择时需要进行权衡。

信道容量、带宽和噪声之间的关系被总结在香农-哈特莱定理中：

$$C = B \log_2 \left(1 + \frac{S}{N}\right)$$

式中，C 是信道容量，单位为 bit/s；B 是带宽，单位为 Hz；S/N 是信噪比。

例如，计算带宽为 3100 Hz、信噪比为 30 dB 的语音级电话线的最大信道容量。

首先，将 30 dB 换算为功率比。设 $\text{dB} = 10 \log P$，其中 P 是功率之比，那么 $P = \text{antilog}\,(\text{dB}/10) = \log^{-1}(\text{dB}/10) = 10^{\text{dB}/10}$。反对数可以用科学计算器计算。30 dB 的信噪比换算为功率比为：

$$P = \log^{-1} \frac{30}{10} = \log^{-1} 3 = 1000$$

可得信道容量：

$$C = B \log_2 \left(1 + \frac{S}{N}\right) = 3100 \log_2 (1 + 1000) = 3100 \log_2 1001$$

以 2 为底的 1001 的对数是：

$$\log_2 1001 = 3.32 \log_{10} 1001 = 3.32 \times 3 = 9.97 \approx 10$$

因此，信道容量为：

$$C = 3100 \times 10 = 31\,000\ \text{bit/s}$$

对于 3100 Hz 这样窄带宽的信道，达到 31 000 bit/s 的比特率，这个比特率还是非常

高的。这似乎与前面讨论的结果有些相悖，即最大信道容量是信道带宽的两倍。如果语音级线路的带宽为 3100 Hz，则信道容量为 $C=2B=2\times3100=6200$ bit/s。这个速率仅适用于二进制（两个电平）系统，并且假设噪声为零。那么，当噪声存在时，香农-哈特莱定理是怎么算出信道容量为 31 000 bit/s 的？

香农-哈特莱定理表示的是理论值，即在理论上可在 3100 Hz 带宽的信道上达到 31 000 bit/s 的信道容量。但是该定理并没有说需要使用多进制编码进行传输。用基本信道容量表达式 $C=2B\log_2 N$，这里的 $C=31\,000$ bit/s，$B=3100$ Hz。求编码进制数或者符号电平数，对公式进行变换，可得

$$\log_2 N = \frac{C}{2B} = \frac{31\,000}{2\times3100} = \frac{31\,000}{6200} = 5$$

因此，

$$N = 2^5 = 32$$

所以，可使用多进制编码方案来实现高达 31 000 bit/s 的信道容量，多进制编码中每个符号内会有 32 个不同的电平，而不是像二进制系统只有两个电平。该信道的波特率仍然是 $C=2B=2\times3100=6200$ Bd/s。由于使用了三十二进制编码方案，所以比特率为 31 000 bit/s。事实证明，在实践中很难实现最大的信道容量。典型的系统一般将信道容量限制在最大容量的三分之一至二分之一之间，以确保在有噪声的条件下实现可靠的数据传输。

例 10-2 通信信道的带宽为 12.5 kHz，信噪比为 25 dB。计算：a. 最大理论数据速率，单位为 bit/s；b. 最大理论信道容量；c. 达到最大速率所需的编码进制数 N。（对于问题 c 来说，可以使用科学计算器上的 y^x 键）。

a. $C=2B=2\times12.5$ kHz$=25$ kbit/s

b. $C=B\log_2(1+S/N)=B\times3.32\times\log_{10}(1+S/N)$

25 dB$=10\log P$，这里的 $P=S/N$

$\log P = \dfrac{25}{10} = 2.5$

$P=$ antilog $2.5=\log^{-1} 2.5=316.2$ 或 $P=10^{2.5}=316.2$

$C=12\,500\times3.32\times\log_{10}(316.2+1)$

$\quad=41\,500\ \log_{10}317.2$

$\quad=41\,500\times2.5$

$C=103\,805.3$ bit/s$=103.8$ kbit/s

c. $C=2B\log_2 N$

$\log_2 N=C/(2B)$

$N=$ antilog$_2 C/2(B)$

$N=$ antilog$_2^{-1}(103\,805.3)/2(12\,500)=$ antilog$_2 4.152$

$N=2^{4.152}=17.78$，即十七进制或符号电平数 ◀

10.4 数字调制解调的概念与方式

二进制信号是开关直流脉冲，如何通过电话线、有线电视信道、同轴电缆、双绞线或无线链路传输这种信号呢？即使二进制数据传输速率非常高，其脉冲信号也可以通过电缆在短距离内传输。信号传输路径中的变压器、电容和其他的交流电路会阻碍直流信号通过，造成直流脉冲信号无法识别。此外，高速数据会被带宽受限的传输介质滤除。

那么，如何通过电缆和无线链路传输数字信号呢？答案是使用宽带通信技术中的调制技术，它由调制解调器来实现。顾名思义，调制解调器就是含有调制器和解调器的设备。

调制解调器将二进制数字信号转换为可以通过电话线、有线电视链路和无线电信道传输的

> **拓展知识**
> 如果将一个二进制信号直接输入到电话网络，它根本无法被正常传输。

模拟信号，也能对已调模拟信号进行解调，恢复相同的二进制数字信号。如图 10-11 所示为数字传输中常用的两种调制解调器。在图 10-11a 中，两台计算机通过调制解调器进行数据交换。如果其中一台计算机的调制解调器在发送数据，那么另一台计算机的调制解调器就是在接收数据。调制解调器可以按全双工方式工作。在图 10-11b 中，远程视频终端或个人计算机正在使用调制解调器与大型服务器计算机进行通信。调制解调器就是构成互联网的数百万台个人计算机与服务器之间的通信接口。

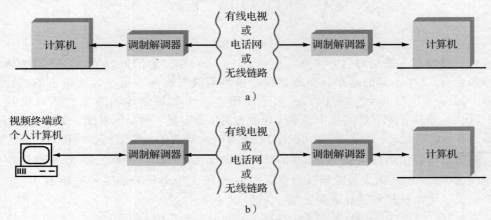

图 10-11　用调制解调器在电话网上传输数字信号的原理

调制解调器有四种基本类型：低速模拟调制解调器、数字用户线（DSL）调制解调器、有线电视调制解调器和无线调制解调器。在接下来的章节中将讨论前三种调制解调器。电话拨号模拟调制解调器目前已不再广泛使用了，只有一些低数据速率的有线或者无线通信设备还在使用该技术。

10.4.1　数字调制技术

现代调制解调器使用的数字调制技术主要有四种类型：频移键控（FSK）、相移键控（PSK）和正交振幅调制（QAM）和正交频分复用（OFDM）。FSK 主要用于有噪声环境下的低速（<500 kbit/s）调制解调器。PSK 可以在较窄的带宽下以较高的速率传输信息。QAM 是振幅调制和 PSK 的结合，它可以在窄带宽内达到非常高的数据传输速率。OFDM 需要在非常大的带宽上工作，可以在有噪声的环境中实现非常高的速率。

频移键控。在调制解调器中使用的最古老和最简单的调制形式是频移键控（FSK）。FSK 使用两个正弦波频率来表示二进制数字"0"和"1"。例如，二进制数字"0"，通常称为空号，用频率 1070 Hz 表示。二进制数字"1"，称为传号，用频率 1270 Hz 表示。这两个频率被交替传输，就实现了串行二进制数据的传输。整个过程产生的信号波形大致如图 10-12 所示。这两个频率通常都在电话系统中的

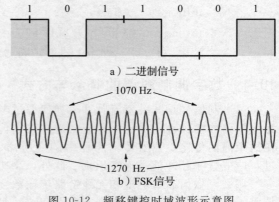

图 10-12　频移键控时域波形示意图

300～3000 Hz 的带宽范围内，如图 10-13 所示。

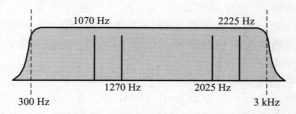

图 10-13　在电话音频通带范围内的 FSK 信号频谱分布情况

　　由于调制解调器需要同时进行发送和接收操作，称为全双工操作，那么就需要再定义另外一组频率，如图 10-13 所示，空号二进制数字"0"用 2025 Hz 表示；传号二进制数字"1"用 2225 Hz 表示。这些信号频率也处于电话带宽范围内，但与其他两个频率的间隔足够远，所以用具有选择性的滤波器可以很容易将它们区分开。1070 Hz 和 1270 Hz 的频率用于发送（信号源），2025 Hz 和 2225 Hz 的频率用于接收（应答）。

　　图 10-14 是 FSK 调制解调器的调制器、解调器部分的原理框图。每个调制解调器都包含一个 FSK 调制器和一个 FSK 解调器，从而可以实现发送和接收操作。每个调制解调器的输入端的带通滤波器可将两个频率分开。例如，在上面的工作在较高频段的调制解调器中，其带通滤波器的通带范围为 1950～2300 Hz。这意味着 2025 Hz 和 2225 Hz 这两个频率的信号可以通过，但由它内部调制器产生的 1070 Hz 和 1270 Hz 频率的信号将被滤除。而在另一端工作在低频段的调制解调器也有自己的带通滤波器，它允许较低频率的 FSK 信号通过，同时滤除它自己所产生的高频信号。

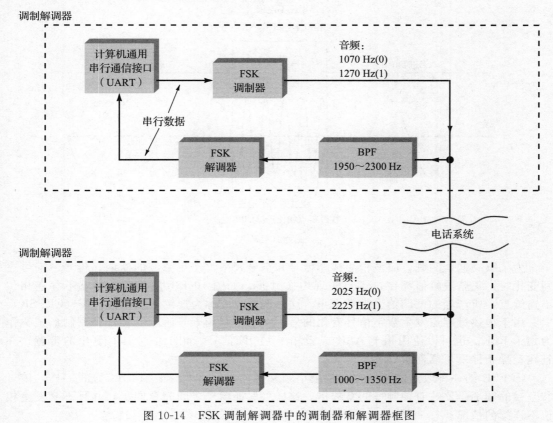

图 10-14　FSK 调制解调器中的调制器和解调器框图

用于实现 FSK 的调制器和解调器电路类型非常丰富。实际上在第 6 章中所讨论的电路就可以拿来使用。典型的 FSK 调制器可以仅由一个振荡器组成，只要它能在两个振荡频率之间进行切换即可。而典型的解调器可以用 PLL 实现。目前的大多数调制解调器均使用了数字技术，因为数字技术相对简单，并且更适于用集成电路实现。目前大部分的调制解调功能都是由 DSP 技术实现的。

FSK 信号通常占用的带宽较宽，因为在 FM 过程中会产生多个边带分量。快速的二进制调制信号中包含的谐波也会产生更高次的边带分量。突变的信号还会进一步加剧这个问题。目前已经有多种技术来提高 FSK 方式的频谱效率。频谱效率是指特定调制技术在最小带宽内实现最大数据传输速率的能力。

如果传号和空号频率是任意选择的，它们的相位可能不相干。也就是说，在 0 变 1 或 1 变 0 的过渡中，将会出现信号相位突变，如图 10-15a 所示。这些"小扰动"或相位的不连续会产生更多的谐波和更大的带宽。此外，这种不连续性使解调难度变大，会让误码率上升。

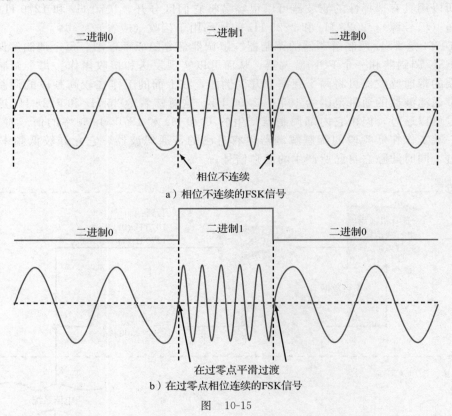

a）相位不连续的FSK信号

b）在过零点相位连续的FSK信号

图　10-15

为了解决这个问题，应该精心选择传号和空号频率，使正弦波的周期在传号、空号之间变化时，正弦波幅值都在过零点实现切换过渡，如图 10-15b 所示。这样就不存在相位不连续点，所产生的已调信号带宽更小。这种调制方式称为连续相位频移键控（CPFSK）。

用于描述过零点发生数字信号变化的另一个术语叫相干。所以可将这种调制形式称作为相干 FSK。也可以使用相干 ASK 或者相干 OOK 信号。相干信号具有更小的带宽，并且在有噪条件下可靠性更好。

CPFSK 的一种改进的调制方式是最小频移键控（MSK）。与 CPFSK 方式一样，传号和空号的频率是比特时钟频率的整数倍。这样可保证信号之间完全同步，并且不会发生相位不连续的情况。

MSK 通过使用较低的调制指数进一步提高频谱效率。回忆一下第 5 章的内容，边带对产生的数量（因此会使信号带宽展宽）与调制指数成正比。对于模拟 FM，调制指数为

$$m_{\mathrm{f}} = \frac{f_{\mathrm{d}}}{f_{\mathrm{m}}}$$

式中，f_{d} 是频偏，f_{m} 是调制信号频率。对于 FSK，调制指数 m 为

$$m = \Delta f \times T$$

式中，Δf 是空号频率 f_{S} 与传号频率 f_{M} 的偏差，即频偏：

$$\Delta f = f_{\mathrm{S}} - f_{\mathrm{M}}$$

T 为比特时间，也就是数据传输速率的倒数。

$$T = \frac{1}{\text{数据传输速率}}$$

通常将 MSK 的 m 定为 0.5。当然，有的系统选用其他值（如 $m = 0.3$）也是可以的。

例如，假设 MSK 调制解调器的 $f_{\mathrm{M}} = 1200\ \mathrm{Hz}$，$f_{\mathrm{S}} = 1800\ \mathrm{Hz}$，比特率为 $1200\ \mathrm{bit/s}$。那么调制指数为

$$\Delta f = f_{\mathrm{S}} - f_{\mathrm{M}} = 1800 - 1200 = 600\ \mathrm{Hz}$$

$$T = \frac{1}{\text{数据传输速率}} = \frac{1}{1200} = 0.000\,833\,3\ \mathrm{s}$$

$$m = \Delta f \times T = 600 \times 0.000\,833\,3 = 0.5$$

MSK 已经算是一种频谱效率较高的 FSK 形式了，不过，通过对二进制调制信号提前进行滤波，将信号中的高次谐波滤除，还可以进一步减小 MSK 信号的带宽。最佳的前置滤波器之一是高斯低通滤波器。它可以使边沿变平滑，并且稍微延长上升和下降时间。这反过来又进一步减小了高次谐波的占比，降低了整个信号的带宽。高斯滤波后的 MSK 称为 GMSK。它被广泛应用于数字通信中，是 GSM 数字手机的基础。有时也可以使用多进制 FSK。普通 FSK 是 2FSK。还有其他形式的 FSK，如 4FSK、8FSK 和 16FSK，每个符号可以携带更多的比特信息。

相移键控。在相移键控（PSK）中，待传输的二进制信号去改变正弦波的相位。正弦波的相移取决于传输的二进制数字是 "0" 还是 "1"（相移是指频率相同的两个正弦波之间的时间差）。图 10-16 所示为几个相移的例子。180°是相移最大值，称为反相或倒相。

图 10-17 所示为 PSK 的最简单形式——二进制相移键控（BPSK）。在二进制数字 "0" 出现期间，载波信号以某个相位值传输。而在二进制数字 "1" 出现时，载波信号发生 180°的相移。

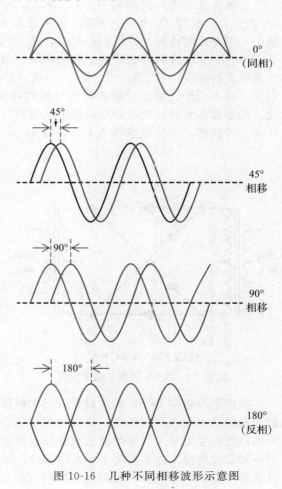

图 10-16 几种不同相移波形示意图

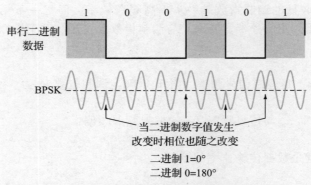

图 10-17　二进制相移键控的时域波形

　　图 10-18 所示为用于产生 BPSK 的电路，它就是标准的二极管环形调制器电路，即平衡调制器，可用于产生 DSB 信号。正弦波载波施加到输入变压器 T_1 的一次侧；二进制数字信号施加到两个变压器的中心抽头上，为电路中的二极管提供开关信号。当在输入端出现二进制数字“0”时，图中的 A 点为“＋”，B 点电压为“－”，二极管 D_1 和 D_4 导通，相当于闭合开关，使 T_1 的二次绕组和 T_2 的一次绕组连通。绕组相位一致，使 T_2 的二次侧的 BPSK 输出与载波输入同相。

　　当输入端出现二进制数字“1”时，A 点为“－”，B 点为“＋”，所以二极管 D_1 和 D_4 截止，二极管 D_2 和 D_3 导通。再次连通了变压器 T_1 的二次绕组和变压器 T_2 的一次绕组，但是此时连通的绕组端口相反，使 T_2 的二次绕组的输出是载波 180°的相移。

　　BPSK 信号的解调也是由平衡解调器完成的。可以使用如图 10-19 所示的二极管环形解调器进行解调。它实际上与图 10-18 所示的电路相同，只是输出信号来自变压器的中心抽头。将 BPSK 已调信号和载波信号施加到变压器上。IC 平衡调制器也可以工作在低频段。调制器和解调器电路与混频器中使用的双平衡调制器相同。这些调制器有成品和测试样品元件提供，工作频率可达 1 GHz 左右。

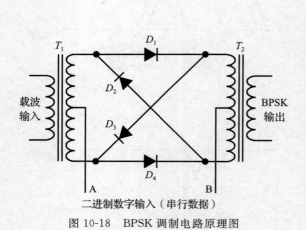

图 10-18　BPSK 调制电路原理图

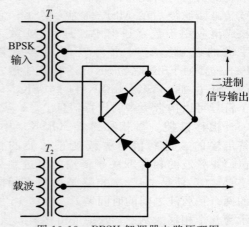

图 10-19　BPSK 解调器电路原理图

　　实现正确解调 BPSK 的关键是，必须保证与 BPSK 信号一起施加到平衡调制器中的载波与发射机中载波同频同相。接收机载波通常提取自 BPSK 信号本身，使用如图 10-20 所示的载波恢复电路。带通滤波器确保只有期望的 BPSK 信号通过。再将信号同时施加到平衡解调器或模拟乘法器的两个输入端，进行平方运算，即信号本身相乘。通过平方运算可以消除所有的 180°相移，使得输出端得到的是输入信号频率的二倍频（$2f$）。用设为载波频率两倍的带通滤波器对输出信号滤波，只保留二倍频信号。将二倍频信号加载到 PLL 中的鉴相器。需要注意，在 VCO 和鉴相器之间有一个倍频器，可以确保 VCO 输出频率等于载波频率。使用 PLL 可以控制 VCO 跟踪载波出现的频率变化。得到频率和相位与已调信号有正确关系的信号用于解调。将载波与 BPSK 信号都输入到平衡调制解调器中，即可恢复出二进制数据流。

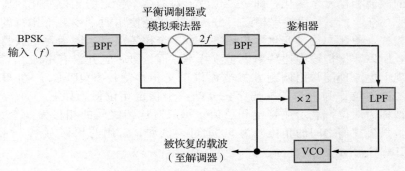

图 10-20　BPSK 载波恢复电路原理框图

差分相移键控。为了简化解调过程，可以使用一种被称为差分相移键控（DPSK）的二进制 PSK 调制方式。在 DPSK 中，不再需要绝对的载波相位参考。而是传输的已调信号本身就是相位参考。在解调 DPSK 时，将接收到的比特的相位与接收到的前一个比特的相位进行比较。

为了使 DPSK 能正常工作，需对原始二进制比特流进行差分相位编码，在这个过程中串行比特流通过一个同或电路（XNOR），如图 10-21a 所示。需要注意，同或电路的输出信号被施加到 1 位延迟电路后再反馈回同或输入端，延迟可以用时钟触发器或延迟线实现。所产生的编码比特模式可用于恢复信号，因为可以将当前比特的相位与前一个接收的比特的相位进行比较。

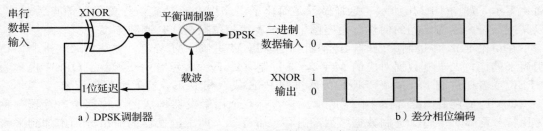

a）DPSK 调制器　　　　　　　　　　　　　　b）差分相位编码

图 10-21　DPSK 调制原理示意图

如图 10-21b 所示为要传输的输入二进制位和同或电路的输出。同或电路本身是一个 1 位比较器，若两个输入值相同，其输出为二进制数字"1"；若两个输入值不同，其输出为二进制数字"0"。电路的输出通过存储于触发器的方式延迟一个比特间隔。因此，同或电路输入是当前位和前一位。然后，将同或电路输出信号与载波一起施加到平衡调制器，实现 DPSK 调制。

解调电路如图 10-22 所示。DPSK 信号施加到 1 位延迟电路和平衡调制器的一个输入端，延迟电路可以用触发器或延迟线构成。延迟电路的输出作为参考载波。得

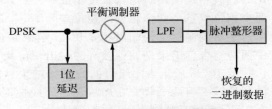

图 10-22　DPSK 解调器原理框图

到的输出信号通过低通滤波器滤波以恢复二进制数据。通常，低通滤波器的输出再经过施密特触发器或比较器进行整形，最后获得干净、高速的二进制电平信号。

正交相移键控。BPSK 和 DPSK 的主要问题是其数据传输速率会受给定信道带宽限制。可以采用数据传输速率增加但是信号带宽不变的调制方式传输信号，也就是让每个相位变化编码携带的信息超过 1 bit。这样 BPSK 和 DPSK 每 bit 所表示的是一个符号发生变化，其对应的载波相位发生变化，即每一位波形对应一个特定的相位变化，所以 BPSK 和 DPSK 的波特（符号）率和比特率相同。另一种方法是使用两个或多个比特的组合表示成某一特定的相移，使一个符号变化（相移）表示多个比特信息。因为每个波特可以编码为含有多个位，所以数据传输中比特率大于波特率，而信号带宽并没有增加。

用于实现上述原理的常用调制方式被称作正交相移键控（QPSK）。在 QPSK 中，每两个连续的二进制位作为一个传输码字，分配一个指定相位值，如图 10-23a 所示。每两个串行的位被称为双位，表示成特定相位值。每一对比特之间的相移为 90°。也可以使用其他相角值，只要它们之间的相位差为 90° 即可。例如，常用的相移为 45°、135°、225° 和 315°，如图 10-23b 所示。

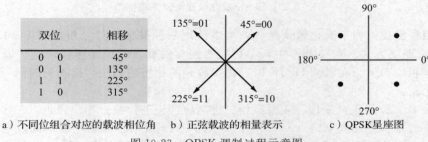

双位	相移
0　0	45°
0　1	135°
1　1	225°
1　0	315°

a）不同位组合对应的载波相位角　　b）正弦载波的相量表示　　c）QPSK 星座图

图 10-23　QPSK 调制过程示意图

图 10-23b 中的图称为星座图，以相量的形式表示调制信号。箭头或相量的长度表示信号的峰值电平，而它与坐标轴的角度就是相移。有时星座图可以用位于箭头位置的点来简化表示，如图 10-23c 所示。这样做只是简化了星座图，还是应该想象是以原点为起点，以其中某一个点为终点的向量。星座图常用于表示相位振幅联合调制方案。

在讨论 PSK 多进制编码时，经常听到的术语 M 进制（M-ary），它是从"二进制"衍生而来的词，二进制数据对应的 $M = 2$，二进制（2-ary）表示有两个相移。QPSK 也称为4-PSK 或者四进制 PSK；8-PSK 称为八进制 PSK 或八相 PSK，有 8 个相位位置。

QPSK 的调制电路如图 10-24 所示。它含有一个用触发器构成的 2 位移位寄存器，称为比特分配器。串行二进制数据序列经过移位寄存器，两个触发器的输出分别施加到平衡调制器的两个输入端。载波振荡器的输出直接进入平衡调制器 1，通过 90° 移相器的载波进入平衡调制器 2。平衡调制器输出两路信号：同相信号（I）和正交信号（Q），然后经过线性混合（即相加）得到 QPSK 信号。所以可以将 QPSK 调制器视为 2 位多路复用器。

每个平衡调制器输出的都是 BPSK 信号。若输入二进制数字"0"，平衡调制器产生特定的载波相位值；若输入二进制数字"1"，载波相位偏移 180°。平衡调制器 2 的输出也有两个相位状态，两个相位的相位差为 180°。输入端的 90° 载波相移导致平衡调制器 2 的输出与平衡调制器 1 的输出相差 90°。结果是得到四种不同的载波相位，它们在线性混合器中两两组合。结果是四种独有的输出相位状态。

图 10-25 所示为一组可能的相移结果。需要注意，两个平衡调制器的载波输出有 90° 的相位差。当两个载波在加法器（即线性混合）中代数相加，得到相移为 225° 的正弦波，介于两个平衡调制器信号的相移值中间。

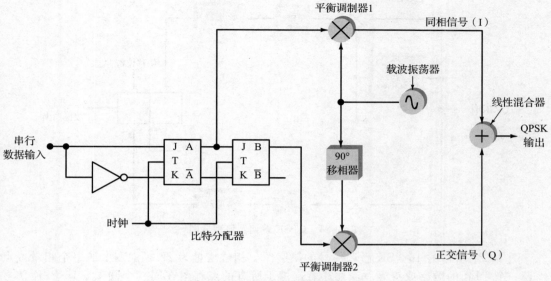

图 10-24　QPSK 调制器组成框图

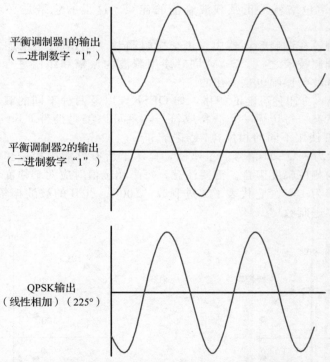

图 10-25　调制器如何通过将两个信号相加来产生正确的相位

　　QPSK 的解调器如图 10-26 所示。载波恢复电路与前述的电路类似。载波施加到平衡调制器 1，相移 90°后施加到平衡调制器 2。两个平衡调制器的输出经过滤波再整形成比特流。这 2 位经过移位寄存器组合并移出，就恢复出了原始的二进制信号。

　　在每次相位变化中编码更多的比特，会产生更高的数据传输速率。例如，在 8-PSK 中，三个串行二进制位产生总共 8 个不同的相位变化。在 16-PSK 中，4 个串行二进制位输入产生 16 个不同的相位变化，均可获得更高的数据传输速率。

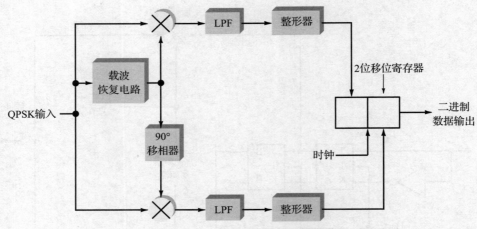

图 10-26　QPSK 解调器原理框图

图 10-27 所示为 16-PSK 已调信号的星座图。相位增量为 22.5°。图上的每个相量或点代表一个 4 bit 的数字或符号。需要注意，由于所有的点都落在同一个圆上，16-PSK 信号的振幅保持不变，只有相位发生变化。圆的半径就是信号的幅度峰值。这样的信号具有恒定的"包络"，所谓包络就是正弦载波峰值的连线。这里的包络是平坦的或恒定的，与FM 信号相同。

正交振幅调制。 在调制解调器中，正交振幅调制（QAM）是增加每波特携带位信息数量的最常用的调制技术之一。QAM 同时使用载波的振幅和相位进行调制；不仅产生不同的相移，而且载波的振幅也是变化的。

在 8-QAM 中，有四种可能的相移，如 QPSK，以及两种不同的载波幅度，因此可以传输 8 种不同的状态。每传输一个波特或符号，就可以编码携带 3 bit 信息。传输的每个3 bit 二进制码字都使用不同的相位-幅度组合。

图 10-28 所示为 8-QAM 信号的星座图，显示了所有可能的相位和幅度组合。图中的点表示八种可能的相位幅度组合。需要注意，每个相位值对应两个幅度电平。点 A 表示的载波振幅小，相移为 135°。它代表了二进制数"100"。点 B 的载波振幅大，相移为 315°，这个正弦波表示二进制数"011"。

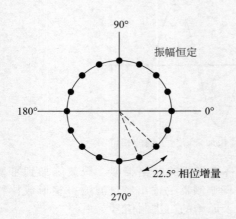

图 10-27　16-PSK 信号的星座图

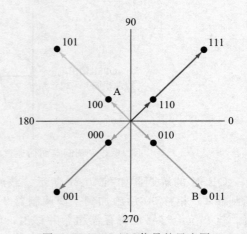

图 10-28　8-QAM 信号的星座图

注：每个相量都对应一个特定的幅度和相移组合，
代表三位二进制码字

　　8-QAM 调制器的原理框图如图 10-29 所示。待传输的串行二进制数据被串行输入到 3 位移位寄存器中。这些比特以成对的形式分组施加到 2-4 电平转换器上。2-4 电平转换器电路可以由一个简单的 D/A 转换器实现，它将两位二进制数字转换为四个可能的直流电平中的一个。也就是说，所产生的对应于两个输入比特的是不同的四个直流电平，是四个等间隔的电压。再将它们分别施加到两个平衡调制器中，两个平衡调制器的载波相位差为 90°，与 QPSK 调制器中的载波相同。每个平衡调制器都会产生四种不同的输出相位-幅度组合。当这些组合在线性混合器中组合时，会产生八种不同的相位幅度组合。该电路中最关键的电路是 2-4 电平转换器。它必须非常精确地输出幅度值，以便在线性加法器中组合时，产生正确的输出幅度与相位组合。电平转换器可以用简单的数/模转换器（DAC）实现。

> **拓展知识**
>
> 在 QAM 中，电路中最关键的部分是电平转换器。它们的输出幅度必须非常精确，以便产生正确的输出和相位组合。

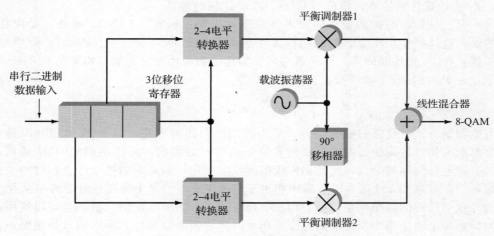

图 10-29　8-QAM 调制器组成框图

　　还可以通过一次编码 4 个输入比特来生成 16-QAM 信号。结果是 12 个不同的相移和 3 个幅度电平，总共产生 16 个不同的相位-幅度组合。甚至可以使用 64-QAM 和 256-QAM 实现更高的数据传输速率。还可以使用 1024-QAM 至 4096-QAM 的多进制调制方案。这类调制方式主要用于有线电视调制解调器、无线局域网（WLAN）、卫星、5G 手机和高速固定宽带无线应用。

　　图 10-30 是 16-QAM 信号的星座图，图中的每个点代表了一个 16QAM 的相位幅度位置的符号，每个符号可以用 4 位二进制数表示，可显著提高窄带信道的数据传输速率。这些图样可以在示波器上观察到，其中 I 信号接入在 x（水平）输入上，Q 信号接入在 y（垂直）输入上。每个相位-幅度组合用一个点显示。

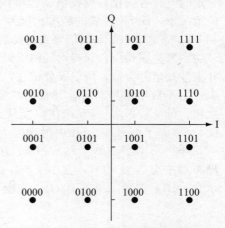

图 10-30　16-QAM 调制器的星座图

10.4.2　频谱效率和噪声

　　如本节前文所述，频谱效率是在给定的带宽下，对数据传输速率的一种度量。单位是 (bit/s)/Hz。显然，不同的调制方式有着不同的频谱效率。下表给出了几种常见调制类型的频谱效率。

调制方式	频谱效率，（bit/s）/Hz
FSK	<1
GMSK	1.35
BPSK	1
QPSK	2
8-PSK	3
16-QAM	4

采用 BPSK 调制，其频谱效率为（1 bit/s）/Hz，实际上，可以将数据传输速率等效为带宽，即：

$$\mathrm{BW} = f_b = \frac{1}{t_b}$$

式中，f_b 为数据传输速率，单位为 bit/s；t_b 是比特时间。

另一个会显著影响频谱效率的因素是信道噪声即信噪比（S/N）。显然，噪声越大，造成的误码就越严重。在给定的时间内发生的误码个数称为误码率（BER）。简单地说，误码率就是在 1 s 传输时间内，误码数与传输的比特数的比值。例如，如果在 10 Mbit/s 的传输中，在 1 s 内出现了 5 个错误，则误码率为：

$$\mathrm{BER} = \frac{5}{10 \times 10^6} = 0.5 \times 10^{-6} \text{ 或 } 5 \times 10^{-7}$$

有些调制方式有较强的抗噪能力。基本的二进制调制方式，如 FSK 和 BPSK 是对噪声的容忍能力相对较高的。而 QAM 很容易受到噪声的影响。多进制调制的 M 越高，噪声就越有可能影响到每个点，使其相位或幅度发生变化。如果影响过于严重，这些变化会产生误码。在观察 QAM 信号时，噪声相当于是星座图上的单个标准点附近的一簇点。

前几章中所述的信噪比是信号方均根电压与噪声方均根电压的比值。也可以使用载波的平均功率加上边带功率，再求其与噪声功率的比值表示信噪比，噪声通常是热噪声。这种称为载波噪声比（C/N），简称载噪比，C/N 一般用分贝表示。

图 10-31 显示了不同调制方式的载噪比与误码率之间的关系。由图可以看出，当误码率一定时，符号变化最少或数据速率较低的调制方式的低载噪比性能最佳。在误码率为 10^{-6} 的情况下，BPSK 需要的载噪比仅为 11 dB，而 16-QAM 则需要 20 dB。调幅信号总是比 PSK 和 FSK 等恒定包络调制信号更易受到噪声影响，所以对于抗噪性能差的方式，需要更大的信号功率来克服噪声，获得期望的误码率。此图可用于比较和评估不同调制方案的性能。图中并未涉及信号带宽，所以需要记住，在比较调制方案时，噪声会随带宽的增加而增加。

对于数字信号而言，其常用的度量信噪比的参数是每个位传输的能量与噪声功率密度之比，即 E_b/N_0。需要记住，能量是以焦耳（J）为单位表示的，其中，1 J/s = 1 W。因此，E_b 等于信号在 1 bit 内的功率 P 与比特时间 t_b 的乘积，即 $E_b = Pt_b$。

噪声功率密度单位为 W/Hz，用 N_0 表示，等于热噪声功率 N 除以信道带宽 B。而热噪声功率为 $N = \mathrm{k}TB$，其中 k = 1.38×10^{-23} 为玻耳兹曼常数，T 是绝对温度，单位为开尔文；B 是带宽，单位为 Hz。室温约为 290 K。

$$N_0 = \frac{\mathrm{k}TB}{B} = \mathrm{k}T$$

最终结果为

$$\frac{E_b}{N_0} = \frac{Pt_b}{\mathrm{k}T}$$

这种关系可以进一步换算为以 C/N 表示 E_b/N_0。关系式为：

$$\frac{E_{\mathrm{b}}}{N_0}=\left(\frac{C}{N}\right)\left(\frac{B}{f_{\mathrm{b}}}\right)$$

式中，B 是带宽，单位为 Hz；f_{b} 是比特率，这里的 $f_{\mathrm{b}}=1/t_{\mathrm{b}}$。若给定 C/N 和其他参数，就可以计算出 E_{b}/N_0 值。用 E_{b}/N_0 作为性能指标去比较不同的系统时，可以不必考虑具体的带宽值，因为它相当于将各种不同的多相位/振幅调制方案归一化为 1 Hz 的噪声带宽。所以，如果在给定误码率的情况下，用 E_{b}/N_0 值作为性能指标去衡量和比较各种调制方式的抗噪性能是一种更好的方式。所以经常会看到图 10-31 所示的曲线，纵轴是 BER，横轴是 E_{b}/N_0 而不是 C/N。图 10-32 所示就是一个典型的例子。注意采用相干解调所起到的作用，相干解调指的是接收端的解调器的载波正弦波在过零点开始和停止。在给定的误码率（BER）下，相干 OOK 解调方式比非相干 OOK 解调方式所需要的信噪比更低，抗噪性能更好。

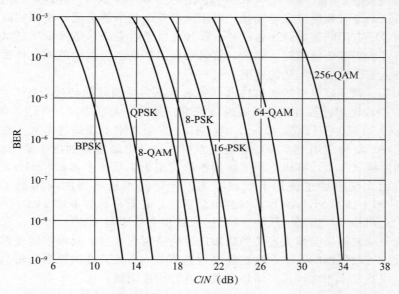

图 10-31　常见的数字调制方式误码率与载噪比（C/N）的关系曲线

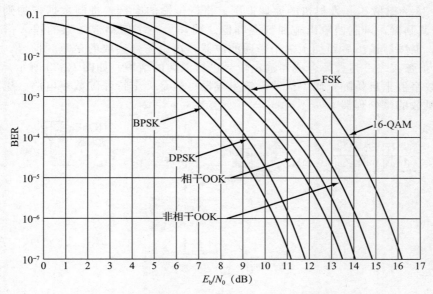

图 10-32　不同调制方式信噪比 E_{b}/N_0 和误码率的关系

10.5 宽带调制技术

大多数的调制方法都是设计用来提高频谱效率的，即每赫兹带宽尽可能传输更多比特的信息，目标是传输信号所占用信道的频谱空间最小，在给定带宽内传输尽可能高的数据速率。然而，还有另一类调制方式的作用却恰恰相反。这些调制方法被设计用来占用更多的带宽。传输的信号所占用的带宽是消息带宽的许多倍。这种宽带调制技术带来了特殊的好处。最广泛使用的两种宽带调制方法是扩频和正交频分复用。

10.5.1 扩频通信技术

扩频（SS）是一种调制和多路复用技术，它将信号及其边带分布在非常宽的频带上。传统上，调制或多路复用技术的效率取决于它使用的带宽有多小。各种类型的无线电通信业务的持续增长，导致频谱越来越拥挤，可用频谱空间越来越有限，使得实际系统对数据通信中给定信号所占用的带宽越来越敏感。设计人员通常会绞尽脑汁来尽量减小通信系统和设备发射信号所需的传输带宽。那么，将信号频谱扩展到很宽的范围上传播的方案有什么价值？本节主要讨论这个问题的答案。

扩频技术是一种比较安全的通信技术，基本上不会受到其他信号干扰。20 世纪 80 年代中期，FCC 授权民用设备可使用扩频通信技术。目前，无须许可，可用的频段有 902～928 MHz、2.4～2.483 GHz、5.725～5.85 GHz，发射功率不能超过 1 W。在这些频段上的扩频通信正在广泛地应用于各种商业通信系统中，其中最重要的应用是无线数据通信。许多局域网和便携式个人计算机的调制解调器均使用了扩频技术，900 MHz、2.4 GHz 和 5.8 GHz 频段的无绳电话也使用了扩频技术。扩频技术最典型的应用是工作在 800～900 MHz 和 1800～1900 MHz 频段的蜂窝电话系统，它就是码分多址（CDMA）技术。

扩频技术有两种基本类型：跳频（FH）扩频和直接序列（DS）扩频。在跳频扩频系统中，发射机的载波频率受预先定义的伪随机序列控制而改变，其频率跳变速率高于调制该载波的串行二进制数据的速率。在直接序列扩频中，串行二进制数据与较高频的伪随机二进制码以较快的速率相乘，再将结果对载波进行相位调制。

10.5.2 跳频扩频技术

图 10-33 为跳频扩频发射机的原理框图。将待传输的串行二进制数据施加到传统的双音频 FSK 调制器，调制器输出施加到混频器。同样另一个驱动混频器的输入信号来自频率合成器。混频器输出后面加了一个带通滤波器，输出信号选取的是差频信号，该差频是两个 FSK 正弦波之一与频率合成器输出信号进行混频的结果。如图 10-33 所示，频率合成器的控制数字值来自伪随机码生成器，该生成器可能是一个特殊的数字电路，也可能就是输出伪随机数的微处理器。

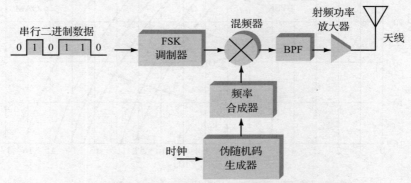

图 10-33 跳频扩频发射机组成原理框图

伪随机码是随机变化的二进制数字"0"和"1"的串行序列。"1"和"0"的随机性使该电路的串行输出表现为数字噪声。有时用伪随机码生成器输出的数字序列也被称为伪随机噪声（PSN）。二进制序列实际上是可预测的，因为它的输出经过若干个比特变化后会循环发生重复输出，所以称之为"伪"噪声。其随机性足以最大限度地减少被意外复制编码的可能性，而具有可预测性的伪随机序列能保证在接收机中可对发送来的扩频编码信号进行接收解扩，恢复出原始的消息。

PSN 序列通常由类似于图 10-34 所示的移位寄存器电路产生。图中的移位寄存器的八个触发器的时钟信号来自外部时钟振荡器。移位寄存器的输入是由两个或多个触发器的输出值经过异或（XOR）运算得到，正是这种电路组成产生了伪随机序列。输出取自寄存器中的最后一个触发器。改变寄存器中的触发器数量，或输出被异或并反馈都会改变编码输出的序列。或者，可以对微处理器进行编程以生成伪随机序列。

图 10-34　典型的伪随机码（PSN）生成器

在跳频扩频系统中，频率合成器的频率变化率高于数据传输速率。这意味着，尽管它产生的数据位和 FSK 频率在 1 bit 间隔内保持不变，但频率合成器在此期间会多次切换频率。如图 10-35 所示，其中的频率合成器针对串行二进制数据的每个比特时间改变频率四次。频率合成器保持在单一频率上的时间称为停留时间。频率合成器向混频器发出频率随机变化的正弦波信号，混频器在每个停留时间间隔都会产生新的载波频率。由此产生的信号，其频率迅速跳变，有效地将信号的频谱扩展到整个频段。具体来说，载波在给定的带宽上随机地在几十个甚至几百个频率之间切换。在各个频率上的实际停留时间随实际应用和数据传输速率而变化，但它可以短至 10 ms。目前，根据 FCC 的规定，至少要有 75 个跳频频率，停留时间不超过 400 ms。

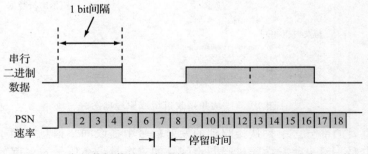

图 10-35　串行数据传输速率和伪随机码（PSN）码片速率的比较

图 10-36 所示为伪随机跳频序列时域波形。横轴为时间，每格表示频率停留时间。纵轴是发射频率，每格表示 PLL 频率合成器输出的频率步长增量。如图 10-36 所示，信号扩散在一个非常宽的频率范围内。也就是说，一个带宽仅占几千赫兹频谱的信号可以分布在其带宽 10～10 000 倍的频率范围内传播。因为扩频信号不会在某个频率上长时间停留，而是随机跳变的，所以它不会干扰位于跳变频率上的其他系统的信号。对于传统窄带宽接收

机来说，扩频信号实际上更像是背景噪声。传统接收机接收到持续时间只有几十毫秒的跳

频信号，甚至都不会有任何反应。并且，传统接收机也不可能接收完整的扩频信号，因为它既没有足够的带宽，又无法跟踪随机频率跳变顺序。因此扩频信号对其他系统来说很安全，它就像快变的小扰动一样。

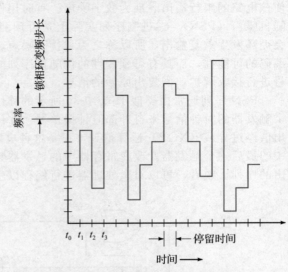

当多个扩频发射机工作在同一频段时，它们可以使用不同的伪随机码，在不同的时间跳转到不同的频率，所以通常不会同时占据同一频率。因此，扩频也是一种多路复用技术，它允许多个信号同时使用给定频段而互不干扰。实际上，扩频通信的信道利用率要大于其他各种类型的调制或多路复用技术。

跳频接收机组成框图如图 10-37 所示，它对应于图 10-33 所示的发射机。

图 10-36　伪随机跳频序列时域波形

天线接收到的非常宽的宽带信号进入宽带射频放大器，然后输入到普通的混频器中。该混频器与传统超外差接收机中的混频器相同，其载波也是由本振提供的。这里的本振是由频率合成器构成的，与发射机中的频率合成器相同。接收机本振必须与发射机使用相同的伪随机编码序列，这样才能保证与发射机同步跳频，在正确的频率上接收信号。因此，混频器的输出是包含了原始 FSK 已调信号的中频信号，再经过 FSK 解调器，恢复出原始二进制数据序列。

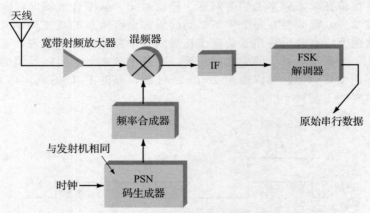

图 10-37　跳频接收机组成原理框图

接收机最重要的部分之一是从接收到的发射信号中提取同步信息，用于同步本机内的伪随机码生成电路。解决收发伪随机码同步问题的方案是，在信号发射起始加上前导信号和同步码供接收机捕获。建立同步后，伪随机码序列也就实现了同步。这一特性使扩频通信技术非常安全和可靠，因为如果接收机没有获得正确的伪随机码就无法对跳频信号进行接收。

多部电台可以共用一个公共频段，系统在该频段内为电台分配不同的跳频伪随机码序列，而不是分配不同的工作频率。这样可以使某个发射机有选择性地与特定接收机实现点对点通信，频段内的其他接收机则无法获取该发射信号。目前应用广泛的蓝牙技术使用的

就是跳频扩频（FHSS）技术。

10.5.3　直接序列扩频

直接序列扩频（DSSS）发射机的系统框图如图 10-38 所示。串行二进制数据与串行伪随机码序列一起输入到异或门（XOR）中，伪随机码的速率比数据传输速率快。图 10-39 所示为其典型时域波形。伪随机码序列的 1 bit 时间宽度称为码片，它的速率称为码片速率。码片速率要比数据传输速率快。

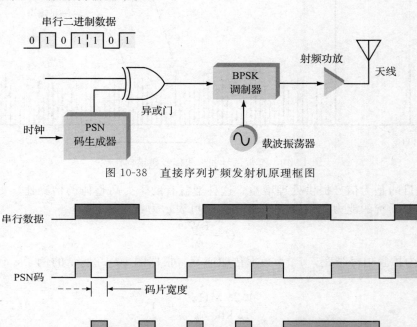

图 10-38　直接序列扩频发射机原理框图

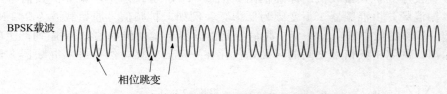

图 10-39　直接序列扩频中的数字信号的时域波形

在异或门的输出端产生的信号施加到 PSK 调制器，通常是 BPSK 调制器。载波相位由异或门输出的"1"和"0"控制，在 0°和 180°之间切换。也可以使用 QPSK 和其他形式的 PSK 完成调制。PSK 调制器通常用平衡调制器电路实现。调制载波相位的扩频信号的频率远大于原始数据的频率，造成调制器输出很多宽频的边带分量，这些边带使得信号占据了很宽的频谱，完成了信号的扩频过程。由于伪随机码序列的随机性，使得扩频信号看起来像是传统窄带接收机中的宽带噪声。

图 10-40 所示为标准窄带信号和扩频信号的频谱分布情况。假设二进制消息信号的数据速率为 13 kbit/s。如果使用频谱效率为 1 bit/Hz 的 BPSK 调制，可以在大约 13 kHz 的带宽内传输该信号。如果改用码片速率为 1.25 Mbit/s 的直接序列扩频（DSSS）信号，仍然使用 BPSK 调制，则产生的信号将扩展到大约 1.25 MHz 的频带上。扩频信号与窄带信号的功率相等，但前者的边带分量非常多，因此载波和边带的振幅都非常小，仅比随机噪声稍大一点。对于窄带接收机来说，扩频信号就像是一部分噪声电平。

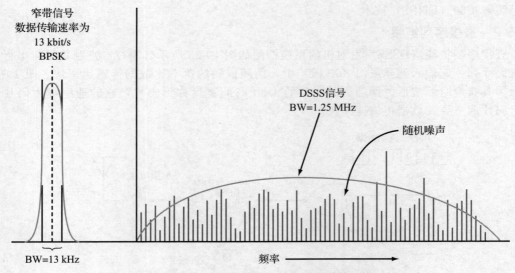

图 10-40　窄带信号和扩频信号频谱的比较

扩频的目的是为信号提供处理增益。这种增益有助于提高整体的信噪比。处理增益越高，系统抑制干扰的能力就越大。处理增益 G 可表示为：

$$G = \frac{BW}{f_b}$$

式中，BW 为扩频信号带宽，f_b 为数据传输速率。根据图 10-40 所示的例子，计算处理增益为：

$$G = \frac{1.25\ \text{MHz}}{13\ \text{kbit/s}} = 96.15$$

用分贝表示，结果为 19.83 dB 的功率增益。

一种直接序列扩频接收机的原理框图如图 10-41 所示。首先，宽带扩频信号经过放大后，与本振混频，由混频器 1 下变频为低中频。例如，扩频信号原始载波为 902 MHz，下变频为 70 MHz 的低中频。另一个中频信号是由同步于发射机中的 PSN 序列产生的，由混频器 3 输出。两路中频信号之间的区别是仅存在一定的时移，然后进入混频器 2 做相关运

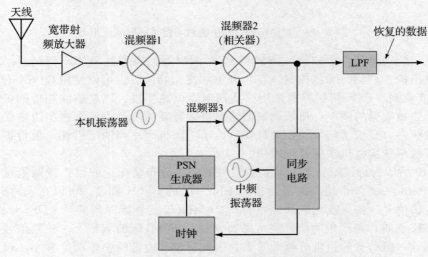

图 10-41　直接序列扩频接收机组成原理框图

算。如果两个信号相同，相关性为 100%。反之，如果在任何方面都不同，则相关性为 0。混频器 2 计算得出的相关结果产生一个信号，进入后面的低通滤波器进行平均。如果发送端与接收端的 PSN 序列达到同步，则会得到很大的平均值。

从混频器 2 输出的信号馈送到同步电路，该同步电路必须恢复精确同步的载波频率和相位，才能实现解调。同步电路通过改变时钟频率，使 PSN 码输出码片速率也发生变化，搜索与输入信号相同的码片速率。时钟驱动 PSN 码生成器，输出的 PSN 码，包含发射机使用的确认码，与接收信号中的 PSN 码完全相同，只是二者可能彼此不是同步的。通过调整时钟改变 PSN 码片速率，最终使二者达到同步。

接收机中产生的 PSN 码在混频器 3 中对中频上的载波进行了相位调制。类似其他混频器，混频器 3 通常也是由双平衡二极管环形电路构成的。混频器 3 的输出是与接收信号类似的 BPSK 信号，进入混频器 2 与中频接收信号进行相关运算。然后对混频器 2 的输出信号进行滤波，就可以恢复出原始的串行二进制数据。接收的信号也称为被解扩的信号。

直接序列扩频也被称为码分多址（CDMA），或扩频多址。在单个信道上传输多路信号的技术，称为"多址技术"。CDMA 可用于卫星系统，它允许多路信号共用同一个卫星转发器。它也被广泛用于移动电话系统中。与其他多址方式相比，CDMA 允许共用同一信道频带的用户数量更多。

10.5.4　扩频通信技术的优点

人们发现扩频技术的优点非常多，所以越来越多的数据通信系统采用了扩频技术，新器件和设备的出现也促进了扩频技术的广泛应用。

- **安全性**。扩频可防止未经授权的侦听。除非接收机有非常宽的带宽，并获得了精确的伪随机码和调制方式，否则无法对扩频信号进行侦听。
- **抗干扰能力强**。干扰信号通常仅出现在单一频率上，而单频干扰不会对扩频信号产生影响。同样，出现在同一频段的偶发的单频干扰也可以极大减少，并且在大多数情况下几乎可以完全消除。
- **频带共用**。许多用户可以共用同一个频段，彼此没有干扰或干扰很少（随着越来越多的信号使用同一频带，更多信号的跳频所产生的背景噪声变大，但尚不足以影响这种系统的通信可靠性）。
- **抗衰落和多路径传播**。在信号传播过程中会发生频率选择性衰落。由于不同频率的信号被其他物体的反射而产生略微不同的延迟到达接收机。扩频通信技术实际上可消除在信号传播过程中由于反射和其他现象而引起的信号强度的剧烈变化。
- **精确的定时**。扩频通信使用的伪随机码提供了精确标定传输开始和结束时刻的方法。因此扩频作为一种先进的手段，可广泛用于雷达及其他通过传输时间来测量距离的系统。

10.5.5　正交频分复用

另一种日益受青睐的宽带调制方式是正交频分复用（OFDM），也称为多载波调制（MCM）。这种相对较新的调制方式在 20 世纪 50 年代首次被提出，但直到 20 世纪 80 年代和 90 年代初才重获重视。由于复杂性和高成本问题，OFDM 直到 20 世纪 90 年代末才得到广泛应用。今天，快速 DSP 芯片使 OFDM 的应用普及开来。

虽然 OFDM 被认为是调制方式，而不是复用技术，但"频分复用"的术语对 OFDM 来说还是适用的，因为它是将高速串行比特流分成了多段数据，同时去调制位于整个信道频段内的若干个子载波来传输数据。这些载波在信道中是频率复用的。每个载波信道上的数据传输速率非常低，使得符号时间比预想的传输延迟大得多。这种技术将信号扩展到很宽的带宽上，使它们对微波通信中常见的噪声、衰落、反射和多路径传播效应不再敏感。

由于 OFDM 具有大带宽的特性，所以有人认为它是扩频通信的混合体。

如图 10-42 所示为 OFDM 调制解调器的基本概念示意图。单个串行数据流被划分为多个较慢的并行数据路径，每个数据路径调制一个单独的子载波。例如，10 Mbit/s 的数据信号可以被分割成 1000 个并行传输的 10 kbit/s 的数据路径。常见的做法是按频率均匀划分信道，然后分配给子载波，其间隔等于子载波符号速率。对于上面的例子，间距为 10 kHz。这样才能保证子载波之间是正交的。正交意味着每个载波在一个比特时间宽度内具有整数个载波正弦波周期。

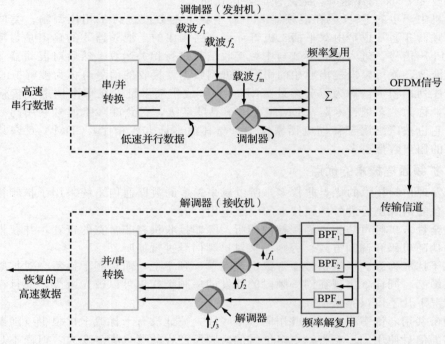

图 10-42　OFDM 的概念，本图并不是用电路实现的，而是基于数学表达式绘制的框图，并通过处理器或 FPGA 用数字处理方法实现

每个被调制子载波的频谱图与第 2 章中讨论的 $(\sin x)/x$ 曲线类似，如图 10-43 所示。频谱的过零点位于那些频率值等于符号速率的点上。根据这种设计，所有子载波的中心频率均是相邻子载波的过零点频率。这样就能简化 OFDM 的解复用运算。通常，可以使用的调制方式主要有 BPSK、QPSK 或某种形式的 QAM。使用 QPSK 或 QAM 是为了每个符号可传输多个比特，提高总体的传输数据速率。将子载波线性叠加，得到复合传输信号。回头再看图 10-42，需要注意的是，解调器或接收机使用滤波器来分离出单独的子载波，再用解调器来恢复各比特流，最后将所有比特流重新恢复成原始的串行数据。

正如很多现代系统中所使用的 OFDM 那样，当使用的子载波信道数达到数十、数百甚至数千时，显然传统的调制器、解调器和滤波器电路由于电路板空间规模、复杂性和成本问题，变得不实用。幸好，所有这些功能都可以很容易地在快速 DSP 芯片中用软件编程实现。

OFDM 处理流程的简化方案如图 10-44 所示。在发射机或调制器中，对串行数据进行调制，然后进行串/并转换，再对并行数据进行逆快速傅里叶变换（IFFT），产生所有的正交子载波。最后用 D/A 转换器将 OFDM 信号转换为模拟信号形式，通过信道发送出去。

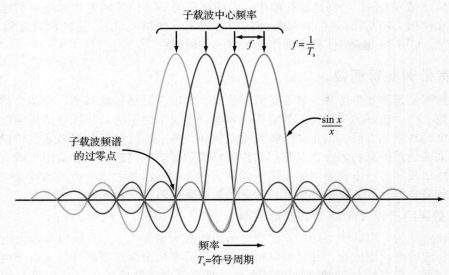

图 10-43　OFDM 子载波频谱分布示意图

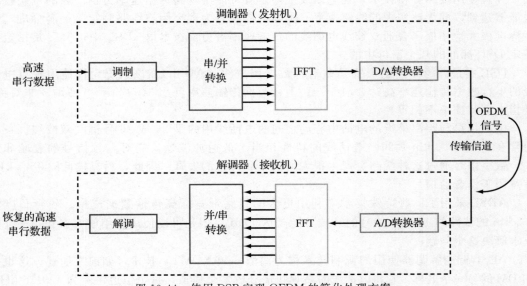

图 10-44　使用 DSP 实现 OFDM 的简化处理方案

在接收机即解调器端，OFDM 信号经过 A/D 转换器数字化，然后进行快速傅里叶变换（FFT）。回忆一下，FFT 本质上是对时域信号进行频谱分析。通过 FFT 可将采样的时域模拟信号转换为频谱。接收机的 FFT 数字信号处理运算对各个子载波进行梳理，再解调出原始数据，最后恢复成原始的高速数据流。

与大多数其他调制解调器一样，OFDM 调制解调器通常是由快速 DSP 芯片或 FPGA 芯片实现的，对图 10-42 和图 10-44 中各部分所定义的功能进行数学算法编程实现。

如今，OFDM 被广泛应用于无线局域网（LAN）、第四代（4G）长期演进（LTE）和第五代（5G）蜂窝网络中。本章稍后将讨论用于 ADSL 调制解调器的有线通信系统的 OFDM 技术方案，称为离散多音频（DMT）。OFDM 也是在数字卫星无线电广播系统中传输高质量音频所使用的技术。最近，美国的数字高清电视系统和标准（ASTC 3.0）中，OFDM 已经取代了旧标准中使用的 8-VSB 振幅调制技术。OFDM 也被用于 WLAN

（IEEE802.11 或 Wi-Fi）的高速版标准中，它还被称为 WiMAX 的宽带无线通信标准所采纳。如果在使用 OFDM 时还加入某种前向纠错方案（网格码等），它被称为编码 OFDM 或 COFDM。OFDM 也是 5G 移动通信系统首选的调制方式。

10.6 宽带调制解调器

调制解调器是将基带信号（通常是数字信号）转换为更高传输频率，更适合信道介质的功能电路。一个很好的例子是，数字信号与电话系统中使用的双绞线电话传输线不太兼容，因为电话线带宽有限。但是如果将数据调制到载波上，就可以利用电话线传输数字信号了，而电话线系统最初的设计只是用来传输模拟语音的。调制解调器适用于所有类型的电缆，如电话线和有线电视的同轴电缆。调制解调器也可以是无线电类型的设备，可以用无线方式传输数据。本节简单介绍几种常见的调制解调器。

10.6.1 数字用户线（xDSL）调制解调器

虽然通常认为，电话中心局的双绞线电话线的最大带宽为 4 kHz，但实际上电话线的带宽随其长度的变化而变化，并且可以传输的信号频率比预期高得多。只是由于电话线的传输特性问题，对高频分量的衰减非常严重。然而，在高频段的信号使用更高的电平传输，并且使用线路补偿技术，在电话线上还是有可能实现高数据速率传输。新的调制技术也能够达到以前无法实现的线路速率。国际电信联盟为数字用户线路制定了一套标准，这些标准极大地拓展了普通双绞线电话线的传输速率潜力。在术语 xDSL 中，"x" 是指定义特定 DSL 标准的几个字母中的一个。

DSL 中最广泛使用的形式是非对称数字用户线（ADSL）。该系统允许使用现有电话线的下行数据传输速率高达 8 Mbit/s，上行数据传输速率可达 640 kbit/s。所谓 "非对称" 是指上下行速率不相等。

电话用户与距离最近的电话中心局之间的电话线用的是 24 或 26 号铜线双绞线。长度通常在 2.7～5.5 km 之间。电话线的特性相当于低通滤波器，它对高频信号的衰减非常大。数字信号通过这种线路会产生很大的延迟和严重的失真。因此，只有较低的 0～4 kHz 带宽用于语音通信。

ADSL 采用了一些特殊技术来利用更多的线路带宽提高传输数据速率。尽管长度为 5.5 km 的线路对 1 MHz 信号的衰减可能高达 90 dB，但是可以使用专用放大器和频率补偿技术解决这个问题。

ADSL 调制解调器使用的调制技术称为离散多频（DMT）技术，如前文所述，这也是 OFDM 的另一个名称。它将电话线的高频频谱分成多个信道，每个信道带宽为 4.3125 kHz。如图 10-45 所示。每个信道被称为容器或子载波，设计传输速率可达 15 kbit/s/Bd，即 60 kbit/s。

每个信道包含一个载波，待传输的数据中的若干比特同时对这些载波进行正交调幅（QAM）。串行数据流被分割成若干比特，以便分配到各个载波上使所有比特同时传输。而且，所有载波频率都位于比正常的语音频率高的电话线频带内，并按照频分复用的方式在电话线上传输，如图 10-45 所示。

每个子载波带宽为 4.3125 kHz，上行信号使用的子载波分布在 25.875～138.8 kHz 频段内。下行信号使用的子载波分布在 138 kHz～1.1 MHz 频段内。

每波特所携带的比特数和每个子载波的数据传输速率取决于线路上的噪声大小。子载波上的噪声越小，数据传输速率就越高。受到噪声干扰影响较大的子载波所携带的比特数很少或不携带，而受到噪声影响很小的子载波可以传输的数据传输速率最大值为 60 kbit/s。

这个系统非常复杂，是采用数字信号处理器实现的。DSP 芯片通过数字处理技术实现所有的调制和解调功能。

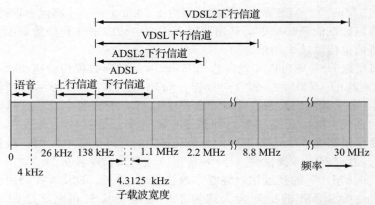

非屏蔽双绞线的频谱，标出了ADSL、ADSL2、VDSL和VDSL2的子载波和上下
行频率的分配。

图 10-45 ADSL 和 VDSL 所使用的电话线的频谱分布

图 10-46 所示为 ADSL 调制解调器系统组成框图。所有的 DMT/OFDM 调制/解调均由 DSP 芯片处理。DSP 的数字输出通过 D/A 转换器转换为模拟信号，再经过放大、滤波并发送到线路驱动器，变成高电平信号馈送入传输线。混合电路也是一种变压器，使用它可以在电话线上同时进行发送和接收。变压器将电路阻抗与传输线路相匹配。

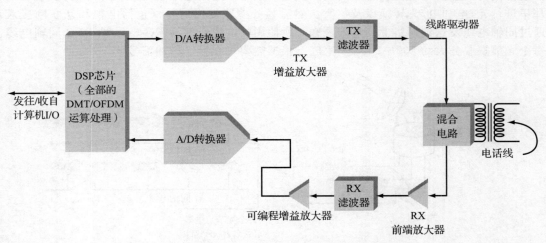

图 10-46 ADSL 调制解调器系统组成框图

在接收模式下，输入的 DMT 模拟信号被放大、滤波，施加到可编程增益放大器（PGA）实现 AGC 放大。然后通过 A/D 转换器将放大的信号转换成数字信号，最后由 DSP 恢复成数字数据。

实际存在几种不同等级的 ADSL，每个等级中的数据传输速率取决于用户双绞线的长度。电缆长度越短，数据速率越高。线路长度不超过 2.7 km 时，最高标准速率为下行6.144 Mbit/s，上行 576 kbit/s。线路长度长达 5.5 km 时，最低速率为下行 1.536 Mbit/s，上行 384 kbit/s。这是 ADSL 中最常见的应用等级。

ADSL 适用于大多数的城市区域。ADSL 是世界上使用最广泛的高速互联网接入形式。ADSL 是仅次于有线电视调制解调器的宽带接入方案。

另外，还定义了其他形式的 DSL。ADSL 的两个最新版标准分别是 ADSL2 和 ADSL2＋。图 10-45 所示为 ADSL2 所使用的频谱情况。ADSL2 在大约 2.4 km 的线路长度上将下载速率上限扩展到 8～12 Mbit/s。ADSL2＋在线路长度约 1.2 km 上进一步将速率提高到 24 Mbit/s。在一些被称为绑定标准的新标准中，利用两对双绞线电话线来并行传输数据流，在给定的长度上还可以将数据传输速率加倍。

VDSL 或超高速 DSL 则可以实现高达 52 Mbit/s 的单向数据传输速率（下载）或使用 QAM 实现完全对称的 26 Mbit/s 的双向数据传输速率。图 10-45 所示的其使用的频谱情况，它使用 2048 个子载波来实现这个速度。VDSL 可以传输数字视频，从而提供了一种有线电视系统的替代方案。但是，要达到高速传输速率，数据传输速率在 52 Mbit/s 时，双绞电话线长度要限制在 304 m 以下；而数据传输速率在 26 Mbit/s 时，线路长度需限制在 1066 m 以下。互联网服务提供商（ISP）还可以通过增设一种称为"数字用户线路接入多路复用器（DSLAM）"的社区用户终端来改进 DSL 服务。DSLAM 通过高速光缆连接到中心局交换机。DSLAM 的出现大大缩短了中心局交换机和家庭之间的距离，使得 ADSL2 或 VDSL2 标准中的数据速率成为可能。

10.6.2　电缆调制解调器

大多数有线电视系统都可以用来处理高速数据传输。数字信号作为基带信号用于调制高频载波，再被频分复用到传输多路电视信号的电缆上。

有线电视系统使用混合光纤同轴电缆（HFC）网络，如图 10-47 所示。首先通过光纤前端接收和打包处理各个电视信号，以便通过光缆和电缆上定义的带宽为 6 MHz 的信道传输，同时光缆前端还负责互联网接入。电视信号通过高速光缆传输到相邻的光节点，在那里进行光/电和电/光转换以及放大。然后频分多路复用信号（包括电视和互联网接入）通过同轴电缆发送到网络上，进入家庭。所使用的电缆通常为 RG-6/U 型 75 Ω 同轴电缆。每个光节点服务大约 500～2000 户家庭。根据需要可在沿途增加信号放大器。

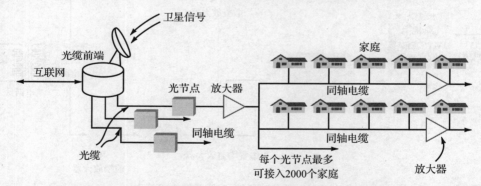

图 10-47　典型的混合光纤同轴电缆（HFC）有线电视分配系统由光缆组成，这些光缆连接到居民区附近的节点，然后使用 RG-6/U 型同轴电缆将信号分配到各个家庭

有线电视系统的带宽约为 750 MHz～1 GHz。该频谱被划分成每路带宽为 6 MHz 的若干路电视信号频道。通常分配给无线电视的标准 VHF 和 UHF 频道也用于有线电视电缆上，另外还有一些特殊的电缆频率。多路电视信号经过调制，以频分多路复用方式在电缆上传输。其中一些频道专门用于互联网接入。

图 10-48 所示为有线电视电缆的频谱分布概况。电视频道从 50 MHz（频道 2）延伸至 550 MHz。在这 500 MHz 的带宽中，最多可容纳 83 个 6 MHz 的频道。在某些系统中，频道数量进一步扩展使最高频率可达到 1 GHz 左右。

电视频道上方的 550～850 MHz 这一段频谱用于数字数据传输。使用标准的带宽为 6 MHz 的信道，能提供大约 50 个以上的信道。这些信道用于下行数据传输（从光缆前端向下传输到用户家中）。

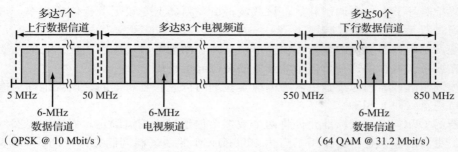

图 10-48　有线电视传输电缆上的上行和下行数据信道的频谱分布示意图

由图 10-48 可见，从 5～50 MHz 的频谱分为 7 个带宽为 6 MHz 的信道，用于上行数据传输（从用户到服务器）。在一些系统中，该频率范围可以是 5～42 MHz 或 5～65 MHz 不等。

电缆调制解调器使用 64-QAM 传输下行数据。在 6 MHz 信道中使用 64-QAM 可以实现高达 31.2 Mbit/s 的数据传输速率。这种调制方式使用 64 种相位幅度组合（符号）来表示多个比特。由于每个信道可由多个用户共用，因此对于单个用户无法达到 31.2 Mbit/s 的下行速率。典型的下载速率在 500 kbit/s～10 Mbit/s 之间。还有一些系统使用了 256-QAM，可在 6 MHz 信道中达到 41.6 Mbit/s 的最大数据传输速率。这样可以实现更高的用户下载速率。在旧的系统中，每个频道只传输一路电视信号。然而，今天利用现代数字信号处理技术，用 DSP 压缩技术可以在单个频道上传输多路数字电视信号。

上行信道使用标准 QPSK 和 128-QAM，以实现高达约 27 Mbit/s 的数据传输速率。在多用户共用时，单用户上行速率会有所下降。

图 10-49 所示为一种典型的电缆调制解调器系统组成框图。它基本上是一个 VHF/UHF 接收机连接到有线电视网络电缆上，用于解调下载数据；还有一个调制器/发射机，用于进行数字调制和上传数据。来自电缆的射频信号首先通过双工器将收发信号分开，双工器相当于一个滤波电路，可以保证发射机和接收机同时工作。信号放大后进入混频器，与来自频率合成器的本振载波进行混频，产生中频信号。频率合成器输出不同的频率用于选择有线频道。对中频信号进行解调后，就可以恢复出原始信号。里德-所罗门误码检测电路（见 10.7 节）发现并纠正误码。最后，数字数据通过以太网接口进入 PC。以太网是一种常用的网络系统，其工作原理详见下册的第 14 章。

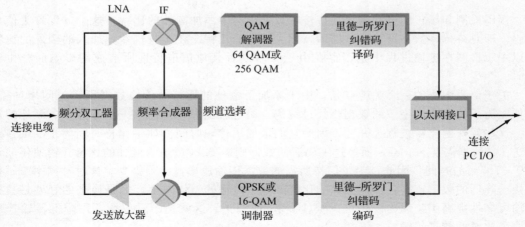

图 10-49　电缆调制解调器系统组成框图

当用户发送数据时，来自计算机的数据通过接口传输至电缆调制解调器，经过编码并进行误码检测环节后，去调制载波，该载波再由混频器上变频至上行信道频率，最后经过放大，通过双工器进入电缆传输。

电缆调制解调器提供的数据传输速率明显高于标准电话线传输系统。它的主要限制是是否存在或可获得提供这种数据传输业务的有线电视系统。

电缆调制解调器的标准是由名为电缆实验室的行业联盟制定的。该规范称为电缆数据服务接口规范（DOCSIS）。

最新的 DOCSIS 3.1 标准允许将两个或多个信道进行信道绑定，以实现更高的数据传输速率。更高的速率是因为使用了高达 4096-QAM 的多进制调制方式。DOCSIS 3.1 使用了带宽为 25～50 kHz 的子载波，调制方式是使用 4096-QAM 调制的 OFDM 技术。这使得有线电视公司可以提供数据传输速率达到 10 Gbit/s 的下行业务和 1 Gbit/s 的上行业务。有线电视系统可以与光纤数据传输系统一竞高下。

10.7　误码检测与纠正

当高速二进制数据在通信链路上传输时，无论信道传输介质是电缆还是无线电，都会出现误码。这些误码是由干扰、噪声或设备故障引起的比特组合变化。误码的存在会造成接收到不正确的数据。为了保证通信的可靠性，已经开发了很多检测和纠正比特误码的技术方案。

对于给定数量的传输比特数，发生的比特误码个数称为误码率（BER）。误码率类似于概率，因为它是误码数与传输的总比特数的比率。如果对于 100 000 比特的传输有 1 个误码，则误码率为 $1:100\ 000 = 10^{-5}$。误码率取决于设备、环境和其他工作条件。误码率是在非常大的比特数上统计的平均值。给定传输系统的误码率大小取决于特定的工作条件。在有噪环境中进行高速数据传输时，误码是不可避免的。而如果信噪比足够理想，误码率就会非常低。误码检测和纠正的主要目标是准确率的最大化，即 100% 准确率。

例 10-3 数据以 512 B 的数据分组，即数据包的形式进行传输。8 个数据包连续传输，系统误码率为 $2:10\ 000$ 即 2×10^{-4}。平均而言，在这个传输中可能会有多少误码？

$$8\ 个数据包 \times 512\ B = 4096\ B$$
$$4096\ B \times 8\ bit = 32\ 768\ bit$$
$$32\ 768/10\ 000 = 3.2768$$
$$平均误码数为：2 \times 3.2768 = 6.5536$$

◀

误码检测和纠正的过程需要在待传输数据字符中添加额外的比特。这个过程称为信道编码。即对待传输数据进行一种处理，加入额外的比特。在接收机端，加入的额外的比特可以用于检测在传输过程中是否存在由于噪声或者其他信道特性所造成的影响而产生的误码。

关于信道编码的一个关键点是，由于添加了额外的比特，传输数据所需时间增加了。例如，为了传输 1 个字节的数据，经过编码，可能需要传输 11 bit，因为有 3 个额外的比特。这些额外的比特被称为开销，因为它们增加了传输时间。如果比特时间为 100 ns，则发送 1 B 数据需要 800 ns，而经过编码后的数据则需要 1100 ns。额外的比特开销使传输增加了 37.5% 的时间。因此，为了保持所需的数据传输速率，必须提高整体时钟频率或不得不接受降低的数据速率。虽然额外的比特降低了传输的整体效率，但是换来的好处是数据传输可靠性提高了，因为误码可以被检测和/或纠正。这就是经过权衡，用降低传输速率换取高质量的数据传输。

信道编码方法可分为两种类型，误码检测编码和误码纠正编码。误码检测编码只是用于检测误码，没有采取纠正措施，它们只是为了让系统知道出现了误码。通常，误码检测编码主要用于启动重传的过程，直到接收到正确的数据为止。另一种形式的信道编码是误码纠正或前向纠错编码。这些编码方案省去了重传的时间消耗，可以自动纠正误码。

10.7.1　误码检测编码

已经有很多种不同的方法来确保可靠的误码检测，包括冗余、专用编码和编码方案、奇偶校验、分组校验和循环冗余校验。

冗余。确保无差错传输的最简单方法是多次发送每个字符或每条消息，直到它被正确接收，这被称为冗余。例如，系统可以指定每个字符连续传输两次。然后用相同的方式处理整个数据分组或消息。这种重传技术被称为自动重发请求（ARQ）。

编码方法。一种方法是使用类似前面描述的 RZ-AMI 的编码方案，即比特流中连续的二进制数字"1"的比特按照交替的电平极性传输。如果在比特流中的某个比特发生了错误，那么很可能会是出现连续传输两个及以上具有相同极性的二进制数字"1"的比特。如果接收电路能够设置为根据该特性识别误码，就可以检测到单个比特错误。

另一个使用专用编码来检测误码的例子是 Turbo 码和网格编码。这些编码方式从数据中提取出独特的比特组合。因为通过编码设计，许多比特组合在网格编码和 Turbo 码中是无效组合，如果出现比特错误，将出现一个无效码，指示出现了误码，并可以进行纠正。本节后面将介绍这些编码方法。

奇偶校验。奇偶校验是使用最广泛的误码检测系统编码方式之一，其中传输的每个字符都包含一个额外的比特，称为奇偶校验位。校验位可以取值二进制数字"0"或"1"，这取决于字符中的"0"和"1"的数量。

常用的两种奇偶校验系统为奇校验和偶校验。奇校验意味着字符中包括校验位的二进制数字"1"的个数是奇数。偶校验意味着字符中包括校验位的二进制数字"1"的个数是偶数。奇校验和偶校验举例说明如下。左边的 7 bit 是 ASCII 码，最右边是奇偶校验位。

奇校验：10110011
　　　　00101001
偶校验：10110010
　　　　00101000

要传输的每个字符的奇偶校验位由奇偶校验编码器电路产生。奇偶校验编码器由几级异或（XOR）电路组成，如图 10-50 所示。通常，奇偶校验编码器电路对计算机或调制解调器中 UART 中的移位寄存器的数据进行监测。在寄存器移出传输数据之前，奇偶校验编码器电路就产生了正确的奇偶校验值，并将其添加到字符的最后一位。在异步系统中，起始位在最前面，后面跟着 7 位字符位，然后是奇偶校验位，最后是一位或多位停止位，如图 10-51 所示。

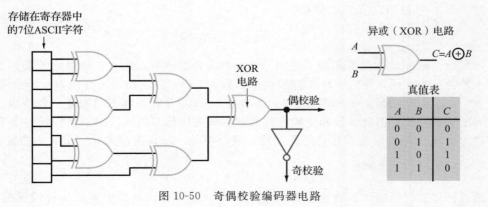

图 10-50　奇偶校验编码器电路

在接收调制解调器或计算机上，串行数据码字传输到 UART 中的移位寄存器中。奇偶校验编码器在接收到的字符上生成奇偶校验位，然后用 XOR 电路与接收到的奇偶校验位进行比较，如图 10-52 所示。如果内部生成的校验位与接收到的奇偶校验位匹配，则说明该字符传输正确，此时 XOR 电路的输出为 0，表示没有检出误码。如果接收到的校验位与生成的奇偶校验位不匹配，则 XOR 电路输出为 1，表示检出了误码。此时，该系统向计算机发出检测到奇偶校验错误的信号。然后采取哪种操作取决于期望的结果：可以要求发送端重新传输字符，也可以直接传输整个数据分组，或者干脆忽略该误码。

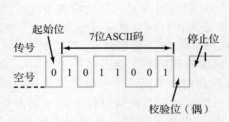

图 10-51　奇偶校验位的传输过程示意图

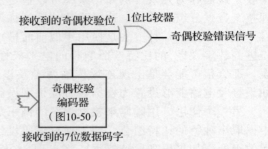

图 10-52　接收端的奇偶校验电路原理图

误码检测的单个字符奇偶校验方法有时称为垂直冗余校验（VRC）。为了更好显示数据通信系统中传输的字符，各比特是垂直写入的，如图 10-53 所示。底部的比特是每个垂直码字的奇偶校验位，即 VRC 位。水平冗余校验将在后面讨论。奇偶校验的编码和译码均可以通过软件完成。

奇偶校验仅用于检测单个比特错误。如果出现两个或多个比特错误，奇偶校验电路可能无法检测到。如果发生偶数个错码，奇偶校验电路将不会给出正确的检测指示结果。

循环冗余校验。循环冗余校验（CRC）是一种用于同步数据传输的数学方法，可有效捕获 99.9% 或更多的传输误码。由 CRC 实现的数学过程本质上是一种除法运算。可以将数据分组中的整个一串比特认为是一个巨大的二进制数，它除以某个预先选定的常数。CRC 可以用以下公式表示：

字符	D	A	T	A		C	O	M	水平冗余校验或信息分组校验码（偶校验）
(LSB)	0	1	0	1	0	1	1	1	1
	0	0	0	0	0	1	1	0	0
ASCII	1	0	1	0	0	0	1	1	0
	0	0	0	⓪	0	0	1	1	0
码	0	0	1	0	0	0	0	0	1
	0	0	0	0	1	0	0	0	0
(MSB)	1	1	1	1	0	1	1	1	1
奇偶校验或垂直冗余校验（奇校验）	1	1	0	1	0	0	0	1	0

图 10-53　垂直和水平冗余校验

$$\frac{M(x)}{G(x)} = Q(x) + R(x)$$

式中，$M(x)$ 表示待发送数据的二进制分组，称为消息函数，$G(x)$ 是生成函数。生成函数是一种特殊的代码，用它去除二进制消息函数 $M(x)$。除法结果为商函数 $Q(x)$ 和余数函数 $R(x)$。由除法产生的商函数忽略，余数称为 CRC 字符，将其与数据一起传输。

为了便于计算，消息函数和生成函数通常表示为代数多项式。例如，假设一个 8 位生成函数为 10000101。对这些比特的所在位置进行编号，LSB 为位置 0，MSB 为位置 7。

```
7 6 5 4 3 2 1 0
1 0 0 0 0 1 0 1
```

通过将每个比特的位置表示成 x 的幂来得出一个多项式，其中幂是比特位置的编号。

只有在生成函数中是二进制数字"1"的那些项才会包含在多项式中。由上述数字可以得到的多项式为：

$$G(x)=x^7+x^2+x^0 \text{ 或 } G(x)=x^7+x^2+1$$

CRC 的这个数学过程可以通过使用计算机的指令进行编程，也可以通过专用的 CRC 硬件电路来实现，该电路由几个移位寄存器组成，在特定的点加上 XOR 门，如图 10-54 所示。将要校验的数据串行输入到寄存器中。因为还没有保留的输出结果，所以这时没有输出。数据一次只移动 1 位；当所有数据全部传输完毕，剩余的内容就是除法的余数，即所需的 CRC 字符。由于在移位寄存器中总共使用了 16 个触发器，因此 CRC 计算结果的长度是 16 位，可以作为两个连续的 8 位二进制数字节进行传输。在传输数据的同时进行 CRC 计算，生成的 CRC 结果附加到数据分组的末尾。由于用 CRC 同步数据传输，因此不涉及起始位和停止位的问题。

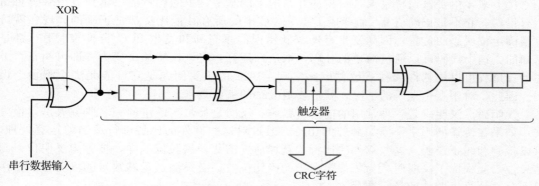

图 10-54 由 16 位移位寄存器和 XOR 门构成的 CRC 误码检测电路

在接收端，由接收计算机计算出 CRC，并与接收到的 CRC 字符进行比较。如果两者相同，则该消息接收正确。如果二者出现不同的情况，就表示出现了误码，这会触发重新传输或某种其他形式的纠正措施。CRC 可能是同步系统中应用最广泛的误码检测方案。有 16 位或者 32 位两种 CRC 码长可以使用。前面讨论的奇偶校验方法则主要用于异步传输系统中。

10.7.2 误码纠正编码

如前所述，纠正传输误码的最简单的方法就是重新传输有误码的字符或数据分组，但是这种方法耗时长，效率低。所以设计出了一些有效的误码纠正编码方案来弥补奇偶校验和信息分组校验码（BCC）的不足。在接收机上检测并直接纠正误码，不再需要重传的过程称为前向纠错（FEC）。FEC 编码有两种基本类型：分组码和卷积码。

信息分组校验码。 信息分组校验码（BCC）也被称为水平冗余校验或垂直冗余校验（LRC）。它是对传输数据的特定分组中所有字符通过 XOR 门进行逻辑加运算的过程。如图 10-53 所示。为了对字符求异或，将第一个垂直码字的顶部比特和第二个码字的顶部比特进行异或，操作结果再与第三个码字的顶部比特进行异或运算，以此类推，直到特定的水平行中的所有比特都进行了异或运算。因为是异或相加，故每次运算结果不需要进位。每一水平行最终的异或运算比特值添加到每行的末尾（最右侧），称之为信息分组校验码（BCC）位或信息分组校验序列（BCS）位。每一行各比特都进行相同的运算产生 BCC。所有传输的消息字符及控制字符或其他字符都包含在 BCC 编码中。对所有字符中的比特进行的异或运算与二进制加法相同，只是没有进位操作。

在传输数据过程中，由计算机或调制解调器中的电路进行 BCC 运算，BCC 长度通常限制为 8 位，运算过程中如果出现进位则必须忽略，不能将进位值计到下一个比特上。BCC 运算结果附加到组成要传输的消息分组字节的末尾。在接收端，计算机根据接收到的数据计算自己的 BCC，并将其与接收到的 BCC 进行比较。同样地，如果传输过程未产生误码，两者应该相同。

每个字符的奇偶校验和 BCC 都已知时，可以确定错误比特的准确位置。单个字符的奇偶校验位和 BCC 位组成了二维坐标系，可以识别字符中的特定误码。一旦定位了误码位置，只需对其取补码将其纠正过来。竖向的垂直冗余校验（VRC）识别出包含比特错误的字符，纵向冗余校验（LRC）从横向识别出含有误码的比特。

例如，假设在图 10-53 中左起第四个垂直字符中出现了一个错误比特。从顶部往下数第四个比特应该是 0，但由于噪声干扰，它被接收为 1。这会导致奇偶校验错误。对于奇校验，且第四个比特是正确值 1，则奇偶校验位应该是 0，但它是 1。

接下来，由于该比特错误，从顶部开始的第四水平行中的比特的逻辑异或结果也将指示有错误。它不是正确值 0，而变成了 1。BCC 中的所有其他比特都是正确的。现在就可以精确定位误码的位置，因为发生奇偶校验错误的垂直列和发生 BCC 错误的水平行都是已知的。这个误码可以通过简单的补码（取反）运算，将该比特从 1 变为 0 即可纠正。上述处理过程可以用软件编程或硬件电路实现。BCC 的主要问题是它可能无法检测多个误码。因此，对于多个误码的情况，就需要更复杂的编码技术。

汉明码。 汉明码是一种常用的前向纠错码。汉明是贝尔实验室的一名研究人员，他发现，如果在传输的码字中添加额外的比特，通过对这些额外的比特进行适当的运算处理，可以检测和纠正误码。这些额外的比特，就像前述的几种校验位一样，被称为汉明位，与信息位一起构成了汉明码。为了确定误码的确切位置，必须添加足够数量的汉明位。可用以下公式计算汉明位的最小数目：

$$2^n \geqslant m + n + 1$$

式中，$m =$ 数据码字的比特数；$n =$ 汉明位的比特数。

例如，用 8 位二进制数表示的字符码字和一些较少位数的汉明位（假设为 2）。那么

$$2^n \geqslant m + n + 1$$
$$2^2 \geqslant 8 + 2 + 1$$
$$4 \geqslant 11$$

这说明两个汉明位是不够的，三个也不够。当 $n = 4$ 时，

$$2^4 \geqslant 8 + 4 + 1$$
$$16 \geqslant 13$$

显然必须加 4 位汉明位与 8 位二进制数表示的字符一起传输才行。每个汉明码字符共有 $8 + 4 = 12$ 位。汉明位可以放在数据串中的任何位置上。假设如下所示的位置，其中数据位显示为 0 或 1，汉明位用 H 表示。数据码字为 01101010。

```
12  11  10  9   8   7   6   5   4   3   2   1
H   0   1   H   1   0   H   1   0   H   1   0
```

理解汉明码的一种方法是：可以简单地将其看成是一种更复杂的奇偶校验系统，其中每个汉明位都是从部分但不是全部数据位中计算出来的奇偶校验位。每个汉明位都来自不同的数据比特分组（回想一下，奇偶校验位是由 XOR 电路从数据中计算得来的）。下面讨论一种汉明位的确定技巧。

在发射机用电路来确定汉明位的具体值。首先将数据码字中是二进制"1"的比特的位置用 4 位二进制数（$n = 4$ 是汉明位的位数）表示。例如，第一个二进制 1 数据位出现在位置 2，因此它的位置代码是十进制 2 或二进制 0010。其他为二进制 1 的比特的位置设为十进制 5＝0101、十进制 8（1000）和十进制 10（1010）。

接下来，发射机电路将这些位置码进行逻辑求和（XOR，异或运算）。

位置代码 2	0010
位置代码 5	<u>0101</u>
XOR 结果	0111
位置代码 8	<u>1000</u>
XOR 结果	1111
位置代码 10	<u>1010</u>
XOR 结果	0101

最后一个结果就是从左到右的汉明位。对应的位置代码 12 的汉明位为 0，位置代码 9 的汉明位为 1，位置代码 6 为 0，位置代码 3 为 1。这些汉明位位于正确的位置上。完整的 12 位传输码字如下：

12	11	10	9	8	7	6	5	4	3	2	1
H	0	1	**H**	1	0	**H**	1	0	**H**	1	0
12	11	10	**9**	8	7	**6**	5	4	**3**	2	1
0	0	1	**1**	1	0	**0**	1	0	**1**	1	0

汉明位以黑体表示。

现在假设位置 10 的发生误码。二进制数字 "1" 接收为二进制数字 "0"。收到的码字为：

12	11	10	**9**	8	7	**6**	5	4	**3**	2	1
0	0	**0**	**1**	1	0	**0**	1	0	**1**	1	0

接收机译码器提取出汉明位，并将其视为一个码字，在本例中为 0101。然后，电路将该代码与码字中比特等于 1 的位置值 2、5 和 8 的二进制数进行异或运算。

下面将汉明码与表示比特是 1 的位置的二进制数进行异或运算。

汉明码	0101
位置代码 2	0010
XOR 结果	0111
位置代码 5	0101
XOR 结果	0010
位置代码 8	1000
XOR 结果	1010

这个最终异或结果 1010 就是误码所在的位置，二进制 1010 等于十进制 10。将第 10 位取反即可实现纠正。如果没有比特错误，那么接收机处最后的异或结果为零。

需要注意，如果汉明位本身发生错误，则无法实现上述汉明码方法的纠错过程。

对于误码检测和纠正的汉明码方法来说，若想保证发生两个或以上的错误比特仍能正常工作，则必须添加更多的汉明位。这会增加整体的传输时间，增加了对发射机和接收机的存储器容量需求以及电路的复杂性。当然，优点是在接收端可以可靠地检测到误码。发射机不一定能重新发送数据，因为，实际上在某些应用场合不存在反向信道，所以是不可能实现重发功能的。当然，并非所有的应用场合都需要这种严格的前向纠错功能。

里德-所罗门码。里德-所罗门码（RS）是目前应用最广泛的前向纠错编码之一。与汉明码一样，它在待传输数据分组中添加了额外的奇偶校验位。它使用了一种复杂的数学算法进行编码，这超出了这本书的范围。RS 码的优势在于，它可以检测和纠正多于 1 个的误码。例如，一种常见的 RS 码形式定义为 RS（255 223）。一个二进制数据分组总共包含 255 B；其中 223 B 是实际数据，32 B 是由 RS 算法计算出的奇偶校验位。通过这种编码设计，RS 码可以检测和纠正多达 16 个错误字节中的误码。发送端数据使用 RS 编码器进行编码，而在接收端，则需要使用 RS 译码器对解调恢复的数据进行误码检测和纠正运算。编码器和译码器可以用软件实现，也可以使用硬件集成电路芯片。RS 前向纠错的一些常见应用有：音乐和数据光盘（CD）、手机、数字电视、卫星通信、xDSL 和有线电视调制解调器。

交织。交织是在无线系统中用于减少突发误码影响的一种方法。无线传输中的信道突发噪声会引起单个比特或多个连续比特的误码。如果将这些比特进行交织，在接收端更有可能识别这些差错比特并进行纠正。

交织的一种常见方法是首先用误码纠正编码方案对数据进行编码，如使用汉明码。然后将编码得到的数据位和汉明位连续存储在存储器中。例如，假设四个由数据和汉明位组成的 8 位码字。如果按顺序传输数据码字，结果如下：

12345678　12345678　12345678　12345678

使用交织技术后，不再是一次性发送完整的编码码字，而是发送所有码字的第一位，然后发送所有码字的第二位，再接着发送第三位，以此类推。结果如下：

1111　2222　3333　4444　5555　6666　7777　8888

假设发生了突发误码，结果可能是：

1111　2222　3333　4444　5555　4218　7777　8888

在接收机端，解交织电路将会尝试恢复原始数据，生成：

12345478　12345278　12345178　12345878

现在通过解交织，把突发的连续误码分散到每个码字中，每个码字只有 1 bit 错误，那么，使用汉明解码器可以进行检测和纠正该比特。

10.7.3　卷积码

卷积编码与汉明码及里德-所罗门码一样，也是通过对原始数据的运算得到额外的比特，只是卷积码的这些比特不仅是当前数据位的函数，还是以前出现的数据位的函数。与其他形式的 FEC 一样，编码过程添加了从数据本身得出的额外的比特。作为一种冗余形式，可使数据传输的可靠性增加。即使出现误码，也可以通过冗余位纠正。

卷积码编译码原理超出了本文的范围。但是，本质上其编码过程也是将数据通过专用的移位寄存器进行传输，如图 10-55 所示。当串行数据通过移位寄存器触发器进行移位时，一部分触发器的输出经过异或运算，一起形成两个输出。这两个输出值都是卷积码，这就是要传输的内容。需要注意卷积码方案有许多变化形式，但其编码输出都不会传输原始信息数据码字本身。而是，发送两个独立的连续编码的码流。由于两个输出码是不同的，因此才更有可能在接收机端通过逆运算恢复出原始数据。其中更常用的卷积码类型之一是网格编码。维特比译码则是另一种广泛用于通过卫星进行高速数据访问的译码方式。

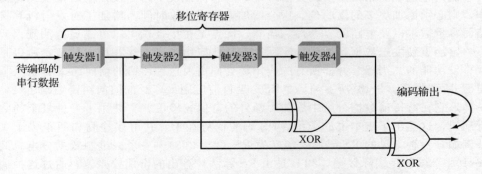

图 10-55　卷积编码使用带异或门的移位寄存器来创建编码输出

还有一种类型的卷积码使用了反馈，称为递归码，因为移位寄存器的输出与输入码相结合，形成输出码流。如图 10-56 所示的例子。递归是指从处理的输出获得数据，再将其反馈回输入端。对这类递归卷积编码算法进行充分的研究，创建了一类新的卷积编码方案，称为 Turbo 码。Turbo 码是两个并行递归编码过程的组合，其中一个直接从数据得到编码结果，另一个则从经过交织的数据中得到。参见图 10-57。结果是产生一个误码纠正能力更强，鲁棒性更好的前向纠错编码（FEC）方法，它几乎能捕获所有的错误比特。目前，大多数的无线数据传输系统都使用某种形式的卷积编码，来确保传输路径的鲁棒性。

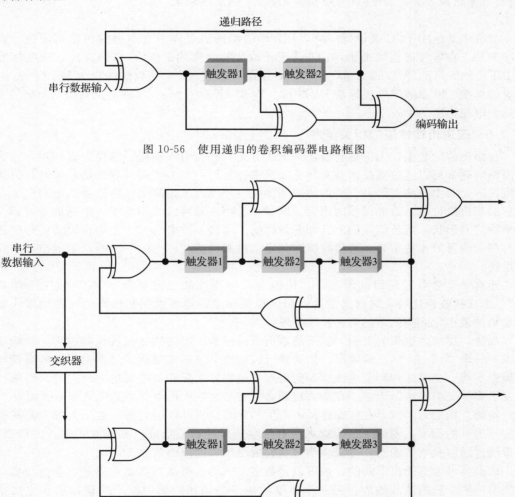

图 10-56 使用递归的卷积编码器电路框图

图 10-57 Turbo 编码器的一种电路框图

10.7.4 低密度奇偶校验

低密度奇偶校验（LDPC）是由麻省理工学院的 R. G. Gallager 于 20 世纪 60 年代发明的一种纠错编码方法，但由于其复杂的并行计算过程而在当时没有得到广泛认可。由于它只能在大型计算机上实现，因此并不实用。然而，LDPC 最近重新获得了重视，今天可以非常容易地在 FPGA 或快速处理器中实现 LDPC 编译码。用 LDPC 编码可以在接近香农极限的条件下，获得尽可能低的误码率。

编码增益

前向纠错编码是用于改善有噪信道的通信质量，降低误码率。通过对待传输的数据分组进行编码处理，增加冗余的比特，这些比特可以在发生误码时用于检测和纠正误码，从而极大地提高无误码传输的概率。采用编码的效果与提高传输信道的信噪比（SNR）具有相同的效果，即相当于增加了发射功率。这种增益被称为编码增益，通常用 dB 表示。编码增益的一个正式定义是，与未编码信号相比，保持同样的误码率其功率增加的程度。或者，编码增益是在调制前使用特定的编码方法，在给定误码率下所得到的信噪比增益。使用 FEC 可以获得几个 dB 的编码增益。

与许多其他的 FEC 编译码一样，LDPC 的编译码过程不在本书的讨论范围内。需要指出的是，在各种通信标准中，LDPC 正在取代其他常用的 FEC 编码方法。这些标准包括 IEEE 802.11n、802.11ac 和 802.11ax 中的 Wi-Fi、10 千兆双绞线以太网、G.hn 电力线通信标准、欧洲数字电视标准 DVB-T2、WiMAX 802.16e，几种卫星系统以及新的美国超高清电视标准 ATSC-3.0。

10.7.5　改进传输性能的相关技术

长距离传输数据，无论是有线还是无线方式，都会引入损耗、信号失真和噪声。这些负面影响通常可以通过提高增益和降低噪声来弥补。一个主要的问题是信号失真，可能会导致误码。其中一些误码来自所谓的码间串扰（ISI）。这些符号可能只是二进制电平，但是它们却恰恰可能是造成误码的原因。例如，长距离的传输线相当于一个低通滤波器，它会平滑信号形状，延长信号的上升和下降时间。这将导致来自一个比特位置的信号电压波形与相邻位置的比特重叠。使接收机在判定二进制数字"1"和"0"时产生混淆，从而发生误码。

还有一个会引起误码的因素是，传输一长串连续的二进制数字"0"或二进制数字"1"，造成接收机比特定时信息混乱，而这也同样是噪声可能引起误码的比特间隔。加扰和均衡是最小化此类问题的两种技术手段。

加扰。加扰，也称为交织，就是将数据流通过数字电路使其随机化的过程，从而避免出现一长串"1"和"0"的情况。加扰器可以用数字电路实现或通过在发射端的微控制器中编程实现。交织处理环节应该放在前向纠错编码器之后和最终发送之前进行。目前已经开发了多种交织算法。当然，在接收机端必须有与之匹配的解扰器来恢复原始数据。

均衡。均衡是对信号在传输路径上产生的失真进行补偿的过程。如果能够预测甚至估计信号失真的程度，则可以在传输之前对传输信号进行整形或以其他方式进行波形调整，使得经过通信介质传输后，可以将信号变换成更精确的原始信号。

均衡器可以是模拟形式的，也可以是数字形式的。模拟均衡器可以是一个滤波器，用来抵消传输介质的滤波效应。另一个典型的例子是调频广播中使用的预加重和去加重技术，相关内容参见第 5 章。相比于音频中的低频分量，噪声对高频分量产生的影响更严重。因此，在传输之前要通过一种高通滤波器来提高音频信号中高频分量的幅度。在接收机端，用匹配的低通滤波器将信号高频分量降低到原始电平值。类似的技术可以用于有线和无线设备。

更复杂的均衡器将传输信号转换为数字信号，再用数字处理技术对等效的数字信号进行整形，来抵消路径失真。保证接收机端的信号波形基本上是正常的，没有失真。由于有高速 ADC 和 DAC 以及快速 DSP 器件可以使用，可以用它们构成专用的自适应均衡器，对信道进行估计，调整算法实现必要的均衡，可以有效适应传输路径的变化。

10.8 通信协议

通信协议是指制定的一系列规则和程序，用于确保收发串行数字数据的双方保持兼容，并且不管使用的是硬件还是软件。具体包括：标识消息的开始和结束，标识发送方和接收方，声明要发送的字节数，声明所使用的误码检测方法，以及其他功能。在数据通信中使用了各种不同类型和不同层级的通信协议，包括异步协议和同步协议。

10.8.1 异步协议

最简单的协议是使用起始位和停止位对单个字符进行异步数据传输，参见图 10-6，在字符位和停止位之间加了一个奇偶校验位。奇偶校验位是协议的一部分，但实际上是否使用奇偶校验位都可以。然而，在数据通信中的一条消息可能不止有一个字符。如前所述，它由数据分组、字母表中的一组字母、数字、标点符号和按照期望顺序出现的其他符号组成。在异步数据通信中，数据分组是基本的传输单元。

为了标识一个数据分组，需要在分组的前后位置分别加上一个或多个特殊字符。这些附加字符通常用 7 位或 8 位二进制代码表示，可以执行许多功能。就像字符上的起始位和停止位一样，它们表示传输的起始和结束。但它们也用于标识特定的数据分组，并且它们还能实现误码检测功能。

每个数据分组的开头和结尾的字符用于收发双方握手。用这些字符表示发送和接收的状态信息。图 10-58 所示为基本的握手过程。例如，发射机可以发送一个就绪字符，表示它已经准备好向接收机发送数据。一旦接收机识别出了该字符，它就通过其状态指示来响应，例如，通过发送一个表示"忙"的字符给发射机。发射机就会继续发送就绪信号，直到接收机返回不忙或准备接收的状态响应信号。

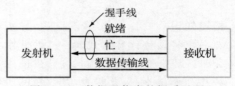

图 10-58　数据通信中的握手过程

此时开始传输数据。传输完成，就会进行另外的握手操作。接收方表示它已经收到了这些信息。然后发射机则发送一个表示传输已完成的字符，用于接收机确认。可以查看图 10-2 中 ASCII 码表，其中底部有许多相关的控制和状态代码。

使用这种控制字符的典型例子是 XON 和 XOFF 协议，它用于计算机与其他外设之间的数据传输中。XON 通常是 ASCII 字符 DC1，XOFF 是 ASCII 字符 DC3。如果一个外设准备就绪，并能够接收数据，它就会发送控制符 XON 给计算机；如果外设无法接收数据，就发送 XOFF。当计算机收到 XOFF 时，会立即停发数据，直到再次收到 XON。

用于计算机和外设之间的异步 ASCII 编码数据的一种协议是 Xmodem。该协议现在已经很少使用了，可以举例说明其工作过程。

在 Xmodem 协议中，数据传输过程起始于接收计算机向发送计算机发送一个无响应（NAK）字符。NAK 是一个 7 位 ASCII 字符，接收计算机每隔 10 s 串行发送一次，直到发送计算机接收识别到它为止。发送计算机识别出 NAK 字符后，就开始发送一个 128 字节的数据分组，称为信息帧（数据包），如图 10-59 所示。每帧以报文头起始（SOH）字符开头，这是另一个表示传输开始的 ASCII 字符。SOH 报文头后面还要跟一个由两个或多个字符组成的报文头，用于携带辅助信息，该报文头之后就是实际数据分组字节。在 Xmodem 中，辅助信息报文头由 2 B 组成，用于指定分组编号。在多数消息中，会传输多个数据分组，且每个数据分组都按顺序编号。第一个字节是二进制码中的分组编号。第二个字节是分组编号的补码；即所有位都取反。后面接着传输 128 B 的数据分组。在分组的结尾，加上一个校验和字节，就是信息分组校验码（BCC），即分组中发送的所有二进制信息的二进制求和。需要注意的是，每个字符都是包含了起始位和停止位一起发送的，因为 Xmodem 是异步传输协议。

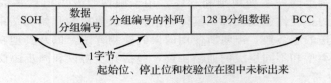

图 10-59　Xmodem 协议帧结构示意图

接收计算机检查接收的分组数据，并计算校验和。如果接收的数据分组校验和与发送的相同，则说明该数据分组接收正确，此时接收计算机会向发送端返回另一个 ASCII 码，即确认（ACK）字符。发送计算机接收到 ACK 后，会继续发送下一个数据分组。如果由于干扰或设备自身问题造成接收数据分组有错误，使校验和不匹配，接收计算机就会向发送计算机返回 NAK 码。发送计算机接收到 NAK 后，会自动响应再次发送数据分组。重复此过程，直到每个数据分组和整个消息传输无误为止。

当整个消息发送完毕后，发送计算机会发送一个传输结束（EOT）字符。接收计算机用 ACK 字符应答，通信结束。

10.8.2　同步协议

拓展知识

本书中将该协议称为比特分组。还会听到将这个比特序列称为帧或数据包。帧被划分为若干段称为域。数据通常以帧或数据包的顺序发送。这些术语在本书中是通用的。

用于同步数据通信的协议比异步协议更为复杂。然而，与异步协议一样，它们在要传输的数据分组的开始和结束处使用各种控制字符作为信令。下面讨论的同步协议已很少使用，但可以用来了解同步协议的格式和工作过程。较新的协议有着类似的格式和用途。了解这些协议例子有助于理解后续章节中讨论的其他协议。

Bisync。Bisync 协议是 IBM 公司早期推出的一种同步数据传输协议。它通常以两个或多个 ASCII 同步（SYN）字符作为传输起始，如图 10-60 所示。这些表示传输开始的字符，也用于初始化接收端调制解调器中的定时时钟电路，为了确保每次传输 1 bit 的数据正确同步。

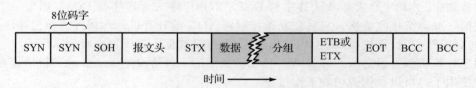

图 10-60　Bisync 同步协议帧结构示意图

在 SYN 字符之后，发送一个报文头起始（SOH）字符。报文头是一组字符，通常标识要发送的消息类型、分组中的字符数（通常最多为 256）以及优先级代码或某些特定的路由目的地址。报文头的结尾用文本开头（STX）字符标识。此时开始发送消息字符，每次 1B，不发送起始位和停止位。7 位或 8 位码字只是一个接一个地连在一起，接收计算机必须将它们重新整理成单独的二进制码字，这些二进制码字会在计算机的接收电路中以并行方式进一步处理。

在一个数据分组的末尾，会发送一个传输分组结束（ETB）字符。如果该数据分组是完整消息中的最后一个，则发送文本结束（ETX）字符。传输结束（EOT）字符，表示传输结束，后跟误码检测码，通常为 1 B 或 2 B 的 BCC。

SDLC。同步数据链路控制（SDLC）协议是最灵活、使用最广泛的同步协议之一（见图 10-61）。SDLC 用于多台计算机互联的网络。所有帧以代码为 01111110 或十六进制数 7E 的标志字节开始和结束，由接收计算机接收识别。二进制数字"1"序列启动时钟同步过程。接下来是一个定义特定接收站的地址字节。网络上的每个站点都被分配了一个地址编号。如果地址是十六进制 FF，则表示跟随的消息将要发送给网络上的所有站点。

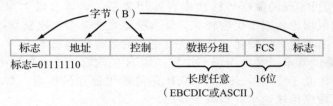

图 10-61 SDLC 和 HDLC 帧格式

地址后面的控制字节允许程序员或用户指定数据的发送方式以及在接收端的处理方式。它允许用户指定帧数、数据的接收方式等。

接下来是数据分组，所有字符都是 EBCDIC（扩展二进制编码的十进制交换码）格式的，而不是 ASCII。它的长度可以是任意值，但通常是 256 B。数据之后是帧校验序列（FCS），即 16 位 CRC。最后是一个结束帧标志。

SDLC 系统的另一种变化形式称为高级数据链路控制（HDLC），它是用于在大量不同的软件和硬件配置之间的接口协议。其格式与图 10-61 所示的类似。它也可以使用 ASCII 数据，通常具有 32 位 CRC/FCS。

本章小结

本章涉及很多有关传输数字数据的细节内容。其中的理论与技术应用联系紧密，二者还以某种方式相互影响。由于本章的内容很重要，所以增加了这一部分小结内容，有助于理解所有概念及它们之间的关系。如果有些概念不太清楚，可以到本章相关内容重新学习。如果有必要也可以寻求其他帮助。

（1）数据通过电缆或无线电传输所使用的各种代码，它们都是二进制码，既可以表示各种形式的数据，也可以是数字形式的语音、视频、传感器数据或存储记录。

（2）二进制数据是最常见的代码，但由 ASCII 代码表示的数字、字母字符和控制代码应用也很广泛。

（3）几乎所有的数据传输均按串行的形式逐位进行的。

（4）数据传输速率（R）表示为传输一个比特时间 t 的倒数，$R = 1/t$。数据传输速率的单位用 bit/s、kbit/s、Mbit/s 或 Gbit/s 表示。

（5）虽然大多数数据传输用的是有两个电平的二进制数字，但也可以使用多进制。例如，多个电平、多个频率或多个相移，也称为符号。

（6）在传输之前，通常对二进制数据进行编码或波形整形处理，使其与传输介质（如同轴电缆或无线信道）相匹配。大多数二进制数据是以非归零（NRZ）格式传输的，但已经出现了多种具有多电平和不同波形的线路码，便于信道数据传输。

（7）高速传输是首选，因为它传输数据更快。数据传输速率或信道容量（C）是由介质带宽（B）决定，$C = 2B$。带宽通常由电磁频谱中的信道宽度分配或电缆的滤波特性确定。

（8）影响信道容量 C 的另一个因素是信噪比（S/N）。噪声是来自各种类型噪声源的电压的随机变化。噪声可能完全淹没信号。如果没有淹没掉信号，那么它可能会使给定带宽内的数据的传输速率下降。由哈特莱定律可知：$C = B \log_2(1 + S/N)$，其中 S/N 为信号与噪声的功率之比。

（9）在每比特时间内使用多个（多于 2 个）符号，可以在给定带宽内实现更高的数据传输速率。这样，数据传输速率 C 由表达式 $C = 2B \log_2 N$ 确定，其中 N 表示所使用的符号个数。

（10）信噪比与可实现的数据传输速率有密切关系，前者会极大地影响后者的大小。高信噪比下对应的数据传输速率也会较高。低信噪比则会极大地限制数据传输速率。更强的信号发射功率可显著提高信噪比，从而实现更高的数据传输速率。

（11）数据链路的效率通常由误码率决定。BER 被定义为 1 s 内发生的比特错误的数量。该值通常较小，介于 $10^{-11} \sim 10^{-5}$。BER 是传输可靠性的度量。如果对 BER 要求很高，那么就要降低数据传输速率，以减少误码。

（12）可以通过向串行数据流中添加特定的比特来纠正误码。这些比特有助于定位误码，并用特定的前向纠错即 FEC 电路或程序来纠错。这种动态纠正误码的能力可以实现更高的数据传输速率。其效果相当于提高发射功率，称之为编码增益。例如，使用 BPSK 调制，因为有加性高斯白噪声（AWGN）的影响，接收信号会产生 10^{-3} 的 BER，S/N 为 7 dB。而对信号使用里德-所罗门码进行编码，BER 仍保持在 10^{-3}，但信噪比可以降为 4 dB。编码增益为 7 dB$-$4 dB$=$3 dB。3 dB 的增益相当于信号发射功率提升了一倍，这意味着传输信号的可靠性更高，传输距离更远。

（13）另一种表示信号和噪声之间关系的方法是使用载波的平均功率与噪声（热）功率之比。称之为载波噪声比（载噪比，C/N）。

（14）信噪比也可以用表达式 E_b/N_0 来描述，其中 E_b 为每比特的能量，N_0 为噪声功率谱密度。E_b/N_0 可以表示为：

$$E_b/N_0 = (C/N)/(B/f_b)$$

式中，B 为带宽，单位 Hz，f_b 是数字信号的传输速率。E_b/N_0 与 BER 一起可以用于比较不同调制技术的性能。

（15）调制方法是在给定带宽内达到数据传输速率的主要决定因素。多符号和宽带方式可产生最佳的结果。多进制 QAM 和宽带 OFDM 可实现最佳的频谱效率，单位 bit/s/Hz。

（16）频谱效率等于净吞吐量（单位为 bit/s）除以带宽（单位为 Hz）。如果通过带宽为 20 MHz 信道的数据传输速率为 680 Mbit/s，则频谱效率为 680 Mbit/s/20＝34。目前，LTE 和 LTE-Advanced（4G 蜂窝移动通信系统）产生的频谱效率在 15～30。本文后续讨论的诸如多输入多输出（MIMO）等其他方法也可以达到提高频谱效率的目的。

思考题

1. 说出二进制数据通信最早的形式。

2. 通过无线电传输的"点""划"代码称为什么？

3. 如何区分莫尔斯电码中的大写字母和小写字母？

4. 莫尔斯电码中，字符"C""7"和"?"如何表示？

5. 一个字节有几位？

6. 说出两种将数据比特从一个地方传输到另一个地方的方法。

7. 使用 7 位表示字符的最广泛使用的二进制数据代码名称是什么？

8. 哪个 ASCII 字符是用于表示"响铃"信令的？

9. 对于给定的数据路径长度，串行传输和并行传输哪个更快？

10. 在异步传输中，用什么字符来标识传输的开始和结束？

11. 在数据传输中每秒出现的符号数的参数名称是什么？

12. 在数据传输中，一个波特是怎么携带多于 1 bit 信息的？

13. 通过四进制 FSK 信号每波特（符号）可以传输多少比特信息？

14. 异步传输和同步传输哪个更快？说明原因。

15. 如何使用同步数据传输技术发送消息？

16. 在串行数据传输中，二进制数字"0"和二进制数字"1"的特殊名称是什么?

17. 大多数标准数字逻辑信号使用哪种编码方法?

18. 当使用非归零码(NRZ)时,在串行数据传输中发生什么情况时,会造成定时时钟速率很难被检测到?

19. 哪两种编码方法最适合用于时钟恢复?

20. RZ-AMI 编码方法的优点是什么?

21. 说出两种在每个比特间隔中间会发生转变的编码系统。

22. 解释 GMSK 是如何在较小的带宽上实现更高的数据传输速率的。

23. 在给定的数据传输系统中可以发送的信息量取决于哪两个因素?

24. 判断正误:固定的符号间隔内的多进制或者多符号二进制编码方案可以在更短的时间内传输更多的数据信息。

25. 对于给定带宽的系统,使用多符号编码方案的优点是什么?

26. 说出调制解调器的主要元件和电路。

27. 调制解调器的功能是什么?

28. VDSL2 调制解调器的最大下载速率是多少?

29. ADSL 调制解调器使用什么类型的调制方式?最大下载速率是多少?

30. 是什么因素决定了 ADSL 或 VDSL 调制解调器的最大数据速率?

31. 为什么调制解调器中需要加扰器?

32. 什么是 DOCSIS?

33. 有线电视数据频道的带宽是多少?

34. 在有线电视的数据下载和上传电路中使用了什么调制方式,最大的理论数据传输速率是多少?

35. 使用什么基本电路来实现 BPSK 调制?

36. 使用什么电路来解调 BPSK 信号?

37. 使用什么电路来产生用于解调 BPSK 信号的载波?

38. 什么类型的 PSK 已调信号不需要载波恢复电路来进行解调?

39. 说出在 DPSK 调制器中所使用的关键电路。

40. 在 QPSK 中使用了多少种不同的相移值?

41. 在 QPSK 中,每个相移表示多少个比特?

42. 在 16-PSK 中,每个相移表示多少个比特?

43. 在 QPSK 解调器中是否需要载波恢复?

44. 当使用 QPSK 时,比特率是否比波特(符号)率快?

45. 在 QPSK 调制器中使用什么电路获得双比特信号?

46. 将两位二进制数转换成四个直流电平之一的电路的名称是什么?

47. QAM 是哪两种调制方式的组合?

48. 说出美国 ATSC 高清电视中使用的调制方式。

49. 什么是网格编码调制?为什么要使用它?

50. 用 256-QAM 每波特传输多少比特?

51. 图 10-62 中的星座图说明这是什么类型的调制方式?

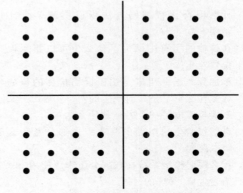

图 10-62 思考题 51 的星座图

52. 说明在 DOCSIS 3.1 标准中使用的调制方式。

53. 什么是扩频?

54. 说出两种主要的扩频类型。

55. 在跳频扩频系统中,用什么电路产生发射频率?

56. 在跳频扩频系统中,用什么电路选择频率合成器产生的频率?

57. 判断正误,跳频速率比数字数据的比特率要慢。

58. 扩频信号在窄带接收机上表现为什么信号?

59. 如何使两个或多个电台使用扩频并共用同一个公共频带还能相互识别和区分?

60. 跳频扩频发射机停留在一个频率上的时间长度的参数叫什么?

61. 什么电路用来产生 PSN 信号?

62. PSN 信号的用途是什么?

63. 在直接序列扩频发射机中,数据信号与 PSN 信号在什么类型的电路中相乘?

64. 判断正误,在直接序列扩频系统中,码片传输速率大于数据传输速率。

65. 直接序列扩频使用了什么调制方式?

66. 扩频通信中实现难度最大的环节是什么?

67. 将一个信号与另一个信号进行相关运算以获得匹配的过程是什么?

68. 说出扩频技术的两个主要优点。

69. 如何生成和解调 OFDM 信号?

70. 说出 OFDM 技术的四个应用场景。

71. 说出扩频通信最常见的应用场景。

72. 语音信号是如何通过扩频技术进行传输的?

73. 直接序列扩频的另一个名称是什么？
74. 列出两种误码检测的方法。
75. 说出一种简单但很耗时的方法来确保无误码传输。
76. 在数据传输中最常见的误码原因是什么？
77. 比特错误数与传输的总比特数的比值是什么参数？
78. 什么串行比特编码方法可以检测单个比特错误？
79. 在传输的字符中添加了什么位可以指示误码位置？
80. 添加到数据分组末尾用于误码检测的位的名称是什么？它是如何产生的？
81. 奇偶校验的另一个名称是什么？
82. 奇偶校验生成电路的基本组成部分是什么逻辑电路？
83. 什么误码检测系统在数据分组末尾使用 BCC？
84. 描述生成 CRC 的过程。
85. 产生 CRC 的基本电路是什么？
86. 判断正误，如果可以识别出误码位置，则可以对其进行纠正。

87. 描述使用 CRC 检查接收机分组传输准确性的过程。
88. 最常用的纠错编码的名称是什么？
89. 如果在传输过程中数据码字没有发生误码，异或汉明位得到的结果是什么？
90. 说出三种类型的卷积码。
91. 描述如何传输和接收数据的规则和程序的名称是什么？
92. 发送计算机和接收计算机之间交换信号以指示状态或可用性的过程是什么？
93. 在异步协议中使用了哪些控制字符？
94. 说出两种可以降低误码率和提高接收信号质量的技术。
95. 协议帧的最后一个字段通常是什么？
96. 构成要传输的消息或部分消息的字符串叫什么？
97. 同步协议通常是从什么字符开始的？为什么？
98. 说出两个常见的同步协议。
99. 在大多数协议数据包的末尾会出现什么？
100. 互操作性的含义是什么？
101. 说出一种实现互操作性的方法。

习题

1. 在许多串行通信接口中使用的 8 位字符代码的名称是什么？◆
2. 某串行脉冲序列，其中比特时间为 70 μs。该序列以比特每秒为单位的数据传输速率是多少？
3. 串行比特流的数据传输速率为 14 400 bit/s，比特间隔是多少？◆
4. 串行传输的数据传输速率为 2.5 Mbit/s，1 s 实际可以传输多少个比特？
5. 假设在没有噪声的情况下，一个 30 kHz 带宽的二进制系统以比特每秒为单位的信道容量是多少？◆
6. 如果在 30 kHz 带宽的系统中使用八进制编码方案，以比特每秒为单位的信道容量是多少？
7. 信噪比为 28 dB 的 15 MHz 信道的信道容量（bit/s）是多少？◆

8. 传输比特率为 350 bit/s 的二进制信号所允许的最小带宽是多少？
9. 传输 500 000 比特出现了 4 个比特错误，求 BER。◆
10. 写出下列每个数字的校验位。
    a. 奇校验 1011000 __
    b. 偶校验 1011101 __
    c. 奇校验 0111101 __
    d. 偶校验 1001110 __
11. 8 位数字 11010110，求其 4 位汉明码，使用本章说明的汉明码格式。
12. 直接序列扩频系统中，数据传输速率 11 Mbit/s，扩频信道带宽 20 MHz，求扩频增益。

标有"◆"标号的习题答案见书末"部分习题参考答案"。

深度思考题

1. 详细描述一个简单的数据采集通信系统的组成及工作原理，该系统用于远程监测某个不能现场作业地点的温度，并在计算机上显示温度值。
2. 对扩频技术未来的应用给出一个建议，并解释为什么扩频适用于该应用。

3. 说出你可能使用的三个或更多常见的数据通信应用系统。
4. 为什么实现 OFDM 需要使用 DSP 技术？
5. 扩频和 OFDM 的频谱效率高吗？为什么？

多路复用、双工与多址技术

在两点之间建立起一条通信信道或链路其实并不复杂，比如敷设一条电缆，或者架设一对无线电发射机和接收机。如果两点之间只有一条通信链路，那么在链路上一次就只能完成一种通信业务，不论是用于传输信号还是传输控制操作指令。对于双向无线电通信来说，位于通信链路两端的用户可以使用半双工方式实现双向通信，只是双方不能同时占用信道。而全双工则是指通信双方能同时进行双向通信的技术，如电话通话。

但问题远不止于此。实际上还可以使用多路复用技术，在一条电缆或无线电链路上同时处理多路信号，使用该技术能让成百上千路信号一起在同一介质上传输。还有一个与之相关的技术是多址技术，可以让多个用户共用同一信道资源。目前，大多数现代通信系统都会用到上述这几种技术。

内容提要

学完本章，你将能够：

- 说明在遥测、电话系统、无线电广播和互联网接入中使用多路复用技术的必要性。
- 比较频分复用和时分复用两种多路复用技术。
- 描述多路复用信号的发射、接收过程。
- 列出时分复用的主要类型。
- 说出脉冲编码调制的定义，以及 PCM 相较于其他脉冲调制方式的主要优点。
- 列出 T 载波系统的主要特点。
- 解释时分双工和频分双工的区别。
- 说出空间复用的基本概念。
- 说出四种主要的多址方式。

11.1 多路复用的基本原理

多路复用是在单一通信信道、电缆或无线频率上同时传输两路或多路信号的过程。实际上，它相当于增加了通信信道的数量，可以传输更多的信息。在实际的通信系统中，同时传输多路声音或数据信息既有其必要性，又有其实际意义。在单一信道上传输多路信号，往往是某些通信系统的基本功能需要，或是为了降低成本。如果没有多路复用技术的应用，电话、遥测和卫星通信会因为成本昂贵而不具有实用性。

多路复用技术在电话系统中的应用最为广泛，数以百万路电话信号在电缆、长途光缆、卫星和无线信道上通过多路复用技术进行信号传输。电话运营商利用多路复用技术可以处理更多的用户呼叫，同时大幅度降低系统成本和对频谱资源的需求。

在遥测技术中，使用灵敏的传感器监测指定的物理特性参数，产生的电信号反映了各种物理特性的变化情况。可以将传感器产生的信息发送至控制中心进行监测，也可作为闭环控制系统的反馈量。例如，大多数航天器和许多化工厂均使用了遥测系统来监测温度、压力、速度、光照亮度、流速和液位等物理量。

在遥测系统中，因为信号的传输可靠性和成本的问题，每个被测物理量信号的传输均独占一个通信信道是不实际的。例如，试想一下，监测一次航天飞机飞行，使用多条电线、电缆或者使用多台信号发射机显然是不切实际的。如果要进行深空探测，可能要使用多个传感器，那就同样需要多台发射机将传感器信号传回地球。基于成本、复杂度以及设备尺寸和重量的考虑，这样做显然都是不具备可行性的。显然，多路复用才应该是遥测系统的理想选择，通过多路复用技术，可以通过单一信道实现各种消息信号的传输。

使用多路复用技术的通信系统非常多，例如现代调频立体声广播和数字电视系统。

信号的多路复用过程是在称为多路复用器的电子器件电路中完成的。一种简单的多路复用器如图 11-1 所示。多路复用器将多路输入信号组合成复合信号，再通过信道介质进行传输。或者在传输前，用多路复合信号对载波进行调制后再发射出去。在通信链路的另一端，接收机使用解复用器对收到的复合信号进行处理，将各路独立的信号分别恢复出来。

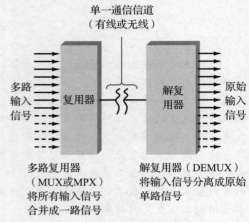

图 11-1　简单的多路复用器

两类最常见的多路复用技术是频分复用（FDM）和时分复用（TDM）。这些基本方法对应的多址接入技术是频分多址（FDMA）和时分多址（TDMA）。TDM 系统主要用于数字信号传输系统。然而，由于 A/D 和 D/A 转换器的日益普及应用，在许多模拟系统中也能见到 TDM 技术的应用。FDM 与 TDM 的主要区别是，在 FDM 中，要在公共频带内为待传输的每路独立信号分配不同的频率。而在 TDM 中，多路信号在信道中分别占用不同时隙进行传输。

拓展知识

虽然任何一种多路复用方式均可用于模拟信号和数字信号的传输，但是实际上，FDM 系统多用于模拟通信系统，而 TDM 系统多用于数字通信系统。

另一种多址方式是码分多址（CDMA）。它应用于已经相对过时的 3G 手机系统，可实现多个用户终端同时使用相同的频带。这个系统给每个用户分配了特定的地址码用于识别彼此身份信息和信号。CDMA 使用了扩频技术来实现信道复用。有关扩频技术的相关内容参考第 10 章。

11.2　频分复用

在频分复用（FDM）系统中，多路信号共用同一信道带宽。需要注意的是，这些共用信道都有特定的带宽，有的信道带宽还相对较大。例如，同轴电缆的物理带宽约为 1 GHz。无线信道的带宽各不相同，通常是由政府监管部门的相应法规规定，还与所涉及的无线电业务类型有关系。不管信道类型如何，为了同时传输多路信号，一般会共用较大的带宽。

11.2.1　发射机-多路复用器

图 11-2 所示为 FDM 系统的发射端系统组成框图。每路待传输的信号都馈入到不同的调制器电路中。每个调制器中的载波频率（f_c）是不同的。

各个载波频率通常位于指定的频率范围内且彼此间隔相等。这些载波称为子载波。每个输入信号分配一小部分带宽，其频谱分布情况如图 11-3 所示。可根据需要确定具体的调制方式，包括 AM、SSB、FM、PM 或数字调制技术。FDM 的过程是将单信道的带宽划分为更小的、等频率间距的子信道带宽，每个子信道均可用于传输信息。

包含边带信息的各个调制器的输出信号进入线性混合电路中，将多路信号进行代数相加；没有进行新的调制或产生新的边带分量。输出信号是所有调制子载波的组合。该复合

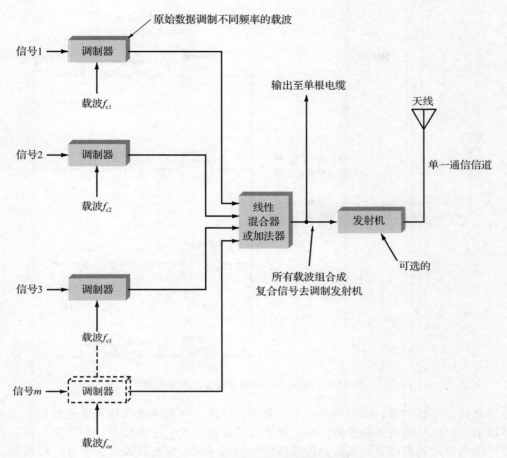

图 11-2　FDM 系统的发射端系统组成框图

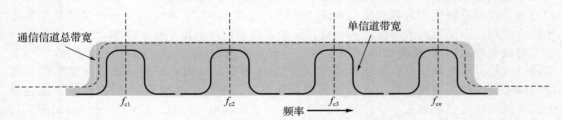

图 11-3　FDM 中的信号频谱分布，单信道的带宽被划分为多个更小的信道

信号可以用无线电发射机经过射频调制发射出去，也可以通过单一通信信道进行传输。或者，复合信号也可以作为另一个多路复用系统的一路输入信号。

11.2.2　接收机-解复用器

FDM 系统的接收端系统组成框图如图 11-4 所示。接收机对接收到的信号进行解调来恢复出复合多路信号，然后进入一组带通滤波器组，每个带通滤波器中心频率等于对应的单个信道的载波频率。每个滤波器只允许一路信号通过，同时抑制其他路信号。最后通过子载波解调器恢复出每路原始输入的调制信号。

11.2.3　FDM 应用

遥测。遥测就是在较远距离进行测量的技术手段。遥测系统一般要使用各种传感器用于测量各种物理量，如温度、流速、压力、光照强度和机械位置等。这些测量信号可能源

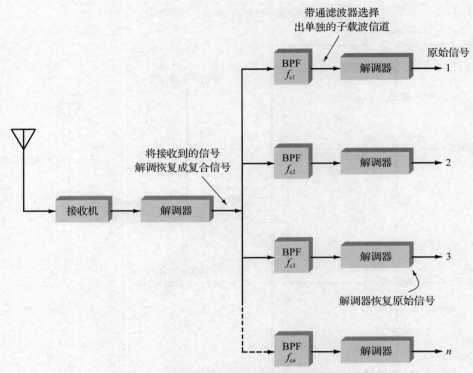

图 11-4　FDM 系统的接收端系统组成框图

于导弹测试、飞机实验、风洞中的汽车、管道、电网、气象站或其他需要监控的系统。传感器通常产生的是低电平的模拟信号，需要对其进行放大、滤波处理，并按照一定的条件要求产生期望的测量信号。然后，传感器信号经过 FDM 系统形成复合信号，传回到信号收集点或数据采集点。接收端使用 FDM 解复用器进行信号恢复，用于后续的显示、存储和分析。这种系统也称为数据采集系统。虽然上述模拟 FDM 系统仍然还在某些数据采集系统中使用，但是目前大多数遥测和数据采集系统都已经采用了数字技术。

　　有线电视。 FDM 最典型的应用实例之一就是有线电视（CATV）系统，CATV 中有多路电视信号或电视频道，每个频道占用 6 MHz 带宽，使用光纤同轴电缆多路复用发送电视信号至家庭。电视信号中含有视频和音频信号，可以用载波调制实现 FDM。电视机上的有线电视机顶盒就是一个可调谐滤波器，用于选择电视频道。CATV 的频谱如图 11-5所示。每个带宽为 6 MHz 的频道传输一路音视频电视信号。同轴电缆和光纤的带宽很大，可以传输 100 多路电视频道。大多数有线电视公司也使用其有线电视网络提供互联网接入业务。在 CATV 网络上用一种专用的调制解调器可以实现计算机数据的高速传输。有关CATV 传输数据的电缆调制解调器的相关知识详见第 10 章。

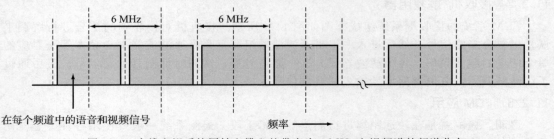

图 11-5　有线电视系统同轴电缆上的带宽为 6 MHz 电视频道的频谱分布

FM 立体声广播。图 11-6 所示为 FM 立体声多路调制器的系统总体框图。其中有两路音频信号，分别为左（L）声道和右（R）声道，它们来自两个音频源，如图中所示的两个传声器。两路信号进入线性混合电路，产生左右声道的和信号（$L+R$）和左右声道的差（$L-R$）信号。其中和信号（$L+R$）还用于单声道节目传输。

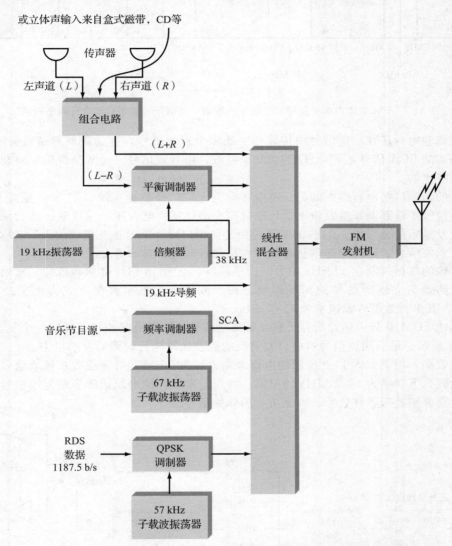

图 11-6　FM 立体声多路调制器、多路复用器和发射机的系统总体框图

$L+R$ 和 $L-R$ 这两个信号是独立传输的，并在接收机中进行重新组合，恢复独立的左、右声道信号。

$L-R$ 信号输入到平衡调制器中，对 38 kHz 载波进行调幅，产生抑制载波双边带信号。得到的复合调制信号频谱如图 11-7 所示。可以看到 $L+R$ 信号的频率范围从 50 Hz～15 kHz。由于 FM 信号的频率响应为 50 Hz～15 kHz，因此 $L-R$ 信号的边带在 38 kHz±15 kHz，即 23 kHz～53 kHz 的频率范围内。该抑制载波 DSB 信号与标准 $L+R$ 音频信号代数相加，形成复合信号一起传输。

与 $L+R$ 和 $L-R$ 信号一起传输的还有一个频率为 19 kHz 的导频载波。19 kHz 振荡器输出信号进入倍频器，为平衡调制器提供 38 kHz 的载波。

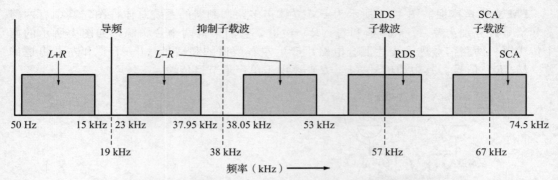

图 11-7　FM 立体声多路复用广播信号的频谱，该信号对射频载波进行频率调制

有些调频电台还在广播信号中传输一个或多个附加信号，称为附属通信业务（SCA）信号。基本的 SCA 信号是 67 kHz 的独立子载波，由音频信号（通常是音乐）对载波进行频率调制产生的。

还有的调频广播电台提供的另一项业务称为无线广播数据系统（RDS）。通过 RDS 可以将数字信号传输到调频接收机上。传输数据类型包括：电台呼号与位置、旅行信息与天气数据以及简短的公告等。RDS 的常见应用是向用户发送电台正在播放的音乐名称和音乐对应的艺术家信息，这些数据信息会显示在接收机的液晶显示屏上。

要传输的数据调制在 57 kHz 的另一个子载波。它是 19 kHz 导频载波的三次谐波，这样有助于防止与立体声信号的相互影响。在子载波上的数字调制方式为正交相移键控（QPSK）。其串行数据传输速率为 1187.5 bit/s。

与其他 FDM 系统一样，所有子载波都通过线性混合器电路相加，形成一个复合信号，如图 11-7 所示。最后用该信号对电台发射机的载波频率进行调频后发射出去。

在接收端，用类似图 11-8 所示的电路来完成解调。FM 超外差接收机接收信号，经过放大和混频，下变频为 10.7 MHz 的中频。再经过鉴频，输出原始的多路复用信号。最后由附加电路分别处理各种信号，恢复所有的原始信号。

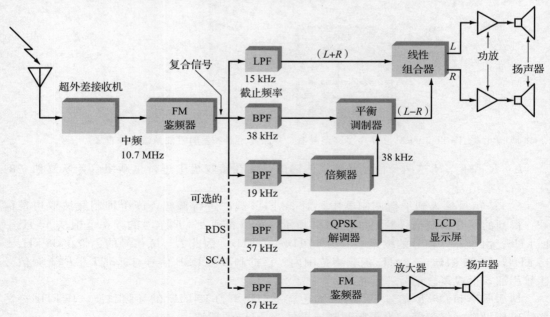

图 11-8　FM 立体声和 SCA 信号的解复用与恢复

原始音频 $L+R$ 信号可通过 15 kHz 低通滤波器从多路复用信号中提取出来，其中只包含 50 Hz～15 kHz 的原始音频。此信号与不是立体声的单声道的调频接收机完全兼容。在立体声系统中，$L+R$ 音频信号被馈送到线性矩阵或求和电路中，与 $L-R$ 信号进行加法运算，可以得到两路独立的左（L）声道和右（R）声道。

多路复用信号同时施加到带通滤波器，输出 38 kHz 的抑制子载波双边带（DSB）信号。其中调制 38 kHz 载波的是 $L-R$ 信号。将该信号馈送至平衡调制器进行解调。

对多路复合信号进行窄带滤波提取出 19 kHz 导频载波，再经过放大和倍频，产生 38 kHz 的载波，输入到平衡调制器用于解调。最后解调输出的是 $L-R$ 音频信号。将其连同 $L+R$ 信号一起馈送到线性电阻组合器电路。

线性组合器电路对 $L+R$ 和 $L-R$ 信号执行加法和减法运算。加法运算产生左声道：$(L+R)+(L-R)=2L$。减法运算产生右声道：$(L+R)-(L-R)=2R$。左右声道音频信号进入各自的音频放大器，输出驱动左右扬声器，发出立体声。

如果使用 SCA 信号，则要用子载波中心频率为 67 kHz 的带通滤波器提取 SCA 已调信号，将其馈送到鉴频器中进行解调，恢复出原始信号，再将其馈送给单独的音频放大器，最后从扬声器输出。

如果使用 RDS 信号，用 57 kHz 带通滤波器选择 RDS 已调信号，将其发送到 QPSK 解调器，最后解调恢复的数字信息显示在接收机的 LCD 上。具体来说，恢复的数据发送至接收机内的控制用嵌入式微处理器，由微处理器对数据进行必要的处理，再控制驱动 LCD 显示出信息。

在解复用处理过程中所用到的电路通常都集成在单片 IC 芯片内。实际上，大多数调频接收机内包含一个单独的芯片，该芯片使用 DSP 技术执行所有的解复用、解调及相关处理操作。

例 11-1　有线电视业务使用一根带宽为 860 MHz 的同轴电缆向用户传输多路电视信号。每路电视信号的带宽为 6 MHz。一共可以传输多少路电视频道？

　　总频道数＝860/6＝143.33，取 143。　◀

11.3　时分复用

在 FDM 中，多路信号在单个信道上传输，在同一频带内每个信号占用一部分的频谱。而在时分复用（TDM）中，每个信号都会占用信道的全部频带，不过占用频带传输的时间很短暂。换句话说，多个信号轮流占用整个信道完成信号传输。如图 11-9 所示，通过单个信道传输的四路信号在各自固定的时间内逐个使用该信道。如果四路信号都完成了一次传输，就会再次逐个轮流使用信道，循环往复。例如，图 11-9 中的每个信号时隙包含 1 B 数据，该数据可能来自模数转换器（ADC）或其他数字信息源。来自不同信息源的一个二进制码字组成一帧。这些帧便会被一个接一个地循环传输。

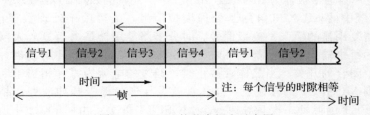

图 11-9　TDM 的基本概念示意图

使用时分复用（TDM）传输数字数据是很简单的，因为数字数据已经是单独的字节形式了，可以很容易地将这些字节分配到不同的时隙中。TDM 还可用于传输模拟信号，无论它们是语音、视频还是传感器信号。通过对模拟信号进行高速重复采样，用模数转换器（ADC）将采样值转换为成比例的二进制数据，再进行时分复用串行传输即可。

对模拟信号进行采样会形成脉冲振幅调制（PAM）信号。如图 11-10 所示，模拟信号进入模数转换器（ADC），转换为一串时间宽度恒定的脉冲，其幅值的变化轮廓与模拟信号的波形振幅一致。对该脉冲信号进行低通滤波，就可以恢复出原始模拟信号。在 TDM 中，可以使用所谓的多路复用器（MUX 或 MPX）电路对多个模拟信号进行采样；不同信号的采样脉冲是被交织的，然后通过单个信道进行传输。图 11-11 用四个模拟信号详细地说明了这一过程。

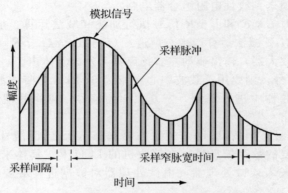

图 11-10　对模拟信号进行采样实现脉冲振幅调制

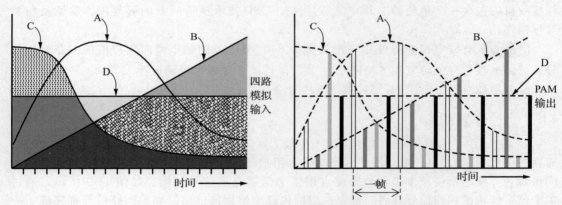

图 11-11　模拟输入信号的四路时分多路复用器

11.3.1　时分多路复用器

时分多路复用器通常被称为 MUX 或 MPX。一个完整的四路 TDM/PAM 电路如图 11-12 所示。TDM 系统中的 MUX 既可用于处理模拟信号，又可用于处理数字信号。图 11-12 所示的时分多路复用器的输入是模拟信号。时分多路复用器是由运算放大器加法器电路构成的，加法器的每个输入电阻上都有一个 MOSFET。当 MOSFET 导通时，其导通电阻极低，相当于一个闭合的开关。当晶体管截止时，通过的电流为零，相当于断开的开关。将数字脉冲施加到 MOSFET 的栅极上，晶体管就会导通。栅极脉冲消失，晶体管就立刻截止。控制 MOSFET 的脉冲一次只导通一个 MOSFET 开关。由图 11-12 中所示的数字电路控制这些 MOSFET 开关依次导通。

数字控制脉冲由图 11-12 中的 2 位计数器和译码器电路产生。因为有四路，所以需要四个计数器状态。时钟振荡器电路触发计数器进行计数，计数器是由两个触发器组成的。

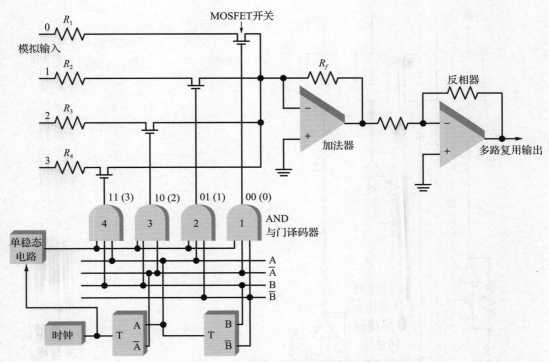

图 11-12　模拟信号的时分多路复用器结构示意图

时钟和触发器波形如图 11-13 所示。触发器输出由与门进行译码，四个与门电路通过适当连接，用于识别四个二进制组合 00、01、10 和 11。每个与门译码器的输出施加到多路复用控制的 MOSFET 栅极上。

图 11-12 所示的单稳态多谐振荡器用于以时钟频率触发所有的与门译码器。它产生一个输出脉冲，脉冲宽度可以根据需要设置为指定的采样时间间隔。

每次时钟脉冲出现时，单稳态电路都会产生一个脉冲，同时施加到所有的四个与门译码器上。在任何给定的时间内，只有一个门是开启的。开启门的输出脉冲宽度与单稳态电路的输出脉冲宽度相等。

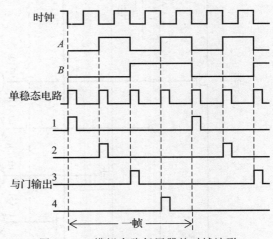

图 11-13　模拟多路复用器的时域波形

控制脉冲出现时，对应的 MOSFET 导通，开始对模拟信号采样，经过运算放大器电路输出。最终运放的输出就是多路复用 PAM 信号，波形如图 11-11 所示。可以用输出的 PAM 信号对载波进行调制后经信道传输到接收端。

11.3.2　解复用电路

接收端恢复了复合 PAM 信号后，会将其输入到解复用器（DEMUX）。解复用器是多路复用器的逆操作，它有一个输入端和多个输出端，每个原始输入信号对应其一路信号输出。典型的 DEMUX 电路如图 11-14 所示。四通道解复用器有一个输入和四个输出。大多数解复用器使用计数器译码器驱动 MOSFET。解复用后的每路独立的 PAM 信号经过运算放大器缓冲放大，最后通过低通滤波器平滑滤波恢复成原始模拟信号。

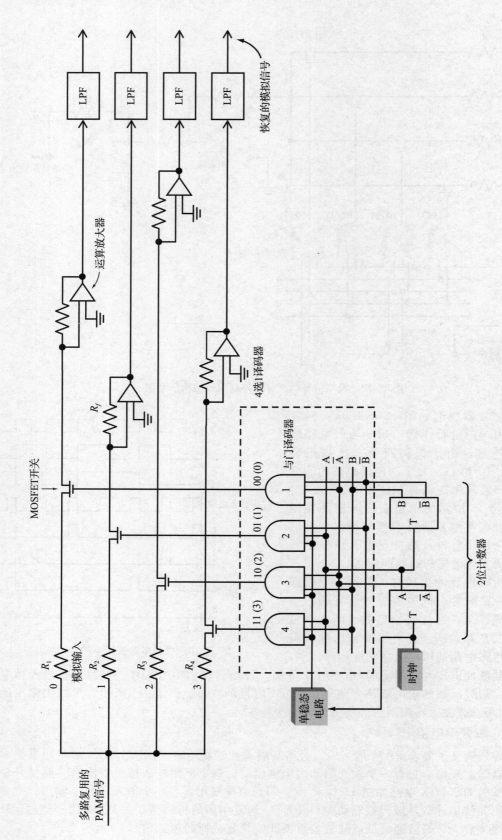

图 11-14 多路 PAM 信号解复用器

在解复用中要面对的主要问题是同步。也就是说，要将 PAM 信号精确地解复用为原始采样信号，接收机解复用器使用的时钟频率必须与发射机多路复用器使用的时钟频率相同。此外，解复用器的时序也必须与多路复用器的时序同步，以保证发射机对通道 1 采样时，接收机解复用器中也必须同时打开通道 1。这种同步通常是通过一个特定的同步脉冲实现，该同步脉冲也是每帧的组成部分。下面将讨论几种用于时钟频率和帧同步的电路。

时钟恢复。接收端的解复用器使用的时钟并不是设置成与发射机系统时钟频率相同的本地运行的时钟振荡器的，而是从接收到的 PAM 信号本身提取出来的。图 11-15 所示的电路称为时钟恢复电路，它是用于生成解复用器同步时钟脉冲的典型电路。

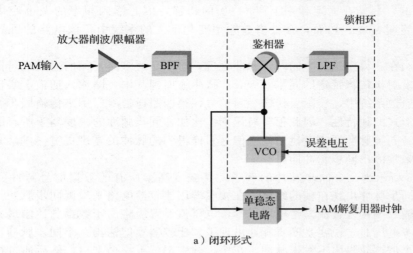

a）闭环形式

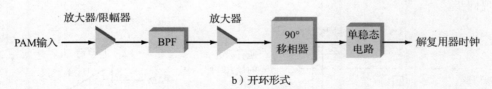

b）开环形式

图 11-15　两种 PAM 时钟恢复电路

在图 11-15a 中，PAM 信号进入放大器/限幅器电路中，该电路首先对接收的脉冲信号放大到较高电平，再限幅削波到固定电平上。因此，限幅器的输出是频率等于发射脉冲频率的等幅矩形波。这个 PAM 脉冲的频率是由发射多路复用器时钟确定的。

限幅器输出的矩形脉冲经过带通滤波器滤波，消除了高次谐波，得到基波正弦波，其频率等于发射时钟频率。该信号与压控振荡器（VCO）的输出一起进入锁相环中的鉴相器电路。VCO 的输出频率设置为等于 PAM 脉冲频率。而 VCO 输出频率是由其输入的直流误差电压控制的。该直流误差电压是鉴相器的输出经低通滤波器滤波得到的结果。

> **拓展知识**
> 时钟恢复电路用于解决解复用过程中的同步问题。

鉴相器将从输入的 PAM 信号得到的正弦波与 VCO 正弦波的相位进行比较，如果存在相位误差，鉴相器会输出误差电压，经过低通滤波，得到直流电压。当 VCO 输出频率与从输入的 PAM 信号得到的正弦波的频率相同时，系统稳定或锁定。不同之处是，两者的相位差为 90°。

如果由于某种原因 PAM 信号的频率发生了变化，鉴相器会捕捉到该变化，并产生一个误差信号，用于调整 VCO 的频率来进行匹配。由于系统的闭环特性，VCO 会自动跟踪

PAM 信号的微小频率变化，确保解复用器中使用的时钟频率始终能很好地匹配原始 PAM 信号。

VCO 的输出信号施加到单稳态脉冲生成电路上，该生成器以正确的频率产生矩形脉冲。这些脉冲用于对解复用器中的计数器进行步进；计数器产生的是 FET 解复用器开关的门控脉冲。

一种更简单的开环时钟脉冲电路如图 11-15b 所示。同样地，先对 PAM 信号进行放大和限幅，然后经过带通滤波器变成正弦波，对正弦波放大后移相 90°。经过移相的正弦波输入到脉冲生成器，最后输出用于解复用器的时钟脉冲。该电路的一个缺点是移相电路是固定的，只能在固定频率上产生 90°的相移，因此输入频率的微小变化都会影响同步脉冲的定时精度。然而，在大多数频率变化不大的系统中，该电路的可靠性还是有保证的。

帧同步。 在获得正确频率的时钟脉冲之后，必然是对多路复用的通道进行同步。这通常是通过在发射机端将特定的同步（sync）脉冲施加到其中一路输入通道上实现的。在前面讨论的四通道系统中，实际只传输三路信号，第四路通道专门用来传输同步脉冲，该脉冲具有某种形式的独特性，因此很容易识别。比如，同步脉冲的幅度高于所有的数据脉冲的幅度，或者同步脉冲的宽度比对输入信号采样得到的脉冲的宽度更宽。然后，接收端使用专用电路来检测出同步脉冲即可。

图 11-16 所示为一个同步脉冲的例子，其幅度高于所有的数据信号脉冲的最大幅度值。而且该同步脉冲出现在帧的结尾。在接收端用比较器电路来检测同步脉冲。将比较器的其中一个输入端接入直流参考电压，参考电压值设置为略高于数据脉冲的最大幅度。当脉冲大于参考电压时，说明是同步脉冲出现了，比较器立即输出一个同步脉冲。或者，可以在其中一个信道间隔内不发送脉冲，在每一帧中都留下一个空白，然后通过检测这个空白实现同步。

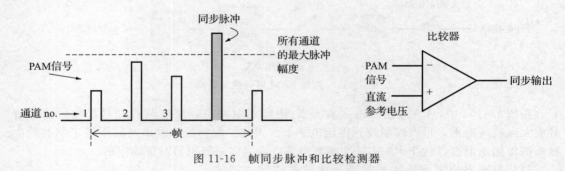

图 11-16　帧同步脉冲和比较检测器

当接收端检测到同步脉冲时，将它作为解复用器电路中的计数器的复位脉冲。在每一帧结束时，计数器重置为零（选择通道 0）。当下一个 PAM 脉冲到来时，解复用器将被设置到正确的通道。然后时钟脉冲触发计数器开始计数，按一定的时序进行解复用。

最后，在解复用器的输出端，对每个通道分别进行低通滤波，恢复出原始模拟信号。图 11-17 所示为完整的 PAM 解复用器电路组成框图。图 11-17 所示的所有电路通常集成在单片 IC 芯片中。MOSFET 多路复用器可提供 4、8 和 16 路信号输入，也可以将多个多路复用器组合在一起，处理更多路的模拟信号输入。MUX 电路也可以与 ADC 一起集成到微控制器内部。需要注意的是，目前这些电路都已经深度集成到 IC 芯片内部了，已经无法直接用肉眼看到或者用仪表测量这些电路。不过，通过学习了解内部工作原理是有好处的，但是通常情况下，工程师只需要关心芯片的输入、输出信号就可以了。

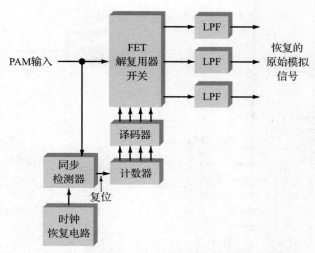

图 11-17　完整的 PAM 解复用器电路组成框图

11.4　脉冲编码调制

最常用的时分复用形式为脉冲编码调制（PCM）系统，详见第 7.4 节原理说明，其中多个通道的数字信号以串行形式传输。每个通道分配了一个时隙，在每个时隙中传输的是一个二进制码字。来自各个通道的数据流被交织地依次按顺序传输。

11.4.1　PCM 多路复用器

当 PCM 用来传输模拟信号时，信号由多路复用器采样，就像前面对 PAM 原理说明的那样，然后由 A/D 转换器转换成一串二进制数据，其中每个二进制数与模拟信号各采样点的幅值成比例。将这些二进制数据从并行格式转换为串行格式，然后进行传输。

在接收端，对各通道解复用并恢复原始二进制数字序列，存储在数字存储器中，然后经过 D/A 转换器重构模拟信号。如果原始数据本身就是标准的数字信号，而不是模拟信号经过 ADC 后的数据，当然接收端就不需要 D/A 转换器转换这一环节了。

无论是否多路复用，二进制数据都可以用 PCM 技术传输。大多数远距离太空探测器都有机载摄像机，其输出信号都要经过数字化处理，用二进制格式传回地球。这样的PCM 视频系统实现了图形图像在超远距离上的传输。使用计算机进行多媒体演示时，通常也是要将其中的视频信号转换为数字信号，并且通过 PCM 技术传输到远端。

> **拓展知识**
> PCM 视频系统使超远距离的图形图像传输成为可能。

图 11-18 所示为 PCM 系统主要组成总体框图，其中模拟语音信号是初始输入信号。语音信号进入 A/D 转换器，每次采样产生一个 8 位并行二进制码字（1 B）。由于数字数据必须通过串行方式传输，所以要将 A/D 转换器的输出馈送到移位寄存器，将并行输入的数据转换为串行数据输出。在电话系统中，通常使用编译码器对 A/D 结果进行并串转换。时钟振荡器驱动移位寄存器工作在期望的比特率上。

多路复用是用一个简单的数字多路复用器（MUX）实现的。由于所有要传输的信号都是二进制形式的，因此可以使用标准逻辑门构成多路复用器。二进制计数器驱动译码器选择其中的某一输入通道。

多路复用的输出信号是交织的二进制码字的串行数据脉冲，对基带数字信号进行编码，再直接通过双绞线、同轴电缆或光缆传输。或者，可以用 PCM 二进制信号去调制载波。其中最常用的一种调制方式是相移键控（PSK）。

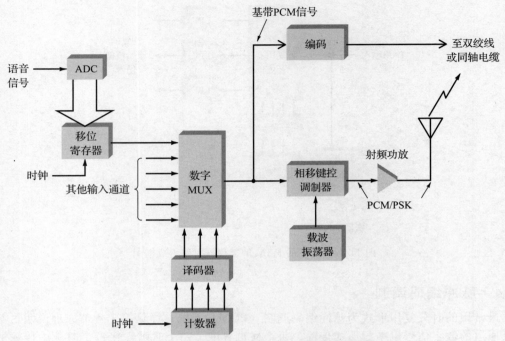

图 11-18   脉冲编码调制（PCM）系统组成框图

图 11-19 所示为四路输入的 PCM 多路复用器的具体结构框图。通常，这种多路复用器的输入来自 A/D 转换器输出的数字数据。将二进制数字输入到移位寄存器，该移位寄存器的输入既可以接入并行信号源（如 A/D 转换器），又可以接入串行数字信号源。在大多数 PCM 系统中，移位寄存器是编译码器的重要组成部分。

多路复用器本身就是一种称为数据选择器的常见数字电路。它由门 1 到门 5 组成。串行数据输入门 1 到门 4；4 选 1 译码器每次只开启一个门。从开启门输出的串行数据经过或门 5 再输出。

现在假设所有移位寄存器都加载了待传输的数据字节。重置 2 位计数器 AB，向译码器发送 00，开启 0 通道输出，门 1 使能开启。需要注意，译码器输出同时还开启了门 6。时钟脉冲开始触发移位寄存器 1，数据每次移出 1 位。串行二进制数通过门 1 和门 5 输出。位计数器是一个 8 分频的分频器电路，同时记录移出的比特数。当出现了 8 个脉冲时，说明移位寄存器 1 中的 8 bit/s 全部发送完毕。计满 8 个时钟脉冲后，位计数器再次循环计数，并触发 2 位计数器，此时其输出是 01，开启门 2 和门 7。继续输入时钟脉冲，现在轮到移位寄存器 2 中的所存内容每次移出 1 位。串行数据经过门 2 和门 5 输出。同样地，移位寄存器 2 将全部 8 位二进制数字发送完毕后，位计数器又计数到 8，继续再次循环。又去触发 2 位计数器，其输出变为 10，使能门 3 和门 8，开始将移位寄存器 3 的二进制数字内容移出。最后再处理移位寄存器 4 中的数据，重复该过程。

当所有四个移位寄存器的内容都传输过一次时，就形成了 PCM 的一帧，如图 11-19 所示。然后系统更新移位寄存器中的数据内容，即开始转换并存储模拟信号的下一个样本，继续重复上述循环过程。

如果图 11-19 中的时钟频率为 64 kHz，则比特率为 64 kbit/s，比特间隔为 $1/64\ 000 = 15.625\ \mu s$。每个码字 8 位，传输一个码字需要 $8 \times 15.625 = 125\ \mu s$。也就是说，码字传输速率为 $1/125 \times 10^{-6} = 8$ kbit/s。如果移位寄存器从 A/D 转换器获得数据，则采样率为 $1/125\ \mu s$ 或 8 kHz。这是电话系统中对语音信号进行采样的速率。假设最大语音频率为

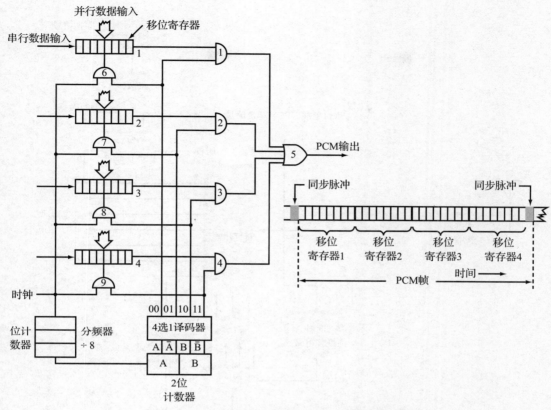

图 11-19　PCM 多路复用器的组成及工作原理示意图

3 kHz，最小采样率为其两倍，即 6 kHz，因此 8 kHz 的采样率足以准确地表示和重现模拟语音信号（有关串行传输的数据传输速率的详细说明参见第 10 章和第 15 章）。

如图 11-19 所示，在数据帧的末尾添加一个同步脉冲。这相当于向接收机发出信号，通知接收端一帧中的四路信号已经发送完毕，即将开始传输下一帧数据。接收机使用同步脉冲保持所有电路同步，以确保每个原始信号都可以准确恢复。

11.4.2　PCM 解复用器

在通信链路接收端，PCM 信号被解复用，恢复出原始数据，如图 11-20 所示。PCM 基带信号可以通过电缆进入到解复用器，此时，信号在进入解复用器前需要进行再生和整形。或者，如果 PCM 信号是通过载波调制后用无线电传输的，则接收机需要先对接收的 RF 信号进行解调，再将解调恢复出的原始的串行 PCM 二进制信号馈送到整形电路进行脉冲整形，恢复二进制脉冲波形。最后脉冲波形进入由与门、与非门组成的数字解复用器，恢复出原始信号。驱动解复用器的二进制计数器和译码器与接收机保持同步，同步时钟来自时钟恢复与同步脉冲检测器组成的组合电路，类似于 PAM 系统中使用的那些电路。同步脉冲通常在每帧结束时出现。解复用输出的信号送入移位寄存器完成串并转换后，再进行 D/A 转换和低通滤波，结果是高度精确还原的原始语音信号。其中的移位寄存器和 D/A 转换器通常也是编译码器的组成部分。

需要注意的是，所有的多路复用和解复用电路通常都是集成芯片的形式。而且实际上 MUX 和 DEMUX 电路还经常会被集成到同一芯片上，成为用于通信链路两端的 TDM 收发机。所以这些单独的电路是无法用肉眼看到的；但是，可以接触到芯片的输入、输出引脚，进一步可以通过芯片的引脚进行实验、测试和必要的故障排查。

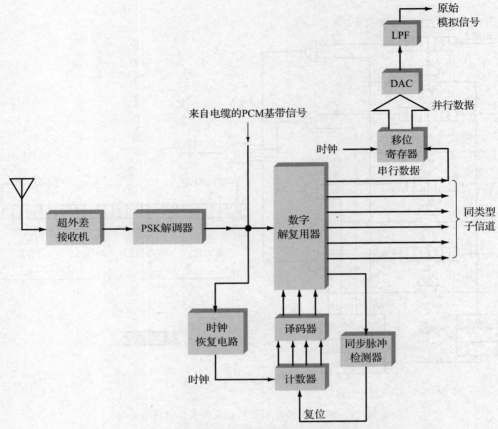

图 11-20　PCM 接收-解复用器工作原理框图

例 11-2 某 PCM 系统使用 16 个数据信道传输数据，其中一个信道用于标识（ID）和同步。采样速率为 3.5 kHz。字长为 6 位二进制数。求：a. 可用数据信道数；b. 每帧的比特数；c. 串行数据传输速率。

a. 16（通道总数）－1（用于 ID 的通道）＝15（用于传输数据）

b. 每帧比特数＝6×16＝96

c. 串行数据传输速率＝采样速率×比特数/帧＝3.5 kHz×96＝336 kbit/s　◀

11.4.3　数字载波系统

　　TDM 技术在电话系统中得到了广泛的应用。现代电话系统都是通过 PCM 和 TDM 实现数字传输的。唯一仍在使用模拟信号的地方是本地环路系统，即电话公司的中央交换局（CO）和用户电话之间的连接，被称为用户端设备（CPE）。除此以外，所有本地和长途连接都是数字化的。多年前，电话公司开发了一套全数字传输系统，称为 T 载波系统。在美国，T 载波系统广泛用于电话呼叫和计算机数据通信，包括互联网接入。日本和欧洲也使用了类似的系统。

　　T 载波系统定义了一系列 PCM TDM 系统，其数据传输速率逐级提高。这些系统的物理实现称为 T-1、T-2、T-3 和 T-4。它们所携带的数字信号分别称为 DS1、DS2、DS3 和 DS4。从 T-1 系统开始，系统将 24 个基本 DS1 数字语音信号进行复用，然后再将这些信号复用成更大、更快的 DS2、DS3 和 DS4 信号进行传输。通常 T-1 的传输介质是双绞线或同轴电缆，也有的系统使用无线传输方式。T-2、T-3 和 T-4 系统使用同轴电缆、微波无线电信道或光缆传输。

T-1 系统。最常用的 PCM 系统是由美国贝尔电话公司
开发的 T-1 系统，用于高速数字链路传输电话业务。T-1 系
统使用时分复用技术将 24 路语音复用到一条线路上。很多
T-1 系统都只是用来传输计算机数据或其他数据，而不是电
话语音业务。依次传输来自 24 个通道的串行数字码字（8
位码字，7 位表示信号电平和 1 位表示奇偶校验）。每一帧
以 8 kHz 的速率采样，采样间隔为 125 μs。在每个 125 μs
的采样时间间隔内，发送 24 个 8 位码字，每个码字代表每

> **拓展知识**
> 即使 TDM 系统的多路复
> 用器使用的不是机械部件
> 对输入信号进行采样，一
> 个完整的采样周期也仍然
> 被称为一帧。

个通道模拟输入信号的一个采样值。每个通道采样间隙为 125 μs/24＝5.2 μs，采样速率为
192 kHz。这表示每一帧总共 24×8＝192 比特。最后再向该数据流中添加一比特的帧同步
脉冲，以保持收发双方的同步。24 个 8 位二进制数组成的码字和一个同步位共同组成一帧
193 比特，反复循环传输。多路复用信号的总比特率为 193×8 kHz＝1544 kHz，即
1.544 MHz。图 11-21 所示为 T-1 信号的一帧的结构。

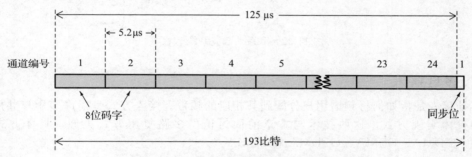

图 11-21 T-1 帧格式示意图，串行数据格式

　　T-1 信号可以通过同轴电缆、双绞线或光缆传输；也可以通过调制载波后进行无线电
传输。例如，长途电话系统将 T-1 信号发送到微波中继站，对载波进行频率调制后，实现
长途传输。T-1 信号还可以通过卫星传输。

　　T-1 系统以 64 kbit/s 速率传输每路语音信号。但它们也经常会用于以更快的速率传输
少于 24 路通道的数据。例如，一条 T-1 线路以 1.544 Mbit/s 的速率传输单路计算机数据。
它还可以以 722 kbit/s 的速率传输两路数据或以 386 kbit/s 的速率传输四路数据等。此时
称之为分式 T-1（Fractional T-1）线路。

　　T-2、T-3 和 T-4 系统。为了有更大的容量来容纳语音流量和计算机数据流量，DS1 信
号可以进一步多路复用成携带更多语音通道信号和更大的数据传输速率。图 11-22 所示为
四个 DS1 信号复用成 DS2 信号的过程。最终得到一个包含 4×24＝96 路语音信道的
6.312 Mbit/s 的串行数字信号码流。

　　除了作为复用成 DS3 信号的过渡数据帧格式外，T-2 系统并未得到广泛使用。如
图 11-22 所示，7 个 DS2 信号在 T-3 多路复用器中组合产生一个 DS3 信号。该信号包含
7×96＝672 路语音通道，数据传输速率为 44.736 Mbit/s。四个 DS3 信号还可以进一步复
用成 DS4 信号。T-4 多路复用器的输出数据传输速率为 274.176 Mbit/s。

　　T-1 和 T-3 线路广泛用于商业和工业的电话业务以及数字信号传输。传输线路是从电
话公司租用的专用线路，供用户专用，所以可实现全速率传输。这些线路也可作为非多路
复用的形式，用于快速互联网接入或数字数据传输，而不仅仅是用于语音通信。T-2 和
T-4 线路则很少被用户租用，主要用于电话系统内部传输业务。

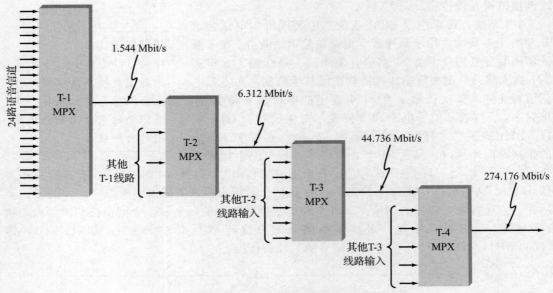

图 11-22　T 系列载波系统示意图

11.5　多址接入

多址接入是指如何将频谱用户分配到其相应的频带。接入方式是指许多用户共用有限频谱的具体实现方式。这些技术与本章前面讨论的多路复用方式类似，具体方式包括 FDMA、TDMA、CDMA、OFDMA 和 SDMA。

11.5.1　频分多址

频分多址（FDMA）系统类似于频分多路复用系统，它是将信道频谱划分为许多较小带宽的信道，提供给多个用户，实现同一段频谱的共用，如图 11-23 所示。频带的每个子信道指定一个编号或由信道的中心频率指定，为每个用户分配一个子信道。典型的信道带宽为 1.25 MHz、5 MHz、10 MHz、20 MHz，在某些系统中设置的带宽值可能更大。通常有两个分开一定频率间隔的相近频带，分别用于上行链路和下行链路。

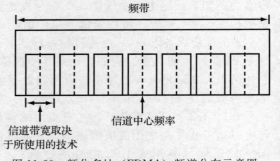

图 11-23　频分多址（FDMA）频谱分布示意图

11.5.2　时分多址

时分多址（TDMA）主要用于数字通信系统，实现在单个信道中传输多个用户的数据。多个用户通过使用不同的时隙共用同一信道。如果音频信号采样速率较快，则数据码字可以交织到不同时隙中，如图 11-24 所示。在常用的两种 TDMA 系统中，一种允许每个频率信道带宽承载 3 路用户数据，另一种允许承载 8 路用户数据。

11.5.3　码分多址

码分多址（CDMA）只是扩频通信的另一个名称。在相对过时的移动通信系统（2G）使用了直接序列扩频（DSSS）技术。如图 11-25 所示，在一个系统中，数字音频信号在语音编码器电路中生成 13 kbit/s 的串行数字压缩语音信号，再与高频率的码片信号相结合。通常的

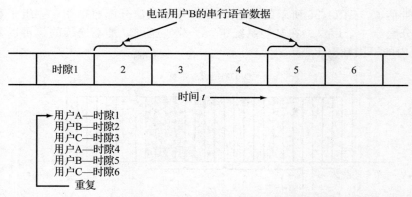

图 11-24 时分多址（TDMA），不同的电话用户使用不同的时隙共用同一信道

码片速率为 1.288 Mcps，对音频进行编码，将信号扩频到 1.25 MHz 带宽的信道上。通过特定的编码，最多可以有 64 路用户共用带宽为 1.25 MHz 的信道。采用宽带 CDMA 技术的第三代移动通信系统（3G）也使用了类似的技术。在带宽为 5 MHz 信道中使用 3.84 Mcps 的码片速率用于多用户共用同一信道。部分 3G 系统仍在运营，但逐渐会被淘汰。目前大多数蜂窝移动通信系统已经过渡到使用 4G LTE，在美国 5G 系统也刚刚开始商用运营。

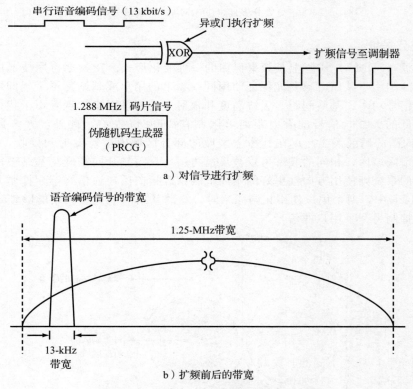

图 11-25 码分多址（CDMA）概念示意图

11.5.4 正交频分多址

正交频分多址（OFDMA）是使用了 OFDM 实现多址接入的方式。OFDM 在宽带信道中使用了数百甚至数千个子载波。这些子载波可再细分为更小的一组子载波，每组子载波可以作为信道资源分配给单个用户。这样，多个用户可以使用分配到的 OFDM 子载波

组共用该宽带信道。图 11-26 所示的就是 OFDMA 子载波分配原理图。一组子载波组成一个子信道，分配给一个用户。在某些系统中，子载波还可以是不连续的，可以分散在整个 OFDM 频带内的不同频率上。

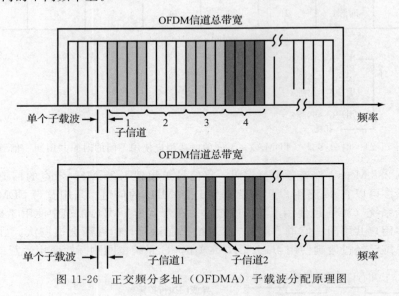

图 11-26　正交频分多址（OFDMA）子载波分配原理图

11.5.5　空分多址

空分多址（SDMA）实际上是频率再用的一种变化形式。在频率再用技术中，单个频带被多个基站和用户共用，只要能保证使用同一频带的用户或基站互不干扰即可。可以通过控制发射信号功率、基站间距、天线高度和辐射方向图等因素实现互不干扰。使用低功率和高度较低的天线，信号的发射距离可限制在 1600 m 左右。此外，大多数基站使用 120°辐射方向图的扇区天线，仅在其覆盖区域的部分区域内进行发射和接收，如图 11-27 所示。在城市区域内，相同的频率可以被反复再用，只需拉开同频蜂窝基站彼此的距离即可。新出现的系统则使用方向性更好的定向天线精确指向用户通信终端，抑制其他同频用户。在图 11-28 中，两个用户使用相同频率时，蜂窝基站的窄天线波束能够锁定其中一个用户信号，抑制另一个用户的信号。

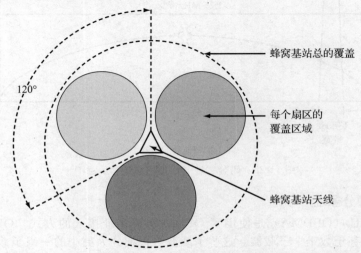

图 11-27　常见的蜂窝基站的水平天线辐射方向图，使用 120°扇区实现频率再用

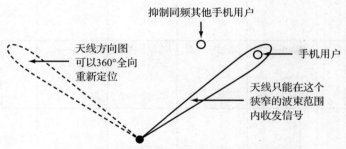

图 11-28　使用方向性好的定向天线的 SDMA 概念

　　受控的天线辐射方向图将信号定向到不同的位置，这样共用同一频率信道的信号就不存在相互干扰。现代天线的自适应相控阵技术的应用使之成为可能。由于这种天线可以实现更精细的方向分辨能力，因此手机运营商可以通过更大规模的频率再用来扩大用户数量。

　　另一种方法是使用天线极化技术共用同一频段，避免信号互相干扰。水平极化天线无法接收垂直极化传输的信号，反之亦然。一些卫星通信系统中使用了这种方法。

11.6　双工技术

　　双工技术就是实现双向通信的一种方式。半双工意味着两个通信基站轮流进行发射和接收。移动对讲机、航海和航空无线电通信使用的是半双工方式。全双工则允许通信双方可以同时进行信号发射与接收。全双工当然是首选的双工方式，例如电话系统。但并非所有系统都需要具备同时发射和接收信号的能力。

　　与多路复用技术一样，双工技术也有两种类型——频分双工（FDD）和时分双工（TDD）。最简单、最容易实现全双工的方案是 FDD 方式，它使用两个独立的信道，分别用于发送和接收。如图 11-29 所示。通信双方为基站 1 和基站 2。基站 1 使用中心频率为 f_1 的信道接收，使用中心频率为 f_2 的信道发射。基站 2 的收发信道频率与基站 1 相反。只要将两个信道频率拉开足够大的间隔，发射机就不会干扰到接收机。使用选择性好的滤波器即可区分开收发信号。FDD 最大的缺点是需要在收发信道频带之间留有额外的频谱空间，而实际中频谱空间资源相对稀缺且昂贵。尽管如此，大部分手机系统还是使用了这种双工方式，因为它简单可靠。

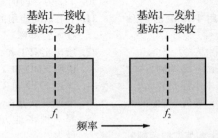

图 11-29　频分双工（FDD）的收发信号过程示意图

　　TDD 指的是在单个信道上同时传输两路信号，只要将信号交织分配在不同的时隙中即可。例如，交替发送和接收时隙，如图 11-30 所示。在 t_1 时隙，基站 1 发送（TX），基站 2 接收（RX）。在 t_2 时隙，基站 1 接收，基站 2 发送。每个时隙可以包含一个数据码字，例如可以是来自 A/D 转换器或 D/A 转换器的 1 字节数据。只要串行传输的数据传输速率足够高，用户就不会感觉到收发的切换过程。

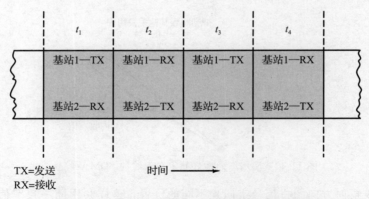

图 11-30　时分双工（TDD）的收发信号过程示意图

　　TDD 的主要优势是它只需要一个频率信道，节省了频谱空间和成本。但是 TDD 实现难度大。要保证 TDD 系统能够正常工作的关键是要做到收发机之间的精确的定时和严格的同步。需要设计使用专用的同步脉冲或帧序列，以确保收发机之间不会出现冲突。在第三代移动通信系统的标准中有的系统就采用了 TDD 方式。

思考题

1. 多路复用是指在多个信道上传输多路信号的过程吗？
2. 说明多路复用的主要优点。
3. 在接收端用来恢复多路复用信号的电路叫什么？
4. 简述 FDM 的基本原理。
5. 在 FDM 系统中，哪种电路是用于合并多路信号的？
6. 将输入信号进行频分复用的电路名称是什么？
7. 大多数遥测多路复用系统使用哪种调制方式？
8. 说出三种需要使用遥测技术的应用系统。
9. 给出空分复用的定义。它主要用在什么类型的系统？
10. 在 FM 立体声多路复用中单声道信号的数学名称是什么？
11. 说出在 FM 立体声多路复用中传输的四种信号。
12. 在 L—R 信道上使用什么调制方式？
13. 立体声系统中的 SCA 信号使用什么调制方式？
14. FDM 系统中用于解复用的基本电路是什么？
15. 在 TDM 系统中，多路信号如何共用同一信道？
16. 高速采样模拟信号时会产生什么类型的调制？
17. 在 PAM 系统中，用什么类型的电路在接收机处重建时钟脉冲？
18. 在 PAM 系统中，多路复用器和解复用器如何保持同步？
19. 在 PAM 或 PCM 系统中，对所有通道都完成了一次采样的时钟周期叫什么？

20. 用什么电路解调 PAM 信号？
21. 在电子多路复用器中使用什么类型的开关？
22. 如何选择时分多路复用器所需的输入信号？
23. PAM 信号是如何传输的？
24. 什么类型的时钟恢复电路会跟踪 PAM 频率变化？
25. 模拟信号如何能在 PCM 系统中进行传输？
26. 在 PCM 电话系统中转换 A/D 和 D/A 信号的集成电路的名称是什么？
27. PCM 电话系统的标准音频采样速率是多少？
28. PCM 电话系统的标准码字长是多少？
29. PCM 相对于 PAM、FM 和其他调制技术的主要优势是什么？
30. T-1 的一帧的总比特数是多少？
31. T-1 系统使用的是基带传输技术还是宽带传输技术？解释一下。
32. 给出半双工和全双工的定义。
33. 说明 FDD 和 TDD 之间的区别。
34. 详述 FDD 和 TDD 的优缺点。
35. 哪种多址方式最能节省频谱空间？
36. 哪一种多址方式分配给单用户的频谱宽度最大？
37. 解释频率再用的概念。
38. 什么关键技术的出现使得空分再用成为可能？
39. CDMA 使用了什么方法使信号扩展到宽频带上进行传输的？
40. 可以将多种多址方式结合起来使用吗？解释原因。

习题

1. 带宽为 800 MHz 同轴电缆通过复用技术可以传输多少路 6 MHz 的电视频道？◆
2. 对带宽为 14 kHz 的信号进行采样，最小采样速率是多少？

深度思考题

1. 发送一帧 16 字节的 PCM 帧，没有同步脉冲，时钟频率为 46 MHz，需要多长时间？
2. 一个专用的 PCM 系统使用 12 位码字和 32 个信道。数据是串行传输的，没有同步脉冲。一个

3. 说明 T-1 和 T-3 电话时分复用系统的比特率和最大通道数。◆

标有"◆"标号的习题参考答案见书末部分习题参考答案。

比特的持续时间为 488.28 ns。每一帧中含有多少比特？其数据传输速率是多少？
3. FDM 可以用于传输二进制消息信号吗？解释原因。

部分习题参考答案

第 1 章

1. 7.5 MHz、60 MHz、3750 MHz 或 3.75 GHz
3. 雷达与卫星

第 2 章

1. 50 000
3. 30 357
5. 5.4，0.4074
7. 14 dB
9. 37 dBm

第 3 章

1. $m = \dfrac{V_{\max} - V_{\min}}{V_{\max} + V_{\min}}$
3. 100%
5. 80%
7. 3896 kHz、3904 kHz；BW=8 kHz
9. 800 W

第 4 章

1. 28.8 W，14.4 W
3. 200 μV

第 5 章

1. m_f=12 kHz/2 kHz=6
5. −0.1
7. 8.57
9. 3750 Ω、3600 Ω 或 3900 Ω（EIA）

第 6 章

1. 1.29 MHz
3. 调制信号频率为 4000 Hz，3141.4 Hz 或±1570.7 Hz

第 7 章

1. 7 MHz
3. 8 kHz−5 kHz＝3 kHz
5. 92.06 dB

第 8 章

1. 206.4 MHz
3. 25.005 MHz
5. 1627
7. 132 MHz，50 kHz
11. 72 W

第 9 章

1. 6 kHz
3. 18.06 MHz 和 17.94 MHz
5. 2.4
7. 46 MHz
9. 27 MHz，162 MHz，189 MHz 和 351 MHz

第 10 章

1. ASCII 码
3. 69.44 μs
5. 60 kbit/s
7. 139.475 Mbit/s
9. 8×10^{-6}

第 11 章

1. 133
3. T1：比特率 1.544 MHz，24 个信道；
   T3：比特率 44.736 MHz，672 个信道